化学工业出版社“十四五”普通高等教育规划教材

物理化学实验

白 玮 刘晨辉 向明武 主编

化学工业出版社
·北京·

内容简介

《物理化学实验》适应普通高校高等教育中化学实验教学改革的发展，结合当前学生基础较薄弱、自学能力较弱以及高校仪器设备与实际不匹配等实际情况，在实验编写上做了内容的扩充以及内涵的加深，全书共开设基础实验 40 个、开放实验 14 个，补充了实验室安全中关于个人防护、用电安全以及高压容器、真空容器等使用的内容，以使实验内容易懂、直观，使学生在较短的时间内能够掌握较基本的技能。

《物理化学实验》可作为普通高等院校化学、化工及相近专业的物理化学实验教材。

图书在版编目（CIP）数据

物理化学实验 / 白玮，刘晨辉，向明武主编．北京：化学工业出版社，2025．1．--（化学工业出版社“十四五”普通高等教育规划教材）．-- ISBN 978-7-122-46603-7

Ⅰ．O64-33

中国国家版本馆 CIP 数据核字第 2024VB9734 号

责任编辑：褚红喜　宋林青　　文字编辑：王丽娜
责任校对：宋　玮　　装帧设计：刘丽华

出版发行：化学工业出版社
（北京市东城区青年湖南街 13 号　邮政编码 100011）
印　　装：三河市双峰印刷装订有限公司
787mm×1092mm　1/16　印张 18　字数 448 千字
2025 年 1 月北京第 1 版第 1 次印刷

购书咨询：010-64518888　　售后服务：010-64518899
网　　址：http://www.cip.com.cn
凡购买本书，如有缺损质量问题，本社销售中心负责调换。

定　　价：45.00 元

《物理化学实验》编写组

主　　编：白　玮　刘晨辉　向明武

其他编者：王　锐　田　凯　夏福婷　李宏利

段开娇　江登榜　郭亚飞　刘　懿

前言

物理化学实验是基础化学实验课程，是为高校化学类专业开设的一门专业实验课。面对教材中涉及的仪器设备与高校实验室硬件实际不匹配，部分高校学生基础较薄弱、自学能力较弱，以及理论课的学时缩短等问题，物理化学实验课程教学改革仍需不断深化。从2010年校级开放实验室建设教学改革项目开展以来，云南民族大学就一直致力于物理化学实验教学的改革。比如，仪器设备的更新、新实验项目的加入、实验教学分组教学的方式改革，以及物理化学类综合实验在开放实验教学下的应用等。针对当前物理化学教学的实际情况，我们精心编写了该物理化学实验教材，以使学生在较短的时间内能够掌握较基本的技能。

本教材的实验内容覆盖面广，基础实验部分涉及热力学、电化学、动力学、表面和胶体化学以及物质结构等内容，涵盖了普通高校物理化学课程的基本内容。实验原理的陈述深入浅出，弥补了理论课的抽象性和逻辑性强、难理解的不足。每个基础实验加入了“补充与提示”以及“知识拓展”的内容，主要为仪器设备的相关信息、性能指标、应用领域等以及实验用仪器设备操作关键点、相关背景资料。此外，实验中结合科技发展前沿和教师科研特色，加入了开放实验14个，体现出开放理念，加入“关键点提示”“导入性思考”“各环节要求”等。此外，本书加入了实验室安全中关于个人防护、用电安全以及高压容器、真空容器等使用的内容；数据记录与数据处理步骤、文献参考值以及计算机结合实验中的操作步骤、实际设备的真实图片以及误差分析数据处理中的细节推导等，更利于学生理解和掌握，方便教学。

全书主要包括：物理化学实验教学目的和要求；实验室安全；数据处理及误差分析；40个基础实验；14个开放实验；附录。本书的具体编写分工如下：基础实验1和开放实验9由刘懿编写；基础实验2、27和开放实验3～5由王锐编写；基础实验3、13、28、40和开放实验2由段开娇编写；基础实验4、6、10、26、39和开放实验12由刘晨辉编写；基础实验5、31、33、35和开放实验10由夏福婷编写；基础实验7、20、24和开放实验7、8，绪论和附录由白玮编写；基础实验8、17～19和开放实验6由李宏利编写；基础实验9、25、34、38和开放实验14由田凯编写；基础实验11、12、36、37和开放实验13由江登榜编写；基础实验14、29、30、32和开放实验1由郭亚飞编写；基础实验15、16、21～23和开放实验11由向明武编写。本书初稿由刘满红、段利平两位老师通读，最后由主编集体审稿、补充修改和定稿。本书编写成员为云南民族大学化学与环境学院物理化学实验课程组教师，本书部分参考了前期自编出版的物理化学实验教材，在此对前期参加编写的刘满红、段利平、陈海洋、冯莉莉、苏长伟老师表示感谢！

本书的出版得到了云南民族大学化学与环境学院的大力支持和帮助，云南大学的王家强老师、屈庆老师以及西南林业大学的李向红老师对本书提出了许多有益的建议，在此向他们表示衷心的感谢！化学工业出版社的编辑们为本书的出版提供了大量帮助，在此表示感谢！

本书的编写是多年来从事物理化学实验教学工作的老师们共同努力的结果。由于编者水平有限，书中不足之处在所难免，希望广大读者给予批评指正。

编　者
2024 年 10 月

目录

第一章 绪论

第一节 物理化学实验的教学目的及基本要求

一、物理化学实验的教学目的

物理化学实验是化学教学体系中一门独立的课程，它与物理化学理论课程的关系最为密切，但又有明显的区别：物理化学理论课程注重理论知识的传授，而物理化学实验则要求学生能够熟练运用物理化学原理解决实际问题。和其他实验课程一样，物理化学实验着重培养学生的动手能力。物理化学是整个化学学科的基本理论基础，物理化学实验是物理化学基本理论的具体化、实践化，是对整个化学理论体系的实践检验。

物理化学实验方法不仅对化学学科十分重要，而且在实际生活中也有着广泛的应用，我们不应该仅局限于化学的范围，而应该在理解原理的基础上举一反三，把所学的实验方法应用于实际，这样才能真正有所收获。例如：对于电动现象中的电泳实验和电渗实验，不应局限于实验的探究与分析，而应该全方位地理解和应用这个实验。比如，重金属离子在电场作用下可以以电迁移方式运输，因此，可以用它来控制低渗透的黏土和淤泥土中污染物的流动方向，动电修复就是一种新的土壤原位修复技术。但仍需要通过实验对理论融会贯通，只有这样才能进一步提升土壤修复的技术方法和效率。再比如，通过恒温水浴的组装和性能测试实验，学生对接触式温度计等有了更深的认识，它们的应用范围很广，大量运用在各类电子控温电器上，并因此又延伸出很多创新产品和创新科技。还有对压力的测量，在日常生活中，血压的监测是很重要的，特别是对高血压患者更是必不可少的，我们不能满足于现有压力计的设计，而应该在通过实验理解原理的基础上，多角度提升压力测量的技巧和方法，使它更方便、便携、准确。

由此看来，物理化学实验的教学目的是使学生初步了解物理化学的研究方法，掌握物理化学的基本实验技术和技能，学习化学实验研究的基本方法，为将来从事化学理论研究和与化学相关的实践活动打下良好的基础。

二、物理化学实验的基本要求

对实验研究方法和技能的掌握，是进行物理化学实验的重要目标。物质的每个物理化学性质往往都有几种不同的方法加以测定，方法的好坏对实验结果有直接的影响，如测定液体的饱和蒸气压有静态法、动态法、气体饱和法等多种方法。要学会对不同方法加以分析比较，找出各自的优缺点，从而在实际应用中更得心应手地应用这些方法。不要对书本上的东西过于迷信，而应该抱着怀疑的态度，多开动脑筋，在实验过程中发现问题、解决问题。为了做好实验，要求具体做好以下几点。

1. 实验前的预习

实验前预习是顺利完成实验的基本保证，物理化学实验涉及较多的以物理原理为基础的仪器设备，实验原理和操作较为复杂，学生在实验前应认真仔细阅读实验内容，预先了解实验目的、原理，了解所用仪器的构造和使用方法，了解实验操作过程。然后参考物理化学教材及有关资料，对实验方法有一个全面的了解，确认是否还有需要修改完善的地方。在预习的基础上写好实验预习报告。实验预习报告要求写出实验目的、实验所用仪器和试剂、实验步骤以及实验时所要记录的数据表格。预习报告应写在一个专门的记录本上，以保存完整的实验数据记录，不得使用零散纸张记录。

预习的具体内容如下：

① 要求了解实验目的、实验方法、所用仪器设备及使用说明等，避免盲目地实验。

② 要求掌握实验基本原理、实验操作要领以及实验数据处理方法等。

③ 要求在预习本中预先画出规范的数据记录表格，包括实验项目、测试内容、测量次数等。

④ 要求对预习时所遇到的难点、疑点等进行讨论，并提出设想，培养学习的主动性和积极性。

2. 实验操作

做好实验准备工作后要经指导教师同意方可接通仪器电源进行实验。对于实验操作步骤，应通过预习做到心中有数，严禁“抓中药”式的操作，看一下书，动一动手。在实验操作过程中，应严格按照实验操作规程进行，并且应随时注意观察实验现象，尤其是一些反常的现象，应如实记录下来，不应简单认为是自己操作失误就放弃记录。应仔细查明原因，或请教指导教师帮助分析处理。实验结果必须经教师检查，数据不合格的应及时返工重做，直至获得满意结果；实验数据应随时记录在预习报告上，记录实验数据必须完整、准确，不得随意更改实验数据，或只记录“好”的数据，舍弃“不好”的数据。实验数据应记录在预习报告上已画好的数据表格中，字迹要清楚、整齐，要养成良好的记录习惯。实验完毕，整理实验台，经指导教师同意后，方可离开实验室。

3. 实验报告

学生应独立完成实验报告，实验后尽快及时送指导教师批阅，不能拖延。书写实验报告是物理化学实验的基本训练，处理数据等需花费较长的时间，学生应耐心处理，这个过程可以使学生在实验数据处理、作图、误差分析、逻辑思维等方面都得到训练和提高，为今后科学论文写作打下良好基础。

物理化学实验报告一般应包括实验目的、实验原理、仪器及试剂、实验操作步骤、数据处理、结果和讨论等项。其中，实验目的应简单明了，说明实验方法及研究对象。注意，实验原理应在理解的基础上，用自己的语言表述出来，而不要简单抄书。仪器装置用简图表示，并注明各部分名称。数据处理应有原始数据记录表和计算结果表示表（有时二者可合二为一），需要计算的数据必须列出算式，对于多组数据，可列出其中一组数据的算式，并注明公式所用的已知常数的数值，一定要注意各数值所用的单位。作图必须使用坐标纸，图要端正地粘贴在实验报告上。有条件的话，最好使用计算机来处理实验数据。实验报告的数据处理不仅包括表格、作图和计算，还应有必要的文字叙述。例如："所得数据列入××表""由表中数据作××-××图"等，以便使写出的实验报告更加清晰、明了，逻辑性强，便于批阅和留作以后参考。除此之外，对实验结果误差的定性分析或定量计算也不能忽略。讨论的内容可包括对实验现象的分析和解释，对实验原理、仪器设计、操作和实验误差等问题的讨论，以及对实验的改进意见和做实验的心得体会等，这是锻炼学生分析问题的重要一环，应予以重视。

4. 实验室规则

① 遵守纪律，不迟到，不早退，保持室内安静，不大声谈笑，不到处乱走，不许在实验室内嬉闹及搞恶作剧。

② 实验时应遵守操作规则，遵守一切安全制度，保证实验安全进行。

③ 使用水、电、气、药品试剂等都应本着节约原则。

④ 未经老师允许不得乱动精密仪器，使用时要爱护仪器，如发现仪器损坏，应立即报告指导教师并追查原因。

⑤ 随时注意室内整洁卫生，火柴杆、纸张等废物只能丢入废物缸内，不能随地乱丢，更不能丢入水槽，以免堵塞。实验完毕，将玻璃仪器洗净，实验台打扫干净，公用仪器、试剂药品等都整理整齐。

⑥ 实验时要集中注意力，认真操作，仔细观察，积极思考；实验数据要及时如实详细地记在预习报告本上，不得涂改和伪造，如有记错可在原数据上画一斜线，再在旁边记下正确值。

⑦ 实验结束后，由学生轮流值日，负责打扫整理实验室，检查水、煤气、门窗是否关好，电闸是否关闭，以保证实验室的安全。

实验室规则是人们长期从事化学实验工作的总结，它是保持良好环境和工作秩序、防止意外事故、做好实验的重要前提，也是培养学生优良素质的重要措施。

5. 实验考核要求

化学类专业要求学生完成实验 20 个，其他专业要求完成 8～12 个实验，写出实验报告，并对实验进行讨论。考核方式一般可采用实验前的预习、实验操作、实验报告和讲座相结合的形式，进行综合考核。

第二节 误差分析及数据处理

树立正确的误差概念是对一个实验人员的基本要求。在实验过程中，不仅要对实验方案进行分析，选择适当的测量方法进行数据的直接测量，而且同等重要的是对测量数据进行归纳、处理，以期找到其中正确的表达，寻求被研究对象内在的本质和规律。

一、误差及误差的表达

由于实验方法的非完美性、仪器精度的局限性和实验人员主观因素及外界条件的影响等各方面条件的限制，一切测量均带有误差，即测量值与真值（或实验平均值）之差。研究误差的目的不是要消除它，因为这是不可能的；也不是使它最小，这不一定必要，因为需要花费大量的人力和物力。它的目的是：在一定的条件下得到更接近于真值的最佳测量结果；确定结果的不确定程度；根据预先所需结果，选择合理的实验仪器、实验条件和方法，以降低成本和缩短实验时间。因此我们除了要认真仔细地做实验外，还要有正确表达实验结果的能力，这二者是同等重要的。仅报告结果，而不能同时指出结果不确定程度的实验是无价值的，所以要树立正确的误差概念，对误差产生的原因及其规律进行研究，方可在合理的人力物力支出条件下，获得可靠的实验结果，再通过实验数据的处理等步骤，就可使实验结果变为有参考价值的资料，这在科学研究中是必不可少的。

（一）不同原因产生的三种误差

1. 系统误差

这种误差是由一个固定因素引起的，它使测量结果恒偏大或恒偏小，其数值或基本不变，或按一定规律而变化，但总可以设法加以确定。因而在多数情况下，它们对测量结果的影响可以用校正量来校正。

产生系统误差的原因有：

① 仪器结构上的缺点引起的误差。如天平的两臂不等、气压计的真空不完善、仪器示数的可读部分不够准确等。这类误差可以通过检定的方法来改正。

② 方法误差：实验方法方面的缺陷引起的误差。例如实验方法的理论本身有缺点，或使用了近似公式。

③ 试剂误差：试剂药品不良引起的误差。如试剂中杂质的存在有时会给实验结果带来极其严重的影响。

④ 个人误差：操作者个人的习惯和特点引起的误差。如观察视线偏高或偏低，判定滴定终点的颜色程度因操作者不同而不同。

找出系统误差的存在并尽可能减少，这是我们实验中的重要任务之一。改变实验条件可以发现系统误差，针对产生原因可采取措施将其消除。比如：原子量可以用好几种方法来测定，只有不同实验人员，用不同仪器、不同方法所得数据相符合，系统误差才可以认为基本消除。

2. 偶然误差（或随机误差）

在相同条件下，多次测量同一量时，仍会发现测量值间存在微小差异，误差的绝对值随测量次数的增加，其平均值趋近于零，此类误差称为偶然误差。它产生的原因并不确定，一般是由环境条件的改变（如大气压、温度的波动）、操作者感官分辨能力的限制所致。例如，估计仪器最小分度时有偏大或偏小，难以读准确；控制滴定终点的指示剂颜色有深有浅等，都难以避免，这是同一个量多次测定的结果不能吻合的原因。

3. 过失误差（或粗差）

实验人员在测量过程中读数读错、记录记错、计算出现错误等引起的误差。这是一种明显歪曲实验结果的误差，它无规律可循，是由操作者的主观错误所致，此类误差可以避免。发现有此种误差产生，应及时纠正或将所得数据剔除。

（二）误差的表达方法

一般误差的表达方法有三种，平均误差、标准误差和或然误差，常用前面两种。为了表达测量的精度，又有绝对误差、相对误差两种表达方法。

1. 一般误差的表达方法

（1）平均误差

$$\bar{\delta}=\frac{\sum_{i=1}^{n}|x_i-x_{真}|}{n} \tag{1-1}$$

式中，n 为测量次数，$i=1$，2，…，n。平均误差计算方便，但易掩盖精度不高的测量值。实际测量中，$x_{真}$ 是未知的，通常以 $\bar{x}$ 作为 $x_{真}$。

（2）标准误差（或均方根误差）

$$\sigma=\sqrt{\frac{\sum_{i=1}^{n}(x_i-x_{真})^2}{n-1}} \tag{1-2}$$

这种表达方法对测量值误差的大小反应灵敏，考虑到误差的对消，其在实验精确测量中显示更多实用性。但计算烦琐，常常借助计算机，有时甚至需统计编程来完成。平均误差与标准误差的关系为 $\bar{\delta}=0.798\sigma$。

（3）或然误差

$$\rho=0.675\sigma \tag{1-3}$$

在一组等精度测量中，若某一偶然误差具有这样的特点：绝对值比它大的误差个数与绝对值比它小的误差个数相同，那么这个误差 ρ 就称为或然误差。也就是说，将全部误差按绝对值大小顺序排列，中间的那个误差称为或然误差 ρ。

2. 精度

精度反映的是测量结果与真值（多次测量的算术平均值也可）的接近程度，有准确度和精密度之分。

（1）准确度

准确度反映的是由系统误差引起的测量值相对于真值的偏离程度。系统误差越小，测量结果的准确度越高。准确度的高低用误差的大小来表示，绝对误差表示测量值与真值的接近程度，即测量的准确度。

$$\text{绝对误差 } \delta_i=x_i-x_{真} \tag{1-4}$$

（2）精密度

相对误差为绝对误差与真值的比值，表示测量值的精密度，即相同条件下各次测量值相互靠近的程度，属于偶然误差的影响。有效数字的位数直接体现了精密度的大小。平均误差、标准误差或相对平均误差、相对标准误差均可表达精密度。

$$\text{相对平均误差}(\bar{\delta}_{相对})=\pm\frac{\bar{\delta}}{\bar{x}}\times100\% \tag{1-5}$$

$$\text{相对标准误差}(\sigma_{相对})=\pm\frac{\sigma}{\bar{x}}\times100\% \tag{1-6}$$

其用绝对误差表示为：$\bar{x}\pm\bar{\delta}$ 或 $\bar{x}\pm\sigma$

其用相对误差表示为：$\bar{x}\pm\bar{\delta}_{相对}$ 或 $\bar{x}\pm\sigma_{相对}$

比如：两支水银温度计，一支的最小分度是 1 ℃，另一支为 0.2 ℃，多次测量的平均结果分别是（30.2±0.2)℃和（30.18±0.02)℃。后一支测量结果包含四位有效数字，它的读数的精度是较高的。精密度包括了测量值的可复性和测量结果表示出的有效数字位数两个因素。但可复性高并不代表准确性高，即不能确认是否有系统误差存在。例如未经校正的温度计，虽然精密度高，也可能是不准确的。因此，高的精密度不能保证高的准确度，但高的准确度必须有高的精密度来保证。

综上，用标准误差表示精密度比用平均误差好。用平均误差评定测量精度，优点是计算简单，缺点是可能把质量不高的测量结果掩盖了。而用标准误差评定测量精度时，测量误差平方后，较大的误差更显著地反映出来，更能说明数据的分散程度。因此在精密地计算测量误差时，大多采用标准误差。

二、误差计算与分析

(一) 偶然误差的统计规律和可疑值的舍弃

偶然误差符合正态分布规律，即正、负误差具有对称性。所以，只要测量次数足够多，在消除了系统误差和粗差的前提下，测量值的算术平均值趋近于真值，即

$$\lim_{x \to \infty} \overline{x} = x_{真} \tag{1-7}$$

但是，一般测量次数不可能有无限多次，所以一般测量值的算术平均值也不等于真值。于是人们又常把测量值 x_i 与算术平均值之差称为偏差 (d_i)，常与误差混用。

如果以误差出现次数 N 对标准误差的数值 σ 作图，得一条对称曲线 (见图 1-1 和图 1-2)。统计结果表明，测量结果的误差大于 3σ 的概率不大于 0.3%。因此，根据小概率定理，凡误差大于 3σ 的数据点，均可以作为粗差剔除。严格地说，这是指测量达到一百次以上时方可如此处理，粗略地用于 15 次以上的测量。对于 10～15 次的测量可用 2σ，若测量次数再少，应酌情递减。

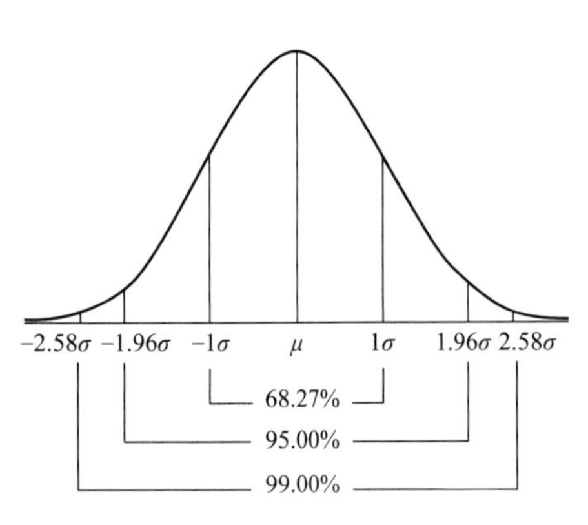

图 1-1 正态分布误差曲线图 1

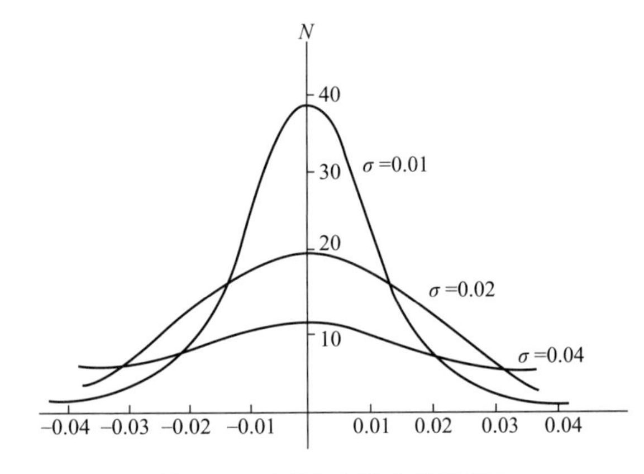

图 1-2 正态分布误差曲线图 2

(二) 误差传递——间接测量结果的误差计算

测量分为直接测量和间接测量两种。一切简单易得的物理量的测定均可直接测量，如用米尺量物体的长度，用温度计测量体系的温度等。对于较复杂不易直接测得的物理量，可通过直接测定简单的物理量，而后按照一定的函数关系将它们计算出来。

例如，在凝固点降低法测分子量实验中，溶质分子量 M 为：

$$M = \frac{K_{\mathrm{f}} W_{\mathrm{B}} \times 1000}{W_{\mathrm{A}} \Delta T_{\mathrm{f}}} \tag{1-8}$$

M 为间接测量的物理量，每个直接测量的物理量（如 W_A、W_B、T_f）的误差都会影响最终测量结果（M），这种影响称为误差的传递。从测量结果的表示式：$\bar{x}\pm\bar{\delta}$ 或 $\bar{x}\pm\sigma$ 看，关键是要了解直接测量的物理量的平均误差（$\bar{\delta}$）或标准误差（σ）是如何传递的。这里仅介绍平均误差（$\bar{\delta}$）或标准误差（σ）是如何传递给间接测量的物理量的。

下面给出了误差传递的定量公式。通过间接测量结果误差的求算，可以知道哪个直接测量值的误差对间接测量结果影响最大，从而可以有针对性地提高测量仪器的精度，获得好的测量结果。

1. 间接测量结果误差的计算

设函数关系为 $u=f(x, y)$，其全微分式为：

$$\mathrm{d}u=\left(\frac{\partial u}{\partial x}\right)_y \mathrm{d}x+\left(\frac{\partial u}{\partial y}\right)_x \mathrm{d}y \tag{1-9}$$

式中，x、y 为直接测量的物理量，$\mathrm{d}x$ 和 $\mathrm{d}y$ 为其平均误差，u 为最后理论计算结果。当 Δx 与 Δy 很小时，舍去 Δx 式子中的高阶无穷小，$\Delta x\approx \mathrm{d}x$，$\Delta y\approx \mathrm{d}y$。考虑误差积累，取其绝对值，则：

$$\Delta u=\left|\left(\frac{\partial u}{\partial x}\right)_y\right||\Delta x|+\left|\left(\frac{\partial u}{\partial y}\right)_x\right||\Delta y| \tag{1-10}$$

上式称为函数 u 的绝对算术平均误差。其相对算术平均误差为：

$$\frac{\Delta u}{u}=\frac{1}{u}\left|\left(\frac{\partial u}{\partial x}\right)_y\right||\Delta x|+\frac{1}{u}\left|\left(\frac{\partial u}{\partial y}\right)_x\right||\Delta y| \tag{1-11}$$

比如，$y=x_1+x_2$

$$\left(\frac{\partial y}{\partial x_1}\right)_{x_2}=1,\quad \left(\frac{\partial y}{\partial x_2}\right)_{x_1}=1,\quad \Delta y=|\Delta x_1|+|\Delta x_2| \tag{1-12}$$

又比如，对于 $y=\dfrac{x_1}{x_2}$

$$\left(\frac{\partial y}{\partial x_1}\right)_{x_2}=\frac{1}{x_2},\quad \left(\frac{\partial y}{\partial x_2}\right)_{x_1}=x_1\left(\frac{-1}{x_2^2}\right) \tag{1-13}$$

$$\Delta y=\frac{1}{x_2}|\Delta x_1|+\left|\frac{-x_1}{x_2^2}\right||\Delta x_2|=\frac{1}{x_2}|\Delta x_1|+\frac{x_1}{x_2^2}|\Delta x_2|=\frac{x_2|\Delta x_1|+x_1|\Delta x_2|}{x_2^2} \tag{1-14}$$

为计算方便，将不同的函数形式代入以上两式求偏导的绝对值，化简后得出几种基本函数类型的绝对算术平均误差和相对算术平均误差计算公式，部分函数的平均误差计算公式列于表 1-1 中。

表 1-1 部分函数的平均误差计算公式

函数关系	绝对算术平均误差	相对算术平均误差
$y=x_1+x_2$	$\pm(\|\Delta x_1\|+\|\Delta x_2\|)$	$\pm\left(\frac{\|\Delta x_1\|+\|\Delta x_2\|}{x_1+x_2}\right)$
$y=x_1-x_2$	$\pm(\|\Delta x_1\|+\|\Delta x_2\|)$	$\pm\left(\frac{\|\Delta x_1\|+\|\Delta x_2\|}{x_1-x_2}\right)$
$y=x_1x_2$	$\pm(x_1\|\Delta x_2\|+x_2\|\Delta x_1\|)$	$\pm\left(\frac{\|\Delta x_1\|}{x_1}+\frac{\|\Delta x_2\|}{x_2}\right)$

续表

函数关系	绝对算术平均误差	相对算术平均误差
$y=\frac{x_1}{x_2}$	$\pm\left(\frac{x_1\|\Delta x_2\|+x_2\|\Delta x_1\|}{x_2^2}\right)$	$\pm\left(\frac{\|\Delta x\|}{x_1}+\frac{\|\Delta x_2\|}{x_2}\right)$
$y=x^n$	$\pm(nx^{n-1}\Delta x)$	$\pm\left(n\frac{\|\Delta x\|}{x}\right)$
$y=\ln x$	$\pm(\frac{\Delta x}{x})$	$\pm\left(\frac{\|\Delta x\|}{x\ln x}\right)$

下面以凝固点降低法中平均误差的传递为例说明。

凝固点降低常数 K_f 可查相关数据表得出，$K_f=5.12$，而直接测量值为 W_A、W_B、T_f^*、T_f。其中，溶质质量 $W_B=0.1472$ g，若用分析天平称重，溶质质量测定的绝对误差为 $\Delta W_B=0.0002$ g；溶剂质量 $W_A=20$ g，若用工业天平称重，溶剂质量测定的绝对误差为 $\Delta W_A=0.05$ g。测量凝固点降低值，若用贝克曼温度计测量，其精密度为 0.002，测出溶剂的凝固点 T_f^* 三次的读数，分别为 5.806、5.786、5.802，则：

$$T_f^*=\frac{5.806+5.786+5.802}{3}=5.798$$

各次量中：

$$\Delta T_{f_1}^*=5.806-5.798=+0.008$$

$$\Delta T_{f_2}^*=5.786-5.798=-0.012$$

$$\Delta T_{f_3}^*=5.802-5.798=+0.004$$

$$\text{平均误差}=\pm\frac{|0.008|+|-0.012|+|0.004|}{3}=\pm0.008$$

溶剂凝固点 T_f^* 测定的结果表示为：5.798±0.008

若溶液凝固点 T_f 测量了如下三次：5.499、5.506、5.492，按以上方法可以求出平均值为 5.499，再求各自的绝对误差，最后计算出平均误差为±0.005。则测定结果表示为：5.499±0.005。

$$\Delta T_f=T_f^*-T_f=(5.798\pm0.008)-(5.499\pm0.005)=0.299\pm0.013$$

这里，0.299 为 ΔT_f 的测定值，±0.013 为经传递的平均误差。

$M=\frac{K_fW_B\times1000}{W_A\Delta T_f}$，则按平均误差传递公式：

$$\Delta M=\left|\left(\frac{\partial M}{\partial W_A}\right)_{W_B,\Delta T_f}\right||\Delta W_A|+\left|\left(\frac{\partial M}{\partial W_B}\right)_{W_A,\Delta T_f}\right||\Delta W_B|+\left|\left(\frac{\partial M}{\partial(\Delta T_f)}\right)_{W_A,W_B}\right||\Delta(\Delta T_f)| \tag{1-15}$$

分别计算上式中的偏导值：

$$\left(\frac{\partial M}{\partial W_A}\right)_{W_B,\Delta T_f}=\frac{K_fW_B\times1000}{\Delta T_f}\times\frac{-1}{W_A^2}=\frac{5.12\times0.1472\times1000}{-20.0^2\times0.299}=-6.302$$

$$\left(\frac{\partial M}{\partial W_B}\right)_{W_A,\Delta T_f}=\frac{K_f\times1000}{W_A\Delta T_f}\times1=\frac{5.12\times1000}{20.0\times0.299}=856.2 \tag{1-16}$$

$$\left(\frac{\partial M}{\partial(\Delta T_f)}\right)_{W_A,W_B}=\frac{K_fW_B\times1000}{W_A}\times\frac{-1}{\Delta T_f^2}=\frac{5.12\times0.1472\times1000}{20.0\times(-0.299^2)}=-422.0$$

$$\Delta M = 856.2 \times 0.0002 + 6.302 \times 0.05 + 422.0 \times 0.013 = 5.977 \approx 6$$

$$M = \frac{5.12 \times 0.1472 \times 1000}{20.0 \times 0.299} = 126$$

则：$M = 126 \pm 6$

2. 间接测量结果的标准误差计算

设函数关系为 $u = f(x, y)$（同上），则其标准误差为：

$$\sigma_u = \sqrt{\left(\frac{\partial u}{\partial x}\right)_y^2 \sigma_x^2 + \left(\frac{\partial u}{\partial y}\right)_x^2 \sigma_y^2} \tag{1-17}$$

此为误差传递的基本公式。其中 x、y 为直接测量的物理量，u 为间接计算结果。σ_u、σ_x 和 σ_y 为其标准误差，考虑误差积累，相关量取其绝对值。同上，为计算方便，将不同的函数形式代入以上两式求偏导，化简后得出几种基本函数类型的绝对标准误差和相对标准误差计算公式，部分函数的标准误差计算公式列于表 1-2。

表 1-2 部分函数标准误差计算公式

函数关系	绝对标准误差	相对标准误差
$u = x \pm y$	$\pm\sqrt{\sigma_x^2 + \sigma_y^2}$	$\pm\frac{1}{\lvert x \pm y\rvert}\sqrt{\sigma_x^2 + \sigma_y^2}$
$u = xy$	$\pm\sqrt{y^2\sigma_x^2 + x^2\sigma_y^2}$	$\pm\sqrt{\frac{\sigma_x^2}{x^2} + \frac{\sigma_y^2}{y^2}}$
$u = \frac{x}{y}$	$\pm\frac{1}{y}\sqrt{\sigma_x^2 + \frac{x^2}{y^2}\sigma_y^2}$	$\pm\sqrt{\frac{\sigma_x^2}{x^2} + \frac{\sigma_y^2}{y^2}}$
$u = x^n$	$\pm nx^{n-1}\sigma_x^2$	$\pm\frac{n}{x}\sigma_x$
$u = \ln x$	$\pm\frac{\sigma_x}{x}$	$\pm\frac{\sigma_x}{x\ln x}$

三、有效数字及计算规则

（一）有效数字

任何测量的准确度都是有限的，只能以一定的近似值来表示这些测量结果。因此，测量结果数值计算的准确度就不应该超过测量的准确度，即测量的能力。如果任意将近似值保留过多的位数，反而会歪曲测量结果的真实性。有效数字是实际测量到的数字，除最后一位是可疑（估读）的，其余的数字都是确定的。也就是说，当我们对一个测量的量进行记录时，所记数字的位数应与仪器的精密度相符合，即所记数字的最后一位为仪器最小刻度以内的估计值，称为可疑值，其他几位为准确值，这样的一个数字称为有效数字，它的位数不可随意增减。有效数字不仅反映了数量的大小，同时也反映了测量的精密程度。

例如，普通水银温度计最小刻度为 1 ℃，体温计最小刻度为 0.1 ℃，而玻璃水银贝克曼温度计最小刻度为 0.01 ℃，假如温度在 25 ℃附近，用三种温度计读数分别要加一位估读数字，三种温度计读数分别为：25.1 ℃、25.09 ℃、25.099 ℃。其中，最后一位为估读数字，三种读数可能分别有±0.1 ℃、±0.01 ℃、±0.001 ℃的误差；数字 0 可以是测量得到的有效数字，但当 0 只用来定位时，就不是有效数字，并且有效数字的位数与小数点的位置无关。

（二）数字修约

各测量值有效数字位数可能不同，因此计算前要先对各测量值进行修约。我们将应保留的有效数字位数确定之后，其余尾数一律舍弃的过程称为修约。修约应一次到位，不得连续多次修约。

修约规则为：四舍六入五成双（尾留双），被修约数≤4 则舍弃，被修约数≥6 则进位。若是被修约数为 5 将有两种情况：若前面是奇数则进位为偶数，若前面是偶数则舍弃；若 5 后面还有不为 0 的数，则不管前面数字奇偶一律进位。例如，下列数据修约为两位有效数字：

$$7.378 \rightarrow 7.4 \quad 8.45 \rightarrow 8.4 \quad 8.4501 \rightarrow 8.5 \quad 8.35 \rightarrow 8.4 \quad 6.548 \rightarrow 6.5$$

（三）有效数字的计算规则

在间接测量中，需通过一定公式将直接测量值进行运算，运算中对有效数字位数的取舍应遵循如下规则：

① 相对误差一般只取一位有效数字，最多两位。

② 有效数字的位数越多，数值的精确度也越大，相对误差越小。

例如：a.（1.35±0.01）m，三位有效数字，相对误差 0.7%。

b.（1.3500±0.0001）m，五位有效数字，相对误差 0.007%。

③ 加减法运算。以小数点后位数最少的为准先修约后加减，结果保留位数也按小数点后位数最少的算。

例如：$0.0121+12.56+7.8432 \rightarrow 0.01+12.56+7.84=20.41$

又如：$56.38+17.889+21.6 \rightarrow 56.4+17.9+21.6=95.9$

④ 乘除法运算。结果保留位数应与有效数字位数最少者相同，可先修约后计算：

如：$(0.0142\times24.43\times305.84)\div28.67 \rightarrow (0.0142\times24.4\times306)\div28.7=3.69$

又如：$1.436\times0.020568\div85 \rightarrow \dfrac{1.44\times0.0206}{85}=3.49\times10^{-4}$

其中 85 的有效数字最少，由于首位是 8，所以可以看成三位有效数字，其余两个数值，也应保留三位，最后结果也只保留三位有效数字。

⑤ 乘方或开方运算。结果有效数字位数不变。如：$6.54^2=42.8$

⑥ 对数计算。对数尾数的位数应与真数的有效数字位数相同。

如：

$$[H^+]=6.3\times10^{-11}\,mol\cdot L^{-1} \rightarrow pH=10.20$$

$$[H^+]=7.6\times10^{-4}\,mol\cdot L^{-1} \rightarrow pH=3.12$$

$$K=3.4\times10^{9} \rightarrow \lg K=9.35$$

⑦ 表示分析结果的精密度和准确度时，误差和偏差等只取一位或两位有效数字。

如：$E=0.123\%$表示为 0.1%或 0.12%

⑧ 计算中涉及常数以及非测量值，如自然数、分数时，比如常数 π、e 及某些取自手册的常数，如阿伏伽德罗常数、普朗克常数等，不受上述规则限制，不考虑其有效数字的位数，视为准确数值。

⑨ 为提高计算的准确性，在计算过程中可暂时多保留一位有效数字，计算完后再修约。用电子计算器运算时，要对其运算结果进行修约，保留适当的位数，不可将显示的全部数字

作为结果。

⑩ 若数据进行乘除运算时，第一位数字大于或等于 8，其有效数字位数可多算一位。如：9.46 可看作是四位有效数字。

⑪ 为了方便表达有效数字位数，一般用科学记数法记录数字，即用一个带小数的个位数乘以 10 的相当幂次表示。例如 0.000567 可写为 5.67×10^{-4}，有效数字为三位；10680 可写为 1.0680×10^{4}，有效数字是五位，如此。用以表达小数点位置的零不计入有效数字位数。

四、数据表达方法

物理化学实验数据的表达方法主要有列表法、作图法和数学方程式法。

（一）列表法

将实验数据列成表格，排列整齐，使人一目了然。这是数据处理中最简单的方法，列表时应注意以下几点：

① 表头要标注上名称和序号。

② 表格中数据用纯数表示，在表头中物理量与其单位的标注形式为“量的名称或符号/单位符号”。因为物理量的符号本身是带有单位的，除以它的单位，即等于表中的纯数字，如表 1-3 所示。

表 1-3　p-V 测定数据表

实验编号	p/kPa	V/dm^3
1	100	22.7
2	50	45.4

③ 数字要排列整齐，小数点要对齐。

④ 表格中的数据从左到右由自变量到因变量来表达。可以将原始数据和处理结果列在同一表中，但应以一组数据为例，在表格下面列出算式，写出计算过程。

⑤ 表中的数据不好表达时，可将科学记数法的表达反写在表头，上下是恒等关系。比如：$10^{-4}\Delta h/\text{Pa}=1.253$，即：$\Delta h=1.253\times10^{4}\,\text{Pa}$，如表 1-4 所示。

表 1-4　液体饱和蒸气压测定数据表

t/℃	T/K	$10^3\dfrac{1}{T}$/K^{-1}	$10^{-4}\Delta h$/Pa	$10^{-4}p$/Pa	$\ln(p/\text{Pa})$
95.10	368.25	2.716	1.253	8.703	11.734

（二）作图法

1. 作图法在物理化学实验中的应用

物理化学实验的数据通过作图法能更形象清楚地表达出数据的特点，如极大值、极小值、拐点、周期性、数量的变化速率等，并可进一步用图解求积分、微分、内插值以及进行外推，还可以作切线、求面积，将数据做进一步处理。作图法的应用极为广泛，其中最重要的有：

（1）求外推值

有些不能由实验直接测定的数据，常常可以用作图外推的方法求得。例如用黏度法测定高聚物的分子量实验中，首先必须用外推法求得溶液的浓度趋于零时的黏度（即特性黏度）值，才能算出分子量。这种方法主要是利用测量数据间的线性关系，外推至测量范围之外，求得某一函数的极限值，这种方法称为外推法。

（2）求极值或转折点

函数的极大值、极小值或转折点，在图形上表现得很直观。例如环己烷-乙醇双液系相图确定最低恒沸点（极小值）。

（3）求经验方程

若间接测量的物理量（因变量）与直接测量的物理量（自变量）之间呈线性关系，那么就应符合下列方程：$y=kx+b$。它们的几何图形应为一条直线，k 是直线的斜率，b 是直线在坐标轴上的截距。应用实验数据作图，作一条尽可能连接各实验点的直线，从直线的斜率和截距便可求得 a 和 b 的具体数据，从而得出经验方程。这种方法是物理化学实验中最常用的方法。

对于函数关系不是线性关系的情况，可对原有方程或公式作若干变换，转变成直线关系。如朗缪尔吸附等温式：

$$\Gamma=\Gamma_{\infty}\frac{Kc}{1+Kc} \tag{1-18}$$

上式中吸附量 Γ 与浓度 c 之间为曲线关系，难以求出饱和吸附量 Γ_{∞}。可将上式改写成：

$$\frac{c}{\Gamma}=\frac{1}{K\Gamma_{\infty}}+\frac{1}{\Gamma_{\infty}}c \tag{1-19}$$

以 $\frac{c}{\Gamma}$ 对 c 作图得一条直线，其斜率的倒数为 Γ_{∞}，截距为 $\frac{1}{\Gamma_{\infty}K}$。

（4）作切线求函数的微商

作图法不仅能表示出测量数据间的定量函数关系，而且可以从图上求出各点函数的微商，其几何意义是曲线上某一点处切线的斜率。具体做法是：在所得曲线上选定若干个点，然后用镜像法、平行线法或 Origin 软件采用切线法作出各切线，计算出切线的斜率，即得该点函数的微商值。

（5）求导函数的积分值（图解积分法）

设图形中的因变量是自变量的导函数，则在不知道该导函数解析表达式的情况下，也能利用图形求出定积分值，这种方法称为图解积分法，通常求曲线下所包含的面积常用此法。

2. 作图法注意事项

① 图要有图题和序号。例如：“图 1　$\ln K_p$-T 图”“图 2　V-t 图”等。坐标轴是数轴，只能表示纯数，是无单位的量，坐标轴也要用物理量与其单位的比值表示。

② 要用市售的正规坐标纸，并根据需要选用坐标纸种类：直角坐标纸、三角坐标纸、半对数坐标纸、对数坐标纸等。物理化学实验中一般用直角坐标纸，只有三组分相图使用三角坐标纸。

③ 在直角坐标中，一般以横轴代表自变量，纵轴代表因变量，10 的幂次以相乘的形式写在变量旁，与表类似，数轴上的数与轴的物理量标注是恒等关系。

④ 适当选择坐标比例，以表达出全部有效数字为准，即最小的毫米格内表示有效数字

的最后一位。每厘米格代表 1、2、5 为宜，切忌 3、7、9。如果作直线，应正确选择比例，使直线呈 45°倾斜为好。

⑤ 坐标原点不一定选在零点，应使所作直线与曲线匀称地分布于图面中。在两条坐标轴上每隔 1 cm 或 2 cm 均匀地标上所代表的数值，而图中所描各点的具体坐标值不必标出。

⑥ 描点时，应用细铅笔将所描的点准确而清晰地标在其位置上，可用○、△、□、×等符号表示。符号总面积表示了实验数据误差的大小，所以不应超过 1 mm 格。同一图中表示不同曲线时，要用不同的符号描点，以示区别。

⑦ 作曲线时，应尽量多地通过所描的点，但不要强行通过每一个点。对于不能通过的点，应使其等量地分布于曲线两边，且两边各点到曲线的距离之平方和要尽可能相等。描出的曲线应平滑均匀。作图示例如图 1-3 所示。

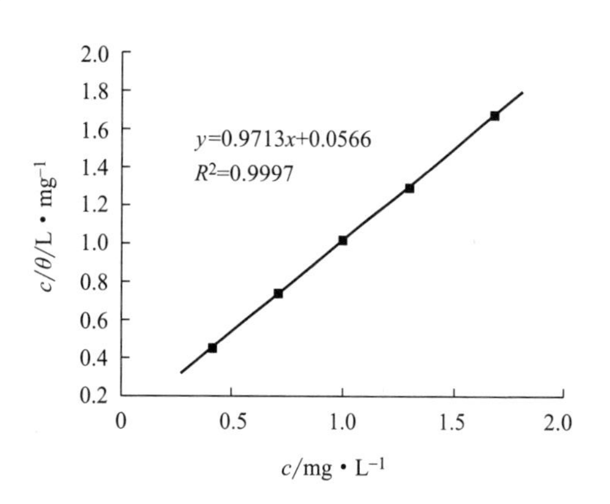

图 1-3　c/θ 与 c 的线性关系

⑧ 图解微分。图解微分的关键是作曲线的切线，而后求出切线的斜率值，即图解微分值。作曲线的切线可用如下几种方法。

a. 镜像法：取一平面镜，使其垂直于图面，并通过曲线上待作切线的点 P（如图 1-4），然后让镜子绕 P 点转动，注意观察镜中曲线的影像，当镜子转到某一位置，使得曲线与其影像刚好平滑地连为一条曲线时，过 P 点沿镜子作一条直线即为 P 点的法线，过 P 点再作法线的垂线，就是曲线上 P 点的切线。若无镜子，可用玻璃棒代替，方法相同。

b. 平行线段法：如图 1-5 所示，在选择的曲线段上作两条平行线 AB 及 CD，然后连接 AB 和 CD 的中点 NM 并延长相交曲线于 O 点，过 O 点作 AB、CD 的平行线 EF，则 EF 就是曲线上 O 点的切线。

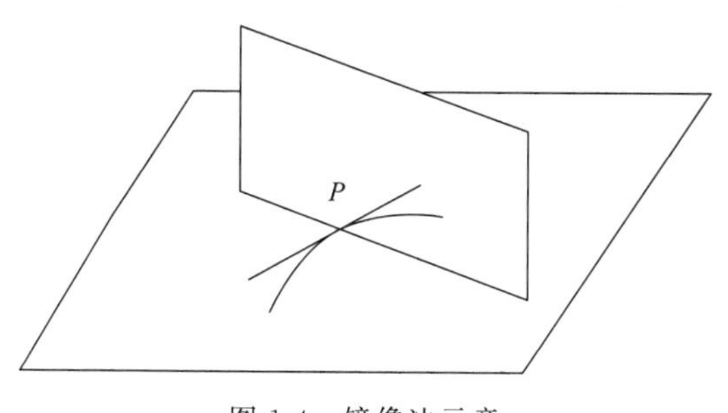

图 1-4　镜像法示意

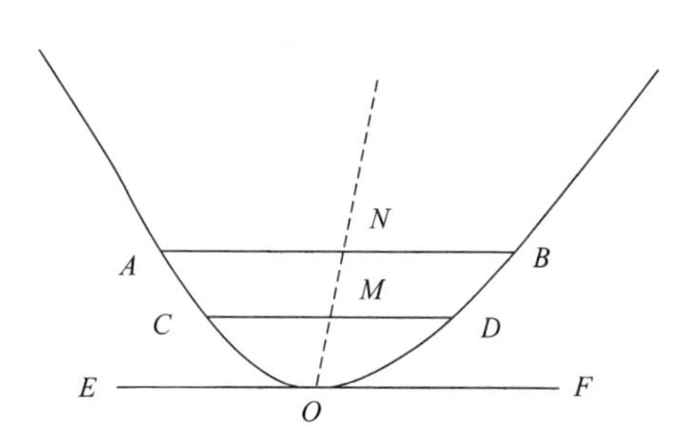

图 1-5　平行线段法示意

c. Origin 做切线法：在 Origin 7.5 中安装 Tangent. opk 这个插件即可。下载后双击安装，或先启动 Origin 再将 Tangent. opk 直接拖到 Origin 界面中也可以安装。按提示点击确定。安装好后启动 Origin 就会出现一个带有两个按钮的浮动窗口，先画平滑曲线，再点一下左边的按钮，在曲线上选一个点然后双击，即可作出过该点的切线，如图 1-6 所示。

平滑曲线：选中数据用 Spline 划线，如图 1-7 所示。

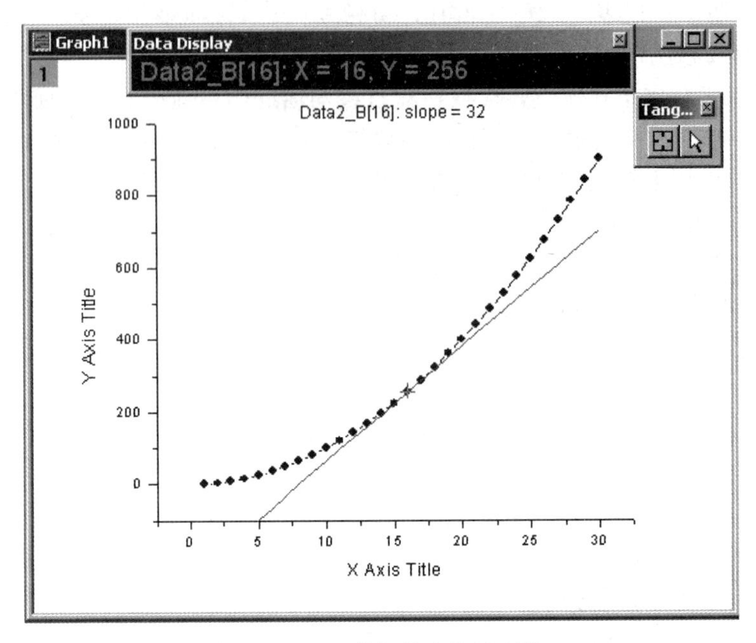

图 1-6 Origin 做切线法关键步骤 1

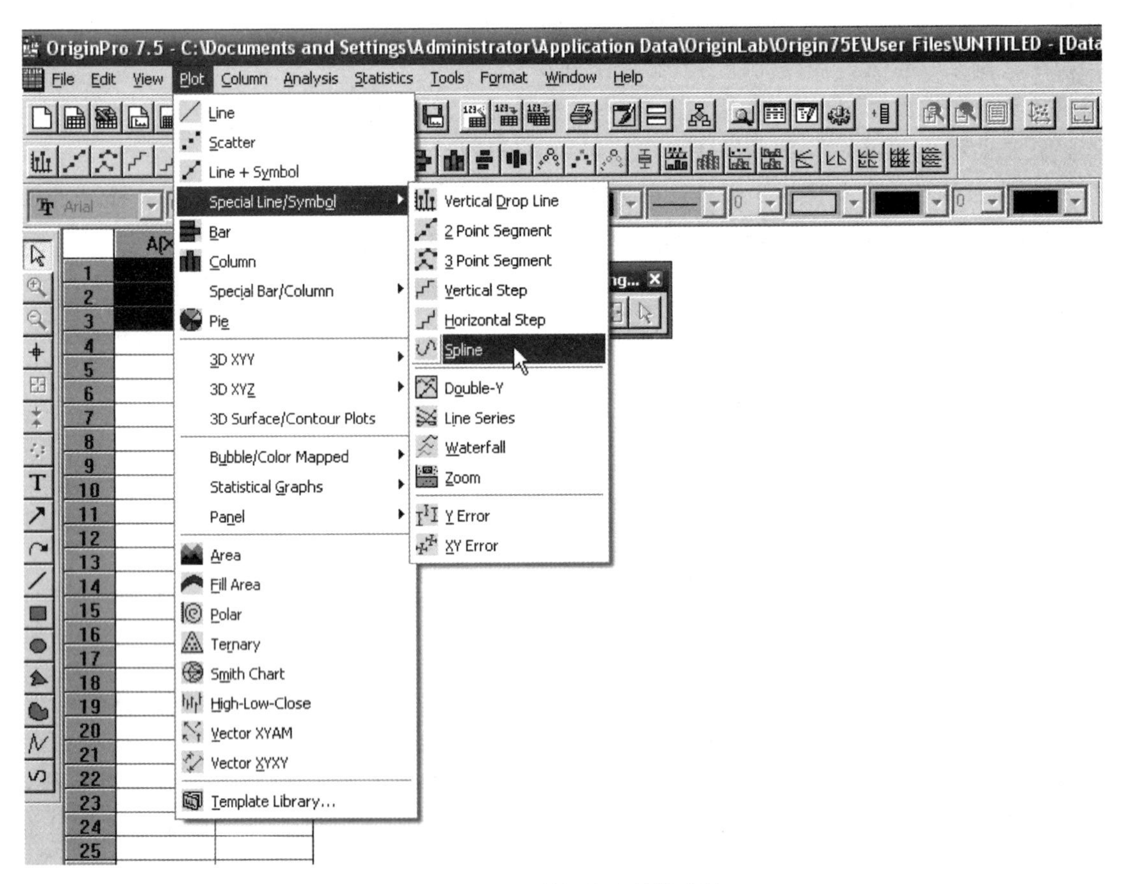

图 1-7 Origin 做切线法关键步骤 2

（三）数学方程式法

将一组实验数据用数学方程式表达出来是最为精练的一种方法。它不但简单而且便于进一步求解如积分、微分、内插值等。此法首先要找出变量之间的函数关系，然后将其线性化，进一步求出直线方程的系数斜率 k 和截距 b，即可写出方程式。也可将变量之间的关系直接写成多项式，通过计算机曲线拟合求出方程系数。

求直线方程系数一般有三种方法。

1. 最小二乘法

这是最为精确的一种方法，假定测量所得数据并不满足方程 $y=kx+b$ 或 $kx-y+b=0$，而存在所谓残差 δ。令 $\delta_i=kx_i+b-y_i$。最好的曲线应能使各数据点的残差平方和（Δ）最小。令 $\Delta=\sum_{i=1}^{n}(kx_i+b-y_i)^2$ 为最小，根据函数极值条件，应有：

$$\frac{\partial\Delta}{\Delta k}=0,\quad \frac{\partial\Delta}{\Delta b}=0 \tag{1-20}$$

则得方程

$$\begin{cases}\dfrac{\partial\Delta}{\partial k}=2\sum_{i=1}^{n}x_i(kx_i+b-y_i)=0\\[2ex]\dfrac{\partial\Delta}{\partial b}=2\sum_{i=1}^{n}(kx_i+b-y_i)=0\end{cases} \tag{1-21}$$

变换后可得：

$$\begin{cases}k\sum_{i=1}^{n}x_i^2+b\sum_{i=1}^{n}x_i=\sum_{i=1}^{n}x_iy_i\\[2ex]k\sum_{i=1}^{n}x_i+nb=\sum_{i=1}^{n}y_i\end{cases} \tag{1-22}$$

解此联立方程得斜率 k 和截距 b：

$$\begin{cases}k=\dfrac{n\sum x_iy_i-\sum x_i\sum y_i}{n\sum x_i^2-(\sum x_i)^2}\\[2ex]b=\dfrac{\sum y_i}{n}-a\dfrac{\sum x_i}{n}\end{cases} \tag{1-23}$$

此过程即为线性拟合或称为线性回归。由此得出的 y 值称为最佳值。

最小二乘法是假设自变量 x 无误差或 x 的误差比 y 的小得多，可以忽略不计。与线性回归所得数值比较，y_i 的误差如下式所示，σ_{y_i} 越小，回归直线的精度越高。

$$\sigma_{y_i}=\sqrt{\frac{\sum(kx_i+b-y_i)^2}{n-2}} \tag{1-24}$$

相关系数的概念出自误差的合成，用以表达两变量之间的线性相关程度，表达式为：

$$R=\frac{\sum(x_i-x)(y_i-y)}{\sqrt{\sum(x_i-x)^2\sum(y_i-y)^2}} \tag{1-25}$$

R 的取值应为 $-1\leqslant R\leqslant +1$。当两变量线性相关时，$R$ 等于 ±1；两变量各自独立，毫无关系时，$R=0$；其他情况均处于+1和−1之间。如图1-3中的$R^2=0.9997$，R接近于1，说明线性关系较好。

2. 图解法

注意选择的两点必须是直线上的两点，而不是待用实验测量点，两点间距尽量取得大些，同时两点横坐标之间的差值是便于计算的简单数值。将实验数据在直角坐标纸上作图，得一条直线，此直线在y轴上的截距即为b值（横坐标原点为零时）；直线与轴夹角的正切值即为斜率k。或者，在直线上选取两点（此两点应远离），则

$$k=\frac{\Delta y}{\Delta x}=\frac{y_2-y_1}{x_2-x_1},\quad b=\frac{y_1x_2-y_2x_1}{x_2-x_1} \tag{1-26}$$

3. 平均法

若将测得的n组数据分别代入直线方程式，则得n个直线方程：

$$y_1=kx_1+b,\quad y_2=kx_2+b \tag{1-27}$$

将这些方程分成两组，分别将各组的x、y值累加起来，得到两个方程：

$$\sum_{i=1}^{n'}y_i=k\sum_{i=1}^{n'}x_i+n'b,\quad \sum_{i=n'+1}^{n}y_i=k\sum_{i=n'+1}^{n}x_i+(n-n')b \tag{1-28}$$

解此联立方程，可得k、b值。

五、数据处理方法

物理化学实验中常用的数据处理方法主要有：

① 作图分析及公式计算，用计算器即可完成。

② 用实验数据作图或对实验数据计算后作图，然后线性拟合，由拟合直线的斜率或截距求得需要的参数。可用 Origin 软件或 Excel 在计算机上完成。

③ 非线性曲线拟合，作切线，求截距或斜率。可用 Origin 软件在计算机上完成。物理化学实验数据处理主要用到 Origin 软件的如下功能：对数据进行函数计算或输入表达式计算、数据点屏蔽、线性拟合、内插值与外推值、多项式拟合、非线性曲线拟合、差分等。

④ 采用统计分析，确定实验数据中的关键参数以及参数之间的关系，譬如t检验和方差分析等。

⑤ 列表法记录原始数据，仅将原始实验数据按照一定的规律以简洁、准确的方式记录在表格中，在表格中不作任何计算或转换，数据处理可留在实验结束后，根据实验原理及相关公式进行计算。

第三节　物理化学实验室安全与防护

物理化学实验的安全与防护是关系到培养良好的实验素质，确保实验者、参与者及实验室安全的非常重要的问题。诸如发生爆炸、着火、中毒、灼伤、割伤、触电等事故的危险性事件在实验室中时有发生。如何来防止这些事故的发生，以及发生事故如何急救，都是每一个实验者必须具备的素质。本节主要结合物理化学实验的特点介绍安全用电常识及使用化学药品的安全防护等知识。

一、安全用电

物理化学实验使用电气设备多，安全用电在物理化学实验中显得非常重要。违章用电可

能造成仪表读数不准、仪器损坏、线路着火、人身触电等事故。因此，我们需要知道用电相关知识，遵守安全用电规则。

（1）用电知识

实验室所用的电为频率50 Hz的交流电，一般是电压220 V的两相电，只有大功率的电气设备（如箱式炉等）才用到电压380 V的三相电。插头插座中的电线，遵循“左零右火中间地”“左正右负”原则。

（2）安全用电

我国规定36 V、50 Hz的交流电流为安全电，超过45 V都是危险电。实际上，人体触电感觉是由流经身体的电流大小决定的。若电流为1 mA时，人体会有发麻、针刺的感觉；6～9 mA时，一触就会缩手；再高，会使肌肉强烈收缩，自我无法控制触电身体，俗称“被电粘住了”，为防止被电粘住，在操作前，尽管已经确定是安全的也要用手背触碰一下，万一有电，在电致手部肌肉收缩下脱离接触；50 mA时，超过4 min，会危及生命。因此，安全用电原则是不要使电流通过人体。

流经人体的电流强度大小除了取决于上述的电压外，还取决于人体电阻。通常人体电阻包括人体内部组织电阻和皮肤电阻。人体内部组织电阻相差不大，在1000 Ω左右；皮肤电阻受湿润程度影响较大，皮肤越干燥皮肤电阻越大，从几百到数万欧姆之间变化。因此，不要用潮湿或者有汗的手操作电器。

实验开始时，应先连接好电路再接通电源；修理或安装电器时，应先切断电源；实验结束时，先切断电源再拆线路。万一不慎发生触电事故，应迅速切断电源，然后才可抢救。

（3）电致火灾

电线的安全通电量应大于用电功率；使用的保险丝要与实验室允许的用电量相符。室内若有氢气、煤气等易燃易爆气体，应避免产生电火花。继电器工作时、电器接触点接触不良及开关电闸时，均易产生电火花，要特别小心。电线、电器不能被水浸湿或浸在导电液体中；线路中各接点应牢固，电路元件两端接头不要互相接触，以防短路。

在使用过程中如发现异常，如不正常声响、局部温度升高或嗅到焦味，应立即切断电源，并报告教师进行检查。

如遇电线起火，立即切断电源，用沙或二氧化碳、四氯化碳灭火器灭火，禁止用水或泡沫灭火器灭火。

二、使用化学药品的安全防护

（1）防毒

大多数化学药品都有不同程度的毒性，所以防毒原则是避免任何化学药品以任何方式进入人体。实验前，了解所用药品的毒性及防护措施；操作有毒性化学药品应在通风橱内进行，避免与皮肤接触；不要在实验室内吃东西；离开实验室要洗净双手。

（2）防火

许多有机溶剂如乙醚、丙酮等非常容易燃烧，使用时室内不能有明火、电火花等。用后要及时回收处理，不可倒入下水道，以免聚集引起火灾。实验室内不可存放过多这类药品。

实验室一旦着火，不要惊慌，应根据情况选择不同的灭火剂进行灭火。

① 有金属钠、钾、镁、铝粉、电石、过氧化钠等时，应用干沙等灭火；

② 密度比水小的易燃液体着火，应采用泡沫灭火器；

③ 有灼烧的金属或熔融物的地方着火时，应用干沙或干粉灭火器；

④ 电气设备或带电系统着火，用二氧化碳或四氯化碳灭火器。

(3) 防灼伤

强酸、强碱、强氧化剂、溴、磷、钠、钾、苯酚、冰醋酸等都会腐蚀皮肤，特别要防止溅入眼内。万一灼伤应及时治疗。

(4) 水银温度计打破后的处理

实验中时常会碰到水银（Hg）温度计不慎打破的情况，给实验者带来安全隐患。吸入汞蒸气会引起慢性中毒，症状为食欲不振、恶心、便秘、贫血、骨骼和关节疼痛、精神衰弱等。汞蒸气的最大安全浓度为0.1 $mg \cdot m^{-3}$，而20 ℃时汞的饱和蒸气压约为0.16 Pa，超过安全浓度130倍。因此，当水银温度计打破时，要先用吸汞管尽可能将汞珠收集起来，然后把硫黄粉撒在汞溅落的地方，并摩擦使之生成HgS，也可用$KMnO_4$溶液使其氧化。手上若有伤口，勿接触汞。

三、钢瓶室的管理

易燃或助燃气体的钢瓶要求放置在实验室外的钢瓶室内。钢瓶室要求远离热源、火源及可燃物仓库等。钢瓶室要用非燃或难燃材料构造，墙壁用防爆墙、轻质顶盖，门朝外开。要避免阳光照射，并有良好的通风条件。钢瓶需距明火热源10 m以上，室内应设有直立稳固的铁架，用于放置钢瓶。

四、实验室的安全防火

实验前应充分预习，了解实验内容及有关安全事项。实验教师需对本次的实验内容及安全注意事项做细致讲解。实验开始前，先检查仪器是否完整、放妥。实验时不得随意离开，必须注意反应情况，检查是否漏气或出现玻璃破损。实验完毕，要关好水、电、气开关。操作中如有易燃、易爆物品，附近应设灭火具和急救箱。对化学实验室而言，这类实验室的特点是：化学物品繁多，其中多数是易燃、易爆物品，在实验室中常进行蒸馏、回流、萃取、电解等操作时，用火用电也比较多，一旦使用不慎，很容易发生火灾。特别是学生做实验时，更易发事故。对这类实验室的要求如下：

① 化学实验室应为一、二级耐火等级的建筑。有易燃、易爆蒸气和可燃气体散逸的实验室，电气设备应符合防爆要求。

② 实验室的安全疏散门应不少于两个。

③ 实验剩余或常用的小量易燃化学品，总量应不超过国家规定的限量，应放在铁柜中，由专人保管。

④ 禁止使用没有绝缘隔热底座的电热仪器。

⑤ 在日光照射的房间必须备有窗帘，而且，在光照射到的地方，不应放怕光的或遇热能分解燃烧的物品，也不能存放遇热易蒸发的物品。

⑥ 进行性质不明或未知物料的实验时，尽量先从最小量开始，同时要注意安全，做好灭火准备。

⑦ 在实验过程中，利用可燃气体作燃料时，其设备的安装和使用都应符合有关规定。

⑧ 任何化学物品一旦加进容器中后，必须立即贴上标签；若发现异常或疑问，应询问有关人员或进行验证，不得乱丢乱放。

⑨ 在实验台上，不应放置与操作无关的其他化学物品，尤其不能放置浓酸或易燃、易爆的物品。

⑩ 往容器中灌装较大量的易燃、可燃液体时（醇类除外），要有防静电措施。

⑪ 各种气体钢瓶要远离火源，并置于阴凉和空气流通的地方。

⑫ 要建立健全蒸馏、回流、萃取、电解等各种化学实验的安全操作规程和化学品保管使用规则，并教育学生严格遵守。

⑬ 配备必要的灭火器材及沙桶。

参考文献

[1] 罗澄源，等．物理化学实验［M］．北京：高等教育出版社，2004.

[2] 王月娟，赵雷洪．物理化学实验［M］．杭州：浙江大学出版社，2008.

[3] 复旦大学等编．庄继华等修订．物理化学实验［M］．3 版．北京：高等教育出版社，2004.

[4] 刘晓芳，郭俊明，刘满红，等．化学实验室安全与管理［M］．北京：科学出版社，2022.

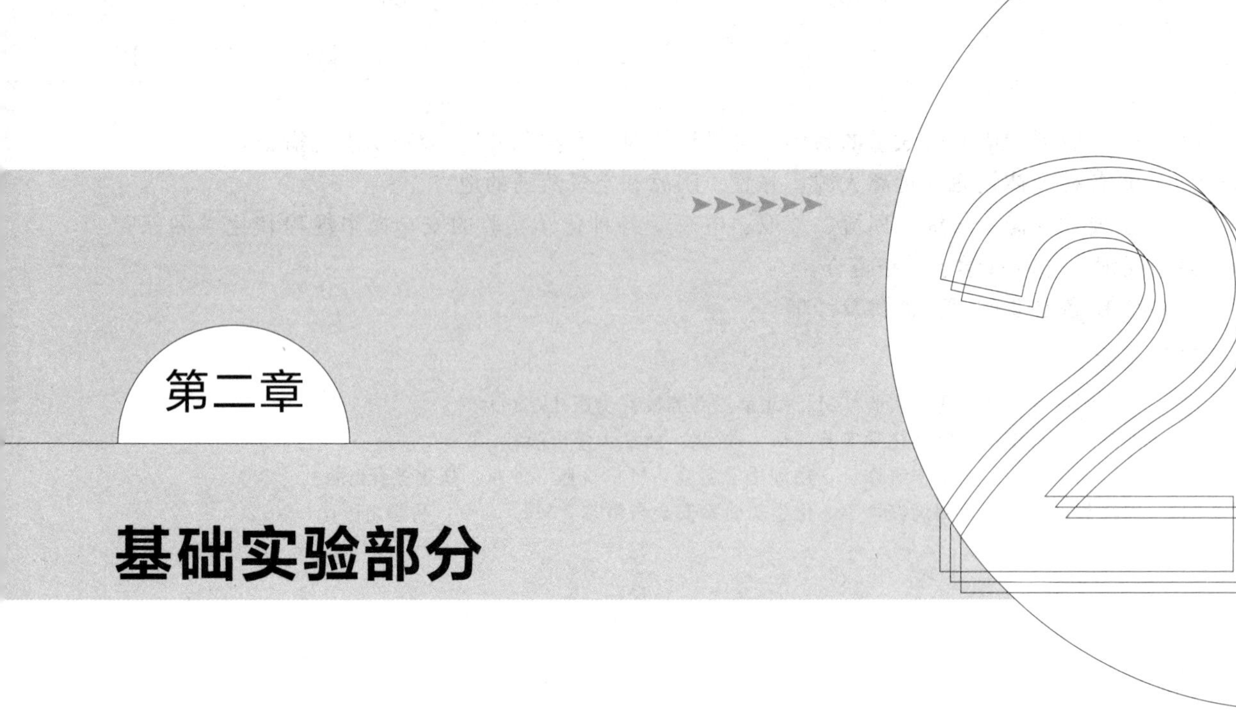

第一节　热力学

实验1　恒温水浴的组装及其性能测试

一、实验目的

1. 了解恒温水浴的构造及其工作原理，学会恒温水浴的装配技术。
2. 测绘恒温水浴的灵敏度曲线。
3. 掌握数字贝克曼温度计的使用方法。

二、实验原理

在许多物理化学实验中，待测的数据如折射率、黏度、电导、蒸气压、电动势、化学反应的速率常数、电离平衡常数等都与温度有关，因此这些实验都必须在恒温的条件下进行，这就需要各种恒温设备。通常用恒温槽来控制温度，维持恒温。一般恒温槽的温度都是相对稳定的，多少总有一定的波动，大约在±0.1 ℃，如果稍加改进也可达到0.01 ℃。要使恒温设备维持在高于室温的某一温度，就必须不断补充一定的热量，使由散热等引起的热损失得到补偿。恒温槽之所以能够恒温，主要是依靠恒温控制器来控制恒温槽的热平衡。当恒温槽由于热量对外散失而温度降低时，恒温控制器就驱使恒温槽中的电加热器工作，待加热到所需要的温度时，它又会停止加热，使恒温槽温度保持恒定。

恒温槽的装置是多种多样的，它主要包括下面几个部件：①敏感元件，也称感温元件；②控制元件；③加热元件。感温元件将温度转化为电信号输送给控制元件，然后由控制元件发出指令，让加热元件加热或停止加热。

图2-1是一个恒温装置，由浴槽、加热器、搅拌器、温度计、SWKY-I数字控温仪等组

成。现分别介绍如下。

1. 浴槽

通常用的浴槽是 10 dm^3 的圆柱形玻璃容器，槽内一般放蒸馏水，如恒温的温度超过 100 ℃，可采用液体石蜡或甘油。温度控制的范围不同，浴槽中的介质也不同，一般来说：−60～30 ℃时用乙醇或乙醇水溶液；0～90 ℃时用水；80～160 ℃时用甘油或甘油水溶液；70～200 ℃时用液体石蜡、硅油等。

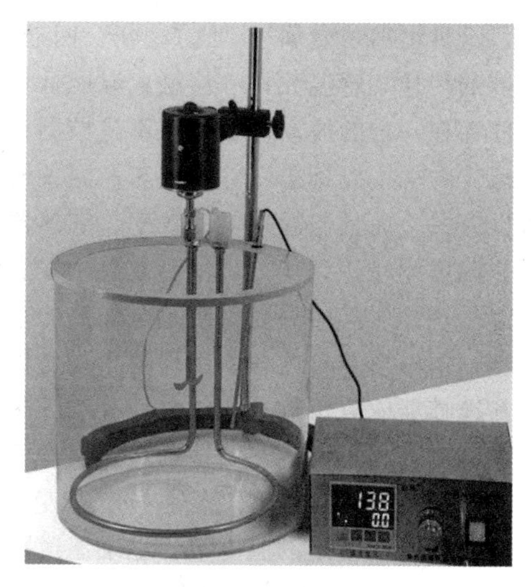

图 2-1　恒温槽装置图

2. 加热器

常用的加热器是电加热器，把电阻丝放入环形的玻璃管中，根据浴槽的直径大小弯曲成圆环制成。它可以把电阻丝放出的热量均匀地分布在圆形恒温槽的周围。电加热器由电子继电器进行自动调节，以实现恒温。电加热器的功率是根据恒温槽的容量、恒温控制的温度以及环境的温差来决定的，最好能使加热和停止加热的时间各占一半。

3. 搅拌器

一般采用功率为 40 W 的电动搅拌器，并将该电动搅拌器串联在一个可调变压器上，用来调节搅拌的速度，使恒温槽各处的温度尽可能相同。搅拌器安装的位置、桨叶的形状对搅拌效果都有很大的影响，为此搅拌桨叶应是螺旋桨式或涡轮式的，且有适当的片数、直径和面积，以使液体在恒温槽中循环，保证恒温槽整体温度的均匀性。

4. SWKY-I 数字控温仪

在过去的实验中常以一支 1/10（℃）的温度计测量恒温槽的温度，用贝克曼温度计测量恒温槽的灵敏度，所用的温度计在使用前都必须进行校正和标化。

本实验利用 SWKY-I 数字控温仪（图 2-2），同时实现温度显示和温度控制。SWKY-I 数字控温仪集温度计、感温元件（贝克曼温度计）、继电器三种功能于一体，采用自整定 PID 技术，自动调整加热系统的电压，达到自动控温目的。该设备配有双传感器，可同时进行测温、控温双显示。其优点还在于测控温度范围较广（0～650 ℃），温度分辨率较高（0～650 ℃）。此外，还有定时提醒功能，便于使用者定时观测、记录。

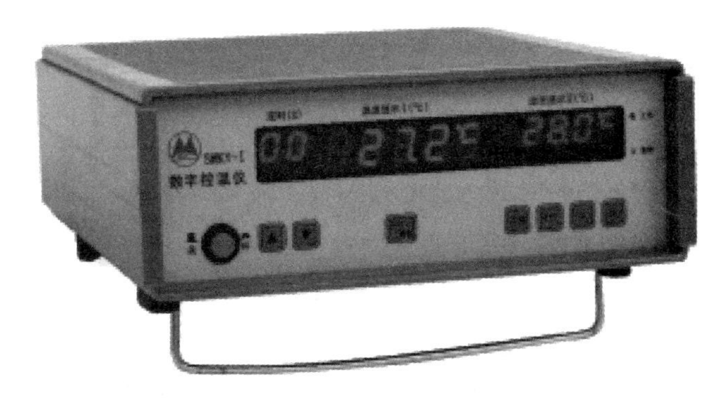

图 2-2　SWKY-I 数字控温仪

这种恒温装置属于“通”“断”两端式控温，因此不可避免地存在一定的滞后现象，如温度的传递，感温元件（接触式温度计）、继电器、电加热器等的滞后。所以恒温槽控制的温度存在一定的波动范围，而不是控制在某一固定不变的温度。灵敏度的高低是衡量恒温槽恒温优劣的主要标志，它不仅与控温仪所选择的感温元件（接触式温度计）、继电器等的灵敏度有关，而且与搅拌器的效率、加热器的功率、恒温槽的大小等因素有关。搅拌的效率越高，温度越易达到均匀，恒温效果越好。电加热器的功率用可调变压器进行调节，以保证在恒温槽达到所需的温度后减小电加热的余热，减小温度过高或过低时偏离恒定温度的程度。此外，恒温槽装置内各个部件的布局对恒温槽的灵敏度也有一定的影响。一般原则是：加热器与搅拌器应放得近一些，这样有利于热量的传递；感温元件探头应放在合适的位置并与槽中的温度计相近，以正确地确定控温仪面板上的指示温度，并且不宜放置得太靠近边缘。

恒温槽灵敏度的测定是在指定温度下观察温度的波动情况。该实验用较灵敏的数字贝克曼温度计，在一定的温度下，记录温度随时间的变化。如记录的最高温度为 T_1，最低温度为 T_2，则恒温槽的灵敏度为：

$$T = \pm \frac{T_1 - T_2}{2}$$

灵敏度常以温度为纵坐标，以时间为横坐标，绘制成温度-时间曲线来表示，如图 2-3 所示。

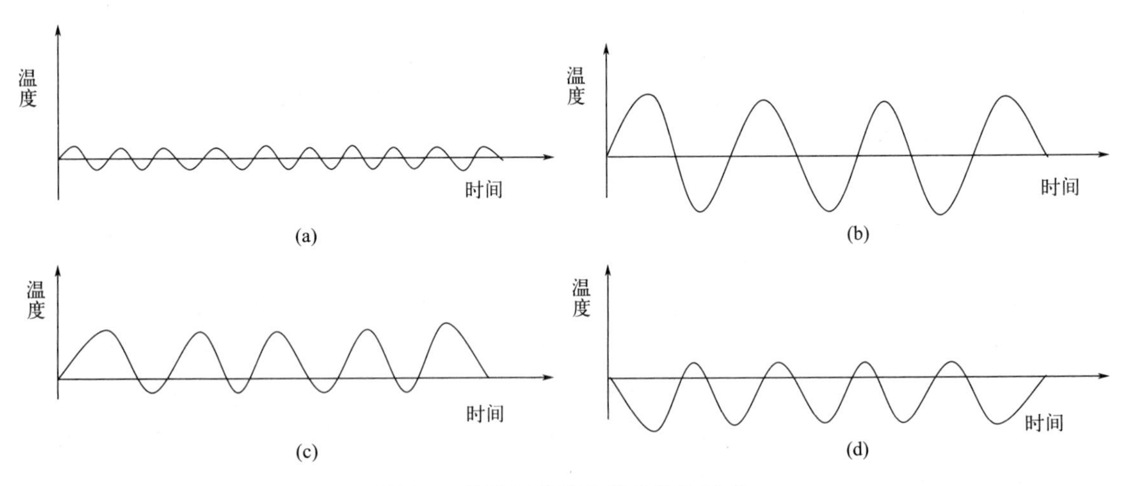

图 2-3 控温灵敏度曲线的几种形式

图 2-3 中是几种典型的控温灵敏度曲线。其中：曲线（c）是加热器功率过大，热惰性小引起的较指定温度 T 高的超调量；（d）是加热器功率太小，或槽浴介质散热太快，引起较指定温度 T 低的低调量；曲线（b）是加热器功率适中，但热惰性大引起的较指定温度 T 高（或低）的超调量，需更换较灵敏的温度控制器；曲线（a）是加热器功率适当，热惰性亦小，温度波动小的较理想情况。由于外界因素干扰的随机性，实际控温灵敏度曲线要复杂些。

三、仪器与试剂

76-1 型玻璃恒温槽（配加热器）1 台，40 W 直流电动搅拌器 1 台，SWKY-I 数字控温仪 1 台。

四、实验步骤

（1）将蒸馏水注入玻璃缸中，注入总容积的2/3即可。连接恒温槽加热器的电源接口与SWKY-I数字控温仪的电源输出端口，将SWKY-I数字控温仪的温度探头插入玻璃缸中，安装并确保电动搅拌器在玻璃缸正上方。

（2）调节恒温槽所需的恒定温度：恒温槽的恒定温度一般要比室温高5 ℃左右（否则恒温槽多余的热量无法向环境散失，温度就难以控制恒定）。假若室温为25 ℃，则恒温槽温度可调节至30 ℃。以控制恒温槽温度为30 ℃为例，首先接通设备电源，打开电动搅拌器，并调节至合适的搅拌速度。将SWKY-I数字控温仪的“控制温度”设定为30 ℃，然后点击“工作/制式”按钮使其进入工作状态，之后观察SWKY-I数字控温仪的实测读数。

（3）恒温槽灵敏度测量：待恒温槽温度在30 ℃恒温后，观察SWKY-I数字控温仪读数，每隔2 min记录一次读数，约测60 min，温度的变化范围要求在±0.15 ℃之间。改变恒温槽温度，使其稳定在35 ℃，用同样的方法测量恒温槽的灵敏度。

五、注意事项

1. 注入恒温介质必须适量，太满会外溢，不足则不起作用。用水作介质时，必须使用蒸馏水。

2. 冬天室温较低，可做20 ℃、25 ℃时恒温槽灵敏度测量；夏天室温较高，可做30 ℃、35 ℃时恒温槽灵敏度测量。

3. 使用完毕必须关闭电源开关，并整理清洁。

六、数据记录与处理

1. 每隔2 min记录一次SWKY-I数字控温仪的读数，并填到表2-1中。以时间为横坐标，温度为纵坐标，绘制30 ℃时的温度-时间曲线。

表2-1 30 ℃温度-时间记录表

编号	1	2	3	4	5
时间/min 温度/℃					

2. 每隔2 min记录一次SWKY-I数字控温仪的读数，并填到表2-2中。以时间为横坐标，温度为纵坐标，绘制35 ℃时的温度-时间曲线。

表2-2 35 ℃温度-时间记录表

编号	1	2	3	4	5
时间/min 温度/℃					

3. 分别计算恒温槽的灵敏度，并对恒温槽的性能进行评价。

七、思考与讨论

1. 如何提高恒温槽的灵敏度？试加以分析讨论。

2. 如果所需恒定的温度低于室温，如何装备恒温槽？

3. 恒温槽内各处的温度是否相等？为什么？

八、补充与提示

1. 仪器名称、厂商

(1) 实验用仪器：SWKY-I 数字控温仪。

(2) 厂商：南京桑力电子设备厂。

2. 性能参数及特点

(1) 性能参数

① 控温仪：可同时进行测温、控温，配有双传感器。

② 测温/控温范围：测温范围为 0～650 ℃（可扩展范围）；控温范围为 0～650 ℃（可扩展范围）；分辨率 0.1 ℃。

③ 定时报警时间范围：10～99 s。

④ PID 技术智能化控温，有效防止加热炉温度过冲。

⑤ 有软件、硬件过温保护功能，安全、可靠。

⑥ 加热炉温度、降温区温度、定时三显示。

(2) 特点

① 采用自整定 PID 技术，自动控温，恒温效果好。

② 测量、控制数据双显示，键入式温度设定，操作简单方便。

③ 有定时提醒功能，便于使用者定时观测、记录。

④ 可广泛应用于生物化学、物理化学实验室，作精密控温用。

⑤ 丰富的软件及接口能与计算机连接，实现仪器与电脑的数据通信。

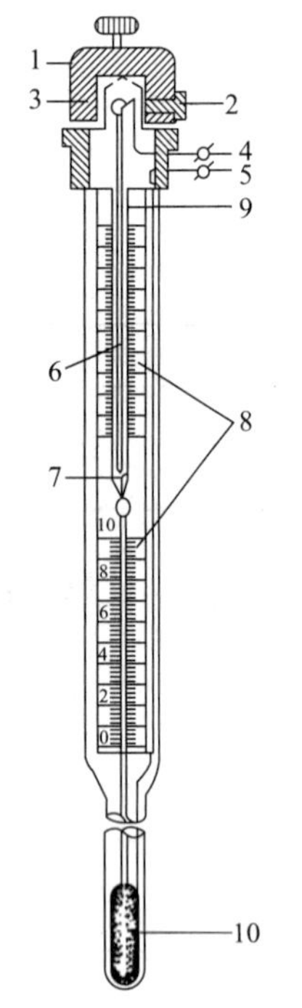

图 2-4 接触式温度计

1—调节帽；2—调节帽固定螺钉；3—铁钉；4—螺旋杆引出线；5—水银槽引出线；6—标铁；7—触针；8—刻度盘；9—螺旋杆；10—水银槽

九、知识拓展

在过去的物理化学实验中，使用的是接触式温度计（也称导电表），如图 2-4 所示。该温度计的下半段类似于一支水银温度计，上半段是控制用的指示装置，温度计的毛细管内有一根金属丝和上半段的螺母相连。它的顶部放置磁铁，当转动磁铁时，螺母即带动金属丝沿螺杆向上或向下移动，由此来调节触针的位置。在接触式温度计中有两根导线，这两根导线的一端与金属丝和水银柱相连，另一端则与温度计的控制部分相连。这种恒温槽的控温器是电子继电器，这个继电器实际上是一个自动开关，它与接触式温度计相配合，当恒温槽的温度低于接触式温度计所设定的温度时，水银柱与触针不接触。这时继电器没有电流通道或电流很小，继电器中的电磁铁磁性消失，衔铁靠自身弹力自动弹开，将加热回路接通进行加热。反之，则停止加热。这样交替地导通与断开、加热与停止加热，使恒温水浴达到恒定温度的效果。控温精度一般达 0.1 ℃，最高可达 0.05 ℃。随着科技的发展与自动化集成设备的普及，现多被数字控温仪替代。

十、参考文献

[1]　毕玉水．物理化学实验［M］．北京：化学工业出版社，2015：73.

[2]　郑传明，吕桂琴．物理化学实验［M］．2版．北京：北京理工大学出版社，2015：118.

实验 2　溶解热的测定

一、实验目的

1. 掌握量热装置的基本组合及电热补偿法测定热效应的基本原理。

2. 用电热补偿法测定 KNO_3 在不同浓度水溶液中的积分溶解热。

3. 用作图法求 KNO_3 在水中的微分冲淡热、积分冲淡热和微分溶解热。

二、实验原理

盐类的溶解往往同时进行着两个过程：一是晶格破坏，为吸热过程；二是离子的溶剂化，为放热过程。溶解热是这两种热效应的总和，最终是吸热还是放热，则由这两种热效应的相对大小来决定。

在定压、不做非体积功的绝热体系中进行溶解，体系的总焓保持不变，根据热平衡，即可计算溶解过程所涉及的热效应。

$$\Delta_{sol}H_m=-\frac{M}{W_1}[(W_1C_1+W_2C_2)+C_3]\Delta T \tag{2-1}$$

式中，$\Delta_{sol}H_m$ 为溶质在一定温度和浓度下的积分溶解热，$kJ\cdot mol^{-1}$；W_1 为溶质的质量，kg；ΔT 为溶解过程的真实温差，K；W_2 为水的质量，kg；M 为溶质的摩尔质量，$kg\cdot mol^{-1}$；C_1、C_2 分别为溶质和水的比热，$kJ\cdot kg^{-1}\cdot K^{-1}$；$C_3$ 为量热计的热容，kJ。

实验测得 W_1、W_2、ΔT 及量热计的热容后，即可按式(2-1) 算出积分溶解热 $\Delta_{sol}H_m$。

采用绝热式测温量热计可实现绝热体系。绝热式测温量热计是由杜瓦瓶、搅拌器、电加热器和测温部件等组成的量热系统，其装置图如图 2-5 所示。

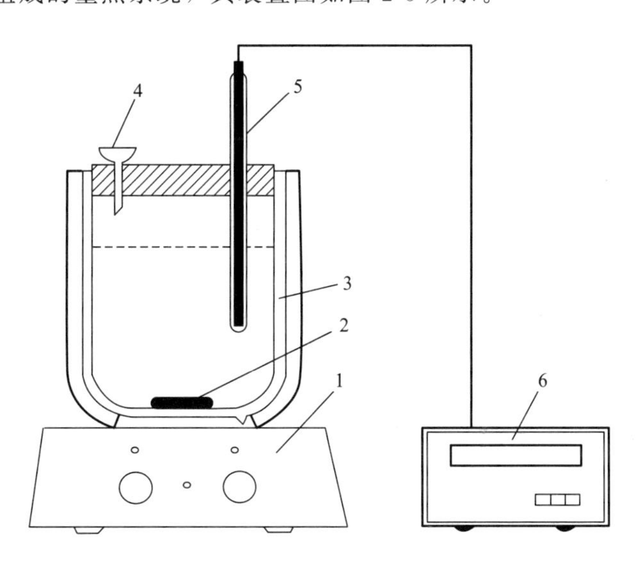

图 2-5　绝热式测温量热计装置图

1—磁力搅拌器；2—搅拌磁子；3—杜瓦瓶；4—漏斗；5—传感器；6—SWC-Ⅱ$_D$ 数字贝克曼温度仪

在绝热式测温量热计中测定热效应的方法有两种：

① 先测定量热系统的热容 C，再根据反应过程中温度变化 ΔT 与 C 之乘积求出热效应（此法一般用于放热反应）。

② 先测定体系的起始温度 T，溶解过程中体系温度随吸热反应进行而降低，再用电加热法使体系升温至起始温度，根据所消耗电能求出热效应 Q。

$$Q=I^2Rt=IUt \tag{2-2}$$

式中，I 为通过电阻为 R 的电加热器的电流强度，A；U 为电阻丝两端所加电压，V；t 为通电时间，s。这种方法称为电热补偿法。

本实验采用电热补偿法测定 KNO_3 在水溶液中的积分溶解热，并通过图解法求出其他三种热效应。

三、仪器与试剂

1. 主要仪器：数字恒流源（WLS-2），数字贝克曼温度仪（SWC-II_D），电子天平（XPR205/AC），烘箱（Heratherm），搅拌器（DXY-C1）。

2. 主要试剂：氯化钾（AR），硝酸钾（AR），溴化钠（AR），氢氧化钠（AR）。

四、实验步骤

（1）按图 2-5 连接仪器装置。

（2）将 8 个称量瓶编号，在台秤上称量，依次加入干燥好并在研钵中研细的 KNO_3，其质量分别为 2.5 g、1.5 g、2.5 g、2.5 g、3.5 g、4 g、4 g 和 4.5 g，再用电子天平称出准确数据，称量后将称量瓶放入干燥器中待用。

（3）在台秤上用塑料杯称取 216.2 g 蒸馏水，调好数字贝克曼温度仪，连好线路（杜瓦瓶用前需干燥）。

（4）检查无误后接通电源，调节稳压电源，使电加热器功率约为 2.5 W，保持电流稳定；启动搅拌器，保持 60～90 $r\cdot min^{-1}$ 的搅拌速度，此时，数字显示应在室温附近；至温度变化基本稳定后，每分钟准确记录读数一次，连续 8 次后，打开量热计盖，立即将称量好的 10 g KCl（精确至 0.01 g）迅速加入量热计中，盖上盖，继续搅拌，每分钟记录一次读数，读取 12 次即可停止。然后用普通水银温度计测出量热计中溶液的温度，倒掉溶液。

（5）称取 7 g（精确至 0.01 g）KNO_3，用以代替 KCl 重复上述实验，当水温慢慢上升到比室温水高出 1.0 ℃时读取准确温度，按下秒表开始计时，同时从加样漏斗处加入第 1 份样品，并将残留在漏斗上的少量 KNO_3 全部掸入杜瓦瓶中，然后用塞子堵住加样口。记录电压和电流值，加入 KNO_3 后，温度会很快下降，然后再慢慢上升，待上升至起始温度点时，记下时间（读准至秒，注意此时切勿把秒表按停），并立即加入第 2 份样品，按上述步骤继续测定，直至 8 份样品全部加完为止（如手工绘制曲线图，每加一份样品的同时，请同步记录计时时间）。

（6）测定完毕后，切断电源，打开量热计，检查 KNO_3 是否溶解完全，如未全溶，则必须重做；若溶解完全，可将溶液倒入回收瓶中，把量热计等器皿洗净放回原处。

（7）用电子天平称量已倒出 KNO_3 样品的空称量瓶，求出各次加入 KNO_3 的准确质量。

五、注意事项

1. 实验过程中要求 I、U 值恒定，故应随时注意调节。

2. 实验过程中切勿把秒表按停读数，直到实验最后结束方可停表。

3. 固体 KNO_3 易吸水，故称量和加样动作应迅速。固体 KNO_3 在实验前务必研磨成粉状，并在 110 ℃烘干。

4. 量热计绝热性能与盖上各孔隙密封程度有关，实验过程中要注意盖好，减少热损失。

六、数据记录与处理

将相关实验数据记录在表 2-3～表 2-6 中。

室温________ ℃，大气压________kPa。

表 2-3 加 KCl 前后每分钟温度读数记录

顺序	加 KCl 前								加 KCl 后											
时间/min	1	2	3	4	5	6	7	8	1	2	3	4	5	6	7	8	9	10	11	12
温度/℃																				

表 2-4 第一次加硝酸钾前后每分钟温度读数记录

顺序	加 KNO_3 前								加 KNO_3 后											
时间/min	1	2	3	4	5	6	7	8	1	2	3	4	5	6	7	8	9	10	11	12
温度/℃																				

表 2-5 第二次加硝酸钾前后每分钟温度读数记录

顺序	加 KNO_3 前								加 KNO_3 后											
时间/min	1	2	3	4	5	6	7	8	1	2	3	4	5	6	7	8	9	10	11	12
温度/℃																				

表 2-6 溶解热数据记录表

次数	W_i/g	W_i/g	t/s	Q/J	Q_s/J·mol^{-1}	n_0
1						
2						
3						
4						
5						
6						
7						
8						

I=______A；U=______V；IU=______W。

由于杜瓦瓶并不是严格的绝热系统，因此在盐溶解过程中系统与环境仍有微小的热交换。为了消除热交换的影响，求得没有热交换时的真实温度差 ΔT，可采用作图外推法。即根据实验数据，先作出温度-时间曲线，并认为溶解是在相当于盐溶解前后的平均温度那一瞬间完成的。过此平均温度对应的点作一条水平线与曲线交于某点，过该点作一条垂线，与上下两段温度读数的延长线交于两点，两交点间相应的 ΔT 即为所求的真实温度差。为了提高读数的精度，可以把外推部分放大。

(1) 根据溶剂的质量和加入溶质的质量，求算溶液的浓度，以 n_0 表示。

$$n_0=\frac{n_{H_2O}}{n_{KNO_3}}=\frac{216.2}{18.02}\div\frac{W_{累计}}{101.1}=\frac{1213}{W_{累计}}$$

（2）计算量热计热容 C_3。

$$C_3=-(W_1/M)(\Delta_{sol}H_m/\Delta T)-W_1C_1-W_2C_2$$

（3）按 $Q=IUt$ 公式计算各次溶解过程的热效应。

（4）按每次累积的浓度和累积的热量，求各浓度下溶液的 n_0 和 Q_s。

（5）将以上数据列表并作 Q_s-n_0 图，并从图中求出 $n_0=80$、100、200、300 和 400 处的积分溶解热和微分冲淡热，以及 n_0 从 80→100、100→200、200→300、300→400 的积分冲淡热。

七、思考与讨论

本实验用电热补偿法测量溶解热时，整个实验过程要注意电热功率的检测准确，但由于实验过程中存在电压波动，很难得到一个准确值。如果实验装置使用计算机控制技术，采用传感器收集数据，使整个实验自动化完成，则可以提高实验的准确度。

1. 为什么只做膨胀功的绝热系统的等压过程的焓不变？为什么要测定量热计的热容？温度和浓度对溶解热有无影响？

2. 本实验的装置是否可测定放热反应的热效应？可否用来测定液体的比热、水化热、生成热及有机物的混合热等热效应？

3. 影响本实验结果的因素有哪些？你对本实验的装置、线路有何改进意见？

八、补充与提示

1. 相关物质的标准溶解热

常见无机化合物的标准溶解热见表 2-7。

表 2-7 无机化合物的标准溶解热

分子式	$\Delta_{sol}H_m$/kJ·mol^{-1}	分子式	$\Delta_{sol}H_m$/kJ·mol^{-1}
$AgNO_3$		KI	
$BaCl_2$	−13.22	KNO_3	34.73
$Ba(NO_3)_2$	40.38	$MgCl_2$	−155.06
$Ca(NO_3)_2$	−18.87	$Mg(NO_3)_2$	−85.48
$CuSO_4$	−73.26	$MgSO_4$	−91.21
KBr	20.04	$ZnCl_2$	−71.46
KCl	17.24	$ZnSO_4$	−81.38

资料来源：《化学便览》基础编（Ⅱ），日本化学会编，日本·丸善株式会社，1960.

注：25 ℃下，1 mol 标准状态下的纯物质溶于水生成浓度为 1 mol·dm^{-3} 的理想溶液过程的热效应，即为标准溶解热。

2. 实验用仪器

实验用仪器如图 2-6 所示（SWC-RJ 溶解热测定装置，南京桑力电子设备厂）。

3. 基本概念

在热化学中，关于溶解过程的热效应，有以下几个基本概念。

（1）溶解热：在恒温恒压下，n_2 mol 溶质溶于 n_1 mol 溶剂（或溶于某浓度的溶液）中产生的热效应，用 Q 表示。溶解热可分为积分（或称变浓）溶解热和微分（或称定浓）溶

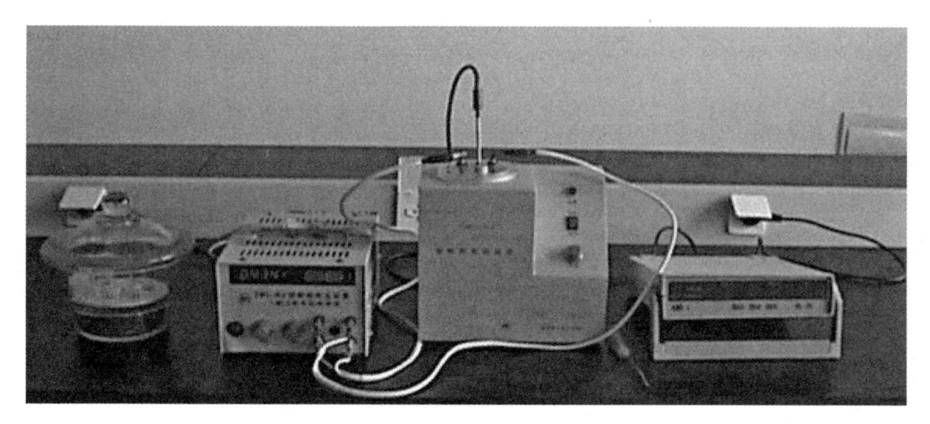

图 2-6 实验用仪器

解热。

① 积分溶解热：在恒温恒压下，1 mol 溶质溶于 n_0 mol 溶剂中产生的热效应，用 Q_s 表示。

② 微分溶解热：在恒温恒压下，1 mol 溶质溶于某一确定浓度的无限量溶液中产生的热效应，以 $\left(\frac{\partial Q}{\partial n_2}\right)_{T,p,n_1}$ 表示，简写为 $\left(\frac{\partial Q}{\partial n_2}\right)_{n_1}$。

(2) 冲淡热（稀释热）：在恒温恒压下，1 mol 溶剂加入某浓度的溶液中使之冲淡所产生的热效应。冲淡热也可分为积分（或变浓）冲淡热和微分（或定浓）冲淡热两种。

① 积分冲淡热：在恒温恒压下，把原含 1 mol 溶质及 n_{01} mol 溶剂的溶液冲淡到含溶剂为 n_{02} 时的热效应，即为某两浓度溶液的积分溶解热之差，以 Q_d 表示。

② 微分冲淡热：在恒温恒压下，1 mol 溶剂加入某一确定浓度的无限量溶液中产生的热效应，以 $\left(\frac{\partial Q}{\partial n_1}\right)_{T,p,n_2}$ 表示，简写为 $\left(\frac{\partial Q}{\partial n_1}\right)_{n_2}$。

4. Q_s-n_0 曲线

积分溶解热 Q_s 可由实验直接测定，其他三种热效应则通过 Q_s-n_0 曲线求得。

设纯溶剂和纯溶质的摩尔焓分别为 $H_m(1)$ 和 $H_m(2)$，当溶质溶解于溶剂变成溶液后，在溶液中溶剂和溶质的偏摩尔焓分别为 $H_{1,m}$ 和 $H_{2,m}$，对于由 n_1 mol 溶剂和 n_2 mol 溶质组成的体系，在溶解前体系总焓为 H。

$$H = n_1 H_m(1) + n_2 H_m(2) \tag{2-3}$$

设溶液的焓为 H'，则

$$H' = n_1 H_{1,m} + n_2 H_{2,m} \tag{2-4}$$

因此溶解过程的热效应 Q 为

$$\begin{aligned} Q = \Delta_{mix} H = H' - H &= n_1(H_{1,m} - H_m(1)) + n_2(H_{2,m} - H_m(2)) \\ &= n_1 \Delta_{mix} H_m(1) + n_2 \Delta_{mix} H_m(2) \end{aligned} \tag{2-5}$$

式中，$\Delta_{mix} H_m(1)$ 为微分冲淡热（稀释热），$\Delta_{mix} H_m(2)$ 为微分溶解热。

根据上述定义，积分溶解热 Q_s 为

$$Q_s = \frac{Q}{n_2} = \frac{\Delta_{mix} H}{n_2} = \Delta_{mix} H_m(2) + \frac{n_1}{n_2} \Delta_{mix} H_m(1) = \Delta_{mix} H_m(2) + n_0 \Delta_{mix} H_m(1) \tag{2-6}$$

在恒压条件下，$Q=\Delta_{mix}H$，对 Q 进行全微分

$$dQ=\left(\frac{\partial Q}{\partial n_1}\right)_{n_2}dn_1+\left(\frac{\partial Q}{\partial n_2}\right)_{n_1}dn_2 \tag{2-7}$$

式(2-7) 在比值 n_1/n_2 恒定下积分，得

$$Q=\left(\frac{\partial Q}{\partial n_1}\right)_{n_2}n_1+\left(\frac{\partial Q}{\partial n_2}\right)_{n_1}n_2 \tag{2-8}$$

式(2-8)两边除以 n_2，得

$$\frac{Q}{n_2}=\left(\frac{\partial Q}{\partial n_1}\right)_{n_2}\frac{n_1}{n_2}+\left(\frac{\partial Q}{\partial n_2}\right)_{n_1} \tag{2-9}$$

因 $\frac{Q}{n_2}=Q_s$，$\frac{n_1}{n_2}=n_0$，则 $Q=n_2Q_s$，$n_1=n_2n_0$，则 (2-10)

$$\left(\frac{\partial Q}{\partial n_1}\right)_{n_2}=\left[\frac{\partial(n_2Q_s)}{\partial(n_2n_0)}\right]_{n_2}=\left(\frac{\partial Q_s}{\partial n_0}\right)_{n_2} \tag{2-11}$$

将式(2-10)、式(2-11) 代入式(2-9) 得：

$$Q_s=\left(\frac{\partial Q}{\partial n_2}\right)_{n_1}+n_0\left(\frac{\partial Q_s}{\partial n_0}\right)_{n_2} \tag{2-12}$$

对比式(2-5) 与式(2-8) 或式(2-6) 与式(2-10) 可得，微分冲淡热 $\Delta_{mix}H(1)$ 可表示为

$$\Delta_{mix}H(1)=\left(\frac{\partial Q}{\partial n_1}\right)_{n_2} 或 \Delta_{mix}H(1)=\left(\frac{\partial Q_s}{\partial n_0}\right)_{n_2}，\Delta_{mix}H_m(2)=\left(\frac{\partial Q}{\partial n_2}\right)_{n_1}$$

以 Q_s 对 n_0 作图，可得图 2-7 的曲线关系。

在图 2-7 中，AF 与 BG 分别为将 1 mol 溶质溶于 n_{01} 和 n_{02} mol 溶剂时的积分溶解热 Q_s；BE 表示在含有 1 mol 溶质的溶液中加入溶剂，使溶剂量由 n_{01} mol 增加到 n_{02} mol 过程的积分冲淡热 Q_d。

$$Q_d=(Q_s)_{n_{02}}-(Q_s)_{n_{01}}=BG-EG \tag{2-13}$$

图 2-7 中曲线 A 点的切线斜率等于该浓度溶液的微分冲淡热。

$$\Delta_{mix}H_m(1)=\left(\frac{\partial Q_s}{\partial n_0}\right)_{n_2}=\frac{AD}{CD}$$

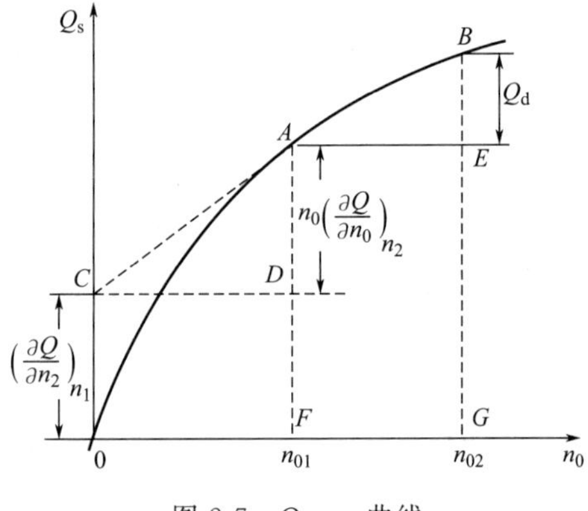

图 2-7 Q_s-n_0 曲线

由式(2-12) 可知，切线在纵轴上的截距等于该浓度的微分溶解热。

$$\Delta_{mix}H_m(2)=\left(\frac{\partial Q}{\partial n_2}\right)_{n_1}=\left(\frac{\partial(n_2Q_s)}{\partial n_2}\right)_{n_1}=Q_s-n_0\left(\frac{\partial Q_s}{\partial n_0}\right)_{n_2}$$

即

$$\Delta_{mix}H_m(2)=\left(\frac{\partial Q}{\partial n_2}\right)_{n_1}=OC \tag{2-14}$$

由图 2-7 可见，欲求溶解过程的各种热效应，首先要测定各种浓度下的积分溶解热，然后作图计算。

九、知识拓展

溶解热测定是热力学领域中的一个重要研究方向，其广泛于如化学、材料科学、生物学

等领域。近年来，随着科学技术的发展，溶解热测定方法取得了许多突破性进展。其中，一些新兴的技术手段如量热仪、光谱分析、X射线衍射等的应用，使得溶解热的测定精度和效率得到了显著提高。同时，对于一些复杂体系，如离子液体、聚合物溶液、生物大分子等的溶解热测定，也成为了研究热点和难点。

溶解热测定在以下领域是研究热点和难点。

(1) 能源与环境领域：主要用于研究物质溶解度、溶液热力学以及反应热力学等相关问题。例如，研究新型溶剂的溶解热效应及其对环境的影响、溶解热与物质循环的关系等。

(2) 材料科学领域：主要用于研究材料的溶解度、热力学性质以及分子间相互作用等相关问题。例如，研究新型材料的合成与溶解性能、溶解热对材料性能的影响等。

(3) 生命科学领域：主要用于研究生物大分子的溶解热力学、分子相互作用以及生物体系的热力学等相关问题。例如，研究蛋白质的溶解热效应与其结构的关系、溶解热对生物大分子相互作用的影响等。

(4) 化学工程领域：主要用于研究化学反应的热力学、物质溶解度以及溶液中的传质等相关问题。例如，研究溶解热对化学反应速率的影响、溶解热驱动的传质过程等。

(5) 地球科学领域：主要用于研究地壳中物质的溶解热力学、水文地球化学以及地质过程中物质的循环等相关问题。例如，研究地壳中溶解物质的运移规律、溶解热对地质作用的影响等。

这些领域的科学研究都需要借助溶解热测定技术来深入认识物质的溶解行为和反应过程，揭示溶解过程中的基本规律和原理，为相关领域的发展提供理论支撑和实践指导。

十、参考文献

[1] 徐维清，孙尔康，吴奕，等．溶解热测定实验的自动测控系统［J］．大学化学，2000，05：41-42.

[2] Bespalko S，Halychyi O，Roha M. Experimental Study of the Thermal Effect of the Dissolution Reaction for Some Alkalis and Salts with Natural Mixing and Forced Stirring［C］．January 2019，E3S Web of Conferences，118：01026.

[3] 陈书鸿，张丽莹，江涛，等．物理化学综合实验——常见钾盐对水比热容的影响［J］实验室研究与探索，2015，34（06）：185-188.

[4] 沈志农，刘建华，肖利，等．在溶解焓实验中热效应影响因素分析［J］．湖南工业大学学报，2010，24（05）：101-104.

实验 3　纯液体饱和蒸气压的测定

一、实验目的

1. 明确纯液体饱和蒸气压的定义和气液两相平衡的概念，深入了解纯液体饱和蒸气压和温度的关系——克劳修斯-克拉佩龙方程式。

2. 能够用数字式真空计测定不同温度下无水乙醇的饱和蒸气压，初步掌握低真空实验技术。

3. 学会用图解法求被测液体在实验温度范围内的平均摩尔汽化热与正常沸点。

二、实验原理

在一定温度下，某纯液体处于平衡状态时的蒸气压力，称为该温度下的饱和蒸气压。这里的平衡状态是指动态平衡。在某一温度下，被测液体处于密闭真空容器中，液体分子从表面逃逸成蒸气，同时蒸气分子因碰撞而凝结成液相，当两者的速率相同时，就达到了动态平衡，此时气相中的蒸气密度不再改变，因而具有一定的饱和蒸气压。纯液体的饱和蒸气压是随温度变化而改变的，它们之间的关系可用克劳修斯-克拉佩龙（Clausius-Clapeyron）方程式来表示：

$$\frac{d\ln(p^*/[p])}{dT}=\frac{\Delta_{vap}H_m}{RT^2} \tag{2-15}$$

式中，p^* 为纯液体在温度 T 时的饱和蒸气压；$[p]$ 为外压；T 为热力学温度；$\Delta_{vap}H_m$ 为液体摩尔汽化热；R 为摩尔气体常数。如果温度的变化范围不大，$\Delta_{vap}H_m$ 视为常数，可当作平均摩尔汽化热。将式(2-15) 积分得：

$$\ln(p^*/[p])=-\frac{\Delta_{vap}H_m}{RT}+C \tag{2-16}$$

式中，C 为积分常数，此数与压力 p^* 的单位有关。由式(2-16) 可知，在一定温度范围内，测定不同温度下的饱和蒸气压，以 $\ln(p^*/[p])$ 对 $1/T$ 作图，可得一条直线。由该直线的斜率可求得实验温度范围内液体的平均摩尔汽化热 $\Delta_{vap}\overline{H}_m$。当外压为 101.325 kPa 时，液体的蒸气压与外压相等时的温度称为该液体的正常沸点。从图中也可求得其正常沸点。

测定饱和蒸气压常用的方法有动态法、静态法和饱和气流法等。本实验采用静态法，即将被测物质放在一个密闭的体系中，在不同温度下直接测量其饱和蒸气压，在不同外压下测量相应的沸点。此法适用于蒸气压比较大的液体。

三、仪器与试剂

1. 主要仪器：蒸气压测定装置 1 套，真空泵 1 台，数字式气压计 1 台，电加热器 1 台，温度计 2 支，数字式真空计 1 台，磁力搅拌器 1 台。

2. 主要试剂：无水乙醇（AR）。

四、实验步骤

1. 连接测量气路

纯液体饱和蒸气压测定装置示意如图 2-8 所示，平衡管由三根相连通的玻璃管 a、b 和 c 组成，a 管中储存被测液体无水乙醇，b 管和 c 管中也有相同无水乙醇在底部相连。在所有接口严密封闭的情况下，当 a 管和 c 管的上部全部是无水乙醇的蒸气，而 b 管与 c 管中的液面在同一水平时，则表示在 c 管液面上的蒸气压与加在 b 管液面上的外压相等。此时液体的温度即为体系的气液平衡温度，也就是无水乙醇的沸点。

平衡管中的无水乙醇装入方法如下：先将平衡管取下洗净，烘干，然后烤烘（可用煤气灯）a 管，赶走管内空气，速将液体自 b 管的管口灌入，冷却 a 管，液体即被吸入。重复 2～3 次，使液体灌至 a 管高度的三分之二为宜，然后接在装置上。

2. 系统检漏

缓慢旋转三通活塞，使系统通大气。开冷却水后接通电源，使抽气泵正常运转 4～5 min 再关闭通大气活塞。使系统减压至余压约为 1×10^4 Pa 后关闭通真空泵活塞（注意！旋转活塞必须用力均匀、缓慢，同时注视真空测压仪）。如果在数分钟内真空值基本不变，表明系统不漏气。若系统漏气则应分段检查，直至不漏气为止，才可以进行下一步实验。

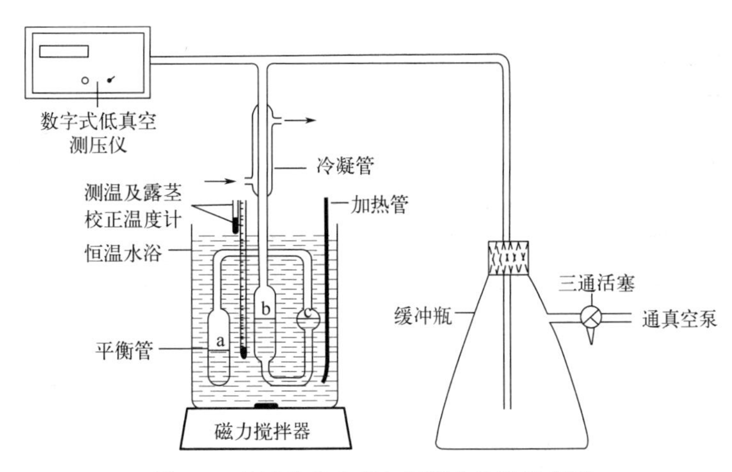

图 2-8　纯液体饱和蒸气压测定装置示意图

3. 测定不同温度下液体的饱和蒸气压

转动三通活塞使系统与大气相通。开动搅拌器，并将水浴加热。随着温度逐渐上升，平衡管中有气泡逸出。继续加热至无水乙醇正常沸点之上大约 5 ℃。保持此温度数分钟，将平衡管中的空气赶净。

(1) 测定大气压力下无水乙醇的沸点：测定前须正确读取大气压数据。系统中空气被赶净后，停止加热，让温度缓慢下降，c 管中的气泡将逐渐减少直至消失。c 管液面开始上升而 b 管液面下降，严密注视两管液面，一旦 b 管和 c 管两液面处于同一水平时，记下此时的温度。细心而快速转动三通活塞，使系统与泵略微连通，既要防止空气倒灌，也要避免系统减压太快。重复测定三次，结果应在测量允许误差范围内。

(2) 测定不同温度下无水乙醇的饱和蒸气压：在大气压力下测定沸点之后，旋转三通活塞，使系统慢慢减压。减压至压差约为 4×10^3 Pa 时，平衡管内液体又明显汽化，不断有气泡逸出（注意勿使液体沸腾！）。随着温度下降，气泡再次减少直至消失。同样等 b 管和 c 管两管液面相平时，快速记下温度和真空测压仪读数。再次转动三通活塞，缓慢减压，减压幅度同前，直至烧杯内水浴温度下降至 50 ℃左右，停止实验，再次读取大气压力。

五、注意事项

1. 实验系统必须密闭，一定要仔细检漏。测定前，必须将平衡管 a 管和 b 管段的空气驱赶净。在常压下利用水浴加热被测液体，使其温度控制在高于该液体正常沸点 3～5 ℃，持续约 5 min，让其自然冷却，读取大气压下的沸点。再次加热并进行测定，如果数据偏差在正常误差范围内，可认为空气已被赶净。注意切勿过分加热，否则蒸气来不及冷却就进入真空泵，或者会因冷凝在 b 管中的液体过多，而影响下一步实验。

2. 冷却速度不要太快，一般控制在每分钟下降 0.5 ℃左右。如果冷却太快，测得的温度将偏离平衡温度。因为被测气体内外以及水银温度计本身都存在温度滞后效应。

3. 整个实验过程中，要严防空气倒灌，否则实验要重做。为了防止空气倒灌，在每次读取平衡温度和平衡压力数据后，应立即加热同时缓慢减压。

4. 在停止实验时，应缓慢地先将三通活塞打开，使系统通大气，再使真空泵通大气，然后切断电源，最后关闭冷却水，使实验装置复原。

5. 本实验正常沸点及无水乙醇的平均摩尔汽化热均可用作图法求得。此外，也可根据实验数据代入克劳修斯-克拉佩龙方程求得；或根据实验数据用计算机拟合处理求得。可将三种方法结果进行比较，并讨论各方法的优缺点。

六、数据记录与处理

1. 实验数据记入表 2-8 中。

表 2-8 实验数据记录表

参数	1	2	3	4	5	6	7	8	9	10	11
T/K											
p^*/Pa											

2. 温度的正确测量是本实验的关键之一。温度计必须进行露茎校正。

3. 以蒸气压 p^* 对温度 T 作图（图 2-9）。

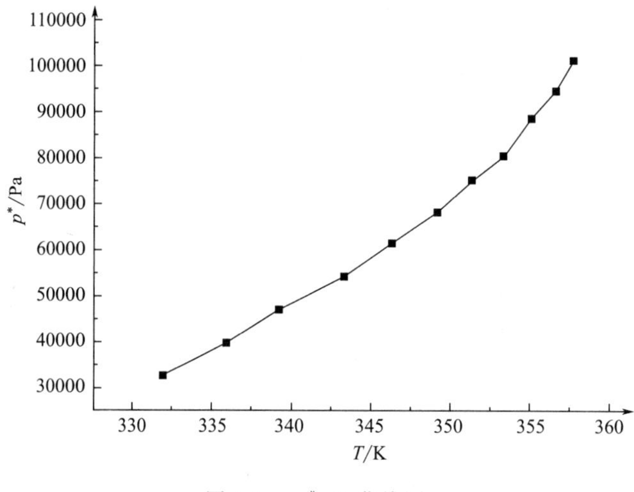

图 2-9 p^*-T 曲线图

4. 由 p^*-T 曲线均匀读取 11 个点，列出相应的数据表（表 2-9），然后绘出 $\ln(p^*/[p])$ 对 $1/T$ 的直线图（图 2-10），由直线斜率计算出被测液体在实验温度区间内的平均摩尔汽化热。

表 2-9 实验数据表

参数	1	2	3	4	5	6	7	8	9	10	11
T/K											
p^*/Pa											
$\ln(p^*/[p])$											
$1/T$											

5. 由曲线求得样品的正常沸点，并与文献值比较（文献值：乙醇的正常沸点为 351.6 K）。

七、思考与讨论

1. 为什么一定要将平衡管中的空气赶净？

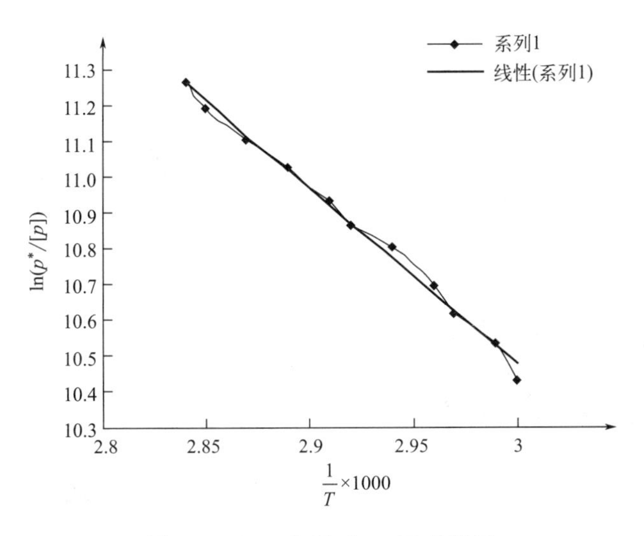

图 2-10　$\ln(p^*/[p])$-$1/T$ 曲线图

2. 本实验能否测定溶液的蒸气压？为什么？

3. 汽化热与温度有无关系？

4. 当抽真空过度而产生过沸时，应如何处理？

八、补充与提示

1. 仪器名称、厂商、型号

① 实验用仪器：真空泵（见图 2-11），缓冲储气罐、恒温水槽（内置平衡冷凝管）、数字式低真空测压仪（见图 2-12）。饱和蒸气压平衡实验装置见图 2-13。

② 厂商：南京桑力电子设备厂。

③ 型号：DP-AF 饱和蒸气压实验装置。

图 2-11　真空泵

2. 性能指标

DP-AF 饱和蒸气压实验装置含 DP-AF 精密数字（真空）压力计、饱和蒸气压玻璃仪器（双组）、不锈钢缓冲储气罐。

测量范围：－101.3～0 kPa。

分辨率：0.01 kPa，4 1/2 数字显示。

准确度：0.1% F.S.。

玻璃仪器：U 型等位计、冷凝管。

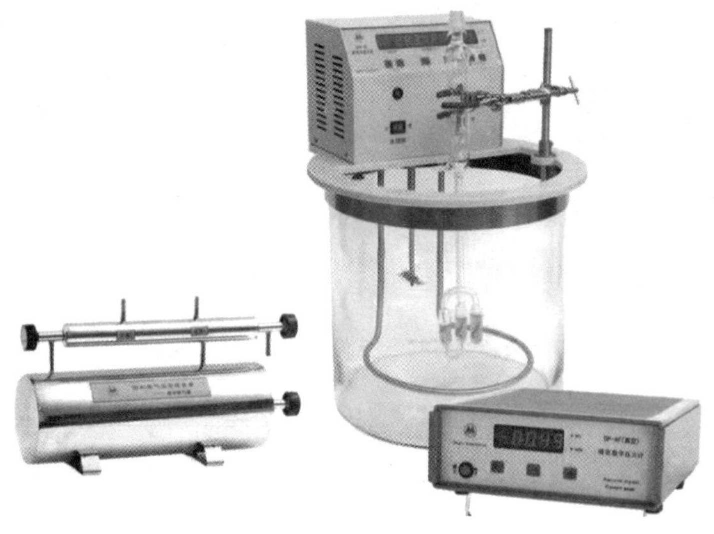

图 2-12 缓冲储气罐、恒温水槽（内置平衡冷凝管）、数字式低真空测压仪（由左至右）

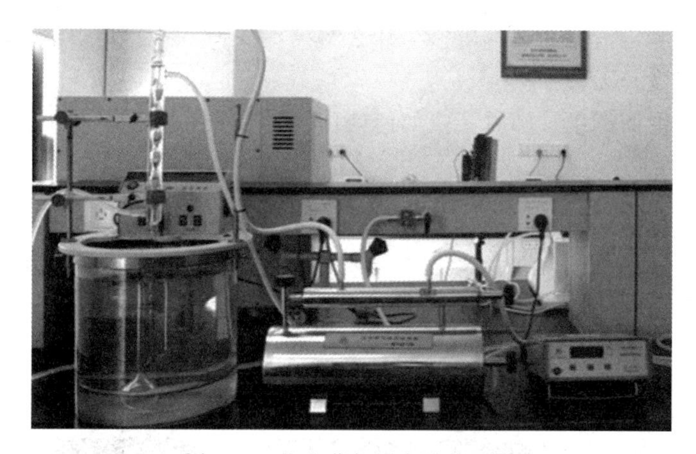

图 2-13 饱和蒸气压实验装置图

缓冲储气罐：采用针芯阀微量调节，密封性好。

缓冲储气罐：有微调装置，U 形管压力调节缓慢、平衡自如。

3. 饱和蒸气压平衡装置主要功能

饱和蒸气压实验装置是高校专门用来做饱和蒸气压实验的实验装置，它由精密数字压力计、不锈钢储气罐及玻璃仪器组成，具有显示清晰直观，实验数据稳定、可靠等特点。其中 DP-AF 精密数字压力计是低真空检测仪表，适用于负压的测量，可以代替 U 形水银压力计，消除其汞毒隐患。精密数字压力计采用 CPU 对压力数据进行非线性补偿和零位自动校正，可以在较宽的环境温度范围内保证准确度。缓冲储气罐全部采用不锈钢制造，防腐性、气密性好。系统整体气密性检查时需要将平衡管进气阀、阀门 2 打开，阀门 1 关闭，见图 2-14。注意三阀均为顺时针旋转关闭，逆时针旋转开启。启动真空泵抽

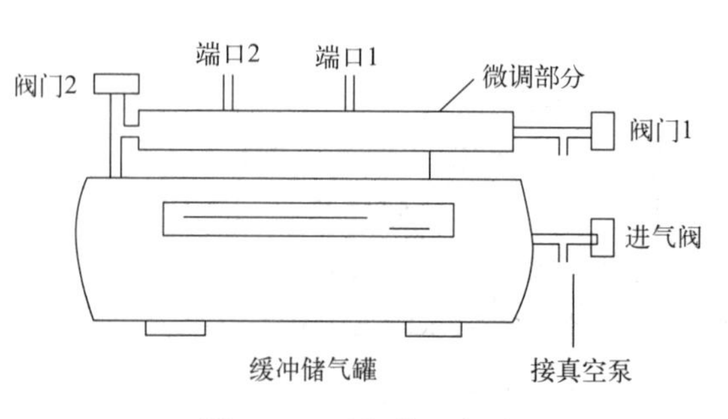

图 2-14 平衡管示意图

真空至压力为－100 kPa左右，关闭进气阀及真空泵。观察数字压力计，若显示数值无上升，说明整体气密性良好。否则需查找并清除漏气原因，直至合格。平衡管与被测系统连接进行测试时，需用橡胶管将缓冲储气罐端口2与被测系统连接，端口1与数字压力计连接。关闭阀门1，开启阀门2，使“微调部分”与罐内压力相等。之后，关闭阀门2，缓慢开启阀门1，泄压至低于缓冲储气罐压力。关闭阀门1，观察数字压力计，显示值变化≤0.01 kPa·4 s^{-1}，即为合格。检漏完毕，开启阀门1使微调部分泄压至零。

4. 参考数据或文献值

实验参考数据见表2-10。

室温＝25.7 ℃；大气压＝101.58 kPa。

表2-10　无水乙醇液体饱和蒸气压的测定值

序号	1	2	3	4	5	6	7	8
T/K	301.18	304.18	307.18	310.18	313.18	316.18	319.18	322.18
Δp/kPa	－97.51	－96.72	－95.96	－95.02	－93.8	－92.59	－91.07	－89.61
p/kPa	4.07	4.86	5.62	6.56	7.78	8.99	10.51	11.97
$\Delta_{vap}H_m$/kJ·mol^{-1}	41.60850396							

九、知识拓展

以鲁道夫·克劳修斯和伯诺瓦·保罗·埃米尔·克拉佩龙的名字命名的克劳修斯-克拉佩龙方程式指定了压力的温度依赖性，最重要的是蒸气压，在单一成分的两相物质之间的不连续相变中。它与气象学和气候学的相关性是，温度每升高1 ℃（1.8 ℉），大气的持水能力就会增加约7%。鲁道夫·克劳修斯（Rudolf Julius Emanuel Clausius，1822年1月2日—1888年8月24日），德国物理学家和数学家，热力学的主要奠基人之一。克劳修斯从青年时代起，就决定对热力进行理论上的研究，他认为一旦在理论上有了突破，那么提高热机的效率问题就可以迎刃而解。有了明确目标，克劳修斯学习异常勤奋，他知道只有在学生阶段打下坚实的数理基础，才能在今后的研究道路上有所建树。因此，克劳修斯用了近10年时间在学校里埋头苦读。有志者事竟成，1850年，克劳修斯发表了第一篇关于热理论的论文——《论热的动力以及由此推出关于热本身的定律》。在论文里，他首先以当时焦耳用实验方法所确立的热功当量为基础，第一次明确提出了热力学第一定律：在一切由热产生功的情况中，必然有和所产生的功成正比的热量被消耗掉；反之，消耗同样数量的功，也就会产生同样数量的热。按照这个基本定律，克劳修斯又以理想气体为例，进行进一步的论述，否定了热质理论的基本前提，即宇宙中的热量守恒，物质内部的热量是对气体分子运动论的贡献。克劳修斯从热力学中推论出克劳修斯-克拉佩龙方程，这个关系是一种描述两态之间相变的方式，例如固态及液态，最初由克拉佩龙于1834年发表。

伯诺瓦·保罗·埃米尔·克拉佩龙（法语：Benoît Paul émile Clapeyron，1799年2月26日—1864年1月28日），法国物理学家、工程师，在热力学研究方面有很大贡献。1834年他发表了一篇以“热的推动力”为题目的一篇报告，其中他扩展了两年前去世的物理学家尼古拉·莱昂纳尔·萨迪·卡诺的工作。虽然卡诺已经发展了一种更为清晰的分析热机的方法，但他仍然使用了繁冗落后的热质说来解释。克拉佩龙则使用了更为简单易懂的图解法，表达出了卡诺循环在p-V图上是一条封闭的曲线，曲线所包围的面积等于热机所做的功。

1843 年克拉佩龙进一步提出了可逆过程的概念，给出了卡诺定理的微分表达式，是热力学第二定律的雏形。他用这一发现扩展了克劳修斯的工作，建立了计算蒸气压随温度变化系数的克劳修斯-克拉佩龙方程。

十、参考文献

[1] 复旦大学等编．庄继华修订．物理化学实验［M］．3 版．北京：高等教育出版社，2004.

[2] 傅献彩，沈文霞，姚天扬，等．物理化学（上册）［M］．5 版．北京：高等教育出版社，2005.

[3] John M. 怀特．物理化学实验［M］．钱三鸿，吕颐康，译．北京：人民教育出版社，1981.

[4] Daniels F，Alberty R A. Experimental Physical Chemistry［M］．7th ed. New York：McGraw-Hill Inc，1975：48.

实验 4 凝固点降低法测定摩尔质量

一、实验目的

1. 通过本实验加深对稀溶液依数性的理解。
2. 掌握精密电子温差仪的使用方法及溶液凝固点的测量技术。
3. 学会用凝固点降低法测定萘的摩尔质量。

二、实验原理

固态纯溶剂与溶液达到平衡时的温度称为溶液的凝固点。含非挥发性溶质二组分溶液的凝固点低于纯溶剂的凝固点。其稀溶液具有依数性，凝固点降低就是依数性的一种表现。当确定了溶剂的种类和数量后，溶液凝固点降低值只取决于所含溶质的质点的数目。根据相平衡条件，稀溶液的凝固点降低值与溶液成分关系可由范特霍夫（Van't Hoff）凝固点降低公式［式(2-17)］求出，从而可以求出溶质的摩尔质量。

$$\Delta T_f = \frac{R(T_f^*)^2}{\Delta_f H_m(A)} \times \frac{n_B}{n_A + n_B} \tag{2-17}$$

式中，ΔT_f 为凝固点降低值（即 $\Delta T_f = T_f^* - T_f$）；T_f^* 为纯溶剂的凝固点；R 为摩尔气体常数；$\Delta_f H_m(A)$ 为纯溶剂的摩尔凝固热；n_A 和 n_B 分别为溶剂和溶质的物质的量。当溶液浓度很稀时 $n_B \ll n_A$，则

$$\Delta T_f = \frac{R(T_f^*)^2}{\Delta_f H_m(A)} \times \frac{n_B}{n_A} = \frac{R(T_f^*)^2}{\Delta_f H_m(A)} \times \frac{n_B/W_A}{n_A/W_A} = \frac{R(T_f^*)^2}{\Delta_f H_m(A)} M_A \times m_B = K_f m_B \tag{2-18}$$

式中，W_A 为溶剂的质量；M_A 为溶剂的摩尔质量；m_B 为溶质的质量摩尔浓度；K_f 为质量摩尔凝固点降低常数，简称凝固点降低常数。

若已知某种溶剂的凝固点降低常数 K_f，并测得溶剂和溶质的质量分别为 W_A、W_B 的稀溶液的凝固点降低值 ΔT_f，则可以通过式(2-19) 计算溶质的摩尔质量 M_B。

$$M_B = K_f \frac{W_B}{\Delta T_f W_A} \tag{2-19}$$

应注意，若溶质在溶液中有解离、缔合、溶剂化和形成配合物等情况发生时，就不能简单地运用式(2-19) 计算溶质的摩尔质量。式(2-19) 计算的结果应为溶质在溶液中所呈质点形态的摩尔质量。显然，溶液凝固点降低法可用于溶液热力学性质的研究，如电解质的电离度、溶质的缔合度、溶剂的渗透系数和活度因子等。

纯溶剂和溶液的凝固点的确定方法如下所述。

（1）纯溶剂的凝固点确定方法：纯溶剂的凝固点为其液相和固相共存时的平衡温度。若将液态的纯溶剂逐步冷却，在未凝固前，温度将随时间均匀下降。开始凝固后因放出凝固热而补偿了热损失，体系将保持液-固两相共存的平衡温度而不变，直到全部凝固，温度再继续下降。冷却曲线如图 2-15 中曲线 1 所示。

但在实际冷却过程中，液体温度达到或稍低于其凝固点时，晶体并不析出，此现象即过冷现象。此时若加以搅拌或加入晶种，促使晶核产生，则大量晶体迅速形成，并放出凝固热，使体系温度迅速回升到稳定的平衡温度，待液体全部凝固后，温度再逐渐下降。冷却曲线如图 2-15 中曲线 2 所示。

（2）溶液的凝固点确定方法：溶液的凝固点是该溶液与溶剂的固相共存时的平衡温度，冷却曲线与纯溶剂不同。当有溶剂凝固析出时，剩余溶液的浓度逐渐增大，因而溶液的凝固点也逐渐下降。因有凝固热放出，冷却曲线的斜率发生变化，即温度的下降速度变慢，如图 2-15 中曲线 3 所示。本实验要求测定已知浓度溶液的凝固点，如果溶液过冷程度不大，析出固态溶剂的量很少，对原始溶液浓度影响不大，则以过冷回升的最高温度作为该溶液的凝固点，如图 2-15 中曲线 4 所示。

确定凝固点的另一种方法是外推法，如图 2-16 所示，首先记录绘制纯溶剂与溶液的冷却曲线，作曲线后面部分（已经有固体析出）的趋势线并延长使其与曲线的前面部分相交，其交点即为凝固点。

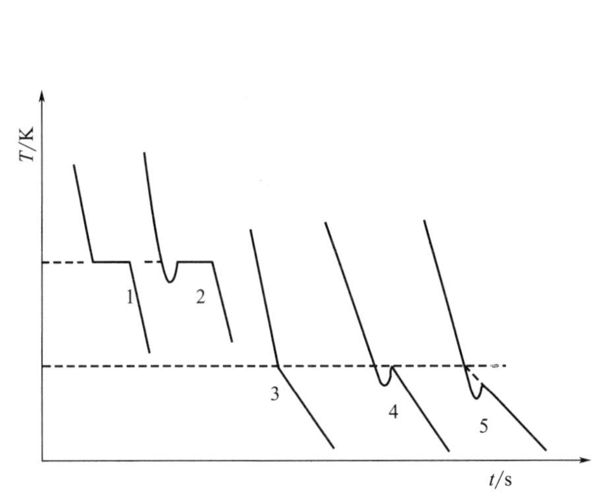

图 2-15　纯溶剂和溶液的冷却曲线

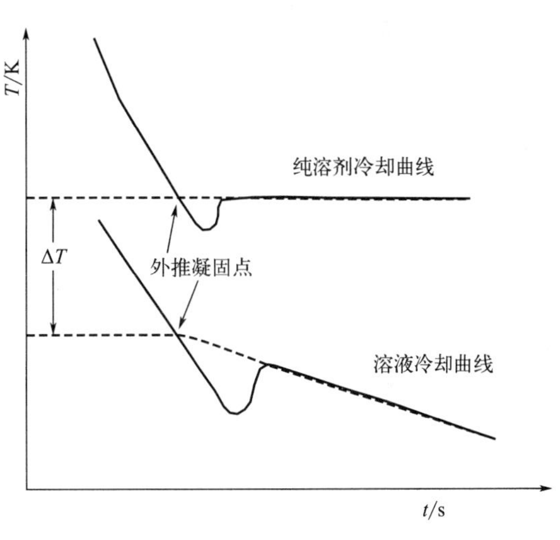

图 2-16　外推法求纯溶剂和溶液的凝固点

三、仪器与试剂

1. 主要仪器：凝固点测定装置 1 套，电子精密温差仪 1 台，玻璃水银温度计 1 支，移液管（25 mL）1 支，洗耳球 1 个，分析天平 1 台，压片机 1 台。

2. 主要工具：锤子，毛巾，冰块。

3. 主要试剂：环己烷（AR），萘（AR）。

四、实验步骤

1. 安装实验装置

凝固点降低法测定摩尔质量装置见图 2-17。

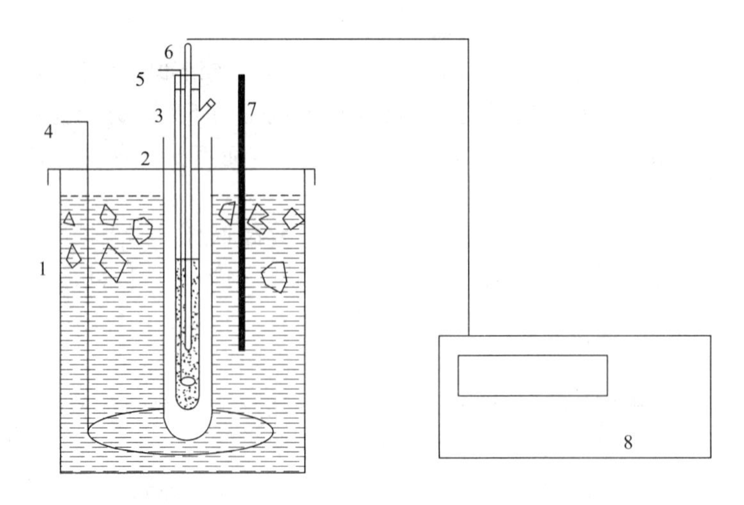

图 2-17　凝固点降低法测定摩尔质量装置图

1—不锈钢外套；2—空气套；3—凝固点管；4—搅拌棒；5—搅拌棒；
6—温差仪；7—冰水浴温度计；8—精密温差仪（电子贝克曼温度计）

2. 调节寒剂温度

调节冰水的量使寒剂的温度为 3.5 ℃左右（寒剂的温度以不低于所测溶液凝固点 3 ℃为宜）。实验时寒剂应经常搅拌并不间断地补充少量的碎冰，使寒剂温度基本保持恒定。

3. 纯溶剂环己烷的凝固点测定

用移液管准确吸取 25.00 mL 环己烷，加入凝固点管中，注意勿将环己烷溅在管壁上，环己烷的量要足够浸没温差仪探头。将精密温差仪探头及搅拌棒连同塞子插入凝固点管，记下溶剂温度。先将盛有环己烷的凝固点管直接插入寒剂中，上下移动搅拌棒，使溶剂逐步冷却，当有固体析出时，从寒剂中取出凝固点管，将管外冰水擦干，插入空气套管中，均匀缓慢搅拌（约 1 次/秒）。观察温差仪读数，直至温度显示基本不变，这就是环己烷的近似凝固点。取出凝固点管，用手温将管中固体完全熔化，再将凝固点管直接插入寒剂中均匀缓慢搅拌，使溶剂较快地冷却。当溶剂温度降至高于近似凝固点 0.5 ℃时迅速取出凝固点管，擦干后插入空气套管中，并均匀缓慢搅拌（约 1 次/秒）。当温度低于近似凝固点 0.2～0.3 ℃时应急速搅拌（防止过冷超过 0.5 ℃），促使固体析出。当固体析出时，温度开始上升，立即改为缓慢搅拌，并连续记录温度回升后温度计的读数，直至温度稳定。此即为环己烷的凝固点。重复三次，要求溶剂凝固点的绝对平均误差小于±0.003 ℃。

4. 溶液凝固点的测定

取出凝固点管，用手温将管中环己烷固体完全熔化。在凝固点管中加入事先压成片状并已准确称量的萘（所加量约使溶液凝固点降低 0.5 ℃左右），使固体萘完全溶解。测定该溶液凝固点的方法与纯溶剂相同，先测近似凝固点，再精确测定。但溶液的凝固点是取过冷后温度回升所达到的最高温度。重复三次，要求其绝对平均误差小于±0.003 ℃。

五、注意事项

1. 所用的凝固点管须清洁干燥，不得有水。

2. 管内搅拌棒、测温探头必须清洁擦干后再插入凝固点管，不使用时注意妥善保护测温探头。

3. 加入固体样品时要小心，勿粘在壁上或撒在外面，以保证量的准确。

4. 测定溶液凝固点时开始要均匀缓慢搅拌（约1次/秒），当温度由高转低下降时要快速搅拌。

5. 每个凝固点测量点粗测一次，精确测定三次。

六、数据记录与处理

1. 用 $\rho_t(\mathrm{g \cdot cm^{-3}})=0.7971-0.8879\times10^{-3}t/℃$ 计算室温 t 时环己烷的密度，然后算出所取环己烷的质量 W_A。

2. 由测定的纯溶剂、溶液凝固点 T_f^*、T_f，计算萘的摩尔质量，并判断萘在环己烷中的存在形式。

七、思考与讨论

1. 什么叫凝固点？凝固点降低公式在什么条件下才适用？

2. 当溶质在溶液中有解离、缔合、溶剂化和形成配合物时，测定的结果有何意义？

3. 为何要使用空气夹套？过冷太甚有何弊病？

八、补充与提示

实验过程中所用仪器和装置实物图见图 2-18～图 2-21。

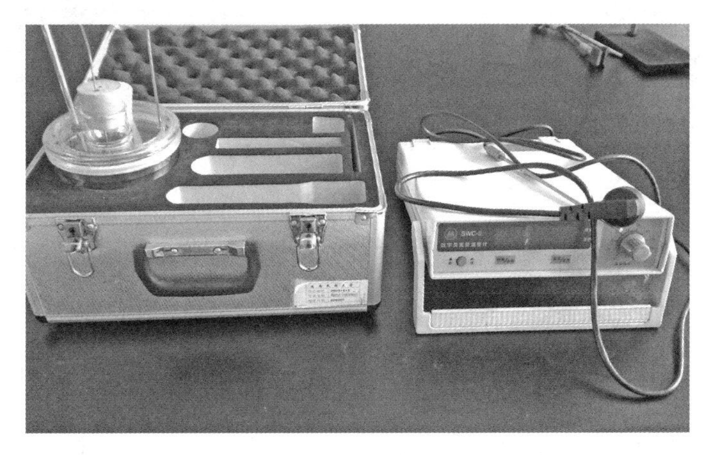

图 2-18 凝固点测定装置实图

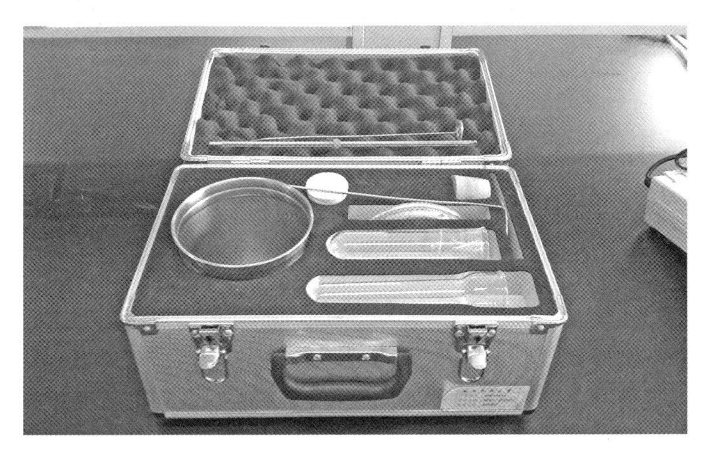

图 2-19 凝固点测定冰浴筒套管等装置实图

图 2-20　冰浴及凝固点测定套管实图

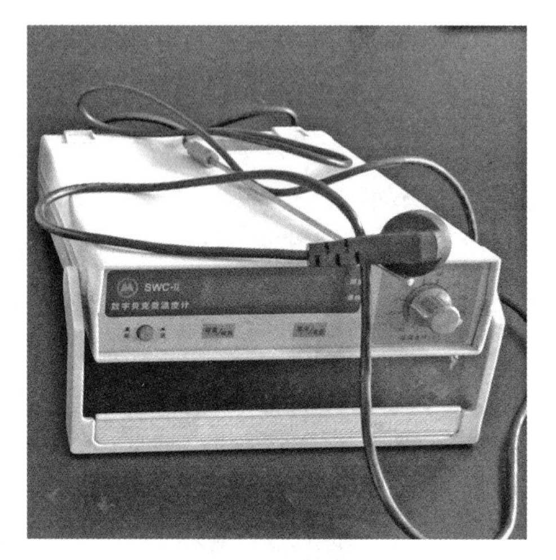

图 2-21　电子贝克曼温度计（精密温度计±0.001 ℃）

九、知识拓展

凝固点降低的基本原理是溶液中添加溶质后，在相同的外压下，所需的温度更低才能使溶液凝固。这是因为溶质与溶剂形成的溶解物增加了溶液的熵，从而使得溶液的凝固点降低。凝固点降低值的应用不仅仅局限于化学化工领域，还涉及其他领域，如热电力工程、冶金工业、能源储存等。它们的应用有助于提高工业和科技效率，促进可持续发展。

每逢冬春季节，道路被冰雪覆盖时，路政工作人员就在冰雪上泼撒工业食盐，以此来加速冰雪融化，从而使道路通畅。这就是根据稀溶液依数性的凝固点降低原理，冰雪可以认为是固态纯水，在冰雪中撒一些食盐，食盐溶解在水中后形成稀溶液，由于溶液的凝固点要低一些，依据固相与液相平衡条件，白天温度稍稍回升，就可以使平衡向溶液方向移动，冰雪就会加速融化变成液体，从而达到除冰融雪的目的。同样基于凝固点降低原理，在冬季，汽车的散热器里通常加入丙三醇（俗称甘油）、建筑工地上经常在水泥浆料中添加工业盐等来预防冻伤。

十、参考文献

[1] 傅献彩，沈文霞，姚天扬，等．物理化学上册［M］．5 版．北京：高等教育出版社，2005：233.

[2] 复旦大学等编．庄继华等修订．物理化学实验［M］．3 版．北京：高等教育出版社，2004.

[3] 陈武锋，陈铭之，龚桦，等．凝固点降低法测摩尔质量实验方法的改进：理科化学教材编审委化学编审组［M］．物理化学教学文集．北京：高等教育出版社，1986：216.

实验 5　双液系的气-液平衡相图

一、实验目的

1. 绘制在 $p^{\ominus}$下环己烷-乙醇双液系的气-液平衡相图，理解相图和相律的基本概念。

2. 掌握测定双组分液体的沸点及正常沸点的方法。

3. 掌握用折射率测定二元液体组成的方法。

二、实验原理

两种液体物质混合而成的双组分体系称为双液系。在一定的外压下，纯液体的沸点有其确定值。而双液系的沸点不仅与外压有关，还与两种液体的相对含量有关。

恒定压力下，真实的完全互溶双液系的气-液平衡相图（T-x），根据体系对拉乌尔定律的偏差情况，可分为三类。

① 一般偏差：混合物的沸点介于两种纯组分之间，如甲苯-苯体系，如图 2-22(a) 所示。

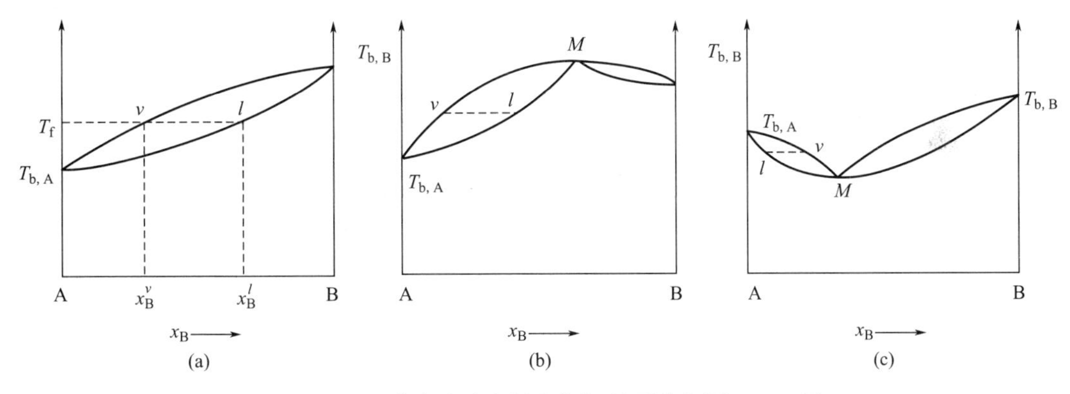

图 2-22　双组分真实液态混合物气-液平衡相图（T-x 图）

② 最大负偏差：存在一个最小蒸气压值，比两个纯液体的蒸气压都小，混合物存在着最高沸点，如盐酸-水体系，如图 2-22(b) 所示。

③ 最大正偏差：存在一个最大蒸气压值，比两个纯液体的蒸气压都大，混合物存在着最低沸点，如图 2-22(c) 所示。

后两种情况为具有恒沸点的双液系相图，它们在最低或最高恒沸点时的气相和液相组成相同，因而不能像第一类那样通过反复蒸馏的方法而使双液系的两个组分相互分离，只能采取精馏等方法分离出一种纯物质和另一种恒沸混合物。

为了测定双液系的 T-x 相图，需在气-液平衡后，同时测定双液系的沸点和液相、气相的平衡组成。本实验以环己烷-乙醇为体系，该体系属于上述第三种类型，在沸点测定仪中蒸馏不同组成的混合物，测定其沸点及相应的气、液两相的组成，即可作出 T-x 相图。

本实验中，沸点通过温度计测出，而气、液两相的成分分析均采用折射率法测定。折射率是物质的一个特征数值，它与物质的浓度及温度有关，因此在测量物质的折射率时要求温度恒定。溶液的浓度不同、组成不同，折射率也不同。因此可先配制一系列已知组成的溶液，在恒定温度下测其折射率，作出折射率-组成工作曲线，便可通过测折射率的大小在工作曲线上找出未知溶液的组成。

阿贝折射仪是能测定透明、半透明液体或固体的折射率 n_D 和平均色散的仪器（以测液体为主），如仪器上接恒温器，则可测定温度在 0～70 ℃内的折射率 n_D。折射率和平均色散是物质的重要光学常数，能借以了解物质的光学性能、纯度、浓度及色散大小等。

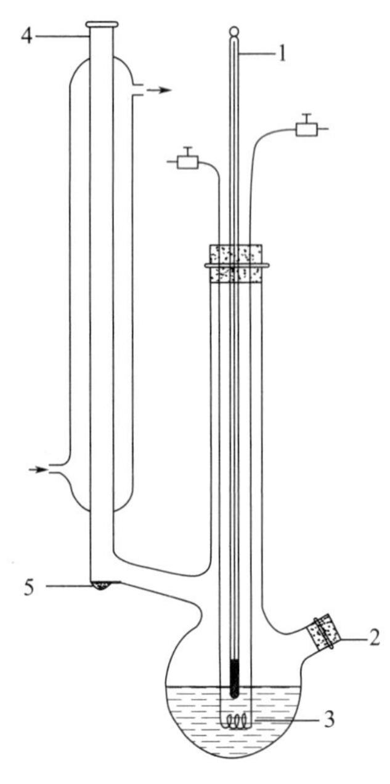

图 2-23 沸点测定仪

1—温度计；2—支管口（取液相）；3—电热丝；4—冷凝管；5—气相冷凝液

三、仪器与试剂

1. 主要仪器：沸点测定仪（图 2-23），调压器，阿贝折射仪，SL-1 超级恒温槽，1/10 ℃温度计，酒精温度计，滴管。

2. 主要试剂：环己烷（AR，20 ℃时密度 0.778～0.779 $g \cdot mL^{-1}$，M_r=84.16），无水乙醇（AR，20 ℃时密度 0.789～0.791 $g \cdot mL^{-1}$，M_r=46.07），各种浓度的环己烷-乙醇混合溶液。

四、实验步骤

1. 绘制工作曲线

① 配制环己烷的摩尔分数分别为 0.10、0.20、0.30、0.40、0.50、0.60、0.70、0.80、0.90 的环己烷-乙醇溶液各 10 mL。各个溶液的确切组成可按实际称样结果精确计算。

② 调节恒温水浴为 25 ℃，分别测定上述 9 种溶液以及无水乙醇和环己烷的折射率。

③ 在坐标纸上绘制折射率-组成工作曲线。后面将测得折射率，通过工作曲线就可知环己烷摩尔分数 $x_{环己烷}$。

2. 安装沸点测定仪

仪器洗净，吹干。电热丝要靠近烧瓶底部中心，温度计水银球要在支管下，高于电热丝 2cm。

3. 无水乙醇的沸点测定

加入约 30 mL 无水乙醇，打开冷却水，接通电源，将变压器（开始前变压器先调零）调至 12 V。液体沸腾后，变压器调至 9 V，不时地将小球中冷凝的液体倒入烧瓶，待温度计读数稳定 3～5 min 后读数。读取压力，并对沸点温度进行校正［式(2-20)］。

4. 取样并测定

切断电源，停止加热，水浴冷却，先测气相折射率，以知其组成，待液相冷却后再测。迅速转移，尽早测定以防挥发。测折射率时要注意：快速润洗，铺满镜面。每个数据读 3 次，测完后将无水乙醇倒入回收瓶。

再测定一系列待测组分的沸点及其气相和液相组成的折射率。用沸点测定仪装待测液前不需要用水洗，用待测液稍微润洗即可，组成有偏差也不要紧，只要不引入水等其他组分即可。测完后，倒回原试样瓶。每一小组都要先做乙醇的测定，可以同时加热和测折射率。

5. 绘图

绘图要保证曲线光滑，点均匀分布在曲线两侧。

五、注意事项

1. 测定折射率时，动作要迅速，以避免样品中易挥发组分损失，确保数据准确。

2. 电热丝一定要被溶液浸没后方可通电加热，否则电热丝易烧断，还可能会引起有机物燃烧。电压不能太大，加热丝上有小气泡逸出即可。

3. 注意一定要先加溶液，再加热；取样时，应注意切断加热丝电源。

4. 阿贝折射仪的棱镜不能用硬物触及（如滴管），擦拭棱镜需用擦镜纸。

六、数据记录与处理

1. 记录待测样品的沸点及其气相和液相组成的折射率（表 2-11）。

表 2-11　环己烷-乙醇混合液测定数据

混合液编号	混合液近似组成 $x_{环己烷}$	沸点/℃	液相分析		气相冷凝液分析	
			折射率	$x_{环己烷}$	折射率	$x_{环己烷}$
1						
2						
3						
4						
5						
6						
7						
8						

2. 沸点温度校正：在 $p^{\ominus}$ 下测得的沸点为正常沸点，但通常外界压力并不恰好等于 101.325 kPa，因此应对实验测得值做压力校正。

$$\Delta T_{压}=\frac{(273.15+T_{A})}{10}\times\frac{(101325-p)}{101325} \tag{2-20}$$

式中，T_A 和 p 分别为实验时的温度和压力，单位分别为 ℃和 Pa。

经校正后体系的正常沸点为

$$T_{沸}=T_{A}+\Delta T_{压} \tag{2-21}$$

3. 作出环己烷-乙醇标准溶液的折射率-组成工作曲线。

4. 根据工作曲线插值求出各待测溶液的气相和液相平衡组成，填入表 2-11 中。以组成为横轴，沸点为纵轴，绘出气相与液相的沸点-组成（T-x）平衡相图。

5. 由平衡相图找出其恒沸点及恒沸混合物的组成。

七、思考与讨论

1. 使用阿贝折射仪时要注意哪些问题？如何使用才能测准数据？

2. 若收集气相冷凝液的小泡的体积太大，对测量有何影响？

3. 平衡时气液两相温度是否应该一样？实际是否一样？怎样减小温度的差异？

4. 沸腾后如何控制条件使温度稳定？

八、补充与提示

1. 参考数据或文献值

25 ℃时环己烷-乙醇体系的折射率-组成关系见表 2-12。

表 2-12 25 ℃时环己烷-乙醇体系的折射率-组成关系

$x_{乙醇}$	$x_{环己烷}$	n_D^{25}
1.00	0.00	1.35935
0.8992	0.1008	1.36867
0.7948	0.2052	1.37766
0.7089	0.2911	1.38412
0.5941	0.4059	1.39216
0.4983	0.5017	1.39836
0.4016	0.5984	1.40342
0.2987	0.7013	1.40890
0.2050	0.7950	1.41356
0.1030	0.8970	1.41855
0.00	1.00	1.42338

资料来源：Timmermans J. The Physico-Chemical Constants of Binary Systems in Concentrated Solutions. London：Interscience Publishers，1959 (2)：36.

2. 阿贝折射仪各部件介绍及使用方法

(1) 仪器的安装：将阿贝折射仪（见图 2-24）置于靠窗的桌子上或白炽灯前。但勿使仪器置于直照的日光中，以避免液体试样迅速蒸发。用橡皮管将测量棱镜和辅助棱镜上保温夹套的进水口与超级恒温槽串联起来，恒温温度以折射仪上的温度计读数为准。

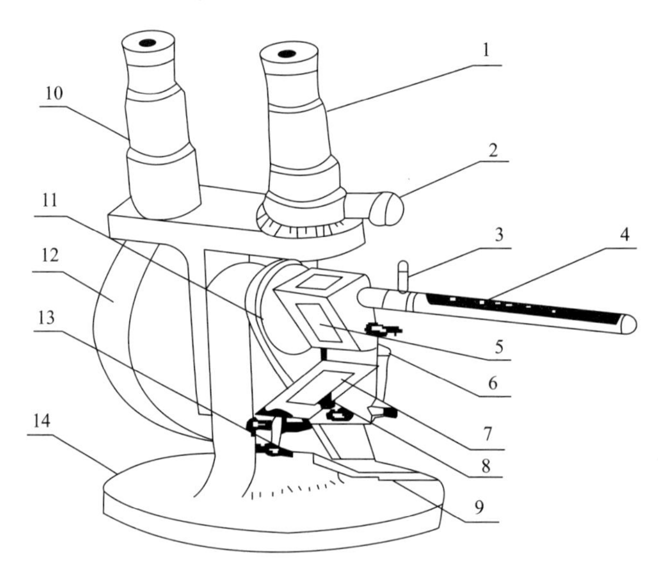

图 2-24 阿贝折射仪

1—测量望远镜；2—消散手柄；3—恒温水入口；4—温度计；5—测量棱镜；
6—铰链；7—辅助棱镜；8—加液槽；9—反射镜；10—读数望远镜；
11—转轴；12—刻度盘罩；13—闭合旋钮；14—底座

(2) 加样：松开锁钮，开启辅助棱镜，使其磨砂斜面处于水平位置，用滴定管加少量丙酮清洗镜面，促使难挥发的沾污物逸走。用滴定管时注意勿使管尖碰撞镜面。必要时可用擦镜纸轻轻吸干镜面，但切勿用滤纸。待镜面干燥后，滴加数滴试样于辅助棱镜的毛镜面上，闭合辅助棱镜，旋紧锁钮。若试样易挥发，则可在两棱镜接近闭合时从加液小槽中加入，然后闭合两棱镜，锁紧锁钮。

(3) 对光：转动手柄，使刻度盘标尺上的示值为最小，然后调节反射镜，使入射光进入棱镜组，同时从测量望远镜中观察，使视场最亮。调节目镜，使视场准丝最清晰。

(4) 粗调：转动手柄，使刻度盘标尺上的示值逐渐增大，直至观察到视场中出现彩色光带或黑白临界线为止。

(5) 消色散：转动消色散手柄，使视场内呈现一个清晰的明暗临界线。

(6) 精调：转动手柄，使临界线正好处在 X 形准丝交点上。若此时又呈微色散，必须重调消色散手柄，使临界线明暗清晰。

(7) 读数：为保证刻度盘的清洁，现在的折射仪一般都将刻度盘装在罩内，读数时先打开罩壳上方的小窗，使光线射入，然后再从读数望远镜中读出标尺上相应的示值。由于眼睛在判断临界线是否处于准丝交点上时容易疲劳，为减少偶然误差，应转动手柄，重复测定三次，三个读数相差不能大于 0.0002，然后取其平均值。试样的成分对折射率的影响是极其灵敏的，沾污或试样中易挥发组分的蒸发，使试样组分发生了微小的改变，导致读数不准。因此测一个试样须重复取三次样，测定这三个样品的数据，再取其平均值。

(8) 仪器校正：折射仪刻度盘上标尺的零点有时会发生移动，须加以校正。校正的方法是用一种已知折射率的标准液体，一般用纯水，按上述方法进行测定，将平均值与标准值比较，其差值即为校正值。在 15～30 ℃之间的温度系数为 -0.0001 ℃$^{-1}$。在精密的测定工作中，须在所测范围内用几种不同折射率的标准液体进行校正，并画成校正曲线，以供测试时对照校核。

九、知识拓展

折射率是有机化合物最重要的物理常数之一，它能精确而方便地测定出来，作为液体物质纯度的标准，它比沸点更为可靠。利用折射率可鉴定未知化合物，如果一个化合物是纯的，那么就可以根据所测得的折射率排除其他可能的化合物，从而识别出这个未知物。

折射率也可用于确定液体混合物的组成。在蒸馏两种或两种以上的液体混合物且各组分的沸点彼此接近时，利用折射率可确定馏分的组成。因为当组分的结构相似和极性相差较小时，混合物的折射率和物质的量组成之间常呈线性关系。例如，由 1 mol 四氯化碳和 1 mol 甲苯组成的混合物的折射率为 1.4822，而纯甲苯和纯四氯化碳在同一温度下的折射率分别为 1.4944 和 1.4651。所以，分馏此混合物时，就可利用这一线性关系求得馏分的组成。

物质的折射率不仅与它的结构和光线波长有关，而且也受温度、压力等因素的影响。所以折射率的表示须注明所用的光线波长和测定时的温度，常用 n_D^t 表示。D 是以钠灯的 D 线 (5893 Å) 作光源，t 是与折射率相对应的温度。例如 n_D^{20}，表示 20 ℃时，该介质对钠灯的 D 线的折射率。通常大气压的变化对折射率的影响不显著，所以只在很精密的工作中才考虑压力的影响。一般来说，当温度升高 1 ℃时，液体有机化合物的折射率就减小 3.5×10^{-4}～5.5×10^{-4}。对于某些液体，特别是当测求折射率的温度与其沸点相近时，其温度系数可达 7×10^{-4}℃$^{-1}$。在实际工作中，往往把某一温度下测定的折射率换算成另一温度下的折射率。为了便于计算，一般用 4×10^{-4} 作为温度变化常数。这个粗略计算所得的折射率数值可能略有偏差，但却有一定的参考价值。

十、参考文献

[1] 朱文涛. 基础物理化学 [M]. 北京：清华大学出版社，2011.

[2] 清华大学化学系物理化学实验编写组．物理化学实验［M］．北京：清华大学出版社，1991．
[3] 王振德．现代科技百科全书［M］．桂林：广西师范大学出版社，2006．
[4] ［英］艾伦·艾萨克斯．麦克米伦百科全书［M］．杭州：浙江人民出版社，2002．

实验 6 二组分固-液相图及步冷曲线的绘制

一、实验目的

1. 了解二组分金属固-液平衡相图的基本特点。
2. 掌握用步冷曲线法测绘二组分金属固-液平衡相图的原理和方法。
3. 掌握 SWKY-Ⅱ数字控温仪和 KWL-Ⅲ可控升降温电炉的基本原理和使用方法。

二、实验原理

1. 二组分固-液相图

人们常用图形来表示体系的存在状态与组成、温度、压力等因素的关系。以体系所含物质的组成为自变量、温度为因变量所得的 T-x 图是常见的一种相图。二组分相图已得到广泛的研究和应用。

二组分体系的自由度与相数有以下关系：

$$自由度=组分数-相数+2 \tag{2-22}$$

由于一般物质固、液两相的摩尔体积相差不大，所以固-液相图受外界压力影响颇小。这是它与气-液平衡体系的最大差别。

图 2-25(a) 以邻硝基氯苯、对硝基氯苯为例表示有低共熔点相图的构成情况：高温区为均匀的液相，下面是三个两相共存区，至于两个互不相溶的固相 A、B 和液相 L 三相平衡共存现象则是固-液相图所特有的。从式(2-22) 可知，压力既已确定，那么在三相共存的水平线上自由度等于零。处于这个平衡状态下的温度 T_E，物质组成 A、B 和 x_E 都不可改变。T_E 和 x_E 构成的这一点称为低共熔点（图中的 E 点）。

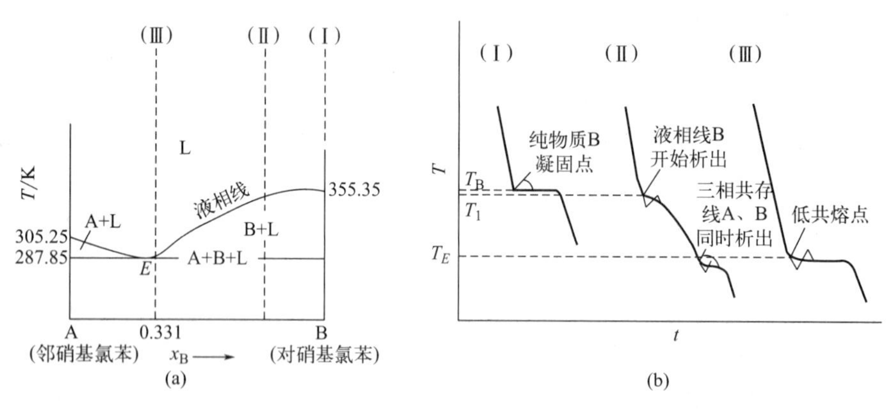

图 2-25 简单低共熔点固-液相图（a）和步冷曲线示意图（b）

2. 热分析法和步冷曲线

热分析法是相图绘制工作中常用的一种实验方法。按一定比例将物质配成均匀的液相体系，让它缓慢冷却，以体系温度对时间作图，则为步冷却曲线，曲线的转折点表征了某一温度下发生相变的信息。由体系的组成和相变点的温度作为 T-x 图上的一个点，众多实验点的合理连接就形成了相图上的一些相线，并构成若干相区。这就是用热分析法绘制固-液相图的概要。

图 2-25(b) 为图 2-25(a) 标示的三个组成相应的步冷曲线。曲线（Ⅰ）表示，将纯 B 液体冷却至 T_B 时，体系温度将保持恒定直到样品完全凝固，曲线上出现一个水平段后再继续下降。在一定压力下，单组分的两相平衡体系自由度为零，T_B 是定值。曲线（Ⅲ）为具有低共熔物成分的体系。该液体冷却时，情况与纯 B 体系相似。与曲线（Ⅰ）相比，其组分由 1 变为 2，但析出的固相数也由 1 变为 2，所以 T_E 也是定值。

曲线（Ⅱ）代表了上述两组成之间的情况。设把一个组成为 x_1 的液相冷却至 T_1，即有 B 的固相析出。与前两种情况不同，这时体系还有一个自由度，温度可继续下降。但由于 B 的凝固所释放的热效应，该曲线的斜率明显变小，在 T_1 处出现一个转折。

3. 常见二元金属体系的步冷曲线

较为简单的二组分金属相图主要有三种：一种是液相完全互溶，凝固后固相也能完全互溶成固体混合物的系统，最典型的是 Cu-Ni 系统；另一种是液相完全互溶而固相完全不互溶的系统，最典型的是 Bi-Cd 系统；还有一种是液相完全互溶而固相部分互溶的系统，如 Bi-Sn 系统。本实验属于第三种情况。

步冷曲线法是绘制金属相图的基本方法之一。它是利用金属及合金在加热和冷却过程中发生相变时，潜热的释放或吸收及热容的突变来得到金属或合金中相转变温度的方法。通常的做法是先将金属或合金全部熔化，然后让其在一定的环境中自行冷却，并在记录仪上自动画出（或人工画出）温度随时间变化的步冷曲线［见图 2-26(a)］。

如图 2-26(a) 所示，当金属混合物加热熔化后再冷却时，初始阶段由于无相变发生，体系的温度随时间变化较大，冷却较快（1～2 段）。若冷却过程中发生放热凝固，产生固相，温度随时间的变化将减小，体系的冷却速率减慢（2～3 段）。当熔融液继续冷却到某一点时，如 3 点，由于此时液相的组成为低共熔物的组成，在最低共熔混合物完全凝固以前体系温度保持不变，步冷曲线出现平台（3～4 段）。当熔融液完全凝固形成两种固态金属后，体系温度又继续下降（4～5 段）。若图 2-26(a) 中的步冷曲线为图 2-26(b) 中总组成为 P 的混合体系的冷却曲线，则转折点 2 相当于相图中的 G 点，为纯固相开始析出的状态；水平段 3～4 相当于相图中 H 点，即低共熔物凝固的过程。

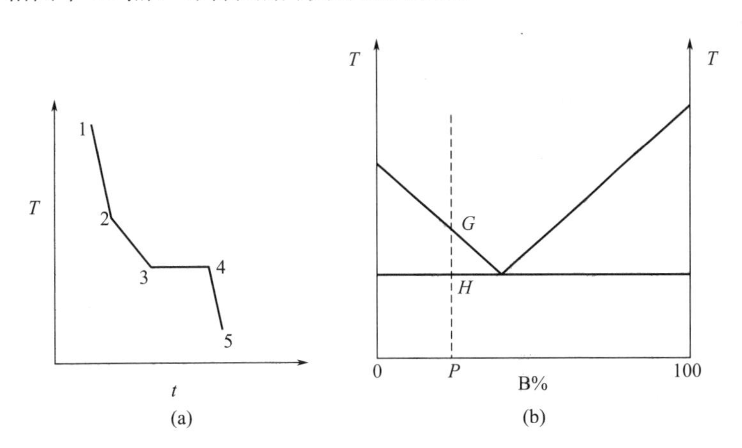

图 2-26　步冷曲线（a）和两组分金属固液相图（b）

因此，对组成一定的二组分低共熔混合物系统，可以根据它的步冷曲线得出有固体析出的温度和低共熔点温度。根据一系列组成不同系统的步冷曲线的各转折点，即可画出二组分系统的相图（温度-组成图）。用步冷曲线法绘制相图时，被测系统必须时刻处于或接近相平衡状态，因此冷却速率要足够慢才能得到较好的结果。

三、仪器与试剂

1. 主要仪器：SWKY-Ⅱ数字控温仪和 KWL-Ⅲ可控升降温电炉 1 台，计算机 1 台，电子分析天平 1 台。

2. 主要试剂：锡［Sn，化学纯，熔点 232 ℃（505 K）］，铋［Bi，化学纯，熔点 271 ℃（544 K）］，石墨粉。

四、实验步骤

1. SWKY-Ⅱ数字控温仪和 KWL-Ⅲ可控升降温电炉的安装与调试

（1）将 SWKY-Ⅱ数字控温仪与 KWL-Ⅲ可控升降温电炉（见图 2-27）的连接线连接。

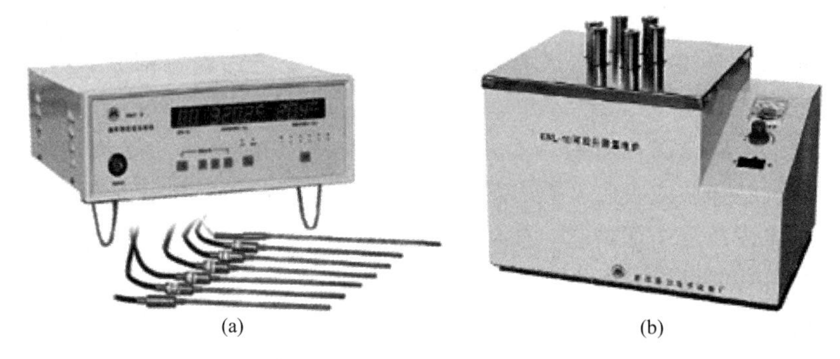

(a) (b)

图 2-27 SWKY-Ⅱ数字控温仪（a）和 KWL-Ⅲ可控升降温电炉（b）

（2）将 SWKY-Ⅱ数字控温仪的 7 个温度热电偶探头按照探头的标号分别插入 KWL-Ⅲ可控升降温电炉中，其中 1～6 号温度热电偶探头分别对应 6 个待测样品的实验管，7 号温度热电偶探头为 KWL-Ⅲ可控升降温电炉仪器的环境温度探头。

（3）将炉体上的控温开关拨到“外控”，打开冷却风扇开关，调节风扇电源至电压表显示为 5V 左右，注意风扇是否转动正常。调节完毕后关闭风扇电源开关。

（4）将 SWKY-Ⅱ数字控温仪和 KWL-Ⅲ可控升降温电炉与计算机通过 USB 线连接。之后打开计算机，安装“金属相图多探头 . exe”软件，具体过程如图 2-28 所示。

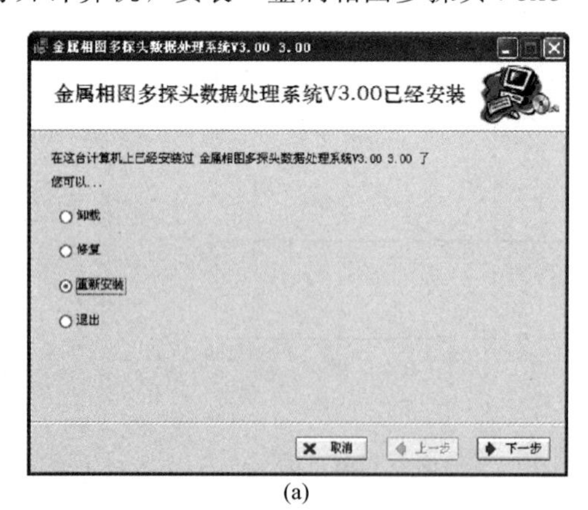

(a)

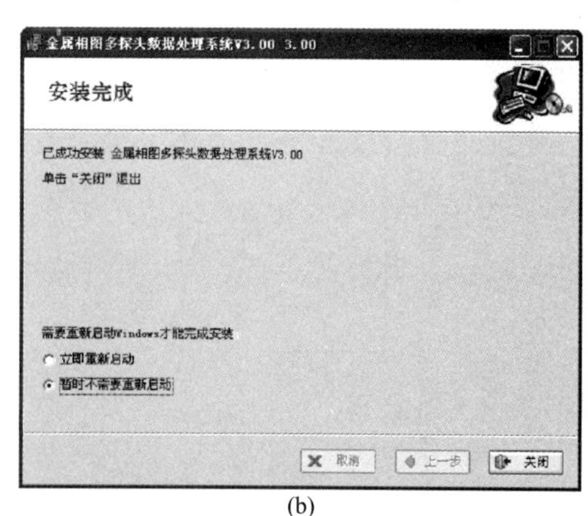

(b)

图 2-28 金属相图多探头软件的安装

（5）打开“金属相图多探头数据处理系统”在计算机桌面的快捷方式，其界面如图 2-29 所示，在程序界面中，可以同时显示 2 个测试管中样品的温度变化情况。界面程序的顶部［见图 2-29（b）］会显示“探头编号”“实时温度”“温变速率”等信息。在程序界面底部［见图 2-29（c）］，选择窗口定位后，须在保存文件前输入“姓名”“学号”“实验日期”“班级”“指导教师”“含量（%）”等实验参数。之后，即可开始实验。

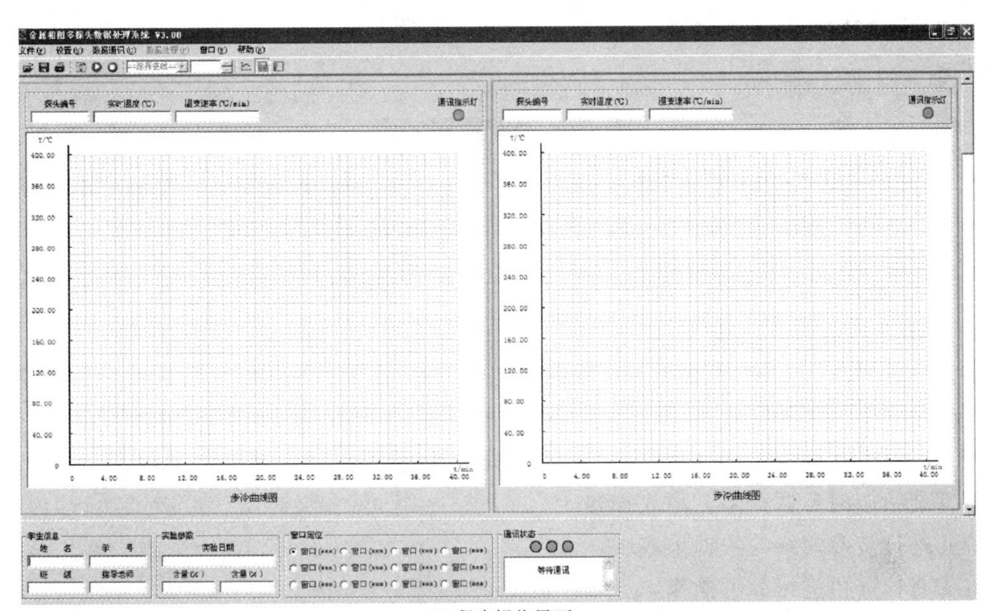

(a) 程序操作界面

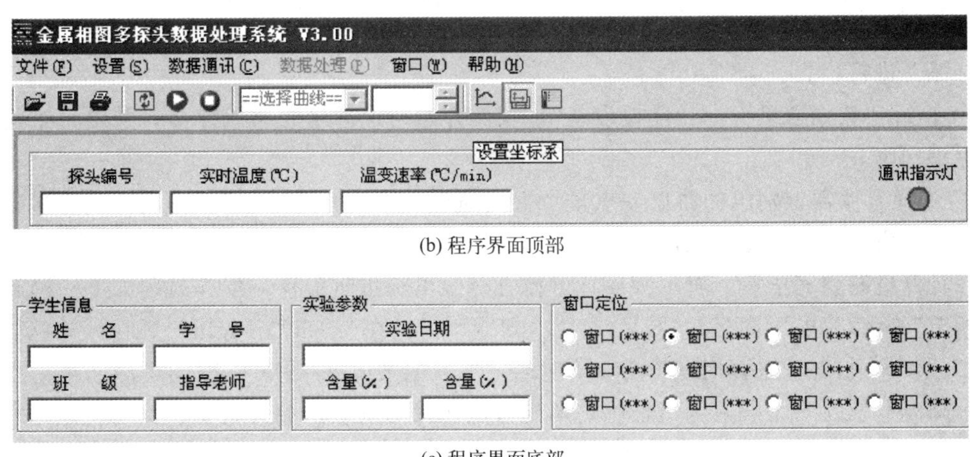

(b) 程序界面顶部

(c) 程序界面底部

图 2-29 金属相图多探头数据处理系统程序的操作界面

备注：

a. 如果计算机与 SWKY-Ⅱ数字控温仪和 KWL-Ⅲ可控升降温电炉设备的 USB 连接不畅，可在打开程序界面“设置”菜单中的“初始化通讯口”或者在“通讯口”中选择相应的通讯口，并可通过“USB 驱动程序 . EXE”对 USB 通讯口进行调试。

b. 每个程序可以同时监控 12 个温度窗口，即一台计算机可以控制 2 台 KWL-Ⅲ可控升降温电炉设备。如果实验室中计算机数量有限，可以两个实验组共用一台计算机进行实验。

c. 本实验中使用的 SWKY-Ⅱ数字控温仪具有实时数显功能，如果实验室不具备配备计算机的条件，也可以通过 SWKY-Ⅱ数字控温仪的数显功能手动记录每个通道的温度变化，但是温度数据没有计算机控制精准。

2. 样品配制

本实验中共需 6 组实验样品，其配比如表 2-13 所示。将 6 组实验样品分别混合均匀，装入 KWL-Ⅲ可控升降温电炉对应的待测样品实验管中，并将温度探头置于样品中间位置；之后在每个实验管中加入约 3 g 石墨粉，将金属全部覆盖以防止金属在加热过程中接触空气而氧化。

表 2-13 实验样品的配比

组分	1	2	3	4	5	6
铋(Bi)/g	100	80	58	30	20	0
锡(Sn)/g	0	20	42	70	80	100

3. 测绘样品的步冷曲线

（1）将 SWKY-Ⅱ数字控温仪置于“置数”状态，设定温度为 320 ℃（高于 Bi 的熔点 50 ℃），再将控温仪置于“工作”状态。将“加热量调节”旋钮顺时针调至最大，使样品熔化。

（2）待温度达到设定温度后，保持 2～3min。将数字控温仪置于“置数”状态，“加热量调节”旋钮逆时针调至零，停止加热。

（3）进行步冷曲线的数据采集。

首先对计算机进行如下操作：

① 设置软件与设备通讯方式：“设置”→“通讯方式”→“定时通讯”。

② 设置坐标系的范围方法：当前窗口坐标不能满足绘图时，可以点击“设置”→“设置坐标系”进行设置。

③ 执行“数据通讯”→“连接设备”，软件开始与设备建立通讯连接，并给每个窗口分配仪器识别码。

④ 选择有仪器识别码的窗口，点击“数据通讯”→“开始通讯”，弹出“实验参数”窗口，输入相应的信息，然后点击“确定”，软件开始采集数据。

在计算机调整完毕后，对 KWL-Ⅲ可控升降温电炉进行操作，操作过程如下：调节“冷风量调节”旋钮（电压调至 5～6 V），使冷却速率保持在 5～6 ℃·min^{-1}，在计算机程序中“设置”菜单中打开“采样时间”菜单，选择“1 秒记录温度一次”，直到步冷曲线出现平台以后，降温至 100 ℃，结束一组数据，得出该配比样品的步冷曲线数据。当实验停止时，在计算机部分激活要停止实验的窗口，点击“数据通讯”→“停止通讯”，则窗口对应的仪器停止数据采集及绘图。然后点击“保存”，保存步冷曲线。

备注：本实验中 6 个样品实验管同时进行实验，计算机仅显示 2 个当前数据，可通过程序底部的“窗口定位”切换不同窗口的信息。保存数据时，6 个步冷曲线数据均需保存。

（4）根据所测绘步冷曲线图，进行 Sn、Bi 二组分体系相图的绘制，注出相图中各区域的相平衡。

五、注意事项

1. 金属相图实验炉炉体温度较高，实验过程中不要接触炉体，以防烫伤。开启加热炉后，操作人员不要离开，防止出现意外事故。

2. 实验炉加热时，温升有一定的惯性，炉膛温度可能会超过 320 ℃。但如果发现炉膛温度超过 320 ℃还在上升，应立即按“工作/置数”按钮，使控温仪上的“置数”灯亮，开启冷却风扇，转入测量步冷曲线的实验过程，同时计算机进行数据采集。

3. 在实验室电容量较低时，第二实验组的同学可等待第一实验组的同学温度升高到 320 ℃以上，进入冷却阶段后再开始加热 KWL-Ⅲ可控升降温电炉，以保证安全用电。

4. 用于测温的热电偶探头较为精密，不要敲击探头，以免损坏。

六、数据记录与处理

1. 使用计算机记录各样品的步冷曲线。

2. 找出各步冷曲线中转折点和平台对应的温度值，记录在表 2-14 中。

表 2-14 实验数据处理表格

编号	1	2	3	4	5	6
x_{Bi}/%	100	80	58	30	20	0
第一转折点温度/℃						
第二转折点温度/℃						
低共熔点温度/℃						
液相线点						
液相线点						
参考熔点/℃	271		139			232
相对误差						

3. 在步冷曲线中查出各转折点温度和平台温度以及纯 Bi、纯 Sn 的熔点，以温度为纵坐标，以质量分数为横坐标，绘出 Sn-Bi 合金相图。从相图中找出低共熔点的温度和低共熔混合物的成分。

七、思考与讨论

了解纯物质的步冷曲线和混合物的步冷曲线的形状有何不同，其相变点的温度应如何确定。

1. 试用相律分析各步冷曲线上出现平台的原因。

2. 步冷曲线上为什么会出现转折点？纯金属、低共熔物及合金等的转折点各有几个？它们的步冷曲线形状有何不同？为什么？

3. 步冷曲线上各段的斜率及水平段的长短与哪些因素有关？

4. 在不同组分熔融液的步冷曲线上，为什么最低共熔点的水平线段长度不同？

5. 是否能用加热熔融的方法获得相变温度并制作相图？

八、补充与提示

1. 锡-铋二元合金金属相图的文献参考图（图 2-30）

锡熔点 232 ℃，铋熔点 271 ℃。最低共熔点：139 ℃，x_{Bi}=58%，x_{Sn}=42%。

2. 金属相图多探头软件的操作介绍

（1）运行环境

PentiumⅢ以上的 PC 机或兼容机，显示器分辨率最好为 1024×768。运行平台为 Windows98/2K/XP，必须安装 Office Excel。

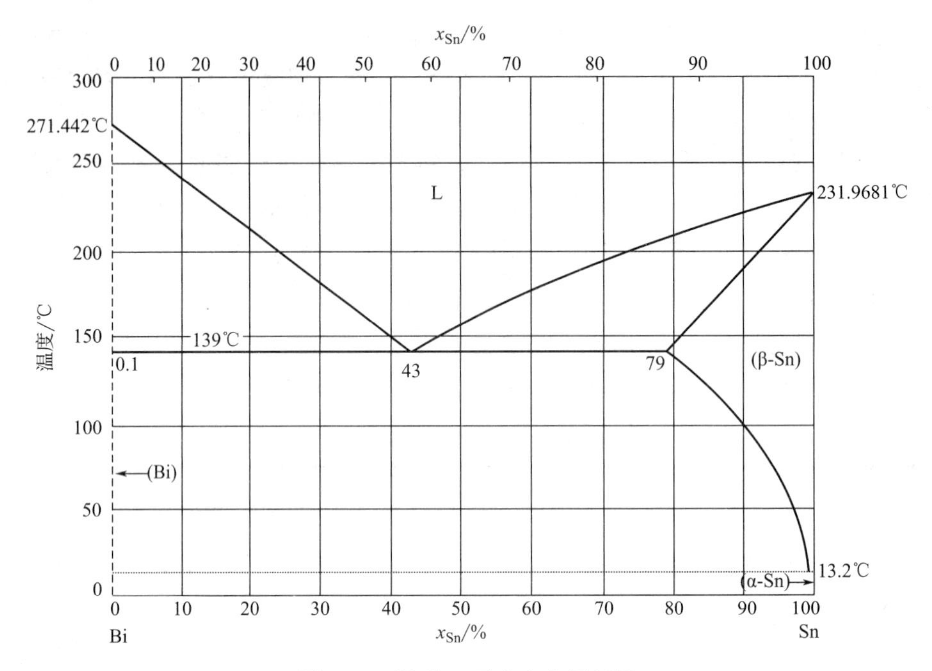

图 2-30 锡-铋二元合金金属相图

(2) 菜单命令简介

①“文件”菜单。“文件”菜单如图 2-31 所示。

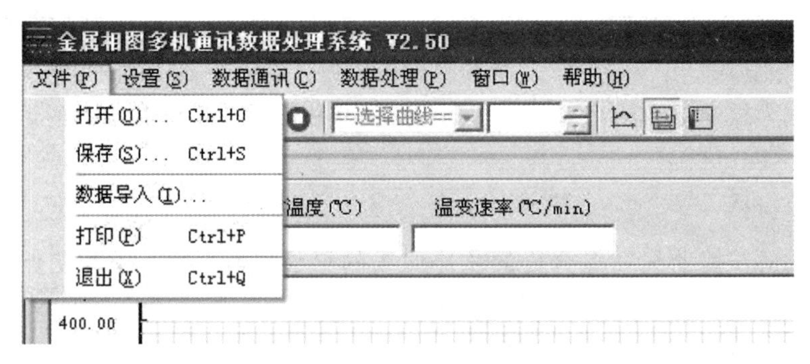

图 2-31 “文件”菜单

a. 打开：打开保存的图文件（＊.BLX，即步冷曲线）。

b. 保存：保存绘制或打开的图文件（＊.BLX，即步冷曲线），或二组分合金相图文件（＊MLX，即多图步冷曲线及相关计算相图数据）。

c. 数据导入：导入最早＊.BLX 版本或单列、双列和双行的＊.TXT 文本数据。＊.TXT 文本数据存储格式如图 2-32 所示。

d. 打印：打印当前窗口步冷曲线或二组分合金相图。

e. 退出：关闭软件。

②“设置”菜单。“设置”菜单如图 2-33 所示。

a. 设置坐标系：设置当前窗口坐标系。

b. 通讯口：计算机标准 RS232 串行口，通过该接口接收设备发送的数据。软件启动时自动检测计算机的串行口，并显示在此菜单中，默认为 COM1（最多能检测 12 个 COM 口）。

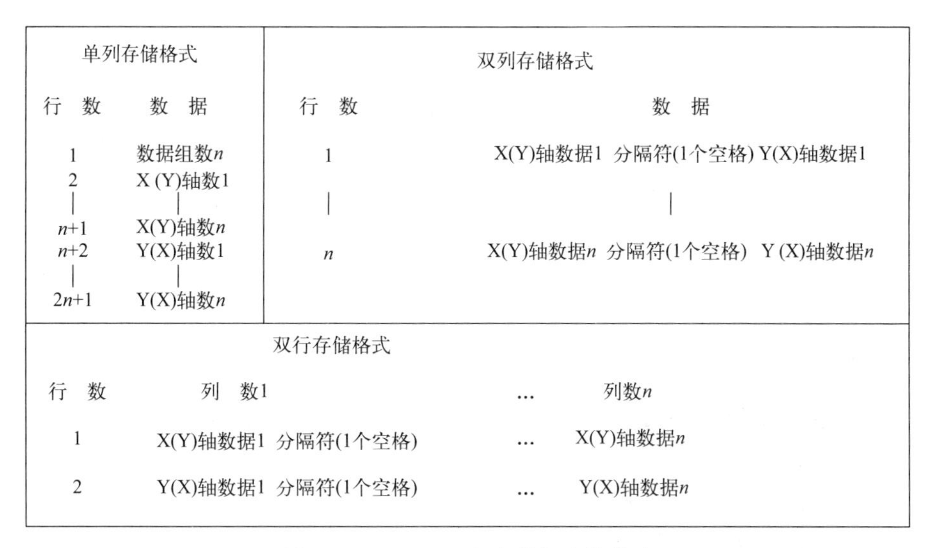

单列存储格式

行数	数据
1	数据组数n
2	X (Y)轴数1
|	|
n+1	X(Y)轴数n
n+2	Y(X)轴数1
|	|
2n+1	Y(X)轴数n

双列存储格式

行数	数据
1	X(Y)轴数据1 分隔符(1个空格) Y(X)轴数据1
|	|
n	X(Y)轴数据n 分隔符(1个空格) Y (X)轴数据n

双行存储格式

行数	列数1	…	列数n
1	X(Y)轴数据1 分隔符(1个空格)	…	X(Y)轴数据n
2	Y(X)轴数据1 分隔符(1个空格)	…	Y(X)轴数据n

图 2-32 *.TXT 文本数据存储格式

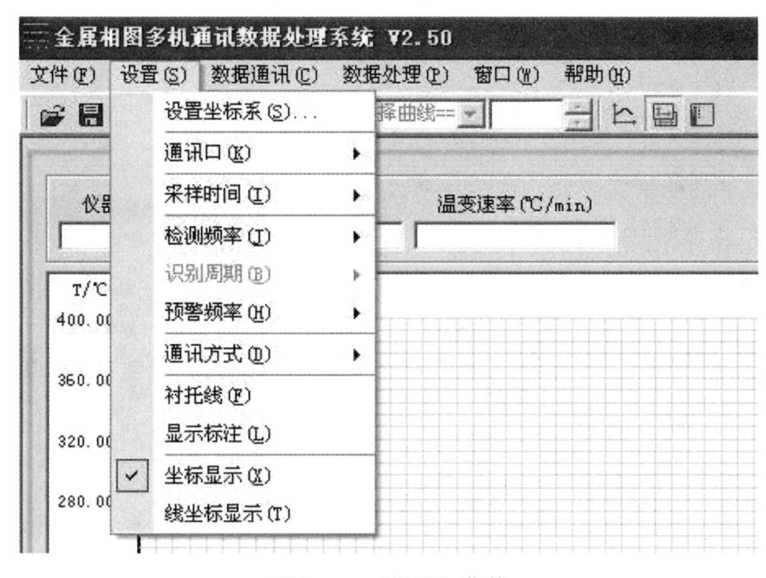

图 2-33 “设置”菜单

c. 采样时间：设置软件采集数据时间。在“金属相图数据处理系统”中可以分别设置每个窗口的采样时间。

d. 检测频率：它为软件与设备建立连接时的最小检测周期。电脑配置高可以把该值设大些。

e. 识别周期：它为在定时通讯时，软件与每台设备通讯的时间。电脑配置高可以把该值设大些。

f. 预警频率：它为在中断通讯时，软件检测设备意外中断通讯的时间周期。定时通讯的预警频率就是识别周期。

g. 通讯方式：选择软件与设备通讯的方式，即定时通讯和中断通讯。

h. 衬托线：在数据处理窗口用虚线画出每组转折点和百分比在步冷曲线和二组分合金

相图中的位置。

i. 显示标注：在数据处理窗口标出步冷曲线的样品名称、百分比及转折点。

j. 坐标显示：在数据采集窗口中鼠标在绘图区的实时坐标值。

k. 线坐标显示：在数据采集窗口中鼠标在绘图区对应步冷曲线上点的坐标值。

注：

金属相图数据处理系统具有设置菜单项：1、2、3、8、9、10、11。

金属相图多探头数据处理系统具有设置菜单项：1、2、3、8、9、10、11。

金属相图多机通讯数据处理系统具有设置菜单项：1、2、4、5、6、7、8、9、10、11。

③“数据通讯”菜单。“数据通讯”菜单如图 2-34 所示。

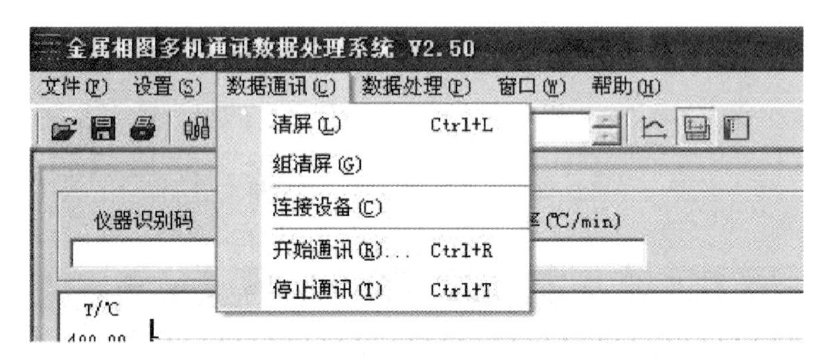

图 2-34 “数据通讯”菜单

a. 清屏：清屏当前绘图区。

b. 组清屏：在数据采集窗口同时清屏 12 个绘图区。

c. 连接设备：软件与设备建立通讯连接，并为每个窗口分配仪器识别码。

d. 开始通讯：执行此命令，将弹出一个“实验参数”窗口（见图 2-35），输入样品名称和百分比，设置该组实验使用的时间（0 为不限时），再点击“确定”，软件当前窗口开始工作。

e. 停止通讯：结束当前窗口实验，软件停止采集数据及绘图。

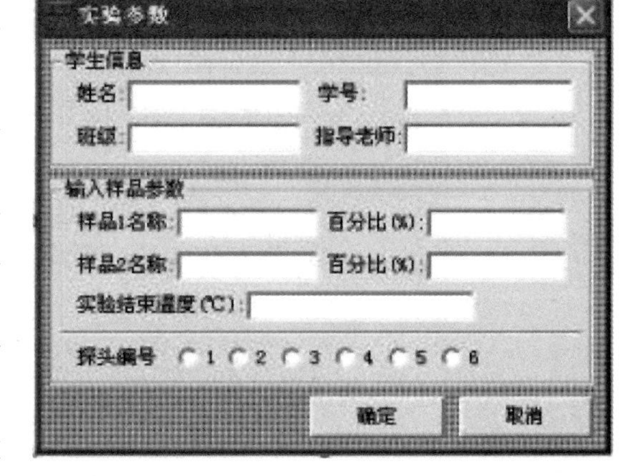

图 2-35 “实验参数”窗口

注：软件采集数据时在软件同目录下的 student 文件夹中建立一个临时文件，保存实时采集的数据，在停止通讯时提示是否保存临时文件，其目的是防止实验中意外断电或其他原因引数据没保存丢失。

④“窗口”菜单。“窗口”菜单如图 2-36 所示，进行数据采集和数据处理窗口之间的切换。

九、知识拓展

1977 年在日本京都召开的国际热分析联合会（International Conference on Thermal Analysis，ICTA）第七次会议对热分析进行了如下定义：热分析是在程序控制温度下测量物质的物理性质与温度之间关系的一类技术。最常用的热分析方法有：差（示）热分析

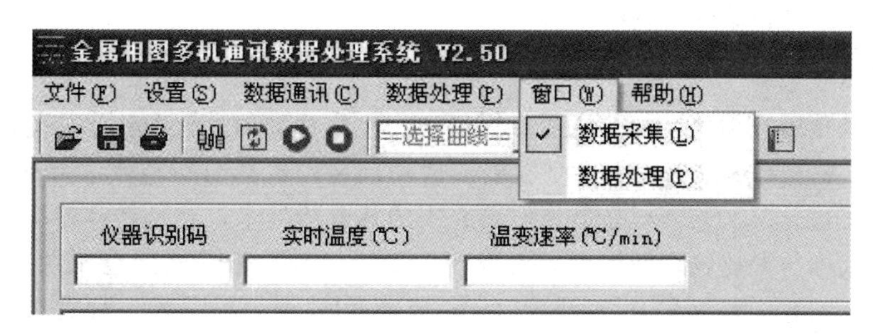

图 2-36 “窗口”菜单

(DTA)、热量分析(TGA)、导数热重量法(DTG)、差示扫描量热法(DSC)、热机械分析(TMA)和动态热机械分析(DMA)等。热分析技术在物理、化学、化工、冶金、地质、建材、燃料、轻纺、食品、生物等领域具有广泛应用。热分析技术有许多优点：可在宽广的温度范围内对样品进行研究；可使用各种温度程序（不同的升降温速率）；对样品的物理状态无特殊要求；所需样品量很少（0.1 μg～10 mg）；仪器灵敏度高（质量变化的精确度达 10^{-5}）；可与其他技术联用，获取多种信息。

步冷曲线是绘制相图的重要依据。加热一个有固定组成的系统，使其完全熔化，然后让它自行逐步冷却，并观察冷却过程中温度随时间的变化，绘制成温度对时间的曲线，即为步冷曲线。从曲线上的转折点（有相变发生）和平台（自由度等于零的不变点）可得知冷却过程中相的变化。把系统不同组成的步冷曲线上各相应的相变点连起来即得温度-组成相图。关于缓慢冷却合金的步冷曲线的解释：当液态合金体系在室温下冷却时，温度随时间变化是均匀的，且冷却速率较快；但是如果发生了相变，将会释放相变潜热，相变过程中系统温度较为稳定，此时冷却速率会明显降低，因此就表现为慢慢冷却，此时在步冷曲线上会出现转折点。因此步冷曲线一旦出现冷却速率降低，或是图中出现转折、回升，都表示有相变过程。步冷曲线是热分析法绘制凝聚体系相图的重要依据，曲线上的平台和转折点表征某一温度下发生相变的信息；步冷曲线是晶体的熔点-组成曲线，可以得到晶体在不同温度时的组成和熔点的变化情况。

物理化学实验中的二组分固-液相图绘制实验通过科学设计，充分利用实验中步冷曲线数据自动采集的时间，引入大型仪器绘制相图的拓展实验，在不显著增加教学课时的前提下，有效促进了科研资源参与人才培养，实现了课堂内容的拓展与延伸，提高了学生的学习热情和实践能力，助力新时代需求的创新型工科人才培养。

十、参考文献

[1] 复旦大学等编．庄继华等修订．物理化学实验［M］．3版．北京：高等教育出版社，2004.
[2] 东北师范大学，等．物理化学实验［M］．2版．北京：高等教育出版社，1989.

实验7 差热分析法测定阿司匹林的熔化焓和熔化熵

一、实验目的

1. 锻炼学生制备试剂、使用仪器的实验能力。
2. 进一步学习差热分析（DTA）的原理及操作方法。
3. 用差热分析仪对市售阿司匹林进行差热分析，并定性解释所得的差热图谱，学会计算市售阿司匹林的熔化焓和熔化熵的方法。

二、实验原理

热分析技术是研究物质在加热或冷却过程中产生某些物理变化和化学变化的技术。1887年 Le Chatelier 提出差热分析，如今已发展成为一门专门的热分析技术。差热分析（differential thermal analysis，DTA）是最先发展起来的热分析技术，它是在程序控制温度的条件下，测量被测试样与参比物之间温度差对温度关系的一种技术。即测定在同一受热条件下，试样与参比物之间温度差（ΔT）对温度（T）或者时间（t）关系的一种方法。从差热曲线上可以获得有关热力学和热动力学方面的信息。

许多物质在加热或冷却过程中会发生熔化、凝固、晶型转变、分解、化合、吸附、脱附等物理化学变化，这些变化必将伴随有体系焓的改变，因而产生热效应，其表现为该物质与外界环境之间的温度差。选择一种对热稳定的物质作为参比物，将其与样品一起置于可按设定速度升温的电炉中，分别记录参比物的温度及试样与参比物之间的温度差。以温度差对温度作图就可得到一条差热分析曲线，或者称差热谱图。从差热曲线上可以获得有关热力学和热动力学方面的信息。结合其他测试手段，还可对物质的组成、结构或产生热效应的变化过程的机理进行深入研究。

差热分析测定采用双笔记录仪分别记录温度差和温度，再以时间作为横坐标，这样就得到 ΔT-t 和 T-t 两条曲线，通过温度曲线可以很容易地确定差热分析曲线上各点的对应温度值。差热分析原理如图 2-37 所示。如果参比物和被测试样的热容大致相同，而试样无热效应，则两者温度基本相同，此时得到的是一条平滑的曲线。一旦试样发生变化，产生了热效应，在差热分析曲线上就会有峰出现。热效应大，峰的面积也就大。在差热分析中规定，峰顶向上的峰为放热峰，表示试样的焓变小于零，其温度高于参比物；相反，峰顶向下的峰为吸热峰，则表示试样的温度低于参比物。DTA 吸热/放热转变曲线如图 2-38 所示。差热分析作为一种动态温度分析技术，它的实验结果受很多因素影响，如气氛和压力、升温速率、试样的预处理及其用量、参比物的选择等。计算相变的热效应的公式为：

$$\Delta H = kA/m \tag{2-23}$$

式中，ΔH 为热量变化，$mJ \cdot mg^{-1}$；A 为峰面积，mm^2，$A=\int_1^2 \Delta T \mathrm{d}t$；$m$ 为试样质量，mg；k 为仪器常数，$mJ \cdot mm^{-2}$。

k 与仪器特性和测定条件有关，同一仪器同样条件测定时，k 为常数，可用标定法求之。即称一定量已知热效应的物质，测得其差热峰的面积就可以求得 k。

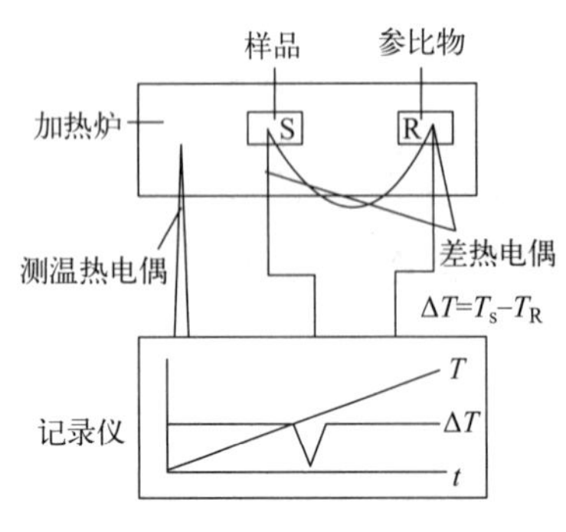

图 2-37 差热分析的原理图

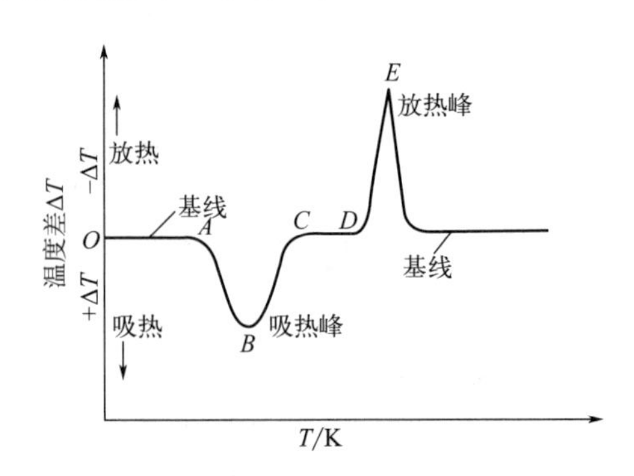

图 2-38 DTA 吸热/放热转变曲线

图 2-39 是典型的差热分析仪结构示意图。仪器由支撑装置、加热炉、气氛调节系统、温度及温差检测和记录系统等部分组成。试样室的气氛能调节为真空或者多种不同的气体气氛。温度和温差测定一般采用高灵敏热电偶。通常测低温时，热电偶为 CA（镍铬-镍铝合金）；测高温时，热电偶为铂-铂铑合金。因为 ΔT 一般比较小，所以要用放大器进行放大。

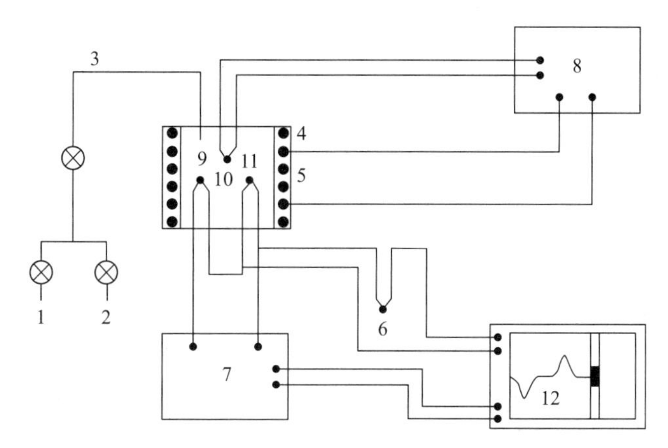

图 2-39 典型差热分析仪结构示意图

1—气体；2—真空；3—炉体气氛控制；4—电炉；5—底座；6—冷端校正；7—直流放大器；8—程序温度控制器；9—试样热电偶；10—升温速率检测热电偶；11—参比热电偶；12—*X*-*Y* 记录仪

三、仪器与试剂

1. 主要仪器：WCR-1A 微机差热仪，微量分析天平（AL-204 电子分析天平），玻璃研钵。

2. 主要试剂：α-Al_2O_3，市售阿司匹林片，Sn 粉。

四、实验步骤

1. 差热分析仪的操作步骤

（1）先打开差热分析仪主机，后打开计算机。

（2）在玻璃研钵中研磨 Sn 粉，并使颗粒度大小均匀，分取 5～10 mg（电子天平称取）。

（3）称取参比样品 α-Al_2O_3 5～10 mg，尽量与被测样品质量接近。

（4）主机操作：抬起炉体，将参比物及被测样品装于电偶板上；放下炉体；开启冷却水（注意操作时要轻上、轻下）。

（5）实验条件：升温范围为 30～650 ℃；升温速率 10 ℃·min^{-1}；气氛为静态空气；参比物为 α-Al_2O_3 粉末（经煅烧）；反应坩埚为刚玉坩埚。

（6）启动微机，从系统主菜单进入差热分析数据站。屏上箭头指向“RSZ”时，双击鼠标左键；屏上箭头指向中心位置时，单击鼠标左键。

（7）中控面板设置：打开中控面板后，两个灯亮，此时按“DTA”调零键，调零灯灭，差热放大器进入测量状态，DTA 量程灯亮的位置随微机系统操作设置而定；旋转调零旋钮，使表头指针摆至“0 点左侧 1 格”→机箱面板上按“加热”。

（8）微机系统操作：“新采集”→“基本实验参数设定（试样名称、操作者姓名、试样序号、试样质量、DTA 取值范围、TG 和 DTG 取值范围任意定一个值即可）”（注意：量程选择应该与点控机箱面板设置保持一致）→“设置升温参数（起始采样温度、采样间隔、升温速率、保温时间、温度轴最大值）”→点击“确定”→进入数据采集工作状态→“采集结束”→“保存图谱”→“常规处理和打印图谱”。

(9) 差热曲线分析：操作鼠标右键，按压一次，进入“曲线分析”菜单，用鼠标左键确认，对DTA曲线的吸收峰、放热峰分段分析，截取时左光标在峰的左侧基线上（双击），右光标在该峰的右侧基线上（双击）；进入DTA曲线（放大图）界面，此时可得到外推起始温度 T_e、峰顶温度 T_m（按鼠标左键确认），按“返回”后可显示在DTA曲线上，此时可对 T_e、T_m 数字位置、颜色、字体改写。满意后，可以把该文件打印出来。

(10) 进入“RSZ”系统后，单击鼠标左键“打开”菜单，对已有的图谱做分析[重复第(9)步]。

(11) 退出系统：鼠标点击“关闭”→“确定”（注意：确保系统正常运行，Windows系统操作也应该正常启动、关机，不应该在系统运行时关机）。

(12) 待炉温降至70 ℃以下，在与Sn粉相同的条件下，测定阿司匹林的差热谱图。

2. 记录数据

实验数据记录如表2-15所示。

表2-15 参比物Sn和阿司匹林熔化过程的热力学参数的测定值

物质	熔点 T_m/K	峰温 T_m/K	升温速率/℃·min^{-1}	峰面积 A/cm^2	质量 m/mg
参比物Sn					
阿司匹林					

五、注意事项

1. 仪器要保持清洁干燥，避免水或其他腐蚀性液体流进机器内部。

2. 加热炉体要轻抬轻放，避免仪器振动受损。

3. 仪器加热过程要开启冷却水，升温之前应仔细检查控温热电偶是否接对、接牢，是否有短路现象。测试完成后，待炉体温度降下来才可关闭冷却水。

4. 实验完成后要将参比物和待测试样取出，并将加热杆擦拭干净。

5. 为确保系统运行正常，Windows系统操作也应遵照正常启动、关机，不应在系统运行时关计算机。

6. 做完实验应在实验记录本上签字，注明使用情况后方可离开。

六、数据记录与处理

1. 用计算机进行差热分析数据处理，并打印出数据。

2. 分别从峰上找出Sn、阿司匹林的 T_m 数值。

3. 通过软件计算出Sn的熔化峰面积，填入表2-15。

4. 通过软件计算出阿司匹林发生相变的差热峰面积。

5. 通过Sn的熔化焓计算Sn的熔化峰面积，并计算仪器常数 k，填入表2-16。

6. 由仪器常数 k 和阿司匹林的差热峰面积计算出阿司匹林的熔化焓和熔化熵，填入表2-17。

7. 通过差热谱图分析，试从图谱上分析样品在加热过程中可能发生的物理、化学变化情况。

8. 对实验中的效果以及经验教训进行小结。

表 2-16　Sn 熔化过程的热力学参数的测定和计算值

物质类别	峰面积 A/m^2	熔化焓 $\Delta H_m/kJ \cdot mol^{-1}$	仪器常数 $k/kJ \cdot mol^{-1} \cdot cm^{-1}$
参比物 Sn			

表 2-17　阿司匹林熔化过程的热力学参数的测定和计算值

物质类别	峰面积 A/m^2	仪器常数 $k/kJ \cdot mol^{-1} \cdot cm^{-1}$	熔化焓 $\Delta H_m/kJ \cdot mol^{-1}$	熔化熵 $\Delta S_m/kJ \cdot K^{-1} \cdot mol^{-1}$
阿司匹林				

七、思考与讨论

1. 做好本实验的关键有哪些？

2. 怎样减小基线漂移？为什么会出现基线漂移？

3. 为什么要控制升温速率？

4. 在惰性气体气氛中和在空气中测得的阿司匹林 DTA 曲线一样吗？

5. 影响差热分析结果的主要因素有哪些？

八、补充与提示

1. 仪器名称、厂商、型号

（1）实验用仪器：差热分析仪。

（2）厂商：北京光学仪器厂有限公司。

（3）型号：WCR-1A 差热分析仪（见图 2-40）。

2. 仪器性能指标和应用领域

（1）性能指标：升温速率 0.3125 ℃ · min^{-1}、0.625 ℃ · min^{-1}、1.25 ℃ · min^{-1}、2.5 ℃ · min^{-1}、5 ℃ · min^{-1}、10 ℃ · min^{-1}、15 ℃ · min^{-1}、20 ℃ · min^{-1}；最高加热温度 1100 ℃；差热量程 ±10 μV、±25 μV、±50 μV、±250 μV、±500 μV、±1000 μV；温度控制方式为比例-积分-微分-可控硅；电炉功率 0.6 kW；坩埚容积 0.06 mL。

图 2-40　WCR-1A 差热分析仪

（2）用途：WCR-1A 差热分析仪为中温型微机化的 DTA 仪器，可以对微量试样进行差热分析，广泛用于医学、化学、物理学、地理学、生物学等基础科学领域，以及医药、化工、冶金、地质、电工、陶瓷、轻纺、食品、农林、消防等行业的生产企业，科研单位及大专院校。

（3）其他需另行说明的问题：热分析仪种类很多，目前常用的热分析仪有微机差热天平、微机差热仪、微机差热膨胀仪、差示扫描量热计和量热仪系列，以及差热-差动同步热分析仪、差热-热重同步热分析仪、差动-热重同步热分析仪和差热/差动-热重同步热分析仪、动态热机械分析仪等多个品种。计算机技术的渗透使热分析仪器更加智能化与自动化，应用范围更广。如采用数字过滤技术改善仪器信噪比，提高分辨率等。小型化、高性能是其今后发展的必然趋势。目前，TGA 精度可达到 ng 级，DTA 精度可达到 μW 级，还可以极快速度达到极高或极低的温度，挑战温控技术极限。新型热分析技术不断问世，如高温 DSC、高压 TGA、微分 DTA、温度调制技术、微量热技术、介电热分析、样品控制热分析、脉冲热分析等。联用技术能够获取更多信息，成为热分析发展新亮点；除 TGA、DTA、DSC 之间可以同时联用外，热分析还能与质谱、气相色谱、X 射线衍射仪等联用。

差热分析仪测温范围大，一般可以从室温到 1600 ℃以上，使用快速简便，多用于测定物质的熔化及晶型转变、氧化还原反应、裂解反应等。差热分析中吸热和放热体系的主要类型见表 2-18。另外，在实际的材料分析中，差热分析仪常与其他分析仪器联用，对物质进行综合热分析。

表 2-18 差热分析中吸热和放热的主要类型

现象(物理原理)	吸热	放热	现象(化学原因)	吸热	放热
晶型转变	○	○	化学吸附		○
熔融	○		析出	○	
汽化	○		脱水	○	
升华	○		分解	○	○
吸附		○	氧化度降低		○
脱附	○		氧化(气体中)		○
吸收	○		还原(气体中)	○	
			氧化还原反应	○	○
			固相反应	○	○

3. DTA 的影响因素

影响 DTA 的因素很多，DTA 曲线的峰形、出峰位置和峰面积等受多种因素影响，大体可分为客观因素和主观因素。客观因素主要包括：炉子的结构与尺寸；坩埚材料与形状；热电偶性能等。主观因素是指操作者对操作条件选取不同而带来的影响，比如：样品粒度影响峰形和峰值，尤其是有气相参与的反应；参比物与样品的对称性包括用量、密度、粒度、热容及热导率等，都应尽可能一致，否则可能出现基线偏移、弯曲，甚至造成缓慢变化的假峰；气氛；升温速率影响峰形与出峰位置；样品量过多则会影响热效应温度的准确测量，妨碍两相邻热效应峰的分离等。

几种主要的影响因素：

(1) 升温速率的影响：保持均匀的升温速率（ψ）是 DTA 的重要条件之一，即应 $\psi = \mathrm{d}TR/\mathrm{d}t =$ 常数。若升温速率不均匀（即 ψ 有波动），则 DTA 曲线的基线会漂移，影响多种参数测量。此外，升温速率的快慢也会影响差热峰的位置、形状及峰的分辨率。有研究者研究了各种升温速率对高岭土 DTA 的影响，结果见图 2-41，表明升温速率愈快，峰的形状愈陡，峰顶温度也愈高。在研究胆甾醇丙酸酯的多相转变时发现，高的升温速率有利于小相变的检测，从而提高检测灵敏度。通常升温速率控制在 5～20 ℃ · min^{-1}。

(2) 气氛的影响：气氛对 DTA 有较大的影响。如在空气中加热镍催化剂时，由于它被氧化而产生较大的放热峰；而在氢气中加热时，它的 DTA 曲线就比较平坦。又如，$CaC_2O_4 \cdot H_2O$ 在 CO_2 气氛和在空气气氛中加热的 DTA 曲线也有很大的差异，如图 2-42 所示。在 CO_2 气氛中，DTA 曲线呈现三个吸热峰，分别为失水、失 CO 和失 CO_2 的正常情况；而在空气气氛中，中间的峰呈现为很强的放热峰，这是因为 CaC_2O_4 释放出的 CO 在高温下被空气氧化燃烧放出热量。在 DTA 测定中，为了避免试样或反应产物被氧化，经常在惰性气氛或在真空中进行。当热效应涉及气体产生时，气氛的压力也会明显地影响 DTA 曲线，压力增大时，热效应的起始温度与顶峰温度都会增大。

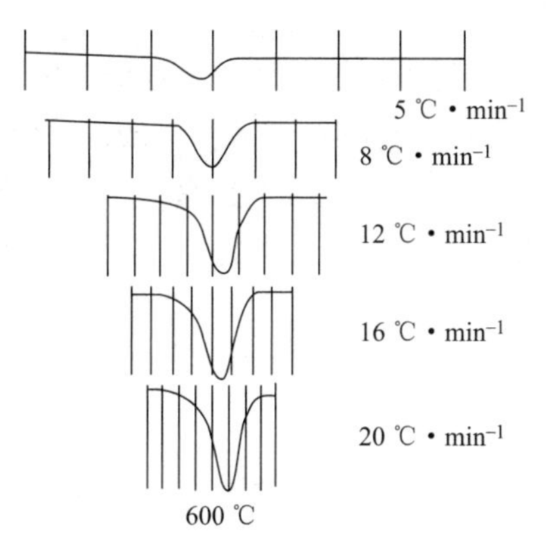

图 2-41　不同升温速率的影响

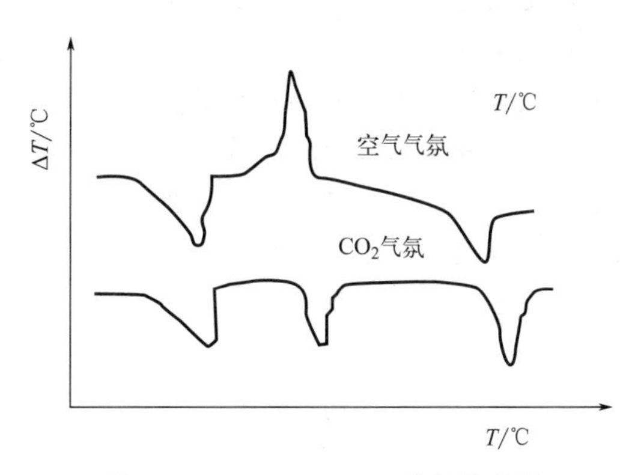

图 2-42　$CaC_2O_4 \cdot H_2O$ 的差热曲线

（3）试样特性的影响：DTA 曲线的峰面积正比于试样的反应热和质量，反比于试样的热导率。为了尽可能减少基线漂移对测定结果的影响，必须使参比物的质量、热容和热导率与试样尽可能相似，以减少测定误差。为了使试样与参比物之间的热导性质更为接近，有时用 1～3 倍的参比物来稀释试样，从而减少基线的漂移，但会引起差热峰面积的减小。补偿的办法是适当增加试样量或提高仪器的灵敏度。为了使基线较为平稳，稀释时试样与参比物必须混合均匀。不同粒度的试样具有不同的热导效率，为了避免试样粒度对 DTA 的影响，通常采用小颗粒均匀的试样。

4. 参考数据或文献值

① Sn 的熔化焓：60.67 $J \cdot g^{-1}$。

② Sn 的熔点：232 ℃。

③ 阿司匹林的熔点：(409.19±0.22) K。

阿司匹林的熔点在第一阶段的热解反应之前，第一阶段的热解反应机理如图 2-43 所示。

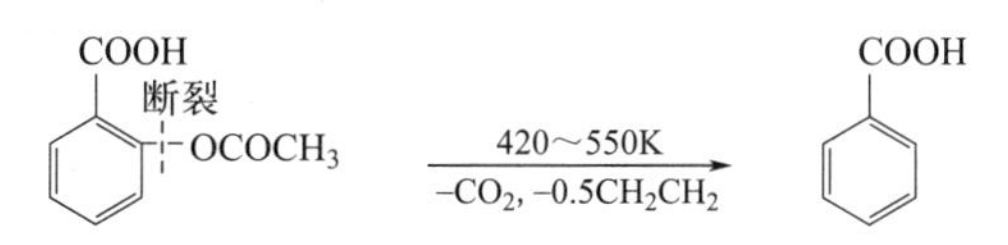

图 2-43　阿司匹林第一阶段的热解反应

④ 阿司匹林的熔化焓：(29.17±0.41) $kJ \cdot mol^{-1}$。

⑤ 阿司匹林的熔化熵：(71.09±1.06) $J \cdot K^{-1} \cdot mol^{-1}$。

九、知识拓展

化学热力学在科学领域曾经创造过十分光辉灿烂的历史。例如，德国科学家能斯特（Nernst）因发现热力学第三定律于 1920 年获诺贝尔化学奖，比利时物理化学家和理论物理学家普里高津（Prigogine）因创立热力学中的耗散结构理论而获 1977 年诺贝尔化学奖。不管学科如何发展，化学热力学仍是自然科学的强大理论支柱。热化学作为化学热力学的重要分支，它用各种量热方法准确测量物理、化学以及生物过程的热效应，从而根据热效应来研究有关现象及规律性。热化学的测量对物理化学的发展有着重要作用，随着量热方法的改进，特别是热测量精度的提高，热化学在能源、材料、食品以及生物和药物等领域具有重要意义，热化学的数据（如燃烧热、生成热等）在热力学计算、工程设计和科学研究等方面都具有广泛的应用。

热化学的发展趋势是发展研究能源、材料、生物等复杂体系的灵敏、快速的新方法和新技术，促进学科之间的相互交叉和协调发展。热化学挑战性科学问题有：能源、材料、生物、环境等复杂体系的高灵敏、超快速的原位表征方法和技术，如用于能源材料热力学和动力学研究的热、电、光联用的多功能综合测试仪；能源材料体系热化学特性测量与数据库的构建，指导新材料的设计与研制。

十、参考文献

[1] 夏海涛．物理化学实验［M］．哈尔滨：哈尔滨工业大学出版社，2003.
[2] 陈文娟，陈巍．差热分析影响因素及实验技术［J］．洛阳工业高等专科学校学报．2003，13（1）：10-11.
[3] 徐芬．药物热力学性质的量热学与热分析研究［D］．大连：中国科学院大连化学物理研究所，2005.
[4] 杨俊林，高飞雪，田中群．物理化学学科前沿与展望［M］．北京：科学出版社，2011.

实验 8　差示扫描量热法测定 $NaNO_3$ 的相变热

一、实验目的

1. 掌握差示扫描量热法（DSC）的基本原理和分析方法。
2. 了解差示扫描量热仪和热重分析仪的基本构造和基本操作。
3. 掌握差热曲线的处理方法，对实验结果进行分析。

二、实验原理

热分析方法包括差热分析（differential thermal analysis，DTA）、差示扫描量热法（differential scanning calorimetry，DSC）、热重分析（thermogra vimetric analysisim，TGA）、热机械分析（thermomechanic analysisim，TMA）。

差示扫描量热法（DSC），又称差动分析法，是在程序温度控制下，测量试样与参比物之间单位时间内能量差（或功率差）随温度变化的一种技术。它是在差热分析（DTA）的基础上发展而来的一种热分析技术，DSC 在定量分析方面比 DTA 要好，能直接从 DSC 曲线上的峰形面积得到试样的放热量和吸热量。DSC 能定量测定多种热力学和动力学参数，且可进行晶体微细结构分析等工作，如样品的焓变、比热容等的测定。DSC 有功率补偿式差示扫描量热法和热流式差示扫描量热法两种类型。典型的差示扫描量热曲线以热流率（dH/dt）为纵坐标，以时间（t）或温度（T）为横坐标，曲线离开基线的位移即代表样品吸热或放热的速率（$mJ \cdot s^{-1}$），而曲线中峰或谷包围的面积即代表热量的变化。因而，差示扫描量热法可以直接测量样品在发生物理或化学变化时的热效应。如测定聚合物的玻璃化转变温度（T_g）、结晶温度、熔融温度及热分解温度等。

DTA 的工作原理（图 2-44）是在程序温度控制下恒速升温（或降温）时，连续测定试样（S）同参比物（R，如 α-氧化铝）间的温度差 ΔT，从而以 ΔT 对 T 作图得到热谱图曲线（见图 2-45），进而通过对曲线分析处理获取所需信息。在进行 DTA 测试时，试样和参比物分别放在两个样品池内，如图 2-44 所示，加热炉以一定的速率升温，若试样没有热反应，则它的温度和参比物温度之间的温度差 $\Delta T=0$，差热曲线为一条直线，称为基线；若试样在某温度范围内有吸热（或放热）反应，则试样温度将停止（或加快）上升，试样和参比物之间产生温度差 ΔT，将该信号放大，由计算机进行数据采集处理后形成 DTA 峰形曲线，根据出峰的温度及其面积的大小与形状可以进行分析。而 DSC 的原理和 DTA 基本相似，其改进之处是在试样和参比物下增加了两组补偿加热丝，当试样在加热过程中由于热反应而与参比物间出现温度差 ΔT 时，差热放大和差动热量补偿使流入补偿加热丝的电流发生变化。当试样吸热时，补偿使试样一边的电流立刻增大；反之，在试样放热时，补偿使参比物一边的电流增大，直到两边达到热平衡，温度差 ΔT 消失为止。换句话说，试样在热反应时发生的热量变化，由于及时输入电功率而得到补偿。

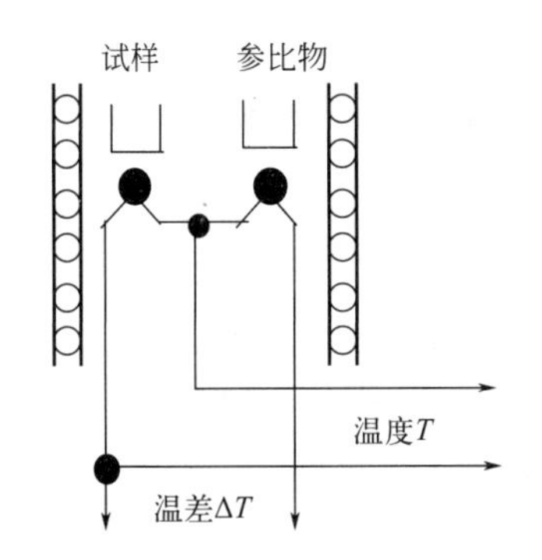

图 2-44　差热分析（DTA）基本工作原理

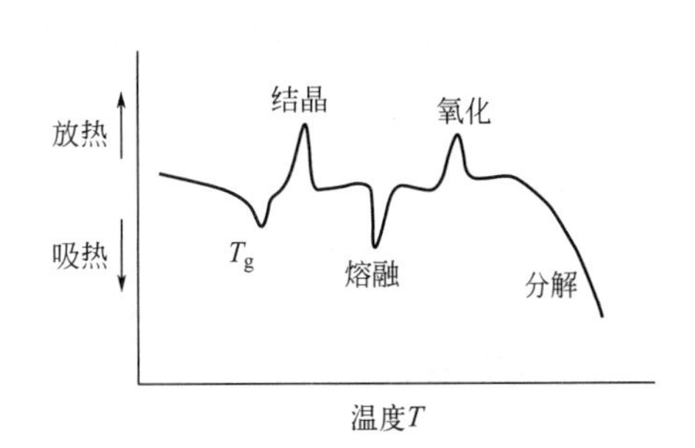

图 2-45　聚合物 DTA 曲线模式图

DSC 和 DTA 相比，在试样发生热反应时，DTA 中试样的实际温度已经不是程序升温时所控制的温度（如试样在放热反应时会加速升温）；而在 DSC 中试样的热量变化可及时得到补偿，试样和参比物的温度始终保持一致，避免了参比物和试样之间的热传递，因而仪器的热滞后现象小，出峰温度更接近实际温度，且反应更灵敏，分辨率更高。

三、仪器与试剂

1. 主要仪器：差示扫描量热仪（DSC 214 Polyma，德国 NETZSCH）。

2. 主要试剂：$NaNO_3$。

四、实验步骤

（1）打开所有仪器的电源开关。

（2）打开测试软件，预热 30 min。

（3）准备待测样品：准确称取样品（5～10 mg），称量坩埚的质量，将样品放入坩埚，压紧待测；再取一个空坩埚，准确称量其质量，作空白对照。

（4）空坩埚放入样品池左侧，有待测样品的坩埚放入样品池右侧。

（5）设置测试参数，开始测试。

（6）加热结束后，待其冷却至室温后，进行下一组实验。

（7）实验结束，保存数据。

（8）不使用仪器时正常关机顺序依次为：关闭软件，退出操作系统，关电脑主机、显示器、仪器控制器、测量单元、机械冷却单元。

(9) 切断各单元的开关，再关掉总电源、气源，并清理实验桌面。

(10) 如发现传感器表面或炉内侧脏时，可先在室温下用洗耳球吹扫，然后用棉花蘸酒精擦洗，不可用硬物触及。

五、注意事项

1. 样品要求：可以分析固体和液体样品。固体样品可以是粉末、薄片、晶体或颗粒状，对高聚物薄膜可直接冲成圆片，块状的可用刀或锯分解成小块。

2. 样品用量的影响：样品用量为 5～10 mg。用量少，有利于使用快速程序温度扫描，可得到高分辨率从而提高定性效果，容易释放裂解产物，获得较高转变能量；用量多，可观察到细小的转变，得到较精确的定量结果。

3. 形状的影响：样品的几何形状对 DSC 峰形亦有影响。大块样品，由于传热不良峰形不规则；细或薄的样品，可得到规则的峰形，有利于峰面积的计算。样品几何形状对峰面积基本上没有影响。

4. 样品纯度：样品纯度对 DSC 曲线的影响较大，杂质含量的增加会使转变峰向低温方向移动而且峰形变宽。

六、数据记录与处理

对 DSC 曲线进行讨论，要求理解各分析数据，说明每一步热效应产生的原因，并在 DSC 曲线上标出 $NaNO_3$ 对应的各个热转变的含义。

七、思考与讨论

1. 简述 DTA、DSC 的原理与区别。

2. DSC 如何测定聚合物的 T_g？

八、补充与提示

1. 仪器名称、厂商、型号、图片

(1) 实验用仪器：差示扫描量热仪。

(2) 厂商：德国耐驰仪器。

(3) 型号：DSC 214 Polyma（图 2-46）。

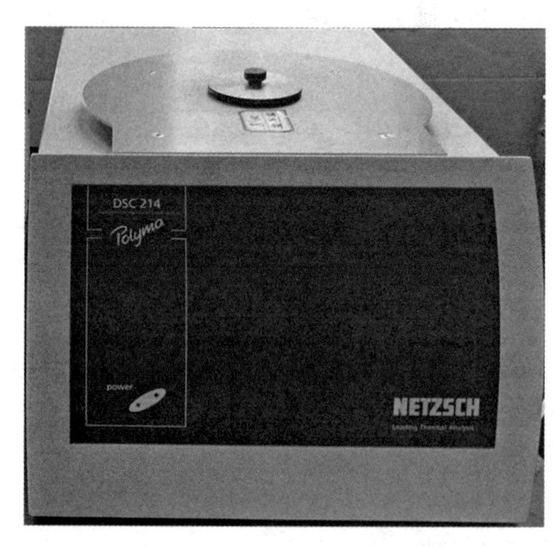

图 2-46　DSC 214 Polyma 型设备

2. 仪器设备操作关键点

(1) 准确记录样品用量（5～10 mg）和坩埚（装样和参比坩埚）的质量。

(2) 样品测试过程中禁止触碰设备。

(3) 测试温度范围：0～280 ℃。

九、知识拓展

20 世纪 60 年代，差示扫描量热法（DSC）被提出，其特点是使用温度范围比较宽，分辨能力和灵敏度高。根据测量方法的不同，可分为功率补偿式 DSC 和热流式 DSC，主要用于定量测量各种热力学参数和动力学参数。

DSC 与 DTA 原理较为相似，二者都是将试样与一种惰性参比物（常用 α-Al_2O_3）同置于加热器的两个不同位置上，按一定程序恒速加热（或冷却）。

但 DSC 的性能要优于 DTA，测定热量比 DTA 准确，而且分辨率和重现性也比 DTA 好。DTA 是同步测量试样与参比物的温度差，而 DSC 则是测量输入给试样和参比物的功率差，即热量差，较测量温度差更精确，因此 DSC 比 DTA 更为优越。

由于具有以上优点，DSC 在聚合物领域获得了广泛应用，大部分 DAT 应用领域都可以采用 DSC 进行测量，灵敏度和精确度更高，试样用量更少。由于其在定量上的方便，DSC 更适于测量结晶度、结晶动力学以及聚合、固化、交联氧化、分解等反应的反应热及研究其反应动力学。

十、参考文献

[1] 张松楠. 差动热分析法（DSC）在高聚物测定中的应用 [J]. 上海化工，1978（06）：23-26.

[2] 陈联群，曾红梅，蒋杰，等. 温度对 CDR-1 型差动热分析仪仪器常数的影响 [J]. 现代仪器，2007，69（02）：30-33.

实验 9 分光光度法测定络合物的稳定常数

一、实验目的

1. 掌握连续法测定络合物组成及稳定常数的基本原理和方法。
2. 掌握分光光度计的使用方法。

二、实验原理

溶液中金属离子 M 和配体 L 形成络合物，其反应式为

$$M + nL \rightleftharpoons ML_n$$

当达到络合平衡时

$$K = \frac{c_{ML_n}}{c_M c_L^n} \tag{2-24}$$

式中，K 为络合物的稳定常数；c_M 为络合平衡时金属离子的浓度（严格应为活度）；c_L 为络合平衡时配体的浓度；c_{ML_n} 为络合平衡时络合物的浓度；n 为络合物的配位数。

络合物的稳定常数不仅反映了它在溶液中的热力学稳定性，而且对络合物的实际应用，特别是在分析化学方法中的应用具有重要的参考价值。

显然，如能通过实验测得式(2-24) 中右边各项浓度及 n 值，就能计算得到 K 值。本实验采用分光光度计来测定以上这些参数。

1. 测定方法

（1）等物质的量连续递变法测定络合物的组成

连续递变法又称递变法，它实际上是一种物理化学分析方法，可以用来研究当两个组分相混合时是否发生化合、络合、缔合等作用，以及测定两者之间的物质的量之比。其原理是：在保持总的物质的量不变的前提下，依次改变体系中两个组分的摩尔分数比值，并测定吸光度 A，作摩尔分数-吸光度曲线，如图 2-47 所示，从曲线上吸光度的极大值即能求出 n 值。

为了方便配制溶液，通常取相同物质的量浓度的金属离子 M 和配体 L 溶液，在维持总体积不变的条件下，按不同的体积比配成一系列混合溶液，这样，它们的体积比也就是摩尔

分数之比。设 x_V 为 $A_{极大}$ 时吸取 L 溶液的体积分数，即

$$x_V=\frac{V_L}{V_L+V_M} \tag{2-25}$$

M 溶液的体积分数为 $1-x_V$，则配位数

$$n=\frac{x_V}{1-x_V} \tag{2-26}$$

若溶液中只有络合物具有颜色，则溶液的吸光度 A 与 ML_n 的含量成正比，作 A-x_V 图，从曲线的极大值位置即可直接求出 n。但在配制成的溶液中除络合物外，尚有金属离子 M 和配体 L，它们与络合物在同一波长 $\lambda_{最大}$ 下也存在着一定程度的吸收。因此所观察到的吸光度 A 并不是完全由络合物 ML_n 吸收所引起的，必须对吸光度加以校正，其校正方法如下。

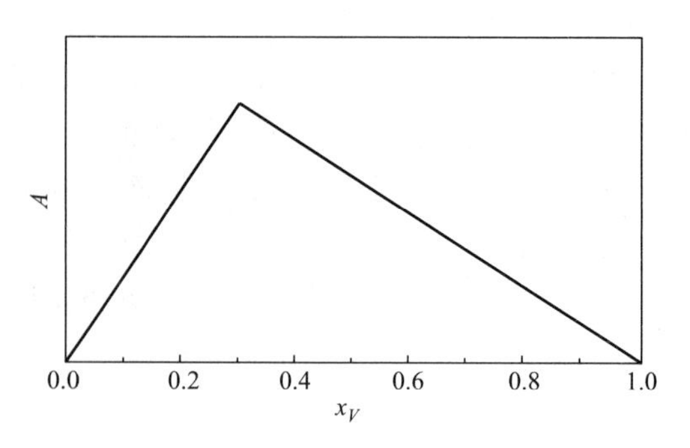

图 2-47 摩尔分数-吸光度曲线

作实验测得的吸光度 A 对溶液组成（包括金属离子浓度为零和配体浓度为零两点）的图，连接金属离子浓度为零及配体浓度为零的两点的直线，如图 2-48 所示，则直线上所表示的不同组成的吸光度数值 A_0，可以认为是由金属离子 M 和配体 L 吸收所引起的。因此把实验所观察到的吸光度 A'，减去对应组成上从该直线上读得的吸光度数值 A_0，所得的差值 $\Delta A=A'-A_0$，就是该溶液组成下的吸光度数值。作此吸光度 ΔA-x_V 曲线，如图 2-49 所示。曲线极大值所对应的溶液组成就是络合物组成。用这个方法测定络合物组成时，必须在所选择的波长范围内只有 ML_n 一种络合物有吸收，而金属离子 M 和配体 L 等都不吸收或极少吸收，只有在这种条件下，ΔA-x_V 曲线上的极大点所对应的组成才是所求络合物组成。

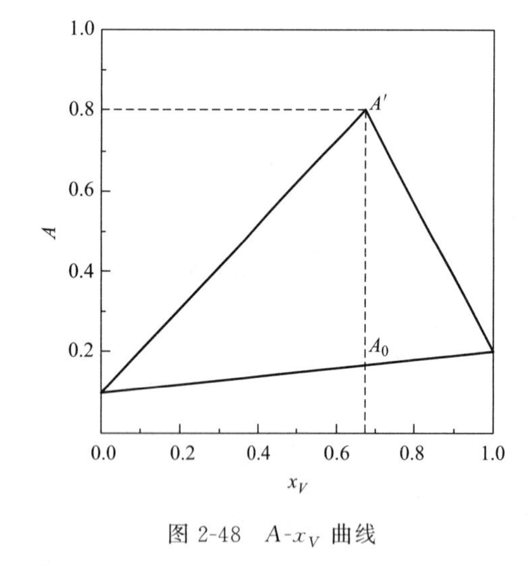

图 2-48 A-x_V 曲线

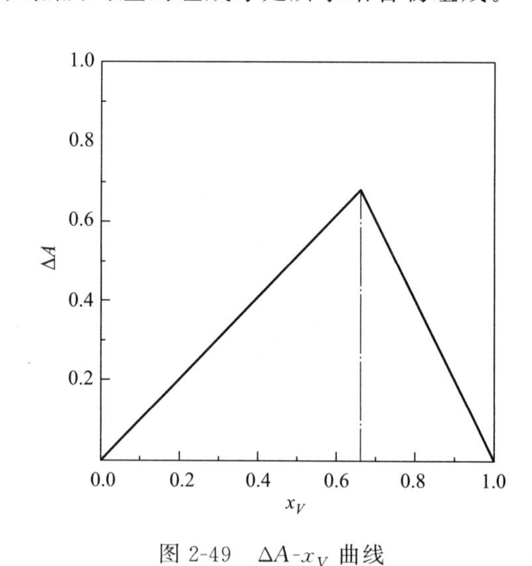

图 2-49 ΔA-x_V 曲线

（2）稀释法测定络合物的稳定常数

设开始时金属离子 M 和配体 L 的浓度分别为 a 和 b，而达到络合平衡时络合物浓度为 X，则

$$K=\frac{X}{(a-X)(b-nX)^n} \tag{2-27}$$

由于吸光度已经过上述方法校正，因此可以认为校正后溶液吸光度正比于络合物浓度。如果在两个不同的金属离子和配体总浓度（总物质的量）条件下，在同一坐标上分别作吸光度对两个不同总摩尔分数的溶液组成曲线，在这两条曲线上找出吸光度相同的两点，如图2-50所示，则在此两点上对应的溶液的络合物浓度应相同。设对应于两条曲线上的起始金属离子浓度及配体浓度分别为a_1、b_1和a_2、b_2，则

$$K=\frac{X}{(a_1-X)(b_1-nX)^n}=\frac{X}{(a_2-X)(b_2-nX)^n} \tag{2-28}$$

解上述方程可得X，然后根据X的值即可计算络合物的稳定常数K。

2. 仪器原理

让可见光中各种波长的单色光依次透过有机物或无机物的溶液，其中某些波长的光被吸收，使得透过的光形成吸收谱带，如图2-51所示。这种吸收谱带对于结构不同的物质具有不同的特性，因而就可以对不同产物进行鉴定分析。

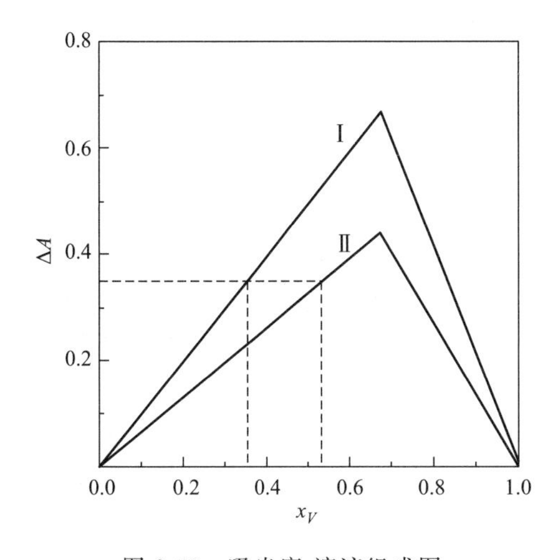

图2-50　吸光度-溶液组成图

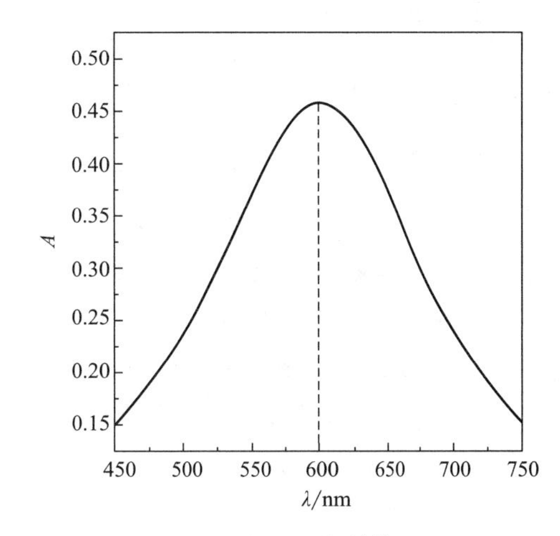

图2-51　吸收谱带

根据比尔定律，一定波长的入射光强I_0与透射光强I之间的关系为：

$$I=I_0\mathrm{e}^{-kcd} \tag{2-29}$$

式中，k为吸收系数，对于一定溶质、溶剂及一定波长的入射光，k为常数；c为溶液浓度；d为盛样溶液液槽的透光厚度。

由式(2-29)可得

$$\ln\frac{I_0}{I}=kcd \tag{2-30}$$

式中，$\frac{I_0}{I}$称为透射比。令$A=\lg\frac{I_0}{I}$，则得

$$A=\frac{k}{2.303}cd \tag{2-31}$$

从式(2-31)可看出，在固定液槽透光厚度d和入射光波长的条件下，吸光度A与溶液浓度c成正比。选择入射光的波长时，既要使它对物质具有一定的灵敏度，又要使它对溶液中其他物质的吸收干扰最小。配制系列已知浓度的标准溶液，测其吸光度，作吸光度A对

被测物质浓度c的关系曲线，测定未知浓度物质的吸光度，即能从A-c曲线上求得相应的未知浓度溶液的浓度值，这是分光光度法定量分析的基础。

三、仪器与试剂

1. 主要仪器：7200型分光光度计及其附件，容量瓶（100 mL）22个，刻度移液管（10 mL）2支，移液管（25 mL）2支，滴管2支。

2. 主要试剂：0.005 mol·L^{-1}硫酸高铁铵溶液（在1 L溶液中含有1 mol·L^{-1} H_2SO_4 4 mL），0.005 mol·L^{-1}钛铁试剂（邻苯二酚-3,5-二磺酸钠），pH＝4.6的乙酸-乙酸钠缓冲溶液。

四、实验步骤

（1）按表2-19配制11个待测溶液样品，然后依次将各种样品加水稀释至100 mL。

表2-19 待测溶液样品的配制

溶液	1	2	3	4	5	6	7	8	9	10	11
Fe^{3+}溶液/mL	0	1	2	3	4	5	6	7	8	9	10
钛铁试剂溶液/mL	10	9	8	7	6	5	4	3	2	1	0
缓冲溶液/mL	25	25	25	25	25	25	25	25	25	25	25

（2）把0.005 mol·L^{-1}硫酸高铁铵溶液及0.005 mol·L^{-1}钛铁试剂分别稀释至0.0025 mol·L^{-1}，然后按表2-19制备第二组待测溶液样品。

（3）测上述溶液的pH值（只选取其中任一样品即可）。因为硫酸高铁铵与钛铁试剂生成的络合物组成将随pH值改变而改变，所以所测络合物溶液需维持pH＝4.6。

（4）ML_n溶液分光光度曲线——λ_{max}的选择：按照$Fe(Ti)_2$（Ti指钛铁试剂）组成配制溶液，分别取0.005 mol·L^{-1}硫酸高铁铵溶液3.3 mL、0.005 mol·L^{-1}钛铁试剂溶液6.7 mL，加入缓冲溶液25 mL，然后稀释至100 mL（维持pH＝4.6）。把溶液装在1 cm的比色皿内，先选择某一波长λ，仪器经调0%T（$T=I/I_0$）后，用蒸馏水调整仪器的100%T，再测溶液吸光度。测毕后，改变波长λ，重复上述操作程序。绘制该溶液的吸收曲线，找出吸收曲线的最大吸收峰所对应的波长λ_{max}数值，再取第一组溶液中1号和11号溶液测定λ_{max}下的吸光度数值A，若A值等于零，则λ_{max}即为所求。

（5）测定第一组及第二组溶液在波长λ_{max}下的吸光度数值。

五、注意事项

1. 分光光度计连续使用不应超过2 h，若使用时间较久，则中途需歇半小时再使用。

2. 分光光度计4个比色皿配套，每次可测3个溶液。比色皿用待测液润洗两三次，并用擦镜纸擦干透光面才可测量。

3. 比色皿每次使用完毕后，应用蒸馏水洗净，倒置晾干。在日常使用中应注意保护比色皿的透光面，避免受损坏和产生斑痕，影响它的透光率。

4. 实验$FeNH_4(SO_4)_2$溶液易水解，在配制溶液时，稀释前需加1～2滴浓硫酸以防水解。

六、数据记录与处理

1. 将实验所得数据分别记录于表2-20和表2-21。

表 2-20 0.005 mol·L⁻¹ 浓度下溶液吸光度

溶液编号	1	2	3	4	5	6	7	8	9	10	11
吸光度 A											

表 2-21 0.0025 mol·L⁻¹ 浓度下溶液吸光度

溶液编号	1	2	3	4	5	6	7	8	9	10	11
吸光度 A											

2. 作两组溶液吸光度 A 对溶液组成 x 的 A-x 曲线。

3. 按上述方法进行校正，求出两组溶液中络合物的校正吸光度数值（$\Delta A=A'-A_0$）。

4. 作第一组溶液校正后的吸光度（ΔA）对溶液组成（x_V）的图（即 ΔA-x_V 曲线）。

5. 找出曲线最大值下相应于 $x_V/(1-x_V)=n$ 的数值，由此即可得到络合物组成 ML_n。

6. 将第一、第二两组溶液校正后的吸光度（ΔA）数值对溶液组成（x_V）作图于同一坐标系。

7. 从图中读出两组溶液中任一相同吸光度下两点所对应的溶液组成（即 a_1、a_2、b_1、b_2 数值）。

8. 根据式(2-28) 求出 X 数值。

9. 由 X 数值算出络合物的稳定常数。

七、思考与讨论

1. 为什么只有在维持 [M]+[L] 不变的条件下改变 [M] 和 [L]，使 [L]/[M]$=n$ 时络合物浓度才能达到最大？

2. 在两个不同的 [M]+[L] 总浓度下作吸光度 A 对 [L]/([M]+[L]) 的两条曲线，为什么在这两条曲线上吸光度相同的两点所对应的络合物浓度相同？

3. 为什么需控制溶液的 pH 值？配制硫酸高铁铵溶液时为什么要加入适量的硫酸？

4. 从测定值误差估算 K 的相对误差。实验中引起误差的原因主要有哪些？

八、补充与提示

1. 若 M、L 在 λ_{max} 处有吸收，应对吸收度 A 进行校正后，再作 ΔA-[M]/[L] 曲线。

2. 实验所用仪器分光光度计（图 2-52）型号为 7200。

图 2-52 分光光度计

九、知识拓展

络合物是现今化学领域人们较感兴趣的研究对象之一。应用分光光度法不仅可以测定络合物的稳定常数，还可以测定络合物的组成。它既能用来研究双组分络合物，又能研究三组分络合物；既能研究生成单一络合物的反应，又能研究同时生成不同配位数络合物的络合反应。

利用分光光度法测定络合物的组成方法除连续递变法外，还有摩尔比法、直线法、等摩尔系列法、斜率比法、平衡移动法等。

十、参考文献

[1] 北京大学化学学院物理化学实验教学组．物理化学实验［M］．4版．北京：北京大学出版社，2002.
[2] 郑传明，吕桂琴．物理化学实验［M］．2版．北京：北京理工大学出版社，2015.
[3] 罗澄明，向明礼．物理化学实验［M］．4版．北京：高等教育出版社，2004.

实验10 三组分液-液体系相图的绘制

一、实验目的

1. 熟悉相律，掌握等边三角形坐标的使用方法。
2. 学会用溶解度法绘制三组分系统的相图。
3. 绘制乙醇-甲苯-水三组分系统相图。

二、实验原理

在萃取时，具有一对共轭溶液的三组分相图对确定合理的萃取条件极为重要。对于三组分体系，当处于恒温恒压条件时，根据相律，其自由度 f^* 为：

$$f^* = 3 - \Phi \tag{2-32}$$

式中，Φ 为体系的相数。体系最大条件自由度 $f^*_{max} = 3 - 1 = 2$，因此，浓度变量最多只有两个。可用平面图表示体系状态和组成间的关系，通常是用等边三角形坐标表示，称为三元相图，如图 2-52 所示。

1. 等边三角形相图

等边三角形的三个顶点分别表示纯物质 A、B、C，若将 A、B 点连接成线，对于（A+B）二组分体系，该线上各点即可表示。按照同样的原理，将 A、C 点连接成线，可表示（A+C）的二组分体系；将 B、C 点连接成线，表示（B+C）的二组分体系。而纯物质 A、B、C 组成的三组分体系，可用该等边三角形内的各点来表示。将等边三角形每条边按逆时针的原则，标度为 0 到 1.0，等边三角形的每条边可以表示相应的组分含量坐标（如图 2-53 所示）。在等边三角形内，通过一点 O 分别做与三条边平行的线段，可得：

$$a + b + c = AB = BC = CA = 1$$
$$a' + b' + c' = AB = BC = CA = 1$$

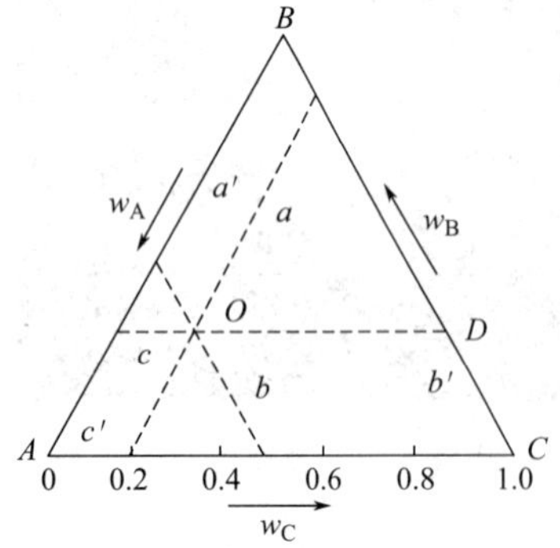

图 2-53 等边三角形表示三元相图

图 2-53 中，O 点所代表三组分体系的组成可由 a'、b'、c' 线段的长度来表示，即 $w_A = a'$，$w_B = b'$，$w_C = c'$。因此要确定 O 点所代表体系中 B 组分的质量分数，可利用过 O 点作平行线的方法得到 D 点（如图 2-53），CD 长度即为 w_B，w_A、w_C 也可利用该方法得到。对于三组分体系，如果两个组分的含量是已知的，则在图中找到两个组分的相应含量坐标值在对应的两条边上的点，分别通过两个点做顶点对应的平行线，交点就是具有该质量分数体系点。

例如，苯-水-乙醇三组分溶液，属于具有一对共轭溶液的三液体体系，苯和水是互不相溶的，而乙醇和苯及乙醇和水是互溶的，在苯-水体系中加入乙醇则可促使苯和水互溶，即三组分中两对液体 A 和 B、A 和 C 完全互溶，而另一对液体 B 和 C 只能有限度地混溶。

2. 等边三角形相图特征

（1）等含量规则：如果有一三组分系统，其组成位于平行于三角形某一边的直线上，则这一系统中所含由顶角所代表的组分的质量分数都相等。例如：平行于 BC 边上的点 d、e、f 所代表的组成，物质 A 的含量均相等，如图 2-53 所示。

（2）等比例规则：凡位于通过顶点 A 的任一直线上的 A 系统，其中物质 B 和 C 的质量分数之比相同。如图中 D 和 D' 两点所代表的系统，如图 2-54 所示。

（3）直线规则：如果有两个三组分系统 D 与 E 以任何比例混合所构成的一系列新系统，其物系点必位于 D、E 两点之间的连线上，如图 2-54 所示。

设 S 为三组分液相系统，如果从该系统中析出组分 A 的晶体时，则剩余液相的组成将沿着 AS 的延长线变化。反之，倘若在液相 b 中加入组分 A，则物系点沿 bA 的连线向接近 A 的方向移动，如图 2-55 所示。

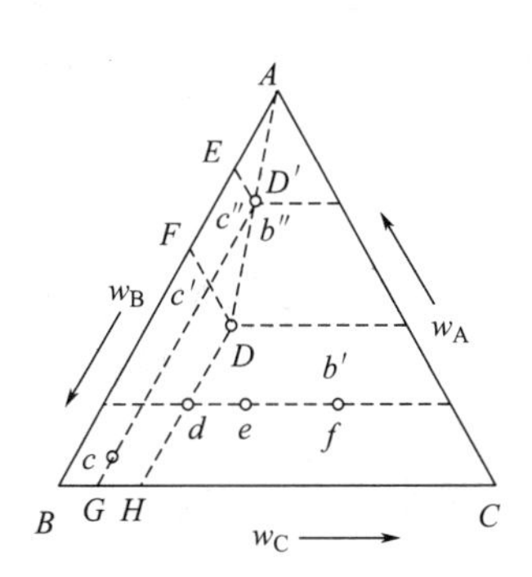

图 2-54　等边三角形表示三元相图特征

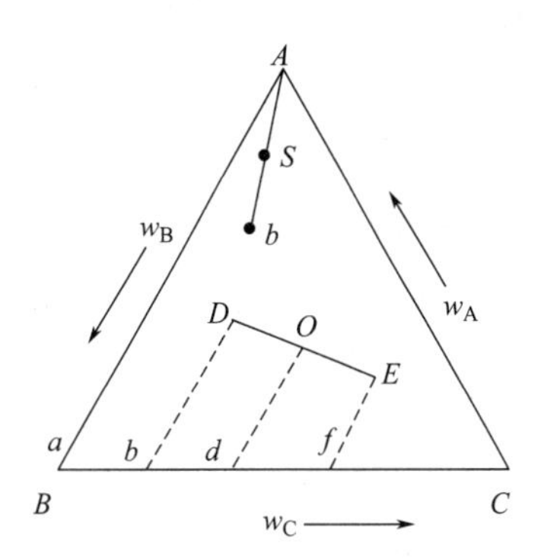

图 2-55　直线规则与物系点移动

3. 苯-乙醇-水三组分系统相图绘制

在苯-乙醇-水三组分系统中，苯和水几乎是互不相溶的，但是苯和乙醇、水和乙醇都能完全互溶。假设有一个苯-乙醇二组分系统，其物系点在图 2-55 上 K 点，此时溶液是单相透明的。如果用水滴定该系统，则物系点沿着 K 与水顶点的连线向水移动。当物系点移入二相区时，系统就会变浑浊，此时可根据系统内含有的各物质的量，把系统的状态点画出。此时再往系统中加入少量乙醇后，物系点沿直线向乙醇点移动，并且系统又会由浑浊变澄清。接下来，再用水滴定该系统，直到系统刚刚变浑浊，这样就又得到一个状态点。如此反复，可以得到多个状态点。最后将得到的所有状态点相连，就会得到苯-乙醇-水三组分系统在实验温度和压力下的相图，见图 2-56。

如果物系点在二相区，这时溶液会分为两层，由于乙醇在苯层和水层中不是等含量分配的，所以代表平衡共存的苯层溶液和水层溶液的两个相点 l_1 和 l_2 的连线一般不与三角坐标系的底边平行。把由 l_1 和 l_2 两点所代表的两种平衡共存的溶液称为共轭溶液（图 2-57）。共轭溶液相点的连线称为连接线，可以通过实验进一步绘制出连接线。

设有一物系点 O，处于二相区，平衡的两相溶液分别为 l_1 和 l_2。l_2 相以苯为主，称为有机层；l_1 相以水为主，称为水层。从分层的溶液中分离部分水层，并滴加到物系点为 D 的苯-乙醇溶液中，这时物系点沿着 D 和 F 的连线向 F 点移动，当移动到 E 点时，系统会由澄清变为浑浊。若加入 l_1 溶液的质量为 $w(l_1)$，被滴定的 D 溶液的量为 $w(\mathrm{D})$，根据杠杆规则，$DE:EF=w(l_1):w(\mathrm{D})$

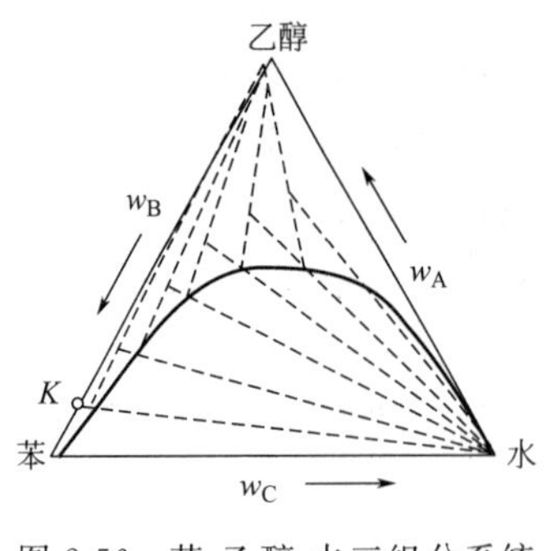

图 2-56 苯-乙醇-水三组分系统在实验温度和压力下的相图

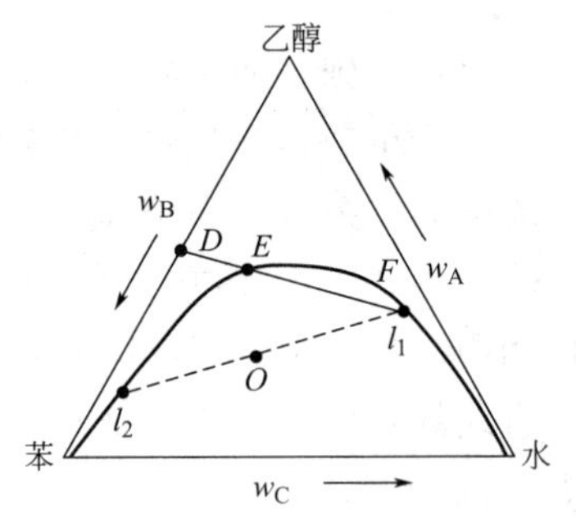

图 2-57 共轭溶液图

按照两个溶液质量比，确定 DE 线段和 EF 线段长度比，过 D 点确定 E 点位置，连接 DE 并延长至 F 点，F 点即为 l_1 溶液组成。连接 FO 并延长与曲线的交点就是 l_2 点。所画出 l_1l_2 的直线就是一条连接线。

三、仪器与试剂

1. 主要仪器：滴定管（50 mL，碱式）2 支，50 mL 分液漏斗 1 个，磨口锥形瓶（100 mL）2 只，磨口锥形瓶（25 mL）4 只，锥形瓶（200 mL）2 只，移液管（2 mL）2 支，移液管（5 mL）2 支，移液管（10 mL）2 支。

2. 主要材料：纯苯（AR），无水乙醇（AR），蒸馏水。

四、实验步骤

1. 测定溶解度曲线

（1）将将磨口锥形瓶洗净，烘干。

（2）在洁净的滴定管中装入蒸馏水和无水乙醇。

（3）用移液管取 2 mL 苯放入干的 250 mL 锥形瓶中，另用刻度移液管加 0.1 mL 蒸馏水，然后用滴定管滴加无水乙醇，且不停地摇动锥形瓶，至溶液恰由浊变清时，记下所加乙醇的体积。

（4）于此溶液中再加乙醇 0.5 mL，用水滴定至溶液刚由清返浊，记下所用水的体积。

（5）按照表 2-22 中所规定水的体积继续加水，然后再用乙醇滴定，如此反复进行实验。滴定时必须充分振荡。

表 2-22 三组分体系中苯、水和乙醇的加入量

编号	体积/mL				
	苯	水		乙醇	
		滴加	合计	滴加	合计
1	2	0.1			
2	2			0.5	
3	2	0.2			
4	2			0.9	
5	2	0.6			
6	2			1.5	

续表

编号	体积/mL				
	苯	水		乙醇	
		滴加	合计	滴加	合计
7	2	1.5			
8	2			3.5	
9	2	4.5			
10	2			7.5	

2. 连接线的测定

(1) 取一个 50 mL 干燥的锥形瓶，称其空瓶质量。

(2) 另取一个 100 mL 锥形瓶，分别加入 2 mL 苯和 2 mL 乙醇，配制 50%苯-乙醇溶液备用。

(3) 在一个干净的 50 mL 分液漏斗中分别加入苯 3 mL、水 3 mL 及乙醇 2 mL，充分摇动后静置分层，分层半个小时以后待用。

(4) 用微量注射器从静置后完全分层的分液漏斗中取出下层（即水层）1 mL 于已称量的 50 mL 干燥锥形瓶中，称其质量，然后逐滴加入 50%苯-乙醇混合物，不断摇动，至溶液由浊变清，再称其质量。

五、注意事项

1. 因为所测定的体系含有水，故所用玻璃器皿均需干燥。

2. 在滴加水的过程中须一滴一滴地加入，且需不停地振摇锥形瓶，待出现浑浊并在 2～3 分钟内不消失，即为终点。特别是在接近终点时需多加振摇，这时溶液接近饱和，溶解平衡需较长时间。

3. 在实验过程中注意防止或尽可能减少苯和乙醇的挥发，测定连接线时取样要迅速。

4. 用水滴定如超过终点，可加入 1.00 mL 乙醇，使体系由浊变清，再用水继续滴定。

六、数据记录与处理

1. 将滴定所得的各种溶液的体积记录在数据表内（表 2-23），结合各物质的密度，计算出它们的质量，并计算出各个相点的质量分数。把所有的相点相连，即可得到这个三组分系统的单相区和两相区的分界线。

2. 在连接线绘制实验中，结合苯和乙醇的密度以及称重结果，算出 D 点和 F 点的质量（图 2-56），由这两个数据，计算 $DE:EF$ 的长度比。结合已画出的相图，将 E 点和 F 点确定下来。连接 F、O 两点，并最终确定 l_2 溶液的相点。

3. 实验数据记录：将实验所得相关数据记录在表 2-23 中。

室温：________　　　　大气压：________

表 2-23　实验数据记录表

编号	乙醇		苯		水		总质量/g	终点记录（浊/清）	质量分数/%		
	V/mL	W/g	V/mL	W/g	V/mL	W/g			乙醇	苯	水
1											

续表

编号	乙醇		苯		水		总质量/g	终点记录(浊/清)	质量分数/%		
	V/mL	W/g	V/mL	W/g	V/mL	W/g			乙醇	苯	水
2											
3											
4											
5											
6											
7											
8											
9											
10											

4. 溶解度曲线的绘制：根据苯、乙醇和水的实际体积及实验温度时三者实际的密度(见表 2-24，从相关手册中查得)，算出各组分的质量分数，绘制溶解度曲线。

表 2-24 实验温度时实际的密度

T/℃	p/kPa	ρ/g·cm^{-3}		
		苯	乙醇	水

5. 连接线绘制：根据表 2-25 中数据在苯-乙醇-水三组分系统的相图中绘制出连接线。

表 2-25 连接线绘制实验数据记录

参数	苯	水	乙醇	锥形瓶质量：
体积/mL	3	3	2	水层质量：
质量/g				50%苯-乙醇质量：
质量分数%				W_D : W_F

七、思考与讨论

1. 为什么根据体系由清变浑的现象即可测定相界？
2. 如连接线不通过物系点，其原因可能是什么？
3. 说明本实验所绘的相图中各区的自由度为多少？

八、补充与提示

碱式滴定管的操作关键点：

(1) 碱性滴定管又称无塞滴定管，下端有一根橡皮管，中间有一个玻璃珠，用来控制溶液的流速。它用来装碱性溶液与无氧化性溶液。

(2) 滴定前的准备：①先用自来水洗涤，再以蒸馏水洗涤 3 次，每次洗液不应从下端流出，而是从滴定管上口倒出。②检漏。将滴定管内装水至最高标线，夹在滴定管夹上放置

2 min，如果漏水应更换橡皮管或大小合适的玻璃珠。③润洗。用待测液润洗滴定管 2～3 次，第一次用 10 mL 左右，第二、三次用 5 mL 左右，否则滴定管内洗涤时残存的蒸馏水会稀释溶液，注入操作液约 10 mL，然后两手平端滴定管，慢慢转动，使溶液流遍全管，再把滴定管竖起，打开滴定管的旋塞，使溶液从开口管的下端流出。如此润洗 2～3 次，即可装入操作液。

（3）装液：左手拿滴定管，使滴定管倾斜，右手拿试剂瓶往滴定管中倒入溶液，直至充满零刻线以上。

（4）排气泡：将橡皮塞向上弯曲，两手指挤压玻璃珠，使溶液从管尖喷出，排除气泡。

（5）调零点：调整液面与零刻度线相平，初读数为“0.00 mL”。

（6）读数：滴定管应竖直放置；注入或放出溶液时，应静置 1～2 min 后再读数；初读数最好为 0.00 mL；读取时要估读一位。

（7）滴定操作：①右手前三指拿住瓶颈，将滴定管下端伸入瓶口约 1 cm。②左手无名指和中指夹住尖嘴，拇指与食指向侧面挤压玻璃珠所在部位稍上处的橡皮管，使溶液从缝隙处流出。③边摇动锥形瓶，边滴加溶液。

九、知识拓展

吉布斯（Jsoiah Willard Gibbs，1839—1903 年），美国理论物理学家。1875～1878 年，吉布斯先后分两部分在康涅狄格（州）科学院学报（*Trans. Conn. Acad. Sci.*）上发表《关于多相物质的平衡》的文章，共计约 400 页、700 多个公式。吉布斯的“相律”对于多相体系是“放置四海而皆准”的具有高度概括性的普适规律。它的重要意义就在于推动了化学热力学及整个物理化学的发展，也成为相关领域诸如冶金学和地质学等的重要理论工具。对多相平衡的研究有着重要的实际意义，多相平衡现象在自然界及化工生产中经常遇到。如：自然界的冰水共存，盐湖中盐块与湖水共存等都是多相平衡；在化工上，溶液的蒸发与蒸馏，固体的升华与熔化，气体、固体、液体的相互溶解，原料、产品的分离和提纯-结晶、萃取、凝结等，均涉及多相平衡问题。多相平衡现象虽然种类繁多，但都遵守一个共同的规律——相律。相律是吉布斯根据热力学原理得出的相平衡基本定律，又称吉布斯定律，用于描述达相平衡时系统中自由度数与组分数之间的关系。

十、参考文献

[1] 王耿，李骁勇，白艳红．物理化学实验［M］．2 版．西安：西安交通大学出版社，2022.

[2] 北京大学化学学院物理化学实验教学组．物理化学实验［M］．4 版．北京：北京大学出版社，2002.

[3] 复旦大学等编．庄继华等修订．物理化学实验［M］．3 版．北京：高等教育出版社，2004.

实验 11　溶液偏摩尔体积的测定

一、实验目的

1. 掌握用比重瓶测定溶液密度的方法。

2. 测定指定组成的乙醇-水溶液中各组分的偏摩尔体积。

二、实验原理

在多组分体系中，某组分 i 的偏摩尔体积定义为

$$V_{i,\mathrm{m}}=\left(\frac{\partial V}{\partial n_i}\right)_{T,p,n_j(i\neq j)} \tag{2-33}$$

若是二组分体系，则有

$$V_{1,\mathrm{m}}=\left(\frac{\partial V}{\partial n_1}\right)_{T,p,n_2} \tag{2-34}$$

$$V_{2,\mathrm{m}}=\left(\frac{\partial V}{\partial n_2}\right)_{T,p,n_1} \tag{2-35}$$

体系总体积为

$$V=n_1V_{1,\mathrm{m}}+n_2V_{2,\mathrm{m}} \tag{2-36}$$

将式(2-36) 两边同除以溶液质量 W，则

$$\frac{V}{W}=\frac{W_1}{M_1}\times\frac{V_{1,\mathrm{m}}}{W}+\frac{W_2}{M_2}\times\frac{V_{2,\mathrm{m}}}{W} \tag{2-37}$$

令

$$\frac{V}{W}=\alpha,\ \frac{V_{1,\mathrm{m}}}{M_1}=\alpha_1,\ \frac{V_{2,\mathrm{m}}}{M_2}=\alpha_2 \tag{2-38}$$

式中，α 是溶液的比容；α_1、α_2 分别为组分 1、2 的偏质量体积。

将式(2-38) 代入式(2-37) 可得

$$\alpha=w_1\%\alpha_1+w_2\%\alpha_2=(1-w_2\%)\alpha_1+w_2\%\alpha_2 \tag{2-39}$$

将式(2-39) 对 $w_2\%$微分得

$$\frac{\partial\alpha}{\partial w_2\%}=-\alpha_1+\alpha_2$$

即

$$\alpha_2=\alpha_1+\frac{\partial\alpha}{\partial w_2\%} \tag{2-40}$$

将式(2-40) 代回式(2-39)，整理得

$$\alpha_1=\alpha-w_2\%\ \frac{\partial\alpha}{\partial w_1\%} \tag{2-41}$$

$$\alpha_2=\alpha+w_1\%\ \frac{\partial\alpha}{\partial w_2\%} \tag{2-42}$$

所以，实验求出不同浓度溶液的比容 α，作 α-$w_2\%$关系图，得曲线 CC'（见图 2-58）。

如欲求 M 浓度溶液中各组分的偏摩尔体积，可在 M 点作切线，此切线在两边的截距 AB 和 $A'B'$ 即为 α_1 和 α_2，再由关系式(2-38) 就可求出 $V_{1,\mathrm{m}}$ 和 $V_{2,\mathrm{m}}$。

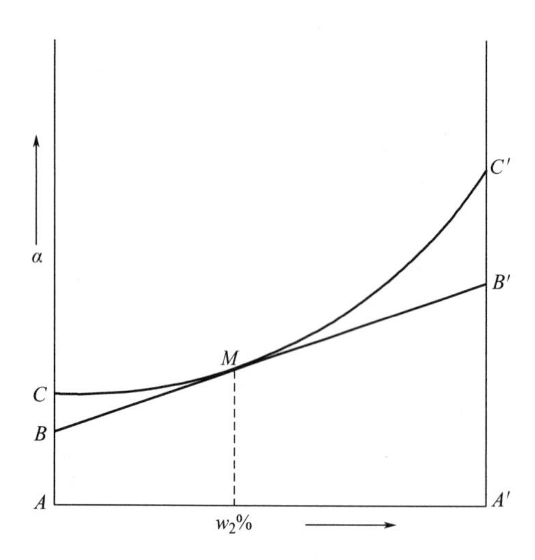

图 2-58 比容-质量分数关系

三、仪器与试剂

1. 主要仪器：AL204 电子分析天平，电热恒温水浴锅，比重瓶（10 mL）2 个，磨口三角瓶（50 mL）4 个。

2. 主要试剂：95%乙醇（AR），纯水。

四、实验步骤

(1) 调节恒温槽温度为 (25.0±0.1)℃。

(2) 以95%乙醇(A)及纯水(B)为原液，在磨口锥形瓶中用分析天平称重，配制含A(体积分数)为0%、20%、40%、60%、80%、100%的乙醇-水溶液，每份溶液的总体积控制在40 mL左右。配好后盖紧塞子，以防挥发。

(3) 摇匀后测定每份溶液的密度，其方法如下：用分析天平精确称量一个预先洗净烘干的比重瓶，然后盛满纯水(注意：不得存留气泡)，用滤纸迅速擦去毛细管膨胀出来的水。擦干外壁，迅速称重。同法测定每份乙醇-水溶液的密度。恒温过程应密切注意毛细管出口液面，如因挥发液滴消失，可滴加少许被测溶液以减少挥发引起的误差。

五、注意事项

1. 实际仅需配制4份溶液。可用移液管加液，但乙醇含量根据称重算得。
2. 拿比重瓶应手持其颈部。

六、数据记录与处理

数据记录如表2-26～表2-28所示。

1. 根据实验温度(19 ℃)时水的密度和称重结果，计算比重瓶的体积。
2. 计算各溶液中乙醇的准确质量分数。
3. 计算实验条件下各溶液的比容。

表2-26 称取数据记录

序号	干燥锥形瓶的质量/g	锥形瓶中加水的质量/g	锥形瓶中加水、乙醇的质量/g
1			
2			
3			
4			
5			
6			

表2-27 乙醇质量分数的计算

序号	水的质量/g	乙醇的质量/g	乙醇的真实质量分数/%
1			
2			
3			
4			
5			
6			

表2-28 各溶液的比容计算

乙醇质量分数/%						
比重瓶+溶液质量/g						
溶液质量/g						
比重瓶体积/mL						
比容						

4. 以比容为纵坐标，乙醇的质量分数为横坐标作曲线，并在30%乙醇处作切线与两侧

纵轴相交，即可求得 α_1 和 α_2。

5. 求算含乙醇 30%的溶液中各组分的偏摩尔体积及 100 g 该溶液的总体积。

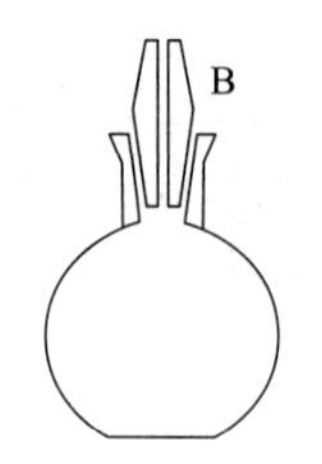

图 2-59 比重瓶示意图

七、思考与讨论

1. 使用比重瓶应注意哪些问题?
2. 如何使用比重瓶测量颗粒状固体物的密度?
3. 为提高溶液密度测量精度，可做哪些改进?

八、补充与提示

比重瓶如图 2-59 所示，可用于测定液体和固体的密度。

1. 液体密度的测定

（1）将比重瓶洗净并干燥，称量空瓶质量为 W_0。

（2）取下毛细管塞 B，将已知密度 ρ_1（t ℃）的液体注满比重瓶。轻轻塞上塞 B，让瓶内液体经由塞 B 毛细管溢出，注意瓶内不得留有气泡。将比重瓶置于 t ℃的恒温槽中，使水面浸没瓶颈。

（3）恒温 10 min 后用滤纸迅速吸去毛细管塞 B 毛细管口上溢出的液体，将比重瓶从恒温槽中取出（注意：只可用手拿瓶颈处），用吸水纸擦干瓶外壁后称其总质量为 W_1。

（4）用待测液冲洗净比重瓶后（如果待测液与水不互溶时，则用乙醇洗两次后，再用乙醚洗一次后吹干），注满待测液。重复步骤（2）和（3）的操作，称得总质量为 W_2。

（5）根据式(2-43）计算待测液的密度 ρ（t ℃）：

$$\rho=\frac{W_2-W_0}{W_1-W_0}\rho_1 \tag{2-43}$$

2. 固体密度的测定

（1）将比重瓶洗净干燥，称量空瓶质量为 W_0。

（2）注入已知密度 ρ_1（t ℃）的液体（注意：该液体应不溶解待测固体，但能够浸润它）。

（3）将比重瓶置于恒温槽中恒温 10 min，用纸吸去毛细管塞 B 毛细管口溢出的液体，取出比重瓶擦干外壁，称得质量为 W_1。

（4）倒去液体将瓶吹干，装入一定量研细的待测固体（装入量视瓶大小而定），称得质量为 W_2。

（5）先向瓶中注入部分已知密度为 ρ（t ℃）的液体，将瓶敞口放入真空干燥器内，用真空泵抽气约 10 min，将吸附在固体表面的空气全部除去。然后向瓶中注满液体，塞上毛细管塞 B。同步骤（3）恒温 10 min 后称得质量为 W_3。

（6）根据式(2-44）计算待测固体的密度 ρ_s（t ℃）：

$$\rho_s=\frac{W_2-W_1}{(W_1-W_0)-(W_3-W_2)}\rho_1 \tag{2-44}$$

九、知识拓展

偏摩尔体积是热力学和物理化学领域中的重要概念，广泛应用于溶液化学等研究领域。它起源于 19 世纪末，由荷兰化学家范特霍夫首次引入，用以解释溶液中各组分间相互作用的变化。偏摩尔体积是描述在恒定温度和压力下，将微量组分添加到混合物中引起的体积变化的指标。

在研究不同物质的混合物以及多组分体系的相行为时，偏摩尔体积发挥着关键作用，它能够提供关于混合物中组分间相互作用的重要信息。正如范特霍夫所言，混合物中的组分在不同浓度下可能会表现出与纯物质不同的性质。偏摩尔体积的概念有助于定量地理解这些差异，并揭示混合物的复杂行为。

偏摩尔体积的研究方法通常涉及实验测量和理论计算。通过实验，可以测定在不同组分浓度下，组分的添加对整体混合物体积的影响。这些实验数据有助于建立偏摩尔体积与组分浓度之间的关系，从而揭示出组分间相互作用的特点。同时，理论模型也在预测偏摩尔体积方面发挥作用，这些模型是基于分子间相互作用力和组分之间的相互作用。

偏摩尔体积在研究溶液的溶解度、相平衡以及相变行为方面具有重要意义。在多组分体系中，添加一个组分可能会引发相变或相平衡的改变，偏摩尔体积可以提供关于这些变化的关键信息。此外，在药物研发、化工生产等领域，了解不同组分在溶液中的相互作用对于优化反应条件和提高生产效率至关重要。

总之，偏摩尔体积作为热力学和物理化学的核心概念，在溶液化学等领域中扮演着重要角色。它不仅源自对混合物行为的深入探索，也揭示了组分间相互作用的奥秘，为多组分体系行为的理解提供了有力工具。

十、参考文献

[1] 张秀华．物理化学实验［M］．哈尔滨：哈尔滨工程大学出版社，2015.
[2] 傅献彩，侯文华．物理化学（上、下册）［M］．6版．北京：高等教育出版社，2022.
[3] 郑传明，吕桂琴．物理化学实验［M］．2版．北京：北京理工大学出版社，2015.

实验12　硫酸铜水合焓的测定

一、实验目的

1. 学习并掌握一种测量热效应的方法。
2. 应用盖斯定律求出硫酸铜水合焓。

二、实验原理

1. 盖斯定律

定压下化学反应过程的摩尔焓变仅与参加反应物质的种类和始、终态有关，而与其变化的途径无关。

对于下面的反应，直接测量该反应的热效应是比较困难的。

$$CuSO_4(s)+5H_2O(l)\xrightarrow{\Delta_{hyd}H_m}CuSO_4\cdot 5H_2O(s) \tag{2-45}$$

一般来说，在溶液中发生反应的热效应比较容易测得。对于上述反应，反应物或产物均可以溶于水形成水溶液，通过设计实验方案，可以使反应物和产物分别与水形成组成相同的水溶液。

$$CuSO_4(s)+5H_2O(l)+a\,H_2O(l)\xrightarrow{\Delta_{sol}H_{m,1}}CuSO_4(\text{水溶液}) \tag{2-46}$$

$$CuSO_4\cdot 5H_2O(s)+a\,H_2O(l)\xrightarrow{\Delta_{sol}H_{m,2}}CuSO_4(\text{水溶液}) \tag{2-47}$$

根据盖斯定律，可得：

$$\Delta_{hyd}H_m=\Delta_{sol}H_{m,1}-\Delta_{sol}H_{m,2} \tag{2-48}$$

式中，$\Delta_{hyd}H_m$ 为定压下、温度 T 时，$CuSO_4(s)$ 与 $5H_2O(l)$ 生成 $CuSO_4\cdot 5H_2O(s)$ 的

水合反应摩尔焓变，称为摩尔水合焓；$\Delta_{sol}H_{m,1}$ 为定压下、温度 T 时，$CuSO_4$(s) 与水形成一定组成水溶液的摩尔焓变；$\Delta_{sol}H_{m,2}$ 为定压下、温度 T 时，$CuSO_4 \cdot 5H_2O$(s) 与水形成一定组成水溶液的摩尔焓变。要由式(2-48) 求出 $CuSO_4$(s) 的摩尔水合焓，可在定压（大气压）下、室温 T 时，先求反应式(2-46)、反应式(2-47) 的摩尔焓变值 $\Delta_{sol}H_{m,1}$ 和 $\Delta_{sol}H_{m,2}$。

首先测得量热计系统（一定量水、试剂、容器、搅拌器、温度计等参加热平衡的全部装置）的定压热容 C_p，再分别测得反应式(2-46)、反应式(2-47) 在量热计系统中产生的温度变化 ΔT，即可计算出反应的热效应。最后根据盖斯定律，计算反应式(2-45) 的摩尔水合焓。

量热计的种类很多，本实验采用比较简单的仪器装置，如图 2-60 所示。

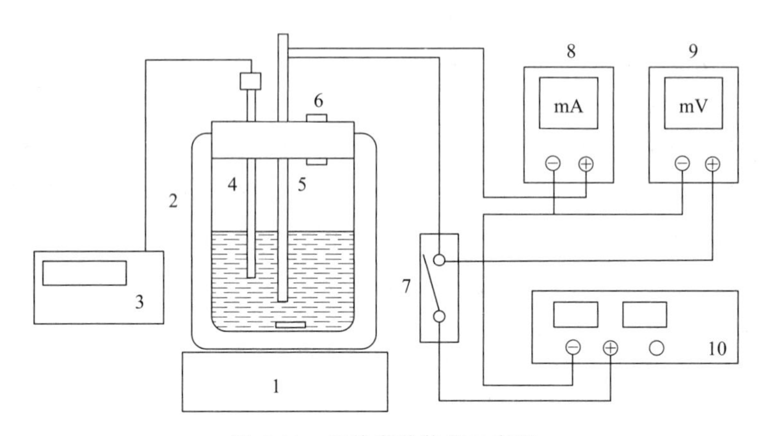

图 2-60 量热实验装置示意图

1—电磁搅拌器；2—杜瓦瓶；3—精密温差仪；4—温差仪探头；5—电热管；6—加样口；7—电路开关；8—毫安表；9—毫伏表；10—直流稳压电源

2. 量热计系统定压热容 C_p 的测定

（1）标准物质法：使用已知标准摩尔反应焓（$\Delta_r H_m$）的标准物质，使其在量热计系统中定压下进行反应，测得系统温度变化值为 ΔT，则 $\Delta_r H_m = C_p \Delta T$，量热计系统的平均定压热容为：

$$C_p = \Delta_r H_m / \Delta T \tag{2-49}$$

（2）电能法：在量热计系统中放一加热器，在一定电压 E 下通过电流 I，持续通电时间为 t，系统温度升高为 ΔT，则：

$$C_p = \frac{EIt}{\Delta T} \tag{2-50}$$

本实验采用电能法测定量热计系统的 C_p。

（3）温度的校正：量热计理论上应该完全绝热，但是，由于热漏不可避免，且热传导、蒸发、对流、辐射所引起的热交换和搅拌器运转所引入的功等因素都对 ΔT 有影响，这些影响因素很复杂。故一般情况下，需采用雷诺图解法对 ΔT 进行温度校正。

用雷诺图校正温度 ΔT 的具体方法为：如图 2-61(a) 所示，将所测系统的温度随时记录下来并对时间作图，连成 $abcd$ 曲线。其中，b 点相应于反应起始温度，c 点相应于反应终结温度，ab 为反应前系统与环境交换热量引起的温度变化规律，cd 为反应后的温度变化规律，bc 为反应中的温度变化规律。

过 b、c 点分别作平行于横轴的两条平行线，与纵轴交于 T_1、T_2，过 T_1T_2 的中点作平行于横轴的直线，交曲线于 O 点。过 O 点作垂直于横轴的直线分别交 ab 和 cd 之延长线

于 E 和 F 点，线段 EF 代表校正后真正的温度改变值 ΔT。这样就用前期 ab 的温度变化规律得出了反应前半期 bO 的温度校正值 EE_1，并予以扣除；用 cd 的温度变化规律得出了反应后半期 Oc 的温度校正值 FF_1，并予以补偿。因此，E 和 F 两点的温度差就客观地表示了系统中的反应所引起的温度变化。

有时量热计绝热情况良好，热交换小，但由于搅拌不断引进少量能量，溶解后最高点不出现，如图 2-61(b) 所示，这时 ΔT 仍可按相同原理校正。

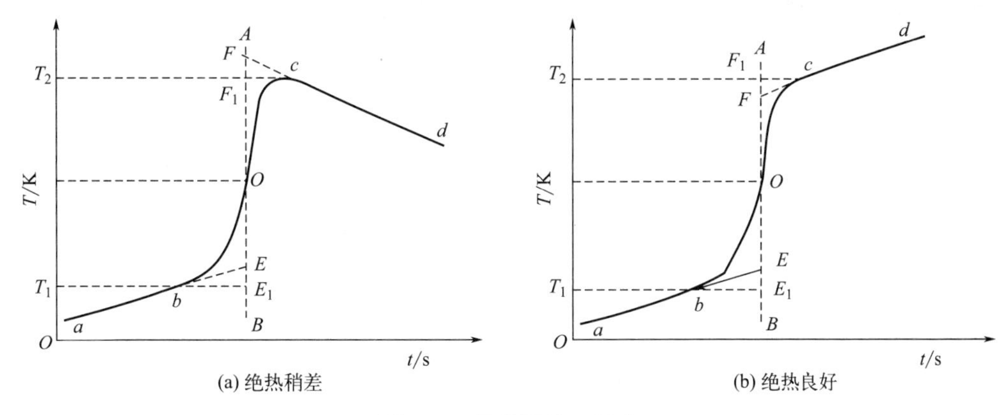

图 2-61　雷诺图校正温度

(4) 测定 $\Delta_{sol}H_{m,1}$ 和 $\Delta_{sol}H_{m,2}$，计算 $\Delta_{hyd}H_m$：在室温和定压（大气压）下，在已知热容的量热计（水量与测热容时相同）中，加入 m_1 的无水 $CuSO_4$(s)，测得溶解过程的温度变化为 ΔT_1（经校正后），由式(2-51) 求得 $\Delta_{sol}H_{m,1}$。

$$\Delta_{sol}H_{m,1}=\frac{-C_p\Delta T_1M_1}{m_1} \tag{2-51}$$

式中，M_1 为 $CuSO_4$ 的摩尔质量。

同理，在同一量热计（水量与测热容时相同）中，加 m_2 的 $CuSO_4\cdot5H_2O$(s)，测得溶解过程温度变化为 ΔT_2（经校正后），由式(2-52) 求得 $\Delta_{sol}H_{m,2}$：

$$\Delta_{sol}H_{m,2}=\frac{-C_p\Delta T_2M_2}{m_2} \tag{2-52}$$

式中，M_2 为 $CuSO_4\cdot5H_2O$ 的摩尔质量。

然后由式(2-48) 可得硫酸铜的摩尔水合焓 $\Delta_{hyd}H_m$。

三、仪器与试剂

1. 主要仪器：杜瓦瓶，精密温差测量仪，搅拌子，直流稳压电源，毫安表，导线，分析天平，秒表，干燥器，加料漏斗，电磁搅拌器，电加热管，毫伏表，量筒（500 mL），接线控制板，称量瓶，药匙。

2. 主要试剂：$CuSO_4$(AR)，$CuSO_4\cdot5H_2O$(AR)，蒸馏水。

四、实验步骤

1. 连接线路

按图 2-59 接好线路，注意开始连接线路时仪器的电源开关和接线板的开关应处于“关”的状态，接好线路经指导教师检查后方可接通电源。

2. 量热计平均定压热容的测定

(1) 洗净杜瓦瓶，放入搅拌子，在室温下用量筒量取 500 mL 去离子水，装入杜瓦瓶中并置于磁力搅拌器上，盖好杜瓦瓶的盖子。开动搅拌器，中速搅拌。打开直流电源的开关，调节输出电压为 5～6 V。打开温差仪的计时开关，按一下“置零”按钮，每 30 s（温差仪每鸣响一次）记录一次温度。

(2) 待温度稳定（或稳定变化）时间超过 3 min 后，在某一次读温度的同时接通接线板上的加热开关，通电加热 5 min，在加热期间记录一次电流、电压值，并继续每 30 s 记录一次温度。通电加热 5 min 后，断开接线板上的开关。注意通电加热 5 min 计时要准确，可以温差仪每 30 s 鸣响一次来计时，或使用秒表计时。

(3) 停止加热后，继续每 30 s 记录一次温度，至温度稳定（或稳定变化）时间超过 3 min，停止搅拌。杜瓦瓶中的水不要倒掉，用于后面的实验。

注意：应在 (1) (2) (3) 整个过程中计时读温度，计时不得中断或暂停，记录的数据要足够用于作出完整的雷诺校正图。

3. $CuSO_4 \cdot 5H_2O(s)$ 水合反应温差（ΔT_2）测定

称取 $CuSO_4 \cdot 5H_2O(s)$8.67 g 备用。上一步操作中，在杜瓦瓶中的 500 mL 去离子水继续用于下面的操作。开动搅拌器，中速搅拌。打开温差仪的记时开关，按一下“置零”按钮，每 30 s 记录一次温度。待温度稳定（或稳定变化）时间超过 3 min 后，将称好的 $CuSO_4 \cdot 5H_2O(s)$ 样品加入，并继续每 30 s 记录一次温度，继续读取温度至温度稳定（或稳定变化）时间超过 3 min。注意观察确定样品全部溶解；在整个操作过程中，计时不得中断或暂停，记录的数据要足够作出完整的雷诺校正图。

4. $CuSO_4(s)$ 水合反应温差（ΔT_1）测定

称取 $CuSO_4(s)$5.54 g 备用。注意 $CuSO_4(s)$ 易吸水，应存放于干燥器中，称量操作要迅速，称好后要注意防潮。洗净杜瓦瓶，放入搅拌子，在室温下用量筒量取 500 mL 去离子水装入杜瓦瓶中，置于磁力搅拌器上，盖好杜瓦瓶的盖子。开动搅拌器，中速搅拌。打开温差仪的记时开关，按一下“置零”按钮，每 30 s 记录一次温度。待温度稳定（或稳定变化）时间超过 3 min 后，将称好的 $CuSO_4(s)$ 样品加入，并继续每 30 s 记录一次温度，定时读取温度至温度稳定（或稳定变化）时间超过 3 min。注意观察确定样品全部溶解；在整个操作过程中，计时不得中断或暂停，记录的数据要足够用于作出完整的雷诺校正图。

五、注意事项

1. $CuSO_4(s)$ 有吸湿性，注意防潮。
2. 结束记录温度后，打开量热计盖子观察，看样品是否完全溶解，否则需重做。
3. 搅拌速度要均匀，不能太快。
4. 加入样品后要迅速盖好盖子。

六、数据记录与处理

1. 本实验记录的数据比较多，事先针对记录格式做好准备。注意记录室温和大气压。
2. 在坐标纸上绘出时间-温度曲线，用雷诺图校正法求出 ΔT、ΔT_1、ΔT_2。
3. 计算硫酸铜的摩尔水合焓 $\Delta_{hyd}H_m$。

七、思考与讨论

1. 为什么不用 $CuSO_4$ 与水直接反应测定 $CuSO_4 \cdot 5H_2O$ 的水合焓？

2. 绝热情况良好与绝热情况不良的温度校正图有什么不同？

八、补充与提示

本实验用仪器为JDW-3F精密电子温差仪。精密温差测量仪功能和贝克曼温度计相同，可用于精密温差测量，但避免了汞污染，使用方便、安全。JDW-3F精密电子温差仪采用经过多次液氮—室温—液氮热循环处理过的热电传感器作探头，灵敏度高，重现性好，线性好。仪器线路采用全集成设计方案，重量轻，体积小，耗电省，稳定性好，仪器使用方便，操作简单。

JDW-3F精密电子温差仪前面板如图2-62所示，设有温差显示窗口、置零按钮、报时开关、报时指示灯和温度传感器探头。后面板上设有电源开关、电源插座和保险丝座。

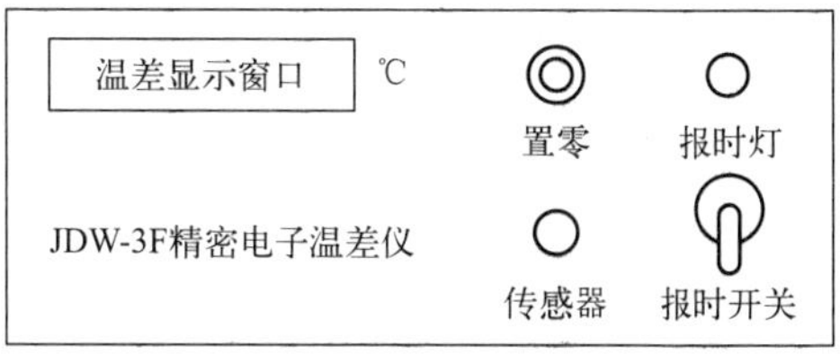

图2-62　JDW-3F精密电子温差仪前面板

精密电子温差仪的使用方法：

① 接通电源，打开电源开关。LED显示即亮，预热5 min，显示数字为任意值。

② 将温度传感器探头插入待测液体中。

③ 待显示数字稳定后，按下置零按钮并保持约2 s，参考值T_0自动设定在0.000附近。随后跟踪显示体系温度的变化。

④ 待测体系温度变化，读出温度值T_1，则$\Delta T=T_1-T_0$。若$T_0=0.000$ ℃，则$\Delta T=T_1$。与贝克曼温度计相比，电子测温仪使用更加方便。

⑤ 打开报时开关后，每隔30 s，面板上指示灯闪烁一次，同时蜂鸣器鸣叫1 s。便于使用者定时读数。

⑥ 为保证仪器精度和跟踪范围，每次测量的初值T_0通常应在0.000 ℃左右，亦可在$-10\sim10$ ℃之间，否则应做置零处理。

九、知识拓展

盖斯定律是热力学领域的重要原理之一，由俄国化学家盖斯（G. H. Germain Henri Hess）于19世纪提出。在当时，热力学正处于发展的初期，科学家们迫切需要一种方法来解释和预测化学反应中能量的变化，盖斯定律为化学反应的热力学研究提供了重要的基础。

盖斯定律的核心概念是：在定压条件下，化学反应的摩尔焓变仅取决于参与反应的物质种类以及反应的初始和最终状态，而与反应的具体路径无关。这一原理的提出打破了过去对于能量变化与反应路径关系的认识，使热力学研究更加系统化和可预测。

在化学反应中，能量变化是一项关键参数，影响着反应的进行和性质。盖斯定律的背景正是基于对能量守恒的深刻认识，通过这一定律，科学家们能够预测不同反应的热效应，即使反应的中间步骤和途径可能不同。这对于理解反应的能量变化、热力学平衡以及工业过程的优化具有重要意义。

盖斯定律的重要性体现在多个领域。首先，它为热化学研究提供了重要的理论基础，使科学家们能够更好地解释化学反应的能量变化。其次，它在工业和实际应用中具有指导意义，可以帮助工程师们优化化学过程和设备设计。此外，盖斯定律也为理论化学家提供了一个有效的工具，用于计算和预测化学反应的热效应，从而推动了化学领域的发展。

总之，盖斯定律的提出填补了热力学领域中的重要空白，为化学反应的能量变化研究提供了重要的理论支持。它不仅深化了人们对能量守恒原理的理解，也在热化学和工业应用中发挥着重要作用，给科学研究和实际应用带来了深远影响。

十、参考文献

[1] 郑传明，吕桂琴．物理化学实验［M］．2版．北京：北京理工大学出版社，2015.

[2] 傅献彩，侯文华．物理化学（上、下册）［M］．6版．北京：高等教育出版社，2022.

实验13　燃烧热的测定

一、实验目的

1. 掌握燃烧热的定义，了解恒压燃烧热与恒容燃烧热的区别及相互关系。
2. 熟悉量热计中主要部件的原理和作用，掌握氧弹量热计的实验技术。
3. 用氧弹量热计测定苯甲酸和蔗糖的燃烧热。
4. 学会雷诺图解法校正温度改变值。

二、实验原理

根据热化学的定义，1 mol物质在氧气中完全燃烧生成指定产物所放出的热量称为燃烧热。所谓完全燃烧，对燃烧产物有明确的规定，如有机化合物中的碳氧化成一氧化碳时不能认为是完全氧化，只有氧化成二氧化碳才是完全氧化。燃烧热的测定，除了有其实际应用价值外，还可以用于求算化合物的生成热、键能等。

量热法是热力学的一种基本实验方法。在恒容或恒压条件下可以分别测得恒容燃烧热Q_V和恒压燃烧热Q_p。由热力学第一定律可知，Q_V等于体积内能变化ΔU，Q_p等于其焓变ΔH。若把参加反应的气体和反应生成的气体都作为理想气体处理，则它们之间存在以下关系：

$$\Delta H=\Delta U+\Delta(pV) \tag{2-53}$$

$$Q_p=Q_V+\Delta nRT \tag{2-54}$$

式中，Δn为反应前后反应物和生成物中气体的物质的量之差；R为摩尔气体常数；T为反应时的热力学温度。

量热计的种类很多，本实验所用的是一种环境恒温式的量热计——氧弹式量热计，其测量装置如图2-63所示，图2-64是氧弹的剖面图。氧弹式量热计的基本原理是能量守恒定律，样品完全燃烧后所释放的能量使得氧弹本身及其周围的介质和量热计有关附件的温度升高，于是测量介质在燃烧前后体系温度的变化值，就可求算该样品的恒容燃烧热。其关系式如下：

$$-\frac{m_{样}}{M}Q_V-lQ_l=(m_{水}C_{水}+C_{计})\Delta T \tag{2-55}$$

式中，$m_{样}$和M分别为样品的质量和摩尔质量；Q_V为样品的恒容燃烧热；l和Q_l是引燃用铁丝的长度和单位长度燃烧热；$m_{水}$和$C_{水}$是以水作为测量介质时水的质量和比热容；$C_{计}$称为量热计的水当量，即除水之外，量热计升高1 ℃所需的热量；ΔT为样品燃烧前后水温的变化值。

为了保证样品完全燃烧，氧弹中需充以高压氧气或其他氧化剂。因此氧弹应有很好的密封性能，耐高压且耐腐蚀。氧弹应放在一个与室温一致的恒温套壳中。盛水桶与套壳之间有一个高度抛光的挡板，以减少热辐射和空气的对流。

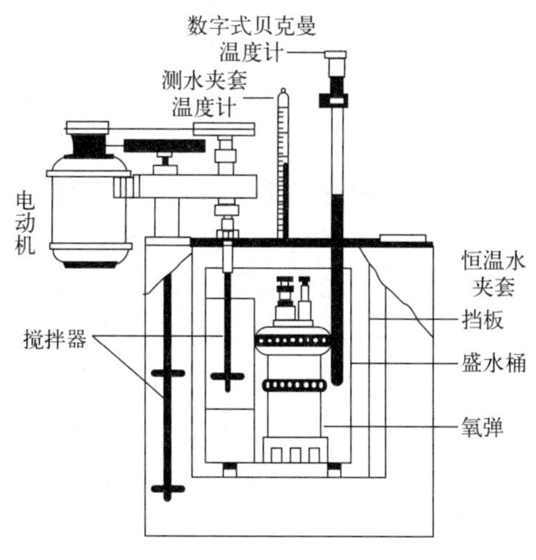

图 2-63　氧弹式量热计测量装置

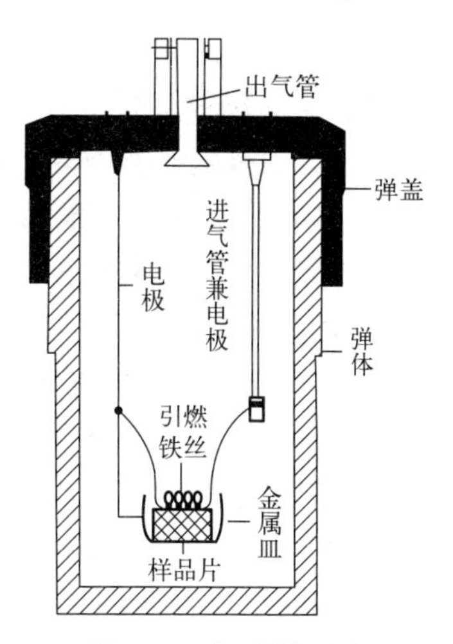

图 2-64　氧弹剖面图

实际上，量热计与周围环境的热交换无法完全避免，它对温度测量值的影响可用雷诺温度校正图校正。具体方法为：称取适量待测物质，估计其燃烧后可使水温上升 1.5～2 ℃，预先调节水温使其低于室温 1.0 ℃左右，按操作步骤进行测定，将燃烧前后观察所得的一系列水温和时间数据作图，可得类似于图 2-61 所示的曲线。图中 b 点意味着燃烧开始，热传入介质；c 点为观察到的最高温度值。从相当于室温的 T 点作水平线交曲线于 O 点，过 O 点作垂线 AB，再将 ab 线和 cd 线分别延长并交 AB 线于 E、F 两点，E、F 点间的温度差值即为经过校正的 ΔT。图中 EE'为开始燃烧到体系温度上升至室温这一段时间 Δt_1 内，由环境辐射和搅拌引进的能量所造成的升温，故应予以扣除；FF'是由室温升高到最高温度这一段时间 Δt_2 内，量热计向环境的热漏造成的温度降低，计算时必须考虑在内。故可认为，EF 两点的温度差值较客观地表示了样品燃烧引起的升温数值。

在某些情况下，热量计的绝热性能良好，热漏很小，而搅拌器功率较大，不断引入的能量使得曲线不出现极高温度点，如图 2-61(b) 所示。其校正方法与前述相似。本实验采用数字式精密温差测量仪来测量温度差。

三、仪器与试剂

1. 主要仪器：氧弹量热计，万用表，数字式精密温差测量仪，氧气钢瓶，温度计（0～50 ℃），氧气减压阀，小台钟，压片机，烧杯（1000 mL），电炉（500 W），药物天平，分析天平，案秤（10 kg）。

2. 主要材料：引燃专用铁丝，直尺，剪刀，塑料桶。

3. 主要试剂：苯甲酸（AR），蔗糖（AR）。

四、实验步骤

1. 测定量热计的水当量

（1）样品的制作：用药物天平称取大约 0.95 g 的苯甲酸，在压片机上稍用力压成圆片。用镊子将样品在干净的称量纸上轻击 2～3 次，除去表面粉末后再用分析天平精确称量。

（2）装样并充氧气：拧开氧弹盖，将氧弹内壁擦干净，特别是电极下端的不锈钢丝更应擦干净。放上金属小器皿，小心将样品片放置在小器皿中部。剪取 18 cm 长的引燃铁丝，在直径约 3 mm 的铁钉上将引燃铁丝的中段绕成螺旋形 5～6 圈。将螺旋部分紧贴在样品片的表面，两端如图 2-63 所示固定在电极上。注意引燃铁丝不能与金属器皿相接触。用万用表检查两电极间电阻值，一般应不大于 20 Ω。旋紧氧弹盖，卸下进气管口的螺栓，换接上导气管接头。导气管的另一端与氧气钢瓶上的减压阀连接。打开钢瓶阀门，向氧弹中充入 2 MPa 的氧气。旋下导气管，关闭氧气瓶阀门，放掉氧气表中的余气。将氧弹的进气螺栓旋上，再次用万用表检查两电极间的电阻，如电阻值过大或电极与弹壁短路，则应放出氧气，开盖检查。

(3) 测量：用案秤准确称取已被调节到低于室温 1.0 ℃的自来水 3 kg 于盛水桶内。将氧弹放入水桶中央，装好搅拌马达，把氧弹两电极用导线与点火变压器相连接，盖上盖子后，先将数字式精密温差测量仪的探头插入恒温水夹套中测出环境温度（即雷诺温度校正图中的 T 点）。然后将探头插入系统，开动搅拌马达，待温度稳定上升后，每隔 1 min 读取一次温度（准确读至 0.001 ℃）。10～12 min 后，按下变压器上电键通电 4～5 s 点火。自按下电键后，温度读数改为间隔 15 s/次，直至两次读数差值小于 0.005 ℃，读数间隔恢复为 1 min/次，继续 10～12 min 后方可停止实验。关闭电源后，取出数字式精密温差测量仪的探头，再取出氧弹，打开氧弹出气口放出余气。旋开氧弹盖，检查样品燃烧是否完全。氧弹中应没有明显的燃烧残渣，若发现黑色残渣，则应重做实验。测量未燃烧的铁丝长度，并计算实际燃烧掉的铁丝长度。最后擦干氧弹和盛水桶。样品点燃及燃烧完全与否，是本实验最重要的一步。

2. 蔗糖的燃烧热测量

称取约 1.5 g 蔗糖，按上述方法进行测定。

五、注意事项

1. 压片时既不能压得太紧也不能太松。

2. 点火丝一定要和样品片接触上，否则可能导致点火失败；点火丝不应与弹体内壁接触，避免点火后发生短路。

3. 使用氧气钢瓶充气时，要严格按照操作规范进行，充氧气应达到一定压力值。

4. 测量水当量的实验条件应当和测量样品一致。

5. 为避免腐蚀，必须清洗氧弹。

6. 实验结束后，一定要把未燃烧的铁丝重量从公式中减掉。

六、数据记录与处理

1. 数据记录

(1) 苯甲酸样品：苯甲酸样品燃烧的温度和时间原始数据记录在表 2-29 中。

点火丝质量 m=____g；燃烧后剩余点火丝的质量 m=____g；燃烧的点火丝质量=____g；压片质量 m=____g；苯甲酸质量 m=____g；系统温度 T=______ ℃。

表 2-29 苯甲酸燃烧温度和时间原始数据

t/min	0.5	1	1.5	2	2.5	3	3.5	4	4.5	5	……
T/K											

(2) 蔗糖样品：蔗糖样品燃烧的温度和时间原始数据记录在表 2-30 中。

点火丝质量 m=____g；燃烧后剩余点火丝的质量 m=____g；燃烧的点火丝质量=____g；压片质量 m=____g；蔗糖质量 m=____g；系统温度 T=____ ℃。

表 2-30 蔗糖燃烧温度和时间原始数据

t/min	0.5	1	1.5	2	2.5	3	3.5	4	4.5	5	……
T/K											

2. 数据处理

(1) 以苯甲酸为例，查资料可得苯甲酸标准状况下的摩尔燃烧焓为 $\Delta_c H_m = -3226.9\ \text{kJ} \cdot \text{mol}^{-1}$，然后根据苯甲酸燃烧反应方程式(2-56) 以及热力学方程式(2-57) 和式(2-58) 得到苯甲酸在标准状况下的恒压摩尔燃烧热。

$$C_7H_6O_2(s) + 7.5O_2(g) = 3H_2O(l) + 7CO_2(g) \qquad (2\text{-}56)$$

$$\Delta_c H_m = Q_{p,m} = Q_{V,m} + \Delta nRT \qquad (2\text{-}57)$$

$$Q_{V,m} = \Delta_c H_m - \Delta nRT \qquad (2\text{-}58)$$

如果不考虑温度变化对标准燃烧热的影响，则可以将该实验条件下苯甲酸的恒容燃烧热近似认为恒容摩尔燃烧热。

(2) 计算仪器常数 $C_{计}$。按照下式计算 $C_{计}$：

$$C_{计} = \frac{(-m_{苯甲酸} Q_{V苯甲酸})/122.12 - m_{点火丝} Q_{V点火丝}}{\Delta T}$$

式中，$Q_{V苯甲酸}$ 为苯甲酸恒容摩尔燃烧热，$\text{kJ} \cdot \text{mol}^{-1}$；$C_{计}$ 为仪器常数，$\text{kJ} \cdot \text{K}^{-1}$；$\Delta T$ 为样品燃烧前后量热计温度的变化值；$Q_{V点火丝}$ 为点火丝的恒容燃烧热，为 $-6.6944\ \text{kJ} \cdot \text{g}^{-1}$。

(3) 利用雷诺作图法，获得苯甲酸的温度-时间雷诺温度校正图。从图中得到苯甲酸燃烧引起温度计的变化差值 ΔT，由 ΔT 和 $C_{计}$ 计算苯甲酸的恒容燃烧热 Q_V，并计算其恒压燃烧热 Q_p。

(4) 将计算结果整理填入表 2-31 中。

表 2-31 苯甲酸燃烧热计算结果汇总表

样品	$m_{点火丝}$	$Q_{V点火丝}$	$m_{苯甲酸}$	ΔT	$C_{计}$	$Q_{V苯甲酸}$	$Q_{p苯甲酸}$
计算值							

(5) 对比表 2-32 中的文献燃烧热值，对实验计算结果进行误差分析。

表 2-32 恒压燃烧焓的文献值

恒压燃烧焓	$\text{kcal} \cdot \text{mol}^{-1}$	$\text{kJ} \cdot \text{mol}^{-1}$	$\text{J} \cdot \text{g}^{-1}$	测定条件
苯甲酸	−771.24	−3226.9	−26460	$p^{\ominus}$,20 ℃
蔗糖	−1348.7	−5643	−16486	$p^{\ominus}$,25 ℃
萘	−1231.8	−5153.8	−40205	$p^{\ominus}$,25 ℃

七、思考与讨论

1. 固体样品为什么要压成片状?

2. 在量热学测定中，还有哪些情况可能需要用到雷诺温度校正法?

3. 如何用蔗糖的燃烧热数据来计算蔗糖的标准生成热?

八、补充与提示

1. 仪器名称、厂商、型号

(1) 实验用仪器：分体式 SHR-15 燃烧热实验装置。

(2) 厂商：北京佳航仪器有限公司。

(3) 型号：SHR-15 (见图 2-65)。

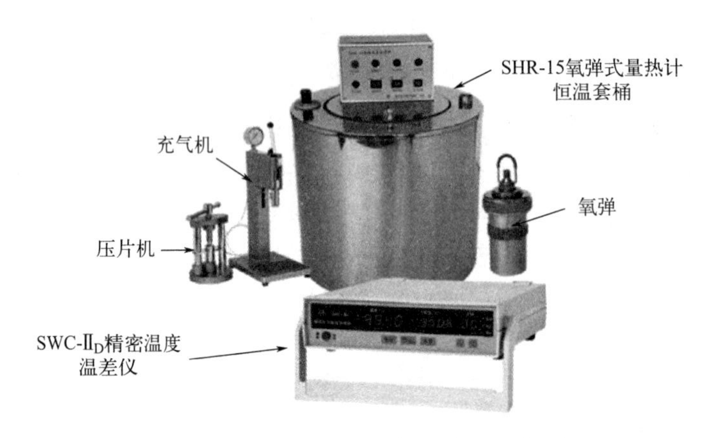

图 2-65 分体式 SHR-15 燃烧热实验装置图

2. 性能指标、应用领域

(1) 性能指标：热容量中心值约为 15000 $J\cdot K^{-1}$；五次热容量的相对差（重复性）≤60 $J\cdot K^{-1}$；热容量重复性不确定度≤0.2%；氧弹耐压 20 MPa；氧弹气密性充氧 3.5 MPa；温差的分辨率 0.001 ℃；温度的分辨率 0.01 ℃；温差范围≤±10 ℃（基温范围同温度范围）；温度范围−50～150 ℃（可扩展至 200 ℃）；定时范围 10～99 s；点火电源为 0～30 V 交流安全电压；具有数据锁定和数据保持功能；自带点火是否成功提示；USB 输出；触碰式点火。

(2) 应用领域：应用于高校对未知物质的燃烧热以及其他各类物质热值的测定。

3. 参考数据或文献值

苯甲酸燃烧的温度和时间文献参考数据见表 2-33，相应温度-时间变化曲线见图 2-66。

点火丝质量 $m=0.0131$ g；燃烧后剩下点火丝的质量 $m=0.0121$ g；燃烧的点火丝质量 $m=0.0010$ g；压片质量 $m=0.6073$ g；苯甲酸质量 $m=0.5942$ g；系统温度 $T=21.6$ ℃。

表 2-33 苯甲酸燃烧的温度和时间文献参考数据

t/min	温度/℃	t/min	温度/℃	t/min	温度/℃	t/min	温度/℃
0.5	23.371	6.5	23.915	12.5	24.385	18.5	24.398
1.0	23.368	7.0	24.084	13.0	24.389	19.0	24.398
1.5	23.366	7.5	24.171	13.5	24.392	19.5	24.397
2.0	23.364	8.0	24.230	14.0	24.395	20.0	24.395
2.5	23.362	8.5	24.270	14.5	24.396	20.5	24.392
3.0	23.360	9.0	24.298	15.0	24.398	21.0	24.392
3.5	23.358	9.5	24.320	15.5	24.400	21.5	24.39
4.0	23.357	10.0	24.338	16.0	24.400	22.0	24.389
4.5	23.356	10.5	24.352	16.5	24.400	22.5	24.388
5.0	23.354	11.0	24.363	17.0	24.400	23.0	24.386
5.5	23.375	11.5	24.371	17.5	24.399	23.5	24.385
6.0	23.633	12.0	24.379	18.0	24.398	24.0	24.384

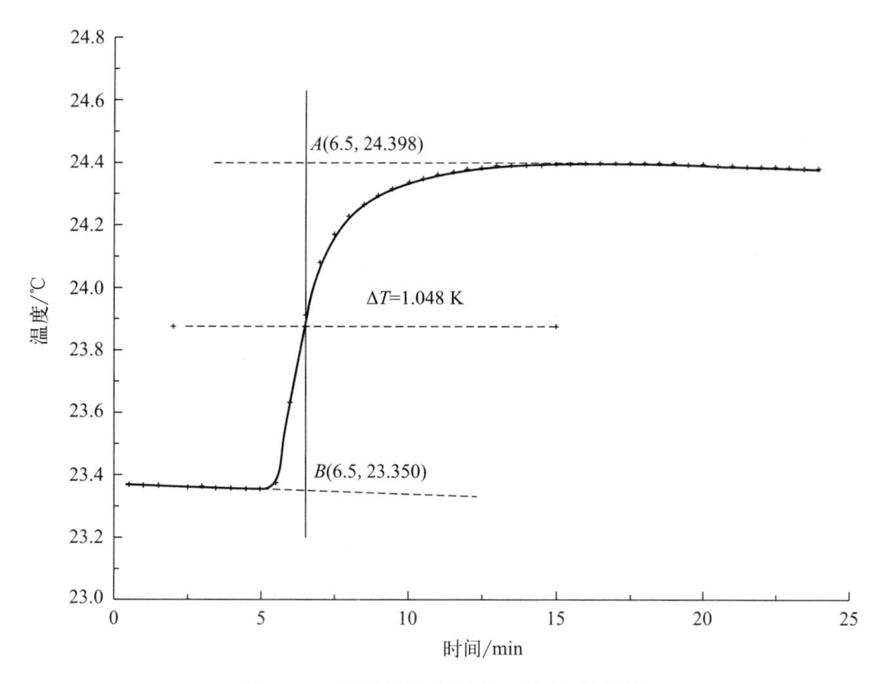

图 2-66 苯甲酸燃烧温度-时间变化曲线

九、知识拓展

在热学的早期发展中，与温度的测量同等重要的是热量的测量。但是，人们一开始并没有认识到温度与热量之间的区别。最早指出它们之间区别的是苏格兰化学家布莱克。大约在1757年，布莱克提出将热量和温度分别称作“热的分量”和“热的强度”，并把物质在改变相同温度时的热量变化叫作对“热的亲和性”。在这个概念的基础上，后来出现了“热容量”和“比热”的概念，这两个概念奠定了热平衡理论的基础。

布莱克最著名的发现是“潜热”。他在实验中发现，把冰加热时冰缓慢融化，温度却不变。同样，水沸腾时化为蒸汽，需吸引更多的热量，但温度也不变。后来布莱克进一步发现许多物质在物态变化时都有这种现象，它们的逆过程也一样，而且由汽到水、由水到冰所放出的热量，正好等于由冰到水、由水到汽所吸收的热量。因此，布莱克提出了“潜热”概念，认为这些未对温度变化有所贡献的热是“潜在的”。所谓潜热实际上就是分子系统的内能。布莱克澄清了热量和温度这两个不同的概念后提出了比热容的理论，并创立了测定热量的方法——量热术，发明了世界上最早的冰量热器，定量地确定了冰融解潜热并估计了水汽化潜热的大小，这给予瓦特在蒸汽机装上冷凝器的技术改造以很大的启示。

十、参考文献

[1] 复旦大学等编，庄继华等修订．物理化学实验［M］．3版．北京：高等教育出版社，2004.

[2] Shoemaker D P，Garland C W. Experimnents in physical chemistry ［M］． 5th ed. New York：McGraw-Hill Book Company，1989.

[3] 北京大学化学学院物理化学实验教学组．物理化学实验［M］．4版．北京：北京大学出版社，2002.

[4] 印永嘉，奚正楷，张树永，等．物理化学简明手册［M］．5版．北京：高等教育出版社，2023.

实验 14 中和热的测定

一、实验目的

1. 了解中和热测定原理。

2. 掌握中和热测定方法。

3. 掌握量热计的构造原理及特点。

二、实验原理

在一定的温度、压力和浓度下，1 mol 酸和 1 mol 碱中和所放出的热量叫中和热。对于强酸和强碱，它们在水溶液中几乎完全电离，中和反应的实质是溶液中的氢离子和氢氧根离子反应生成水。这类中和反应的中和热与酸的阴离子和碱的阳离子无关。当在足够稀释的情况下，中和热不随酸和碱的种类而改变，中和热几乎是相同的。

而对于弱酸和弱碱来说，它们在水溶液中没有完全电离，因此在反应总热效应中还包含弱酸和弱碱的电离热。如以强碱（NaOH）中和弱酸（HAc）时，在其中和反应之前，首先进行弱酸的电离，故其中和反应情况可以表示如下：

$$HAc \rightleftharpoons H^+ + Ac^- \qquad \Delta H_{电离}$$

$$H^+ + OH^- \rightleftharpoons H_2O \qquad \Delta H_{中和}$$

总反应

$$HAc + OH^- \rightleftharpoons H_2O + Ac^- \qquad \Delta H'_{中和}$$

由此可见，$\Delta H'_{中和}$是弱酸与强碱中和反应的总热效应，它包括中和热和电离热两部分。根据盖斯定律可知，如果测得这一反应的 $\Delta H'_{中和}$ 和 $\Delta H_{中和}$，就可以计算出弱酸的电离热 $\Delta H_{电离}$。

当溶液相当浓时，因为离子间相互作用力的变化及其影响，中和热数值常较高。

电热标定法：对量热计及一定量的水在一定的电流（I）、电压（U）下通电一段时间（t），使量热计升高一定温度，根据供给的电能及量热计温度升高值，计算量热计的热容 K。

$$K = IUt/\Delta T \tag{2-59}$$

K 的物理意义是热量计升高 1 K 时所需的热量。

$$\Delta H_m = -1000K\Delta T/cV \tag{2-60}$$

式中，c 为酸或者碱的初始浓度，$mol \cdot L^{-1}$；V 为酸或者碱的体积，mL；负号代表放热反应。

三、仪器与试剂

1. 主要仪器：量热计（包括杜瓦瓶、电热丝、储液管、磁力搅拌器）1 套，精密直流稳压电源 1 台，精密数字温度温差仪 1 台，量筒。

2. 主要试剂：1 $mol \cdot L^{-1}$ NaOH 溶液、1 $mol \cdot L^{-1}$ HCl 溶液。

四、实验步骤

1. 量热计常数 K 的测定

(1) 在杜瓦瓶中加入 500 mL 蒸馏水，打开磁力搅拌器，搅拌。

(2) 开启精密直流稳压电源，调节输出电压和电流（电压为 5 V 左右），电压稳定后将其中一根接线断开。

（3）按下精密数字温度温差仪开关，片刻后按一下“采零”键，再设定“定时”1 min，此后每分钟记录一次温差，当记下第十个读数时，立即将接线接上（此时即为加热的开始时间），并连续记录温差。

（4）待温度升高 0.8～1.0 ℃时，关闭稳压开关，并记录通电时间 t。继续搅拌，每隔一分钟记录一次温差，断电后测定 10 个点为止。用雷诺校正作图法确定由通电引起的温度变化 ΔT_1。

2. 中和热的测定

（1）将杜瓦瓶中的水倒掉，用干布擦干，重新用量筒取 400 mL 蒸馏水注入其中，然后加入 50 mL 1 mol·L^{-1} HCl 溶液，再取 50 mL 1 mol·L^{-1} NaOH 溶液注入储液管中。

（2）调节适当的搅拌转速，每分钟记录一次温差，记录一分钟，将玻璃棒提起，使酸与碱反应。继续每一分钟记录一次温差，待体系中温差几乎不变并维持一段时间后即可停止测量。

（3）重复实验 2～3 次。

五、注意事项

1. 测定前仔细了解仪器的使用方法。

2. 加入强酸溶液时要注意安全，不要过快，缓慢加入，用玻璃棒边搅拌边加入，防止强酸溅射出来。

3. 温差记录时要确保记录时间差稳定，不能出现时间差距过大，否则会导致实验数据不真实。

六、数据记录与处理

1. 用雷诺校准作图法测定 ΔT_1 和 ΔT_2。

2. 将作图所得 ΔT_1、电流强度 I、电压 U 和通电时间 t 代入计算式(2-59) 中，求得量热计常数 K。

3. 将所得量热计常数 K 和 ΔT_2 代入计算式(2-60) 中，求得中和热 ΔH_m。

将实验数据记录于表 2-34 和表 2-35 中，测定 ΔT_1 和 ΔT_2。

表 2-34　测定热量计常数 K 的温差

时间/min	1	2	3	4	5	6	7	8
T/℃								
时间/min	9	10	11	12	13	14	15	
T/℃								

表 2-35　测定中和热 ΔH_m 的温差

时间/min	1	2	3	4	5	6	7	8
T/℃								
时间/min	9	10	11	12	13	14	15	
T/℃								

七、思考与讨论

1. 做好本实验的关键有哪些？

2. 测定中和热的目的是什么？

3. 使用量热计有哪些注意事项？

八、补充与提示

1. 实验中通常采用机械搅拌的方式使体系温度均匀并充分反应，这就引进了非体积功。所以严格来说，此时反应热与焓变不相等，二者相差一体积功，即 $\Delta H=Q-W$。同时由于搅拌而产生的热量也对实验结果有一定影响。

2. 实验中将酸碱的热容视为与水相同，并假设量热计完全绝热，这与实际情况不完全相符，必然会导致一定的误差。

3. 当储液管中的碱性溶液加入量热计中时，伴有碱的稀释热发生，所测结果中也包含了这部分误差。

4. 如果所用酸、碱的浓度偏高，则由于离子间相互作用力的变化及其影响，中和热的测定值偏高。通常取 0.1～0.5 $mol \cdot L^{-1}$ 的浓度较为适宜。

5. 中和反应热与温度有关，由基尔霍夫定律可知强酸强碱中和热随温度升高而减小，所以在给出测量结果时必须注明测量时的温度。

6. 测定量热计常数时，温差值应该在 0.8 ℃以上，以保证测定结果的有效数字的位数。

九、知识拓展

中和热和反应热是化学反应过程中两个重要的热学概念。两者都与化学反应中能量的变化有关，但又有不同的应用和含义。

当酸和碱反应时，会发生化合成盐和水的反应。在这个过程中，酸和碱的离子会结合形成盐，并释放出热量，这个热量就是中和热。中和热的大小取决于酸和碱的种类和浓度。例如，浓盐酸和浓氢氧化钠反应时中和热会非常大，而弱酸和弱碱反应时中和热较小。中和热的测定对于酸碱反应的热学性质研究和实际应用有着重要意义，例如在化学实验中用于测定酸碱溶液的浓度，以及化学工业中用于控制反应过程的温度。

反应热则是指化学反应过程中放出或吸收的热量。在化学反应中，反应物的化学键会断裂，新的化学键会形成，这个过程伴随着能量的变化，有些反应会放出热量，有些则会吸收热量。反应热的大小可以通过实验测定得到。测定反应热的常用方法有燃烧法、溶解法和稳定反应法等。反应热的测定对于了解反应的放热或吸热性质、反应机理以及反应速率等都有重要意义，广泛应用于化学反应的热学研究、热力学计算以及能量转化等方面，通过测定反应热，可以了解反应的能量变化情况，为反应的优化和控制提供依据。

因此，对中和热和反应热这两个概念的了解和应用，对于化学反应的热学性质和能量变化的研究具有重要意义。

十、参考文献

[1] 白玮，苏长伟，陈海云．物理化学实验［M］．北京：科学出版社，2016.

[2] 复旦大学等编．庄继华修订．物理化学实验［M］．3 版．北京：高等教育出版社，2004.

实验 15　乙酸在活性炭上的吸附

一、实验目的

1. 用溶液吸附法测定活性炭的比表面积。

2. 了解溶液吸附法测定比表面积的基本原理。

二、实验原理

比表面积是指单位质量（或单位体积）的物质所具有的表面积，其数值与分散粒子的大小有关。测定固体比表面积的方法有很多，如 BET 低温吸附法、电子显微镜法和气相色谱法等，但这些方法均需要复杂的仪器设备或较长的实验时间。相比而言，溶液吸附法所用仪器简单，操作方便。此法虽然误差较大，但比较实用。

本实验用乙酸（HAc）溶液吸附法测定活性炭的比表面积。实验表明，在一定浓度范围内，活性炭对有机酸的吸附符合朗缪尔（Langmuir）吸附等温方程：

$$\Gamma=\Gamma_{\infty}\frac{Kc}{1+Kc} \tag{2-61}$$

式中，Γ 表示吸附量，通常指单位质量吸附剂上吸附溶质的物质的量；Γ_{∞} 表示饱和吸附量；c 表示吸附平衡时溶液的浓度；K 为常数。将式(2-61) 整理可得如下形式：

$$\frac{c}{\Gamma}=\frac{1}{\Gamma_{\infty}K}+\frac{1}{\Gamma_{\infty}}c \tag{2-62}$$

作 c/Γ-c 图，得一条直线，由此直线的斜率和截距可求常数 Γ_{∞} 和 K。如果用乙酸作吸附质测定活性炭的比表面积，按照 Langmuir 单分子层吸附理论模型，假定吸附质分子在吸附剂表面上是直立的，利用活性炭在乙酸溶液中的吸附作用可测定活性炭的比表面积（S_0），可按式(2-63) 计算：

$$S_0=\Gamma_{\infty}\times 6.023\times 10^{23}\times 2.43\times 10^{-19} \tag{2-63}$$

式中，S_0 为比表面积，$m^2 \cdot kg^{-1}$；Γ_{∞} 为饱和吸附量，$mol \cdot kg^{-1}$；6.023×10^{23} 为阿伏伽德罗常数；2.43×10^{-19} 为每个乙酸分子所占据的面积，m^2。

三、仪器与试剂

1. 主要仪器：带塞三角瓶（250 mL）5 个，三角瓶（150 mL）5 个，滴定管 1 支，漏斗，移液管，电动振荡器 1 台，定性滤纸。

2. 主要试剂：活性炭，HAc 溶液（0.4 $mol \cdot L^{-1}$），标准 NaOH 溶液（0.1 $mol \cdot L^{-1}$）、酚酞指示剂。

四、实验步骤

(1) 准备 5 个洗净干燥的带塞三角瓶，分别称取约 1 g（准确到 0.001 g）的活性炭，并将 5 个三角瓶标明号数，用滴定管分别按表 2-36 中的量加入蒸馏水与乙酸溶液。

表 2-36　吸附溶液的配制

物质	1	2	3	4	5
蒸馏水/mL	50	70	80	90	95
乙酸溶液/mL	50	30	20	10	5

(2) 将各瓶溶液配好以后，用磨口瓶塞塞好，并在塞子上加橡皮圈以防塞子脱落。摇动三角瓶，使活性炭均匀悬浮于乙酸溶液中，然后将三角瓶放在振荡器上，盖好固定板，振荡 30 min。

(3) 振荡结束后，用干燥漏斗过滤，为了减少滤纸吸附影响，将开始过滤的约 5 mL 滤液弃去，其余溶液滤于干燥三角瓶中。

(4) 从 1 号、2 号瓶中各取 15.00 mL，从 3 号、4 号、5 号瓶中各取 30.00 mL 乙酸溶液，用标准 NaOH 溶液滴定，以酚酞为指示剂，每瓶滴三份，求出吸附平衡后乙酸的浓度。

(5) 用移液管取 5.00 mL 原始乙酸（HAc）溶液并标定其准确浓度。

五、注意事项

1. 标准溶液的浓度要准确配制。
2. 活性炭颗粒要均匀。
3. 振荡时间要充足，以达到吸附饱和。

六、数据记录与处理

1. 将实验数据记录在表 2-37 中。

表 2-37 实验数据表

瓶号	活性炭质量 m/kg	起始浓度 c_0/mol·L^{-1}	平衡浓度 c/mol·L^{-1}	吸附量 Γ/mol·kg^{-1}	$c\Gamma^{-1}$ /kg·dm^{-3}
1					
2					
3					
4					
5					

2. 计算各瓶中乙酸的起始浓度 c_0、平衡浓度 c 及吸附量 Γ。

$$\Gamma=\frac{c_0-c}{m}V \tag{2-64}$$

式中，V 为溶液的总体积，L；m 为加入溶液中的吸附剂质量，kg。

3. 以吸附量 Γ 对平衡浓度 c 作等温线。
4. 作 c/T-c 图，并求出常数 K 和 Γ_∞。
5. 由 Γ_∞ 计算活性炭的比表面积。

七、思考与讨论

1. 比表面积的测定与温度、吸附质的浓度、吸附剂颗粒、吸附时间等有什么关系？
2. 实验中为什么必须用过滤的方法过滤活性炭？

八、补充与提示

1. 仪器名称、厂商、型号

(1) 实验仪器：数显调速多用振荡器。

(2) 厂商：上海蓝凯仪器仪表有限公司。

(3) 型号：HY-2A（见图 2-67）。

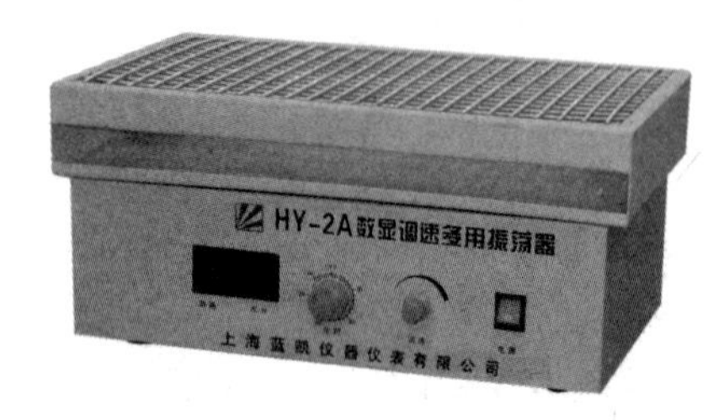

图 2-67 HY-2A 数显调速多用振荡器

2. 仪器性能参数

HY-2A 数显调速多用振荡器是同类产品中技术较先进和质量较好的产品，运行平衡，噪声小，振荡速度可无级调节，调节范围宽，具有弹簧万用夹具，可配多种烧瓶，满足不同客户需要，是生化、生物工程、微生物及医学行业研究和生产的设备。

性能参数：型号 HY-2A 数显调速多用振荡器，工作方式往复振荡，幅度 20 mm，振荡频率 320 r/min，整机功率 60 W，工作尺寸 52 cm×30 cm，外形尺寸 52 cm×30 cm×23 cm。

3. 仪器用途概述及特点

多用振荡器广泛应用于对振荡频率有较高要求的微生物发酵、细菌培养、生物杂交、生物化学反应等领域。它具有两个特点：①采用直流电机无级调速，连续可调；②采用不锈钢万用弹簧夹具，可供各种规格的器皿摆放。

九、知识拓展

不同活性炭孔径和表面积不同，其吸附效果也存在差别。在选择活性炭时应根据具体需求，选择孔径和表面积合适的活性炭。此外，活性炭的制造材料也有所不同，一些活性炭会释放有害物质，因此在选择活性炭时还应注意其安全性。总之，活性炭是一种常用的吸附剂，可以吸附乙醇等有机物质，在环境治理、饮品加工、医疗卫生等领域均有应用：

① 在环境治理方面，乙醇是一种常见的有机物质，在印刷、染料、涂料等行业广泛使用。这些产业的生产废水中含有乙醇，如果排放到环境中会对水体造成污染。通过使用活性炭可以有效地去除废水中的乙醇，达到净化水质的效果。

② 在饮品加工方面，乙醇是酒类饮品的主要成分之一，也存在于某些饮料中。活性炭可以用于酒类饮品的过滤和蒸馏过程中去除杂质，提高饮品的质量。

③ 在医疗卫生方面，活性炭有较好的吸附性能，对于某些药物或毒素有解毒作用。

十、参考文献

[1] 傅献彩，侯文华．物理化学（下）[M]．6 版．北京：高等教育出版社，2022.

[2] 毕玉水．物理化学实验 [M]．北京：化学工业出版社，2015：130.

[3] Hajilari M，Shariati A，Nikou M K. Mass transfer determination of ethanol adsorption on activated carbon：kinetic adsorption modeling [J]． Heat and Mass Transfer. 2019，55：2165-2171.

实验 16　$CuSO_4 \cdot 5H_2O$ 差热分析

一、实验目的

1. 掌握差热分析的基本原理及方法，了解差热分析仪的构造，学会差热分析仪的操作技术。

2. 用差热分析仪对 $CuSO_4 \cdot 5H_2O$ 进行差热分析，并定性解释所得的差热图谱。

3. 学会热电偶的制作及其标定，掌握绘制步冷曲线的实验方法。

二、实验原理

许多物质在加热或冷却过程中会发生熔化、凝固、晶型转变、分解、化合、吸附、脱附等物理或化学变化。这些变化必将伴随有体系焓的改变，因而产生热效应，其表现为该物质与外界环境之间有温度差。选择一种在所测定的温度范围内不会发生任何物理或化学变化且对热稳定的物质作为参比物，将其与样品一起置于可按设定速率升温的电炉中，测量时分别记录参比物的温度以及样品与参比物间的温度差，以温差对温度作图就可得到一条差热分析曲线或称差热图谱。

1. 差热分析

差热分析就是在程序控制温度条件下，记录被测试样与参比物之间温度差随温度变化的

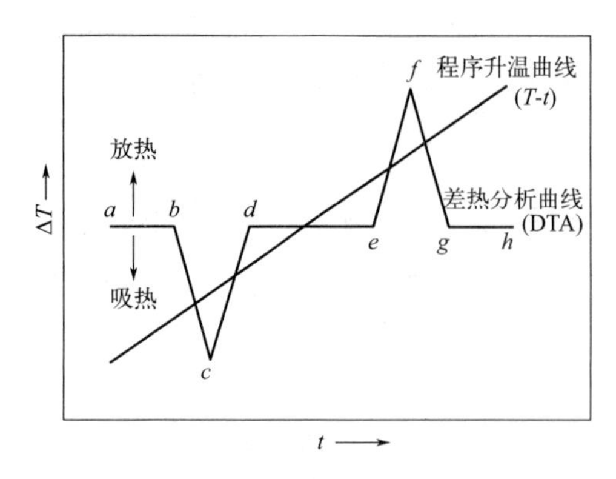

图 2-68 理想的差热分析曲线

一种技术。从差热曲线中可获得有关热力学和热动力学方面的信息，结合其他测试手段，就有可能对物质的组成、结构或产生热效应的变化过程的机理进行深入研究。

差热分析测定可采用双笔记录仪分别记录温差和温度，而以时间作为横坐标，这样就得到 ΔT-t 和 T-t 两条曲线。图 2-68 为理想条件下的差热分析曲线。显然，通过温度曲线可以很容易地确定差热分析曲线上各点的对应温度值。如果参比物和被测试样的热容大致相同，而试样又无热效应，两者的温度基本相同，此时得到的是一条平滑的直线，图 2-68 中的 ab、de、gh 段就表示这种状态，这些直线段称为基线。一旦试样发生变化而产生了热效应，此时在差热分析曲线上就会有峰出现，如 bcd 或 efg。热效应越大，峰的面积也就越大。国际热分析及量热学联合会规定，峰顶向上的峰为放热峰，它表示试样的焓变小于零，其温度将高于参比物；而峰顶向下的峰为吸热峰，则表示试样的温度低于参比物。

2. 影响差热分析曲线的若干因素

一个热效应所对应的峰位置和方向反映了物质变化的本质，峰的宽度、高度和对称性除与测定条件有关外，往往还取决于样品变化过程的各种动力学因素。实际上，一个峰的确切位置还受升温速率、样品量、粒度等因素影响。实验表明，峰的外推起始温度 T_e 比峰顶温度 T_p 所受影响要小得多，同时，它与用其他方法求得的反应起始温度也较一致。因此国际热分析及量热学联合会决定，以 T_e 作为反应的起始温度，并可用以表征某一特定物质。T_e 的确定方法如图 2-69 所示。

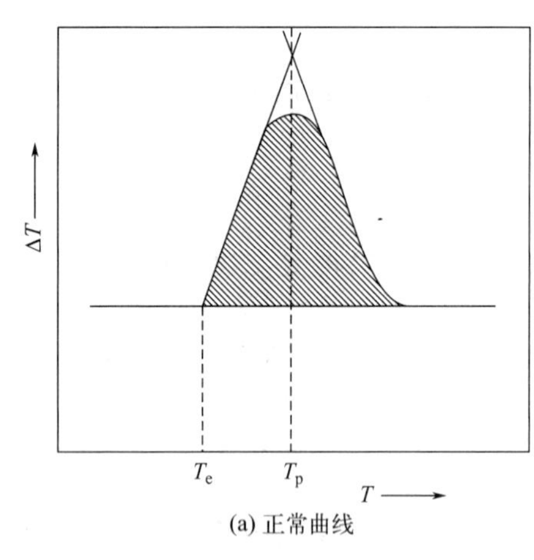

(a) 正常曲线

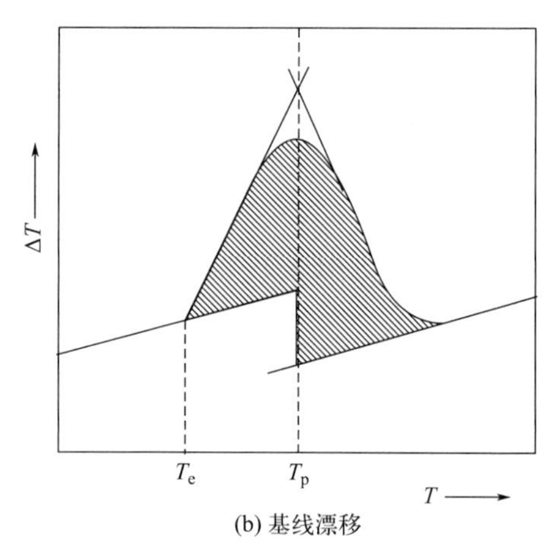

(b) 基线漂移

图 2-69 差热峰位置和面积的确定示意图

图 2-69(a) 中为正常情况下测得的曲线，其 T_e 由两曲线的外延交点确定，峰面积为基线以上的阴影部分。然而，由于样品与参比物以及中间产物的物理性质不尽相同，再加上样品在测定过程中可能发生体积改变等，基线往往会发生漂移，甚至一个峰的前后基线也不在一直线上。此时，T_e 的确定需较细心，而峰面积可参照图 2-69(b) 的方法计算。

在完全相同的测试条件下，大部分物质的差热分析曲线具有特征性，因此就有可能通过与已知物图谱的比较来对未知样品进行鉴别。通常，在图谱上应详尽标明实验操作条件。除特殊情况外，绝大部分差热分析曲线指的都是按程序控制升温方式测定的。

至于具体实验条件的选择，一般可从以下几方面加以考虑：

（1）参比物是测量的基准。一方面，在整个测定温度范围内，参比物应保持良好的热稳定性，它自身不会因受热而产生任何热效应；另一方面，要得到平滑的基线，所选用参比物的热容、热导率、粒度及装填疏密程度应尽可能与试样相近。常用的参比物有 α-Al_2O_3、煅烧过的氧化镁、石英砂或镍等。为了确保其对热稳定，参比物使用前应先经较高温度灼烧。

（2）升温速率对测定结果的影响特别明显。一般来说，升温速率过高时，基线漂移较明显，峰形比较尖锐，但分辨率较差，峰的位置会向高温方向漂移。通常升温速率为 2～20 ℃·min^{-1}。

（3）差热分析结果也与样品所处气氛和压力有关。例如，碳酸钙、氧化银的分解温度分别受气氛中二氧化碳和氧气分压影响；液体或溶液的沸点或泡点更是直接与外界压力有关；某些样品或热分解产物还可能与周围的气体发生反应。因此，应根据实际情况选择适当的气氛和压力。常用的气氛为空气、氮气或真空。

（4）样品的预处理与用量。一般非金属固体样品均应经过研磨变成 200 目左右的微细颗粒，这样可以减少死空间，改善导热条件。但过度研磨可能会破坏晶体的晶格。样品用量与仪器的灵敏度有关，过多的样品必然存在温度梯度，从而使峰形变宽，甚至导致相邻峰互相重叠而无法分辨。如果样品量过少，或易烧结，可掺入一定量的参比物。

3. 样品保持器和加热电炉

样品保持器是差热分析仪的关键部件，可用陶瓷或金属块制成。图 2-70 为较常见的样品保持器和样品坩埚剖面图。保持器的上端有两个相互平衡的粗孔，可以容纳坩埚，也可直接装上样品和参比物；底部的细孔与上端两个粗孔的中心位置相通，用于插入热电偶。如果在整个测量过程中，样品不与热电偶作用，也不会在热电偶上烧结熔融，可不使用坩埚，直接将样品装入粗孔中。本实验则是将热电偶插在样品中间的对称位置上，如图 2-70(c) 所示，热电偶直接与样品接触，测定的灵敏度可以得到提高。加热电炉要有较大的恒温区，通常采取立式装置。为便于更换样品，电炉可为升降式或开启式结构。

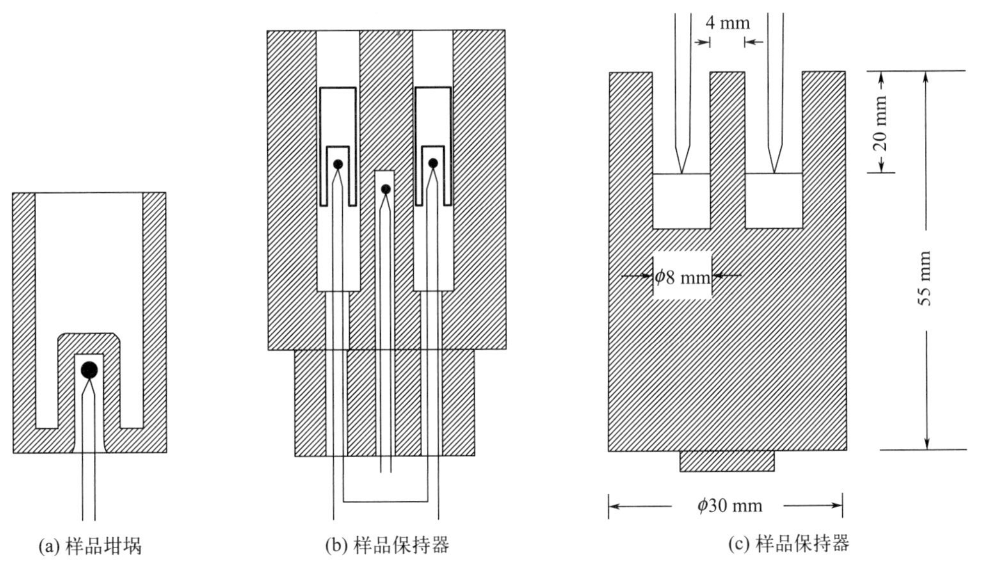

图 2-70 样品保持器和样品坩埚刨面图

4. 差热分析仪

差热分析仪原理如图 2-71 所示。取两支用同样材料制成的热电偶作为热端，分别插入样品和参比物中；再取一支同样的热电偶作为冷端置于 0 ℃的冰水浴中。分别将三支热电偶中具有相同材料的线头连接在一起，另一种材料则分别接到记录仪的输入端。样品和参比物的热电偶按相反的极性串接。样品和参比物处在同一温度时它们的热电势互相抵消，t-T 记录笔得到一条平滑的基线。一旦样品发生变化，所产生的热效应将使样品自身温度偏离程序控制，这样两支热电偶的温差将产生温差热电势。至于参比物的温度，将由另一记录笔记录，并用数字电压表显示，其实际温度可从热电偶毫伏值与温度换算表查得。

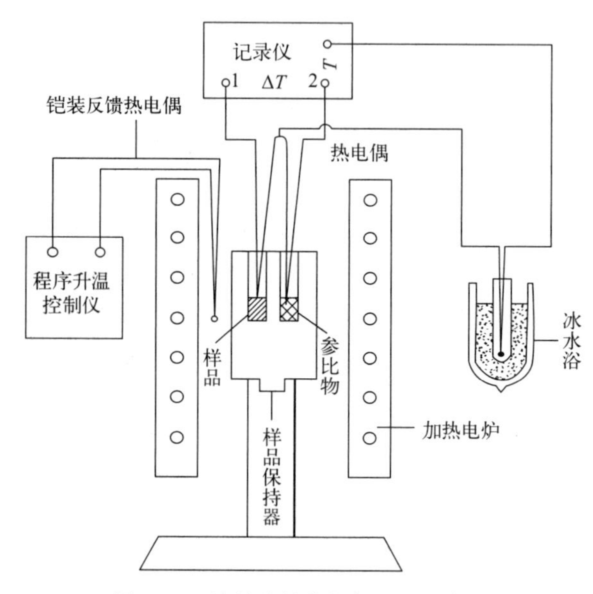

图 2-71　简单差热分析仪原理示意图

三、仪器与试剂

1. 主要仪器：加热电炉 1 套，双孔绝缘小瓷管（孔径约 1 mm），程序控温仪 1 台，双笔自动平衡记录仪 1 台，沸点测定仪 1 套，镍铬-镍硅铠装热电偶 1 支（ϕ3 mm），冰水浴。

2. 主要试剂：α-Al_2O_3（AR），$CuSO_4 \cdot 5H_2O$（AR），铅（AR），锡（AR），镍铬丝（ϕ0.5 mm），镍硅丝（ϕ0.5 mm）。

四、实验步骤

1. 热电偶的标定

（1）有关热电偶的使用方法可参见实验 6，金属凝固点的测定方法可参见实验 4。

（2）铅、锡凝固点的测定：将图 2-71 中的样品保持器用一个带宽肩的玻璃样品管替代，管中放入金属铅 100 g 或金属锡 80 g，并覆盖上一层石墨粉。热电偶的一端确定为热端，将其置于硅油玻璃套管后插入宽肩玻璃样品管中，另一端如图 2-71 所示插入冰水浴中作为参考端。冷、热端的引出线连接于记录温度 T 的记录笔输入端，量程置于 20 mV，并校正好零点和满量程。控制炉温，使其比待测样品熔点高出 50 ℃左右，随即让加热炉缓慢冷却，冷却速率以 6～8 ℃ · min^{-1} 为宜，直至凝固点以下 50 ℃为止。记录仪将完整地绘出温度随时间变化的全过程。冷却曲线的平台部分对应于样品的凝固点。

（3）水的沸点测定：沸点测定仪的构造和使用方法参见实验 5。用热电偶的热端替代水银温度计插于气液两相汇合处，测定水的沸点。记录仪上将出现一条平滑直线，其热电势对应于水的沸点。

（4）水的凝固点测定：将热电偶的热端与冷端同时置于 0 ℃的冰水浴中，在记录仪上同样将出现一条直线，这时的电位差为 0 mV。

2. 差热分析曲线的绘制

（1）称取 $CuSO_4 \cdot 5H_2O$ 约 0.7 g 和 α-Al_2O_3 约 0.5 g，两者混合均匀，装入样品保持器左侧孔中。右孔装入 1.2～1.4 g 的 α-Al_2O_3，使参比物高度与样品高度大致相同。将热电偶洗净、烘干，分别直接插入样品与参比物中。应注意两热电偶插入的位置和深度基本一致。按图 2-71 所示连接好仪器。升温速率控制为 10 ℃ · min^{-1}，最高温度可设定在 450 ℃。记录温度差的记录笔量程为 2 mV。打开电源，在记录仪上将出现温度和温差随时间变化的两条曲线，同时详细记录各测定条件。

（2）重复上述实验，加热电炉升温速率改为 5 ℃ · min^{-1}。

（3）测试结束后，按操作规程关闭仪器。

五、注意事项

1. 要对热电偶进行标定，为确保实验结果的准确性，使用仪器时务必先空烧 30 min 左右。

2. 升温速率不宜过快，一般为 10～20 ℃ · min^{-1}。过大会使曲线产生漂移，降低分辨率；过小测定时间长。

3. 试样用量不宜过多，也不宜过少，应适宜。一般为 20 mg 左右，根据要求确定用量，液体样品不要超过坩埚体积的一半。

4. 不得使用硬物清洁样品托及实验区，以免对仪器造成永久性损害。

六、数据记录与处理

1. 绘制示温热电偶工作曲线。以铅、锡凝固点，水的沸点和冰点对其在记录纸上的相应读数作图，即得该热电偶的温度-读数工作曲线。

2. 试从测定样品的原始记录纸上选取若干数据点，作出以 ΔT 对 T 表示的差热分析曲线。

3. 指明样品脱水过程出现热效应的次数、各峰的外推起始温度 T_e 和峰顶温度 T_p，粗略估算各个峰的面积，从峰的重叠情况和 T_e、T_p 数值讨论升温速率对差热分析曲线的影响。

七、思考与讨论

1. 试从物质的热容角度解释图 2-69(b) 的基线漂移。

2. 根据无机化学知识和差热峰的面积讨论五个结晶水与 $CuSO_4$ 结合的可能形式。

3. 根据 $CuSO_4 \cdot 5H_2O$ 的热分解反应讨论空气和氮气环境对其差热分析曲线的影响。

4. 如采用镍铬-考铜或其他热电偶替代镍铬-镍硅热电偶，有何优缺点？

5. 在什么情况下，升温过程与降温过程所得到的差热分析结果相同？在什么情况下，只能采用升温或降温方法？

八、补充与提示

1. 热电偶定标

热电偶是一种常见的测温设备，广泛应用于各种行业中。但是由于热电偶的量程有限，不同型号的热电偶灵敏度不同，所以在使用前必须进行定标，以确保测量的准确性和可靠性。

（1）热电偶定标的方法

① 标准电阻法：它是一种比较常用的热电偶定标方法，利用热电偶加热后的温度差和由标准电阻产生的温度差进行比较，从而计算出热电偶的灵敏度和误差。根据标准电阻的特点和热电偶的灵敏度，可测量出热电偶的热电动势，进而推断出温度值。

② 对比法：它是一种比较简单的热电偶定标方法，利用两个热电偶同时测量同一物体的温度，比较两个热电偶所测得的电动势的大小，从而计算出热电偶的灵敏度和误差。常用于小型实验室和临时场合的热电偶定标。

③ 熔点法：它是一种根据纯度和熔点确定热电偶灵敏度的方法，先测量熔化某种物质的热电偶温度，再根据该物质的熔点确定其对应的温度值，最后根据热电偶电动势和温度值的比较，确定热电偶的灵敏度和误差。

（2）热电偶定标的注意事项

① 安全第一：在进行热电偶定标时应注意防护措施，避免发生危险事故。

② 环境要求：定标应在稳定的环境下进行，如无风、无振动、恒温恒湿的实验室内。

③ 设备检查：在进行热电偶定标前，应先检查设备是否正常工作，尤其是电源和测量仪器等设备。

④ 定期校准：热电偶定标并不是一劳永逸的，需要定期校准和维护。一般来说，建议每年进行一次校准。

2. $CuSO_4 \cdot 5H_2O$ 差热分析的文献结果

（1）图 2-72 为 $CuSO_4 \cdot 5H_2O$ 受热脱水过程中的差热分析曲线。关于各个峰的温度，文献数据相差较大。有报道显示，$CuSO_4 \cdot 5H_2O$ 样品在加热过程中，共有 7 个吸收峰，它们的外延起始温度及相应产物分别为：a. 48 ℃，$CuSO_4 \cdot 3H_2O$；b. 99 ℃，$CuSO_4 \cdot H_2O$；c. 218 ℃，$CuSO_4$；d. 685 ℃，Cu_2OSO_4；e. 753 ℃，CuO；f. 1032 ℃，Cu_2O；g. 1135 ℃，液体 Cu_2O。

（2）工作曲线所需相变点温度可查表得。

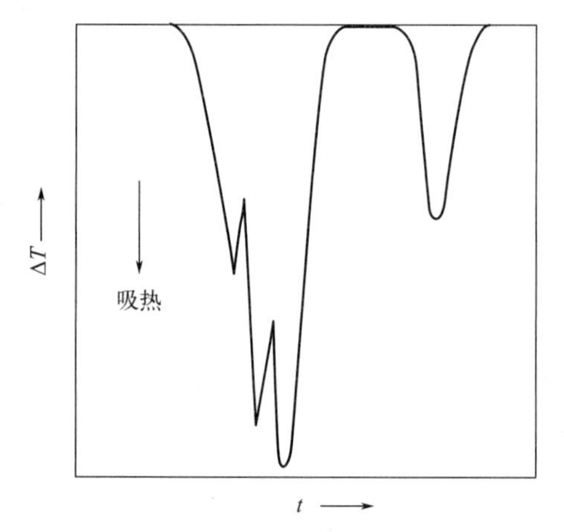

图 2-72 $CuSO_4 \cdot 5H_2O$ 差热分析曲线图

九、知识拓展

$CuSO_4 \cdot 5H_2O$ 的脱水过程具有典型意义，一方面它包括了脱结晶水可能存在的各种特性：多步脱水；机理可能随实验条件而改变；可形成无定形的中间产物；原始样品和中间产物都可能有非化学比组成。例如，存在着 5.07、5.00、4.88、3.02、2.98、1.01 等不同数目结晶水的化合物。另一方面，$CuSO_4 \cdot 5H_2O$ 又有其特殊性，其脱水可分为三个步骤、四个热效应。

根据无机化学知识，$CuSO_4$ 是一种含有五个结晶水的盐类化合物，化学式为 $CuSO_4 \cdot 5H_2O$。其中，$CuSO_4$ 代表无水硫酸铜，$5H_2O$ 代表结晶水。当 $CuSO_4 \cdot 5H_2O$ 受热时，结晶水会逐步失去，直到完全脱水为止。这个过程会伴随着一个明显的差热峰，因为水的脱除是一个吸热过程，需要消耗热量。差热峰的面积可以提供一些有关 $CuSO_4 \cdot 5H_2O$ 中结晶

水与 $CuSO_4$ 的结合形式的信息。如果结晶水与 $CuSO_4$ 是以离子键的形式结合在一起的，那么它们的结合是非常牢固的，需要消耗大量的能量才能使它们分离，因此，在加热过程中，失去结晶水的吸热峰应该非常尖锐，对应着一个非常高的峰值。相反，如果结晶水和 $CuSO_4$ 是以氢键或范德瓦尔斯力的形式结合在一起的，那么它们的结合会比较松散，在加热过程中，失去结晶水的吸热峰应该比较平坦，对应着一个较低的峰值。

$CuSO_4 \cdot 5H_2O$ 中结晶水与 $CuSO_4$ 的结合形式是一种混合型的结合方式，水分子通过氢键与 Cu^{2+} 结合在一起，同时 SO_4^{2-} 和水分子也通过氢键相互结合。这种结合方式被称为水合键，对应着一个较低的差热峰。这种结合方式使得 $CuSO_4 \cdot 5H_2O$ 的结晶水相对较容易失去，同时也使得结晶水和 $CuSO_4$ 之间的相互作用相对较弱，从而影响了 $CuSO_4 \cdot 5H_2O$ 的物理和化学性质。

十、参考文献

[1] 齐之错，李鹏，房俊卓．热分析法研究 $CuSO_4 \cdot 5H_2O$ 结构［J］．宁夏大学学报（自然科学版），2019，40（03）：277-280.

[2] Zheng S，Xu Z，Ye L，et al. Effect of urea additives on $CuSO_4 \cdot 5H_2O$ crystal habit：An experimental and theoretical study［J］. Cryst Eng Comm. 2020，22（12）：2132-2137.

[3] 张靖阳，蔡东龙，刘豫健，等．五水硫酸铜宏观晶面数及水合硫酸铜微观结构［J］．大学化学，2018，33（12）：56-61.

[4] 张秀华，等．物理化学实验［M］．哈尔滨：哈尔滨工业大学出版社，2015：118.

实验 17 聚对苯二甲酸乙二醇酯差动分析

一、实验目的

1. 掌握差动分析法（DSC）的基本原理和使用方法。
2. 了解差动分析法（DSC）的应用范围。
3. 测定聚对苯二甲酸乙二醇酯（PET）的熔融温度（T_m）。

二、实验原理

差动分析法（DSC）也叫作差示扫描量热法（differential scanning calorimetry），它是在程序控制温度条件下，测量输入给样品与参比物的功率差与温度关系的一种热分析方法。DSC 按照测量方式主要分为常规 DSC、温度调制 DSC、高温 DSC、高压 DSC、紫外固化 DSC 和闪速 DSC 等。而根据加热方法和测量原理主要分为热流式差示扫描量热法和功率补偿式差示扫描量热法两类。

当物质的物理性质发生变化（例如结晶、熔融或晶型转变等），或者发生化学变化时，往往伴随着热力学性质如热焓、比热、热导率的变化，DSC 就是通过测定其热力学性质的变化来表征物理或化学变化过程的。实验过程中记录的信息是保持样品和参比物的温度相同时两者的热量之差，因此 DSC 得到的曲线横轴为温度（或时间），纵轴为热量差。而典型的 DSC 曲线就是以时间（t）或温度（T）为横坐标，热流率（dH/dt）为纵坐标，即曲线离开基线的位移就代表样品吸热或放热的速率（$J \cdot s^{-1}$），而曲线中峰或谷包围的面积代表热量的变化，见图 2-73。因此 DSC 可以直接测定聚合物的相转变、玻璃化转变温度（T_g）、结晶温度（T_c）、熔融温度（T_m）、结晶度（X_D）动力学参数。

差动分析仪可用做反应或相变化等的定性和定量的实验，其主要用于测定物质在热反应

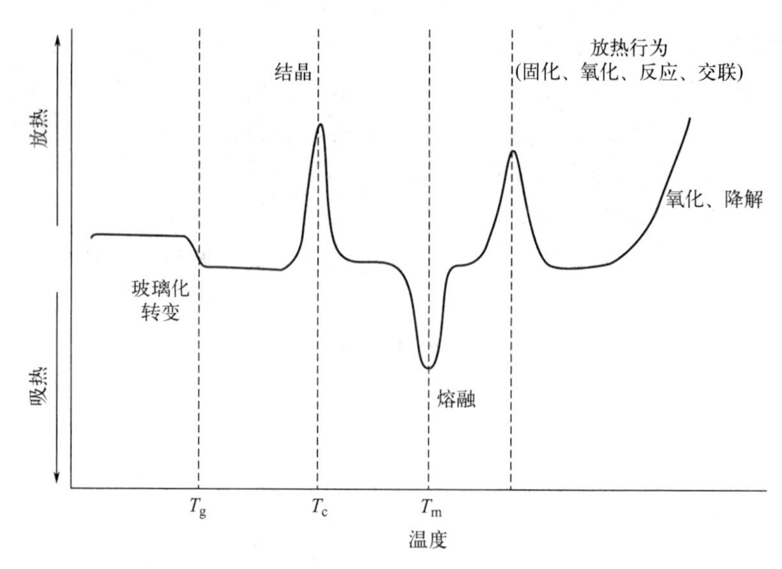

图 2-73 DSC 曲线

时的特征温度及吸热或放出的热量，包括物质相变、分解、化合、凝固、脱水、蒸发等物理或化学反应，广泛应用于陶瓷、矿物金属、航天耐温材料等领域，是无机、有机特别是高分子聚合物、玻璃钢等方面热分析的重要仪器。

三、仪器与试剂

1. 主要仪器：STA449F3 室温差示扫描量热仪，AL204 电子分析天平，氧化铝坩埚，镊子，剪刀。

2. 主要材料：试样为矿泉水瓶身，其主要组成成分为聚对苯二甲酸乙二醇酯（PET）。

3. 主要试剂：三氧化二铝（Al_2O_3，AR）。

四、实验步骤

1. 预热

（1）连接安装好仪器、电源后，打开氮气阀门（逆时针开，顺时针关）。

（2）打开所有仪器电源开关。

（3）打开电脑上的测试软件，预热 30 min。

2. 称取待测样品

（1）将材质为 PET 的矿泉水瓶身剪成细小的块状。

（2）准确称取样品（5～10 mg）、参比物 Al_2O_3（10～15 mg）以及坩埚质量并记录下来，将样品放入坩埚后压紧待测；取空白坩埚，准确称取质量并记录。

3. 程序设定测试

点击“新建文件”，后点击“确定”，设置以下参数。

（1）测量类型：选择“样品”，输入相应的样品编号、样品质量、坩埚质量，完成后点击下一步。

（2）设置条件：将吹扫气 2、保护气选项勾选上。

（3）设置程序：步骤分类选“初始等待”，填写等待温度，点击增加；

步骤分类选“动态”，填写升温速率，其他默认，点击增加；

步骤分类选“终示温度”，填写温度、升温速率，最长等待时间默认，点击增加；

步骤分类选“衡温”，一般为“2 min-00：02”，点击增加；

步骤分类选择“结束”，点击增加，设置完成后点击下一步。

（4）温度校正：点“将使用”，选择5.000（升温速率），后面三个校正选项直接选择条件，点击下一步。

（5）命名：填写名称，之后点击保存，选择保存位置。

（6）设置好条件参数后，将样品坩埚和空白坩埚分别放入相应位置，查看界面的温度是否达到测试初温。若未达到，点击“开始等待到”，若已经达到，则可以开始测量。

（7）关机，待界面温度降为20～30 ℃后，退出桌面软件，关闭仪器电源开关，关闭氮气阀门。

五、注意事项

1. 样品须用万分之一精密度的电子天平称重，重量要求一般小于10 mg，体积一般不超过坩埚容积的1/2。在准备样品时，必须考虑到可能的反应和样品的密度。样品和坩埚之间的良好接触是获得最佳实验结果的必须条件。

2. 对于参比物的选择，其必须具有热惰性，热容量、热导率要与样品匹配。一般为Al_2O_3，样品较少时可以放一空坩埚。

3. 将装有参比物的坩埚放置于样品支架的右侧，而装有样品的坩埚放置于样品支架的左侧，切记勿放错位置。

4. 差动分析仪的升温与降温速率范围一般在5～20 ℃·min^{-1}，通常设置为10 ℃·min^{-1}。

六、数据记录与处理

1. 数据记录

（1）打开文件中的谱图，点击设置，选择“X温度”；

（2）点击“平滑”，选择平滑程度，点击“确定”；

（3）点击谱图上的谱线，右键选择“自动分析”，选择“聚合物”，即可得到相应检测数据。

2. 数据处理

对DSC曲线进行讨论，理解各个分析数据，说明每一步热效应产生的原因，在DSC曲线上标出PET对应的各个热转变含义。

七、思考与讨论

1. 实验中参比物Al_2O_3起到什么作用？

2. 差动分析仪如何测试聚对苯二甲酸乙二醇酯（PET）的玻璃化转变温度（T_g）？

3. 试解释升温速率对聚对苯二甲酸乙二醇酯（PET）差热谱图中峰温的影响。

八、补充与提示

1. PET的玻璃化转变温度在165 ℃左右，材料结晶温度范围是120～220 ℃。非填充类型PET熔融温度范围为265～280 ℃，玻璃填充类型PET熔融温度范围为275～290 ℃。由于PET是结晶性高聚物，故其玻璃化转变温度很难观察到，一般为了得到玻璃化转变温度，要采用无定形态的样品，需要将样品熔化后淬火。

2. 差动分析仪使用的氛围气体一般为惰性气体，如N_2、Ar、He等，为了防止加热时样品的氧化和减少挥发物对仪器的腐蚀。

九、知识拓展

Watson 和 O'Neill 等于 1964 年在差热分析（DTA）技术的基础上发明了差示扫描量热法（DSC），珀金埃尔默公司率先研制出 DSC-1 型热分析仪。从 20 世纪 60 年代以来，DSC 就已经成为高分子材料研究领域尤其是高分子结晶学研究领域常用的实验研究手段。但传统 DSC 的扫描速率比较小，阻碍了其在高分子结晶学领域研究的深入发展。随着科学技术的进步，在 20 世纪 90 年代在 DSC 技术基础上发展起来的闪速差示扫描量热法（fast-scan chip-calorimetry，FSC），是基于芯片量热技术和微制造技术而发明的超快速差示扫描量热技术，它可达到 106 $K \cdot s^{-1}$ 的扫描速率，具有较高的灵敏度，进一步将 DSC 的表征时间和温度窗口拓展到了发生较快速热转变的区间，增强了其表征和研究各种热转变动力学的能力，实现了对从热力学领域的静态热量传递到动力学过程的热量流动速率的一系列表征，有力地推动了高分子基础理论以及加工应用研究的发展。同时，DSC 与其他实验表征手段，如 X 射线衍射、流变仪、拉曼光谱、偏光显微镜等联用，可以获得在物质的性质发生变化的过程中样品的形貌结构以及机械性能等的变化信息，实现对高分子相转变过程中热力学和动力学现象的多角度深入研究。

十、参考文献

[1] Jandali M Z，Widmann G. 热塑性聚合物 [M]. 上海：东华大学出版社，2008.

[2] 肖珍芳，李浩锋，罗建明，等．差式扫描量热仪的原理与应用 [J]. 中国石油和化工标准与质量，2018，38（19）：131-132.

[3] Wagner M. 热分析应用基础 [M]. 陆立明译．上海：东华大学出版社，2011.

[4] 天津大学化学系高分子化学教研室．高分子物理 [M]. 北京：化学工业出版社，1979：218-222.

[5] 复旦大学化学系高分子教研组．高分子实验技术 [M]. 上海：复旦大学出版社，1983：137-140.

[6] 邹丁艳，徐铮，吴旭晴，等．差示扫描量热法（DSC）在聚合物研究中的应用 [J]. 浙江化工，2020，(12)：46-48.

第二节 电化学

实验 18 原电池电动势的测定与应用

一、实验目的

1. 测定 Cu-Zn 电池的电动势和 Cu、Zn 电极的电极电势。
2. 学会一些电极的制备和处理方法。
3. 掌握 SDC-Ⅲ数字电位差计的测量原理和正确使用方法。

二、实验原理

原电池由正、负两极组成。电池在放电过程中，正极发生还原反应，负极发生氧化反应。电池内部还可以发生其他反应。电池反应是电池中所有反应的总和。

电池除可用来作电源外，还可用它来研究构成此电池的化学反应的热力学性质。由化学热力学可知，在恒温、恒压、可逆条件下，电池反应有以下关系：

$$\Delta G = -nFE \tag{2-65}$$

式中，ΔG 是电池反应的吉布斯自由能变化值；n 为电极反应中得失电子的数目；F 为法拉第常数，其数值为 96500 $C \cdot mol^{-1}$；E 为电池的电动势。因此，测出该电池的电动势 E 后，进而又可求出其他热力学函数。但必须注意，测定电池电动势时，首先要求电池反应本身是可逆的，可逆电池应满足如下条件：

① 电池反应可逆，即电池电极反应可逆；

② 电池中不允许存在任何不可逆的液接界；

③ 电池必须在可逆的情况下工作，即充放电过程必须在平衡态下进行，即允许通过电池的电流为无限小。

因此在制备可逆电池、测定可逆电池的电动势时应符合上述条件，在精确度不高的测量中，常用正负离子迁移数比较接近的盐类构成盐桥来消除液接电位。

在进行电池电动势测量时，为了使电池反应在接近热力学可逆条件下进行，采用电位差计测量。原电池的电动势是两个电极的电极电势之差，如能测定两个电极的电极电势，就可计算得到由它们组成的电池的电动势。由式(2-65) 可推导出电池的电动势以及电极电势的表达式。下面以铜-锌电池为例进行分析，电池表达式为

$$Zn(s)|ZnSO_4(m_1) \| CuSO_4(m_2)|Cu(s)$$

符号“|”代表固相（Zn 或 Cu）和液相（$ZnSO_4$ 或 $CuSO_4$）两相界面；“‖”代表连通两个液相的“盐桥”；m_1 和 m_2 分别为 $ZnSO_4$ 和 $CuSO_4$ 的质量摩尔浓度。

当电池放电时，负极发生氧化反应：

$$Zn(s) \rightleftharpoons Zn^{2+}(a_{Zn^{2+}}) + 2e^-$$

正极发生还原反应：

$$Cu^{2+}(a_{Cu^{2+}}) + 2e^- \rightleftharpoons Cu(s)$$

电池总反应为：

$$Zn(s) + Cu^{2+}(a_{Cu^{2+}}) \rightleftharpoons Zn^{2+}(a_{Zn^{2+}}) + Cu(s)$$

电池反应的吉布斯自由能变化值为：

$$\Delta G = \Delta G^{\ominus} - RT\ln\frac{a_{Zn^{2+}}}{a_{Cu^{2+}}} \tag{2-66}$$

式中，$\Delta G^{\ominus}$为标准态时吉布斯自由能的变化值；a 为物质的活度，纯固体物质的活度等于 1，即$a_{Cu} = a_{Zn}$，而在标准态时，$a_{Cu^{2+}} = a_{Zn^{2+}} = 1$，则有

$$\Delta G = \Delta G^{\ominus} = -nFE^{\ominus} \tag{2-67}$$

式中，$E^{\ominus}$为电池的标准电动势。由式(2-65)～式(2-67) 可得：

$$E = E^{\ominus} - \frac{RT}{nF}\ln\frac{a_{Zn^{2+}}}{a_{Cu^{2+}}} \tag{2-68}$$

对于任一电池，其电动势等于两个电极电势之差值，其计算式为

$$E = \varphi_+ - \varphi_- \tag{2-69}$$

对铜-锌电池而言，

$$\varphi_+ = \varphi^{\ominus}_{Cu^{2+},Cu} - \frac{RT}{2F}\ln\frac{1}{a_{Cu^{2+}}} \tag{2-70}$$

$$\varphi_- = \varphi^{\ominus}_{Zn^{2+},Zn} - \frac{RT}{2F}\ln\frac{1}{a_{Zn^{2+}}} \tag{2-71}$$

式中，$\varphi^{\ominus}_{Cu^{2+},Cu}$ 和$\varphi^{\ominus}_{Zn^{2+},Zn}$ 分别为当$a_{Cu^{2+}} = a_{Zn^{2+}} = 1$ 时铜电极和锌电极的标准电极

电势。

对于单个离子，其活度是无法测定的，但强电解质的活度与物质的平均质量摩尔浓度和平均活度系数之间有以下关系：

$$a_{Zn^{2+}} = \gamma_{\pm} m_1 \quad (2\text{-}72)$$

$$a_{Cu^{2+}} = \gamma_{\pm} m_2 \quad (2\text{-}73)$$

式中，$\gamma_{\pm}$是离子的平均离子活度系数，其数值大小与物质浓度、离子的种类、实验温度等因素有关。

在电化学中，电极电势的绝对值至今无法测定，在实际测量中是以某一电极的电极电势作为零标准，然后将其他的电极（被研究电极）与它组成电池，测量其间的电动势，则该电动势即为被测电极的电极电势。通常将氢电极在氢气压力为 101325 Pa、溶液中氢离子活度为 1 时的电极电势规定为 0 V，即$\varphi^{\ominus}_{H^+,H_2}$ 称为标准氢电极，然后与其他被测电极进行比较。

由于氢电极使用不方便，可用另外一些易制备、电极电势稳定的电极作为参比电极。常用的参比电极有甘汞电极。

以上所讨论的电池是在电池总反应中发生了化学变化，因而被称为化学电池。还有一类电池称为浓差电池，这种电池在净作用过程中，仅仅是一种物质从高浓度（或高压力）状态向低浓度（或低压力）状态转移，从而产生电动势，而这种电池的标准电动势$E^{\ominus}$等于 0 V。例如电池 $Cu(s)|Cu(0.01000\ mol \cdot dm^{-3})||Cu(0.1000\ mol \cdot dm^{-3})|Cu(s)$就是浓差电池的一种。

电池电动势的测定工作必须在电池处于可逆条件下进行。必须指出，电极电势的大小，不仅与电极的种类、溶液浓度有关，而且还与温度有关。本实验是在实验温度下测得的电极电势φ_T，由式(2-70) 和式(2-71) 可计算$\varphi^{\ominus}_T$。为了方便起见，可采用下式求出 298 K 时的标准电极电势$\varphi^{\ominus}_{298\ K}$：

$$\varphi^{\ominus}_T = \varphi^{\ominus}_{298\ K} + \alpha(T - 298\ K) + \frac{1}{2}\beta(T - 298\ K)^2$$

式中，α、β 为电极电势的温度系数。对于 Cu-Zn 电池来说，铜电极：

(Cu^{2+}, Cu)，$\alpha = -0.016 \times 10^{-3}\ V \cdot K^{-1}$，$\beta = 0$。

锌电极：

$[Zn^{2+}, Zn(Hg)]$，$\alpha = -0.100 \times 10^{-3}\ V \cdot K^{-1}$，$\beta = 0.62 \times 10^{-6}\ V \cdot K^{-1}$。

三、仪器与试剂

1. 主要仪器：SDC-Ⅲ电位差计 1 台，电镀装置 1 套，标准电池 1 个，饱和甘汞电极 1 支，电极管 2 支，电极架 2 个，氧弹量热计 1 台，SWC-Ⅱ$_D$ 数字温度温差仪 1 台，压片机 1 台。

2. 主要试剂：镀铜溶液，饱和硝酸亚汞（控制使用），硫酸锌（AR），铜电极，锌电极，硫酸铜（AR），氯化钾（AR），萘（AR）。

四、实验步骤

1. 电极的制备

（1）锌电极：将锌电极在稀硫酸溶液中浸泡片刻，取出洗净，再浸入汞或饱和硝酸亚汞溶液中约 10 s，表面即生成一层光亮的汞齐，用水冲洗晾干后，插入 0.1000 $mol \cdot kg^{-1}$ $ZnSO_4$ 中待用。

（2）铜电极：将铜电极在 6 mol·dm^{-3} 的硝酸溶液中浸泡片刻，取出洗净；再将铜电极置于电镀烧杯中作为阴极，另取一个未经清洁处理的铜棒作为阳极，进行电镀，电流密度控制在 20 mA·cm^{-2} 为宜，其电镀装置如图 2-74 所示；电镀半小时，使铜电极表面附有一层均匀的新鲜铜，用水洗净后插入 0.1000 mol·kg^{-1} $CuSO_4$ 中备用。

2. 电池组合

将饱和 KCl 溶液注入 50 mL 的小烧杯内，制成盐桥，再将制备的锌电极和铜电极置于小烧杯内，即组成 Cu-Zn 电池：

$$Zn(s)|ZnSO_4(0.1000\ mol\cdot kg^{-1})||CuSO_4(0.1000\ mol\cdot kg^{-1})|Cu(s)$$

电池装置如图 2-75 所示。

同法组成下列电池：

$$Cu(s)|CuSO_4(0.01000\ mol\cdot kg^{-1})||CuSO_4(0.1000\ mol\cdot kg^{-1})|Cu(s)$$

$$Zn(s)|ZnSO_4(0.1000\ mol\cdot kg^{-1})||KCl(饱和)|Hg_2Cl_2(s)|Hg(l)$$

$$Hg(l)|Hg_2Cl_2(s)|KCl(饱和)||CuSO_4(0.1000\ mol\cdot kg^{-1})|Cu(s)$$

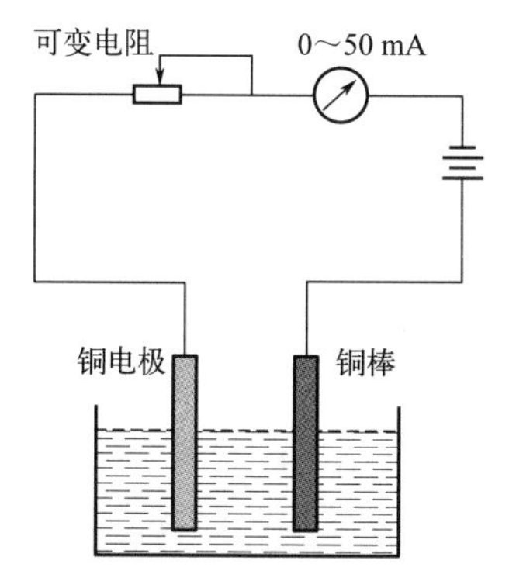

图 2-74 制备铜电极的电镀装置

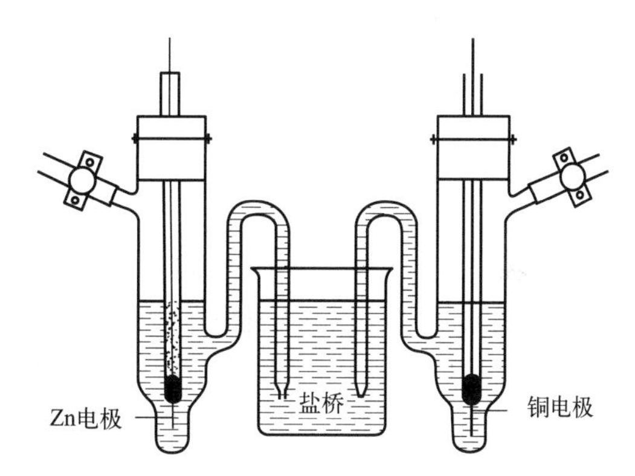

图 2-75 Cu-Zn 电池装置

3. 电动势的测定

（1）按照电位差计电路图，接好电动势测量线路。

（2）根据标准电池的温度系数，计算实验温度下的标准电池电动势，以此对电位差计进行标定。

$$E_t = E_{20} - [40.6(t-20)^2 - 0.01(t-20)^3] \times 10^{-6}$$

（3）分别测定以上电池的电动势。

五、注意事项

1. 制备电极时，切勿将正负极接错，并严格控制电镀电流。

2. 甘汞电极使用时要将电极帽取下，用完后用氯化钾溶液浸泡。

六、数据记录与处理

1. 列出各电池电动势的测量值：

电池①：$Zn(s)|ZnSO_4(0.1000\ mol\cdot kg^{-1})||CuSO_4(0.1000\ mol\cdot kg^{-1})|Cu(s)$

电池②：$Cu(s)|CuSO_4(0.01000\ mol\cdot kg^{-1})||CuSO_4(0.1000\ mol\cdot kg^{-1})|Cu(s)$

电池③：$Zn(s)|ZnSO_4(0.1000\ mol\cdot kg^{-1})||KCl(饱和)|Hg_2Cl_2(s)|Hg(l)$

电池④：$Hg(l)|Hg_2Cl_2(s)|KCl(饱和)||CuSO_4(0.1000\ mol\cdot kg^{-1})|Cu(s)$

2. 根据饱和甘汞电极的电极电势温度校正公式，计算实验温度时饱和甘汞电极的电极电势。

$$\varphi_{饱和甘汞}=0.2415-7.61\times10^{-4}(T-298)$$

3. 根据电池③、电池④的电动势测量值：由公式(2-69) 分别计算铜、锌电极的电极电势φ_T；由公式(2-70) 和公式(2-71) 分别计算铜、锌电极的$\varphi_T^{\ominus}$，注意公式中应使用活度。

4. 根据查表所得$\varphi_{298\ K}^{\ominus}$（理论）值，计算电池①两电极的电极电势$\varphi_T^{\ominus}$（理论）和电池电动势$E_{理论}$，与$E_{测}$比较，算出相对误差。

5. 计算浓差电池②的电动势$E_{理论}$，与测量值比较并算出相对误差。

七、思考与讨论

1. 电位差计、标准电池各有什么作用？如何保护及正确使用？

2. 参比电极应具备什么条件？它有什么作用？

3. 若电池的极性接反了有什么后果？

八、补充与提示

1. SDC-Ⅲ数字电位差计

(1) 特点

① 一体设计：将 UJ 系列电位差计、光电检流计、标准电池等集成一体，体积小，质量轻，便于携带。

② 数字显示：电位差值七位显示，数值直观清晰、准确可靠。

③ 内外基准：既可使用内部基准进行测量，又可外接标准作基准进行测量，使用方便灵活。

④ 误差较小：保留电位差计测量功能，真实体现电位差计对检测误差微小的优势。

⑤ 性能可靠：电路采用对称漂移抵消原理，克服了元器件的温漂和时漂，提高测量的准确度。

(2) 使用条件

电源：220 V±22 V；50 Hz。

环境：温度，$-10\sim40$ ℃；湿度，不高于 85%。

(3) 使用方法

① 开机。用电源线将仪表后面板的电源插座与 220 V 电源连接，打开电源开关（ON），预热 15 min。

② 以内标或外标为基准进行测量。将被测电动势按“+”“−”极性与测量端子对应连接好。

采用“内标”校验时，将“测量选择”置于“内标”位置，将 100 位旋置于 1，其余旋钮和补偿旋钮逆时针旋到底，此时“电位指标”显示为“1.00000 V”。待检零指示数值稳定后，按下“采零”键，此时，检零指示应显示为“0000”。

采用“外标”检验时，将外标电池的“+”“−”极性按极性与“外标”端子接好，将“测量选择”置于“外标”位置，调节“$100\sim10^{-4}$”旋钮和补偿电位器，使“电位指示”数值与外标电池数值相同。待“检零指示”数值稳定之后，按下“采零”键，此时，“检零指示”为“0000”。

仪器用“内标”或“外标”，检验完毕后将被测电动势按“+”“−”极性与“测量”端子接好，“测量选择”置于“测量”，补偿电位器逆时针旋到底，调节“$100\sim10^{-4}$”5 个旋钮，使“检零指示”为“—”，且绝对值最小时，再调节补偿电位器，使“检零指示”为“0000”，此时，“电位指示”数值即为被测电池电动势的大小。

③ 关机。首先关闭电源开关（OFF），然后拔下电源线。

2. 参考数据或文献值

各待测电池的电动势测定值见表 2-38。

表 2-38　各待测电池的电动势测定值

被测电池	E_1/V	E_2/V	E_3/V	$E_{平均}$/V
$Zn(s)\vert ZnSO_4(0.1000\ mol\cdot kg^{-1})\vert\vert CuSO_4(0.1000\ mol\cdot kg^{-1})\vert Cu(s)$	1.0908	1.0901	1.0884	1.0898
$Cu(s)\vert CuSO_4(0.01000\ mol\cdot kg^{-1})\vert\vert CuSO_4(0.1000\ mol\cdot kg^{-1})\vert Cu(s)$	0.0184	0.0186	0.0192	0.0187
$Zn(s)\vert ZnSO_4(0.1000\ mol\cdot kg^{-1})\vert\vert KCl(饱和)\vert Hg_2Cl_2(s)\vert Hg(l)$	1.0465	1.0436	1.0426	1.0442
$Hg(l)\vert Hg_2Cl_2(s)\vert KCl(饱和)\vert\vert CuSO_4(0.1000\ mol\cdot kg^{-1})\vert Cu(s)$	0.0422	0.0421	0.0421	0.0421

① 根据饱和甘汞电极的电极电势温度校正公式，计算实验温度（293.25 K）时饱和甘汞电极的电极电势。

在实验温度下，饱和甘汞电极的电极电势为：

$$\varphi_{饱和甘汞}=0.2415-7.61\times10^{-4}(T-298)$$

$$=0.2415-7.61\times10^{-4}(293.25-298)=0.24511(V)$$

② 根据电池③、电池④的电动势测量值：由公式(2-69) 分别计算铜、锌电极的φ_T；由公式(2-70) 和公式(2-71) 分别计算铜、锌电极的$\varphi_T^{\ominus}$，注意公式中应使用活度。

$$\varphi_T[ZnSO_4(0.1000\ mol/kg)]=\varphi_{饱和甘汞}-E(③)=0.24511-1.0442=-0.79909(V)$$

$$\varphi_T[CuSO_4(0.1000mol/kg)]=E(④)+\varphi_{饱和甘汞}=0.0421+0.24511=0.28721(V)$$

③ 根据查表所得$\varphi_{298\ K}^{\ominus}$（理论）值，计算电池①两电极的电极电势$\varphi_T^{\ominus}$（理论）和电池电动势$E_{理论}$，与$E_{测}$比较，算出相对误差。

$$\varphi_+=\varphi_{Cu^{2+},Cu}^{\ominus}-\frac{RT}{2F}\ln\frac{1}{a_{Cu^{2+}}}，则$$

$$\varphi_{T,(Cu^{2+},Cu)}^{\ominus}=\varphi_++\frac{RT}{2F}\ln\frac{1}{a_{Cu^{2+}}}=0.28721+\frac{8.314\times293.25}{2\times96500}\ln\frac{1}{0.016}=0.35096(V)$$

$$\varphi_-=\varphi_{Zn^{2+},Zn}^{\ominus}-\frac{RT}{2F}\ln\frac{1}{a_{Zn^{2+}}}，则$$

$$\varphi_{T,Zn^{2+},Zn}^{\ominus}=\varphi_-+\frac{RT}{2F}\ln\frac{1}{a_{Zn^{2+}}}=(-0.79909)+\frac{8.314\times293.25}{2\times96500}\ln\frac{1}{0.0148}$$

$$=-0.74587(V)$$

$$\varphi_{T,(Cu,理论)}^{\ominus}=\varphi_{298\ K}^{\ominus}+\alpha(T-298\ K)+\frac{1}{2}\beta(T-298\ K)^2$$

$$=0.3417+(-0.016\times10^{-3})\times(293.25-298)+\frac{1}{2}\times0\times(293.25-298)^2$$

$$=0.341776(V)$$

$$\varphi_{T,(Zn,理论)}^{\ominus}=\varphi_{298\ K}^{\ominus}+\alpha(T-298\ K)+\frac{1}{2}\beta(T-298\ K)^2$$

$$=(-0.7620)+(0.100\times10^{-3})\times(293.25-298)+\frac{1}{2}\times0.62\times10^{-6}\times(293.25-298)^2$$

$$=-0.762468(V)$$

$$\varphi_{+,\text{理论}}=\varphi^{\ominus}_{T,(\text{Cu},\text{理论})}-\frac{RT}{2F}\ln\frac{1}{a_{(\text{Cu},\text{理论})}}=0.341776-\frac{8.314\times293.25}{2\times96500}\ln\frac{1}{0.016}$$

$$=0.28954(\text{V})$$

$$\varphi_{-,\text{理论}}=\varphi^{\ominus}_{T,(\text{Zn},\text{理论})}-\frac{RT}{2F}\ln\frac{1}{a_{(\text{Zn},\text{理论})}}=(-0.762468)-\frac{8.314\times293.25}{2\times96500}\ln\frac{1}{0.0148}$$

$$=-0.815691(\text{V})$$

$$E_{\text{理论}}=\varphi_{+,\text{理论}}-\varphi_{-,\text{理论}}=0.28954-(-0.815691)=1.105231(\text{V})$$

$$\text{相对误差}=\frac{E_{\text{理论}}-E_{\text{测}}}{E_{\text{理论}}}\times100\%=\frac{1.105231-1.0898}{1.105231}\times100\%=1.396\%$$

④ 计算浓差电池②的$E_{\text{理论}}$，与测量值比较并算出相对误差。

电池②是浓差电池，所以两电极的标准电极电势相同

$$\varphi^{\ominus}_{T,(\text{Cu},\text{理论})}=\varphi^{\ominus}_{298\text{ K}}+\alpha(T-298\text{ K})+\frac{1}{2}\beta(T-298\text{ K})^2$$

$$=0.3417+(-0.016\times10^{-3})\times(293.25-298)+\frac{1}{2}\times0\times(293.25-298)^2$$

$$=0.341776(\text{V})$$

$$\varphi_{+,\text{理论}}=\varphi^{\ominus}_{T,(\text{Cu},\text{理论})}-\frac{RT}{2F}\ln\frac{1}{a_{(\text{Cu},\text{理论})}}=0.341776-\frac{8.314\times293.25}{2\times96500}\ln\frac{1}{0.041}$$

$$=0.301425(\text{V})$$

$$\varphi_{-,\text{理论}}=\varphi^{\ominus}_{T,(\text{Cu},\text{理论})}-\frac{RT}{2F}\ln\frac{1}{a_{(\text{Cu},\text{理论})}}=0.341776-\frac{8.314\times293.25}{2\times96500}\ln\frac{1}{0.0041}$$

$$=0.272338(\text{V})$$

$$E_{\text{理论}}=\varphi_{+,\text{理论}}-\varphi_{-,\text{理论}}=0.301425-0.272338=0.029087(\text{V})$$

$$\text{相对误差}=\frac{E_{\text{理论}}-E_{\text{测}}}{E_{\text{理论}}}\times100\%=\frac{0.029087-0.0187}{0.029087}\times100\%=35.710\%$$

九、知识拓展

原电池是由意大利化学家亚历山大·沃尔塔（Alessandro Volta）于1800年发明的。他在实验中使用了由银和锌片组成的电极，并将它们交替排列，以此制造了一种能够产生电力的装置。这是世界上第一次制造出能够产生电流的电池。原电池的发明标志着电学研究的一个新时代的开始。早期电池存在一些缺陷，如电池的寿命短，能量输出不稳定等。在进行了大量的研究后，许多科学家对原电池进行了改进，这些问题都得以解决。

1836年，英国化学家约翰·弗雷德里克·丹尼尔（John Frederick Daniell）发明了一种基于原电池的新电池，称为丹尼尔电池（Daniell cell），实现了稳定的能量输出。后来，法国化学家让-巴蒂斯特·德拉姆（Jean-Baptiste Donastien de Visme）在丹尼尔电池的基础上，又发明了一种新的电池，称为德拉姆电池（Grove cell），能够输出更大的电能。通过对原电池的改进，科学家们不断地发明出新的电池类型，这些新的电池类型极大地改变了人们的生活和工作方式。电池被广泛应用于各种设备，如手表、电话、无线电、移动电话等。

总之，原电池的发明使人类迈入了一个新的能源时代，它是电学研究的里程碑。现在人们使用的所有电子设备，无论是大或小，都是建立在原电池的发明基础上的。

十、参考文献

[1] 何广平，南俊民，孙艳辉，等．物理化学实验［M］．北京：化学工业出版社，2007.

[2]　傅献彩，侯文华．物理化学（下）[M]．6版．北京：高等教育出版社，2022.

实验 19　电势-pH 值曲线的测定

一、实验目的

1. 了解电势-pH 值曲线图的意义及应用。
2. 掌握电极电势、电池电动势及 pH 值的测量原理和方法。
3. 测定 Fe^{3+}/Fe^{2+}-EDTA 体系在不同 pH 值下的电极电势，并绘制电势-pH 值曲线。

二、实验原理

在进行氧化还原体系之间的反应研究时，经常会用到标准电极电势的概念。许多氧化还原反应的发生不仅与溶液的浓度和离子强度有关，还与溶液 pH 值有关。在一定浓度的溶液中，改变溶液的 pH 值，同时测定电极电势和溶液的 pH 值，然后以电极电势（φ）对 pH 值作图，就可以得到等温、等浓度的电势-pH 值曲线。根据能斯特（Nernst）公式，溶液的平衡电极电势与溶液的浓度关系为：

$$\varphi=\varphi^{\ominus}+\frac{2.303RT}{nF}\lg\frac{a_{\mathrm{ox}}}{a_{\mathrm{red}}}=\varphi^{\ominus}+\frac{2.303RT}{nF}\lg\frac{c_{\mathrm{ox}}}{c_{\mathrm{red}}}+\frac{2.303RT}{nF}\lg\frac{\gamma_{\mathrm{ox}}}{\gamma_{\mathrm{red}}} \tag{2-74}$$

式中，a_{ox}、c_{ox} 和 γ_{ox} 分别为氧化态的活度、浓度和活度系数；a_{red}、c_{red} 和 γ_{red} 分别为还原态的活度、浓度和活度系数。在恒温及溶液离子强度保持定值时，式中的末项 $\frac{2.303RT}{nF}\lg\frac{\gamma_{\mathrm{ox}}}{\gamma_{\mathrm{red}}}$ 亦为常数，用 b 表示，则：

$$\varphi=(\varphi^{\ominus}+b)+\frac{2.303RT}{nF}\lg\frac{c_{\mathrm{ox}}}{c_{\mathrm{red}}} \tag{2-75}$$

所以，在一定温度下，体系的电极电势与溶液中氧化态和还原态浓度比值的对数呈线性关系。

在 Fe^{3+}/Fe^{2+}-EDTA 络合体系中，不同 pH 值下，其络合产物不同，电极反应不同，电极电势也不同。以 Y^{4-} 代表 EDTA 酸根离子 $[(CH_2)_2N_2(CH_2COO)_4]^{4-}$，体系的基本电极反应为 $FeY^{-}+e^{-}=FeY^{2-}$，其电极电势为：

$$\varphi=(\varphi^{\ominus}+b)+\frac{2.303RT}{F}\lg\frac{c_{\mathrm{FeY^{-}}}}{c_{\mathrm{FeY^{2-}}}} \tag{2-76}$$

由于 FeY^{-} 和 FeY^{2-} 这两个络合物都很稳定，其 $\lg K$ 分别为 25.1 和 14.32，因此，在 EDTA 过量情况下，所生成的络合物的浓度就近似地等于配制溶液时的铁离子浓度，即：

$$c_{\mathrm{FeY^{-}}}=c^{\ominus}_{\mathrm{Fe^{3+}}}\qquad c_{\mathrm{FeY^{2-}}}=c^{\ominus}_{\mathrm{Fe^{2+}}}$$

其中，$c^{\ominus}_{\mathrm{Fe^{3+}}}$ 和 $c^{\ominus}_{\mathrm{Fe^{2+}}}$ 分别代表 Fe^{3+} 和 Fe^{2+} 的配制浓度。所以式(2-76) 变成：

$$\varphi=(\varphi^{\ominus}+b)+\frac{2.303RT}{F}\lg\frac{c^{\ominus}_{\mathrm{Fe^{3+}}}}{c^{\ominus}_{\mathrm{Fe^{2+}}}} \tag{2-77}$$

由式(2-77) 可知，Fe^{3+}/Fe^{2+}-EDTA 络合体系的电极电势随溶液中的 $c^{\ominus}_{\mathrm{Fe^{3+}}}/c^{\ominus}_{\mathrm{Fe^{2+}}}$ 比值变化，而与溶液的 pH 值无关。对具有一定的 $c^{\ominus}_{\mathrm{Fe^{3+}}}/c^{\ominus}_{\mathrm{Fe^{2+}}}$ 比值的溶液而言，其电势-pH 值曲线应表现为水平线，如图 2-76 中的 bc 段所示。但 Fe^{3+} 和 Fe^{2+} 除了能与 EDTA 在一定 pH

值范围内生成 FeY^- 和 FeY^{2-} 外，在低 pH 值时，Fe^{2+} 还能与 EDTA 生成 $FeHY^-$ 型的含氢络合物；在高 pH 值时，Fe^{3+} 则能与 EDTA 生成 $Fe(OH)Y^{2-}$ 型的羟基络合物。在低 pH 值时，基本电极反应为 $FeY^- + H^+ + e^- \longrightarrow FeHY^-$，则：

$$\varphi = (\varphi^{\ominus} + b') + \frac{2.303RT}{F}\lg\frac{c_{FeY^-}}{c_{FeHY^-}} - \frac{2.303RT}{F}pH$$

$$\varphi = (\varphi^{\ominus} + b') + \frac{2.303RT}{F}\lg\frac{c^{\ominus}_{Fe^{3+}}}{c^{\ominus}_{Fe^{2+}}} - \frac{2.303RT}{F}pH \tag{2-78}$$

同样，在较高 pH 值时的基本电极反应为，$Fe(OH)Y^{2-} + e^- \longrightarrow FeY^{2-} + OH^-$，则：

$$\varphi = (\varphi^{\ominus} + b'' - \frac{2.303RT}{F}\lg K_w) + \frac{2.303RT}{F}\lg\frac{c_{Fe(OH)Y^{2-}}}{c_{FeY^{2-}}} - \frac{2.03RT}{F}pH$$

$$\varphi = (\varphi^{\ominus} + b'' - \frac{2.303RT}{F}\lg K_w) + \frac{2.303RT}{F}\lg\frac{c^{\ominus}_{Fe^{3+}}}{c^{\ominus}_{Fe^{2+}}} - \frac{2.303RT}{F}pH \tag{2-79}$$

式中，K_w 为水的离子积。由式(2-78) 及式(2-79) 可知，在低 pH 值和高 pH 值时，Fe^{3+}/Fe^{2+}-EDTA 络合体系的电极电势不仅与 $c^{\ominus}_{Fe^{3+}}/c^{\ominus}_{Fe^{2+}}$ 的比值有关，也和溶液的 pH 值有关。在 $c^{\ominus}_{Fe^{3+}}/c^{\ominus}_{Fe^{2+}}$ 比值不变时，其电势-pH 值为线性关系，如图 2-76 中的 *ab*、*cd* 段。只要将 Fe^{3+}/Fe^{2+}-EDTA 络合体系和惰性电极相连，与参比电极组成电池，就可以测得体系的电极电势，同时用酸度计测出相应条件下的 pH 值，就可以方便准确地绘制出该体系的电势-pH 值曲线图。

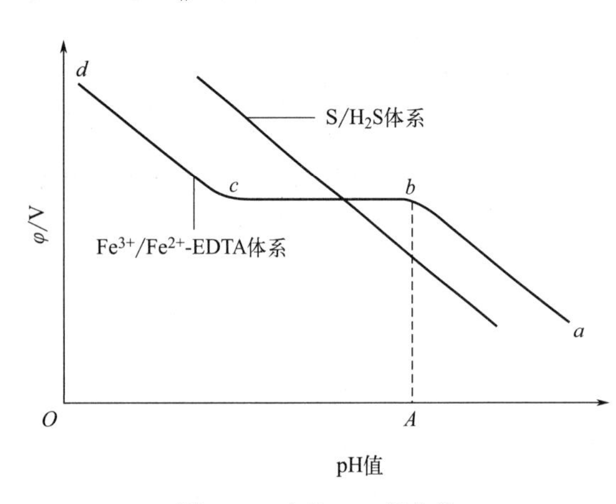

图 2-76 电势-pH 值曲线

三、仪器与试剂

1. 主要仪器：pHS-25 型酸度计，PZ91 型面板式直流数字电压表，79HW-1 恒温磁力搅拌器，HK-2A 超级恒温水浴锅，铂片电极（或铂丝电极），饱和甘汞电极，复合电极，滴瓶 25 mL，碱式滴定管 50 mL，量筒 100 mL。

2. 主要试剂：乙二胺四乙酸（EDTA，AR），六水三氯化铁（$FeCl_3 \cdot 6H_2O$，AR），氯化亚铁四水合物（$FeCl_2 \cdot 4H_2O$，AR）或硫酸亚铁铵六水合物 [$Fe(NH_4)_2 \cdot (SO_4)_2 \cdot 6H_2O$，AR]，HCl 溶液（4 $mol \cdot L^{-1}$），NaOH 溶液（1.5 $mol \cdot L^{-1}$）。

四、实验步骤

1. 安装仪器装置

电势-pH 值测定仪器装置如图 2-77 所示，用两点法（pH＝4.00 和 pH＝6.86 的标准缓冲溶液）对酸度计进行校正。将复合电极、饱和甘汞电极和铂电极分别插入反应器三个孔内，反应器的夹套与恒温槽的循环水相连。体系的 pH 值直接从酸度计上读数，体系的电势值从数字电压表中读取。

2. 配制溶液

用台秤称取 7 g EDTA，放入小烧杯中，加 40 mL 蒸馏水，加热溶解，溶解后让 EDTA

溶液冷至 35～45 ℃，转移到反应器中。迅速称取 1.72 g $FeCl_3 \cdot 6H_2O$ 和 2.33 g 硫酸亚铁铵，立即转移到反应器中。打开搅拌器的电源，调节合适的搅拌速度，注意搅拌子不要碰到电极。

3. 电势和 pH 值的测定

调节超级恒温水浴锅水温为 25 ℃，并将恒温水通入反应器的恒温夹套中，用碱式滴定管缓慢滴加 1.5 $mol \cdot L^{-1}$ NaOH 直至溶液 pH=8 左右，此时溶液为褐红色［加碱时要防止局部生成 $Fe(OH)_3$ 而产生沉淀］。测定此时溶液的 pH 值和电势（φ）值。用小滴瓶，从反应器的一个小孔滴入 2～3 滴 4 $mol \cdot L^{-1}$ HCl，待搅拌半分钟后，重新测定体系的 pH 值及 φ 值。如此，每滴加一次 HCl 后（其滴加量以引起 pH 值改变 0.2 左右为限），测一个 pH 值和 φ 值，得出该溶液的一系列电极电势和 pH 值，直至溶液变浑浊（pH 值等于 2.3 左右）为止。

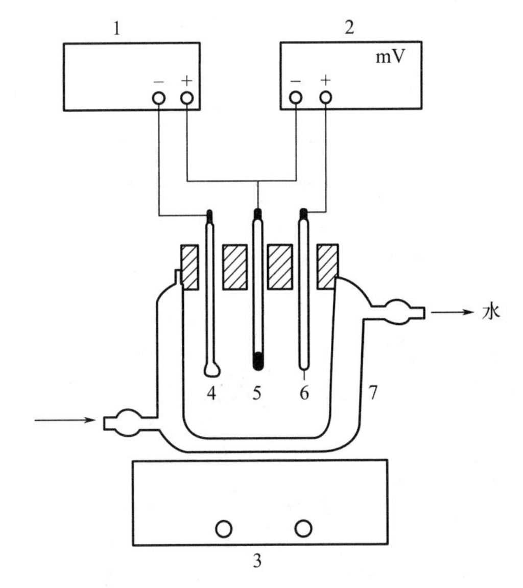

图 2-77　电势-pH 值测定装置图

1—酸度计；2—数字电压表；3—电磁搅拌器；4—复合电极；5—饱和甘汞电极；6—铂电极；7—反应器

五、注意事项

1. 电极在实验之前要浸泡，用完一定要清洗干净。

2. 搅拌子不要碰到电极。

3. 滴加盐酸时不要加太多，以 pH 值改变 0.2 为限。

4. 溶液浑浊后即可停止滴加盐酸，不一定是 pH 值达到 2.3。

5. 加氢氧化钠溶液时要缓慢，以防止局部生成沉淀。

六、数据记录与处理

1. 将原始实验数据记录在表 2-39 中。

表 2-39　Fe^{3+}/Fe^{2+}-EDTA 络合体系的电势-pH 值数据

测量次数	pH 值	φ/mV	测量次数	pH 值	φ/mV
1					
2					
3					
4					
5					
6					
7					
8					
9					
10					
11					
12					
…					

2. 根据表 2-39 中的数据准确绘制体系的电势-pH 值曲线图。

七、思考与讨论

1. 写出 Fe^{3+}/Fe^{2+}-EDTA 络合体系在电势平台区、低 pH 值和高 pH 值时，体系的基本电极反应及其所对应的 Nernst 方程的具体形式，并指出每项的物理意义。

2. 复合电极有何优缺点？其使用注意事项是什么？

3. 用酸度计和电位差计测 pH 值电动势的原理各是什么？它们的测量精确度各是多少？

八、补充与提示

1. 仪器名称、厂商、型号

（1）实验用仪器：实验室基础型酸度计。

（2）厂商：上海雷磁仪器有限公司。

（3）型号：pHS-25（见图 2-78）。

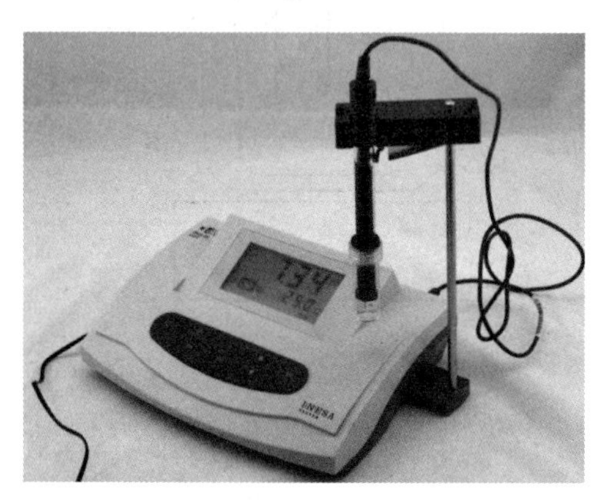

图 2-78　pHS-25 型酸度计

2. 仪器设备的校正

（1）仪器插上电极，选择开关置于 pH 档，定位调节器、斜率调节器都置于中间位置，温度调节器转至相应的校正溶液温度。

（2）电极用蒸馏水洗净甩干后，放入第一种缓冲溶液（pH＝6.86）中，搅拌使其充分接触，待读数稳定后，调节定位调节器使该读数为该缓冲溶液相应温度下的 pH 值。

（3）电极用蒸馏水洗净甩干后，放入第二种缓冲溶液（pH＝4.00 或 pH＝9.18）中，搅拌使其充分接触，待读数稳定后，调节斜率调节器使该读数为该缓冲溶液相应温度下的 pH 值。

经校正的仪器，各调节器不应再有变动，否则必须重新校正。常规使用时，每天校正一次已能达到使用要求。

3. pH 值的测定

经校正的仪器，即可用来测量被测溶液。

（1）被测溶液和用作校正的标准溶液温度相同时，直接将电极插入被测溶液，搅拌使其充分接触，待读数稳定后，读取该溶液 pH 值。

（2）被测溶液和用作校正的标准溶液温度不相同时，先用温度计测出被测溶液的温度值，调节温度调节器置于该温度值上；然后再将电极插入被测溶液，搅拌使其充分接触，待读数稳定后，读取该溶液 pH 值。

九、知识扩展

有 H^+ 或者 OH^- 参加的电化学反应，物质的电极电势与溶液的 pH 值存在一定的函数关系，把该类物质反应的电极电势相对于溶液的 pH 值作图，就可得到该反应体系的电势-pH 值图（或者称为 Pourbaix 图）。该图在 20 世纪首先由 Pourbaix M 等研究金属腐蚀问题时提出，之后一些学者又对其进行了完善，建立了 90 多个元素体系在室温下的电势-pH 值图，并且逐渐地在电化学、无机化学、分析化学、地质和冶金学等方面得到广泛的应用。利用体系的电势-pH 值图，可以推断出在一定条件下体系反应进行的可能性、生成物的稳定性、反应限度和某种组分的优势区域，也可以对生产工艺进行理论解析、改善和优化。随着电势-pH 值图的推广和广泛应用，目前已经在 20 多个学科领域采用测定物质体系的电势-

pH 值图来指导相关的研究工作。

十、参考文献

[1] 朱文涛．物理化学（上、下册）[M]．北京：清华大学出版社，1995.
[2] 华南平，王苹．大学化学实验电势-pH 曲线测定探讨 [J]．大学化学，2007（01）：54-58.
[3] Pourbaix M. Corrosion，Passivite & Passivation du Fer. LeR le dupH et du Potentiel [N]. Thesis，CEBELCOR Publication F 21，Bruxelles，1945.
[4] 李淑妮，崔斌，唐宗薰．电势-pH 图及其应用 [J]．宝鸡文理学院学报（自然科学版），2001（02）：120-124.

实验 20　低碳钢在醋酸溶液中的 Tafel 极化曲线的测定

一、实验目的

1. 掌握动电位扫描法测定低碳钢在醋酸溶液中的极化曲线的原理和方法。
2. 了解塔菲尔（Tafel）极化曲线的意义和应用。
3. 熟悉电化学工作站测试仪的操作规程。

二、实验原理

金属表面由于物理状态不均一、表面膜不完整、局部环境不同等，当金属与电解质溶液接触时，表面存在隔离的阴极和阳极，有微小的电流存在于两极之间，形成腐蚀电池。为了研究金属在酸性溶液中的腐蚀机理，需探索电极过程机理及影响电极过程的各种因素。

电极过程的研究方法有稳态法和暂态法两类。稳态体系指被研究体系的极化电流、电极电势、电极表面状态等基本上不随时间而改变。达到稳态之前的状态称为暂态，即电极及其周围液层双电层充电、溶液的扩散传质和浓度分布、电化学反应及其电极界面的吸附覆盖都处于变化之中。本实验通过稳态极化研究金属腐蚀机理。测定金属材料腐蚀速率的电化学方法有 Tafel 曲线外推法、线性极化法、三点法、恒电流暂态法、交流阻抗法等。其中塔菲尔（Tafel）极化曲线的测定是重要方法之一，本实验采用塔菲尔（Tafel）曲线外推法测定其腐蚀速率。

在研究可逆电池的电动势和电池反应时，电极上几乎没有电流通过，每个电极反应都是在接近于平衡状态下进行的，因此电极反应是可逆的。但当有电流明显地通过电池时，电极的平衡状态被破坏，电极电势偏离平衡值，电极反应处于不可逆状态，而且随着电极上电流密度的增加，电极反应的不可逆程度也随之增大。电流通过电极而出现电极电势偏离平衡值的现象，即在外加电流作用下电极电势发生变化，这种现象称为电极的极化，描述电流密度与电极电势之间关系的曲线称作极化曲线。如电极分别是阳极或阴极，所得曲线分别称为阳极极化曲线（anodic polarization curve）或阴极极化曲线（cathodic polarization curve）。从极化曲线的形状可以看出电极极化的程度，从而判断电极反应过程的难易。极化曲线的测定及分析是揭示金属腐蚀机理和探究控制腐蚀措施的基本方法之一。

测量稳态极化曲线的方法一般有两种：①控制电流法（恒电流法），即控制研究电极的极化电流按照一定的规律变化，并记录相应的电极电势的方法；②控制电位法（恒电位法），即在恒电势电路或恒电势仪的保证下，控制研究电极（相对参比电极）的电势按照预想的规律变化，不受电极系统发生反应而引起阻抗变化的影响，同时测量相应电流的方法。极化曲线的测量应尽可能接近体系稳态。在实际测量中，常用的控制电位法有以下两种。①静态法。将电极电势恒定在某一数值，测定相应的稳定电流值，如此逐点地测量一系列电极电势下的稳定电流值，以获得完整的极化曲线。对某些体系，达到稳态可能需要很长时间，为节省时间，提高测量重现性，往往人们自行规定每次电势恒定的时间。②动态法：控制电极电势以较慢的速度连续地改变（扫描），并测量对应电势下的瞬时电流值，以瞬时电流与对应的电极电势作图，获得完整的极化曲线。一般来说，电极表面建立稳态的速度愈慢，则电位扫描速率也应愈慢。因此对不同的电极体系，扫描速率也不相同。为测得稳态极化曲线，人们通常依次减小扫描速率测定若干条极化曲线，当测至极化曲线不再明显变化时，可确定此扫描速率下测得的极化曲线即为稳态极化曲线。同样，为节省时间，对于那些只是为了比较不同因素对电极过程影响的极化曲线，则选取适当的扫描速率绘制准稳态极化曲线就可以了。上述两种方法都已经获得了广泛应用，尤其是动态法，由于可以自动测绘，扫描速率可控制一定，因而测量结果重现性好，特别适用于对比实验。本实验采用控制电位（恒电位）法中的动态法，即动电位扫描测定极化曲线。

极化曲线的测定需要同时测量研究电极上流过的电流和电极电势，因此一般采用三电极体系（工作电极、辅助电极、参比电极）构成两个回路：极化电路（电流测量回路）和电位测量回路。用于研究电极过程的电极称为研究电极或工作电极。辅助电极（对电极）与研究电极构成电流测量回路，其面积通常要较研究电极大，以降低该电极上的极化。参比电极是测量研究电极电势的比较标准，与研究电极组成电位测量回路。参比电极应是一个电极电势已知且稳定的可逆电极，该电极的稳定性和重现性要好。为减少电极电势测试过程中的溶液电位降，通常两者之间以鲁金毛细管相连。鲁金毛细管应尽量靠近研究电极表面，但也不能无限制靠近，以防对研究电极表面的电力线分布造成屏蔽效应，见图 2-79。

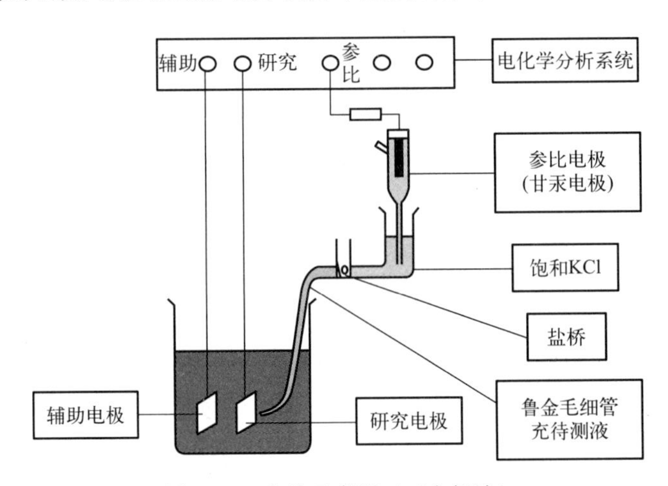

图 2-79 电路示意图（三电极法）

Tafel 极化是动电位极化曲线中强极化区的极化。1905 年，塔菲尔（Tafel）提出了塔菲尔关系式，即在过电位足够大（$\eta>50$ mV）时，过电位与电流密度有如下的定量关系，称为塔菲尔公式：

$$\eta=a+b\lg j \tag{2-80}$$

式中，j 是电流密度；a、b 是常数。常数 a 是电流密度 j 等于 $1\ \mathrm{A\cdot cm^{-2}}$ 时的过电位值，它与电极材料、电极表面状态、溶液组成以及实验温度等密切相关；b 的数值对于大多数的金属来说相差不多，在常温下接近于 0.050 V。如用以 10 为底的对数，b 约为

0.116 V。这意味着，电流密度增加 10 倍，则过电位约增加 0.116 V。

如以 η 为纵坐标，$\lg|j|$ 为横坐标作图，塔菲尔关系式是一条直线（如图 2-80 所示）。这个关系在电流密度很小时与事实不相符，因为按照该公式，当 $j\to 0$ 时，$\lg|j|$ 应趋向 $-\infty$，这当然是错误的。当 $j\to 0$ 时，电极上的情况接近于可逆电极，η 应该是零而不应该是 $-\infty$。实际上，在低电流密度时，过电位不遵守塔菲尔公式，而是出现了另外一种性质的关系，即过电位与通过电极的电流密度成正比，可表示为 $\eta=\omega j$。

如图 2-80 所示，在强极化区，即过电位足够大（$\eta>50$ mV）时，过电位与电流密度的关系呈一条直线。阳极极化曲线与阴极极化曲线直线区（符合塔菲尔关系式）的延长线交于一点，该点对应的电流即为金属腐蚀达到稳定状态的电流，即该金属的腐蚀电流。所以，Tafel 极化曲线测量是指强极化区的测量。所谓的强极化区是指极化值已足够大，以至于腐蚀金属电极上只进行腐蚀过程中的一个电极反应。即阳极极化时，去极化剂的阴极还原反应可以忽略；而阴极极化时，金属的阳极溶解反应可以忽略。

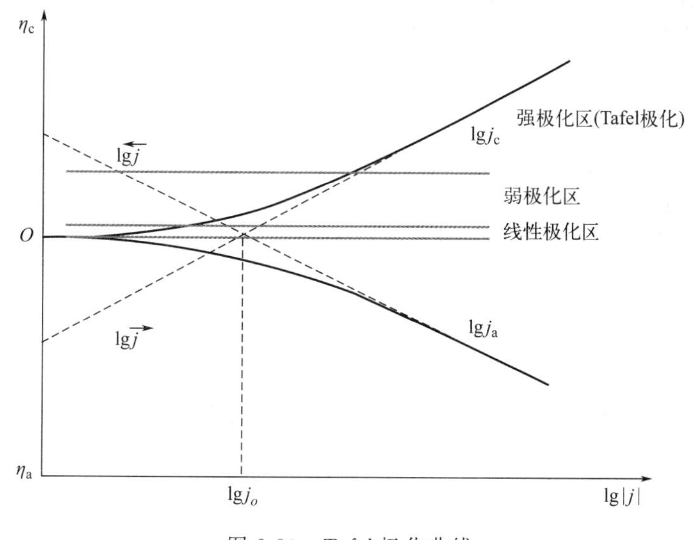

图 2-80 Tafel 极化曲线

有关极化值的绝对值多大才进入强极化区，在不同的腐蚀体系中不可能完全一样。比如有的腐蚀体系在 $|\Delta E|>70$ mV 时就可以进入强极化区，而有的则需超过 100 mV 后才进入强极化区。

强极化区的极化曲线测量有两大类型：一种是研究可钝化电极的钝化和在钝化区或过钝化区的阳极过程以及钝化膜的破坏与再钝化过程，这种测量的目的就是研究金属电极表面状态的变化；另一种类型是针对活化的，即没有表面膜覆盖的金属电极的强极化曲线测量，这种测量一般在酸或强碱介质中进行，因为在这些情况下很多金属的表面处于活化状态。

三、仪器与试剂

1. 主要仪器：AL204 电子分析天平，电热恒温水浴锅，CS310 电化学工作站，烧杯 250 mL，玻璃棒，辅助电极，参比电极，容量瓶 100 mL，超声波清洗仪。

2. 主要材料：试样为昆明钢铁厂生产的冷轧钢片，其组成（质量分数）为 C≤0.22%，Mn≤1.4%，Si≤0.35%，S≤0.050%，P≤0.045%。

3. 主要试剂：冰乙酸（AR），丙酮（AR），蒸馏水。

四、实验步骤

1. 配制溶液

用冰乙酸（AR）及蒸馏水配制 300 mg·L^{-1} 实验溶液 100 mL，盛在容量瓶内作为电解液。

2. 试样的准备

（1）研究电极表面的处理：研究电极裸露面积依次用 100$^{\#}$、240$^{\#}$、600$^{\#}$、800$^{\#}$、1000$^{\#}$砂纸打磨至镜面光亮，然后用丙酮脱脂，蒸馏水清洗后，分别放入装有 100 mL 待用电解液的烧杯中，浸泡 2 h 使开路电位稳定。

（2）研究电极的焊制和灌封：首先准备长短合适的铜线，分别在两端去掉塑料外壳，将一端用钳子折弯，之后用锤子将其敲扁备用；再用砂纸打磨直径为 1.0 cm 的钢片，直到无锈亮白为止，备用；进行焊接，将钢片放置在石棉网之上，下方用电热炉调至适当温度，用电烙铁将焊丝熔化并焊接在钢片上，得到完整牢固的电极；最后用环氧树脂和聚酰胺树脂按 1∶2 的比例灌封研究电极（裸露面积为直径 1.0 cm 圆的面积）。

（3）盐桥的制作：将装有 100 mL 蒸馏水的烧杯加热直至沸腾，当水沸腾时，先加入 1 g 琼脂，不断搅拌直至溶解；然后加入 30 g 氯化钾，不断搅拌直至溶解；当全部溶解后，沸腾时将其吸入鲁金毛细管，用洗耳球顶住鲁金毛细管的大口端，通过洗耳球负压将琼脂溶液慢慢吸入毛细管中，到顶部毛细管空间半满为止。温度降低后冷却 5 min，随着琼脂的凝固，溶于琼脂中的氯化钾将部分析出，毛细管中出现白色的斑点，这样装有凝固了的琼脂溶液的毛细管就叫盐桥。见图 2-81 中的鲁金毛细管。

3. 预热

打开电化学工作站电源开关，预热 5～20 min，使仪器工作在温漂最小状态。

4. 电解池的安装

装好辅助电极、参比电极，鲁金毛细管尖端靠近研究电极工作表面（1 mm 左右），将仪器上的线与待测电极体系相连（如图 2-81 所示）。

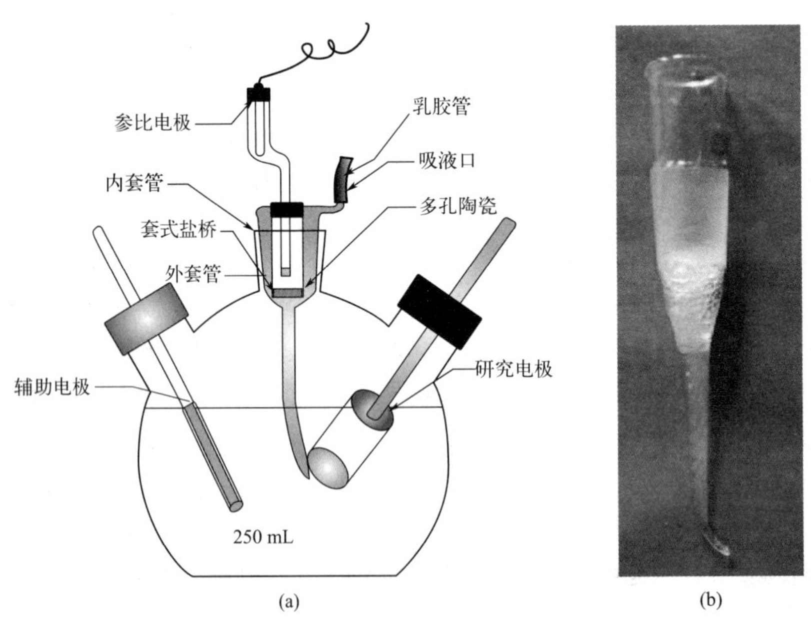

图 2-81 电解池（a）和鲁金毛细管（b）

5. 连接

将电极插头的黑色和绿色保护套夹与研究电极相连，红色与辅助电极相连，黄色与参比电极相连，打开计算机中的 Corrtest 电化学测试程序，选择动电位扫描，如果开路电位显示值合理，则电解池设置正常。

6. 程序设定测试

打开计算机中的 Corrtest 电化学测试程序，选择动电位扫描，进行动电位极化曲线测量。参数设置为：扫描速率为 0.5 $mV \cdot s^{-1}$，扫描区间为 −250～250 mV（相对于开路电位）。其中，“材料化学当量”为材料的摩尔质量除以其参加电化学反应的电子数。例如，纯铁的摩尔质量为 55.84 $g \cdot mol^{-1}$，在盐酸中腐蚀时，参与反应的电子数为 2，因此其化学当量为 55.84/2＝28。具体参数设置和测试结果见图 2-82～图 2-84。

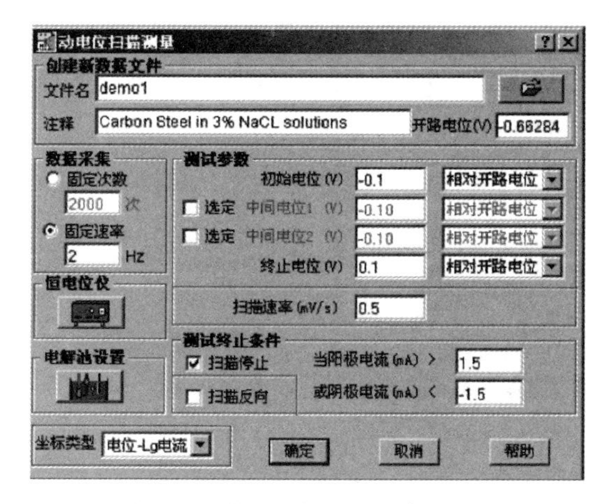

图 2-82 动电位扫描测量参数设置

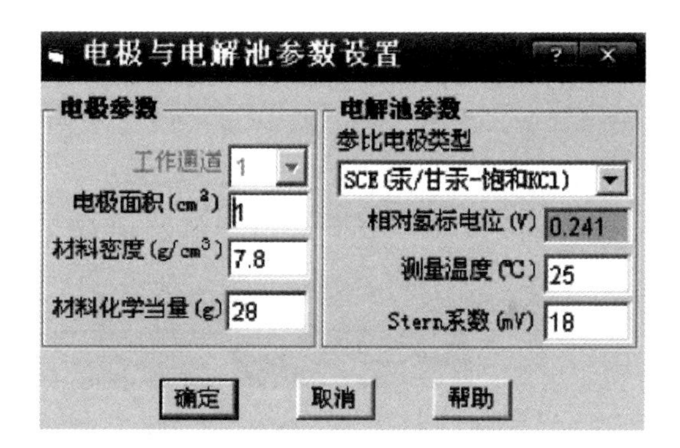

图 2-83 电极与电解池参数设置

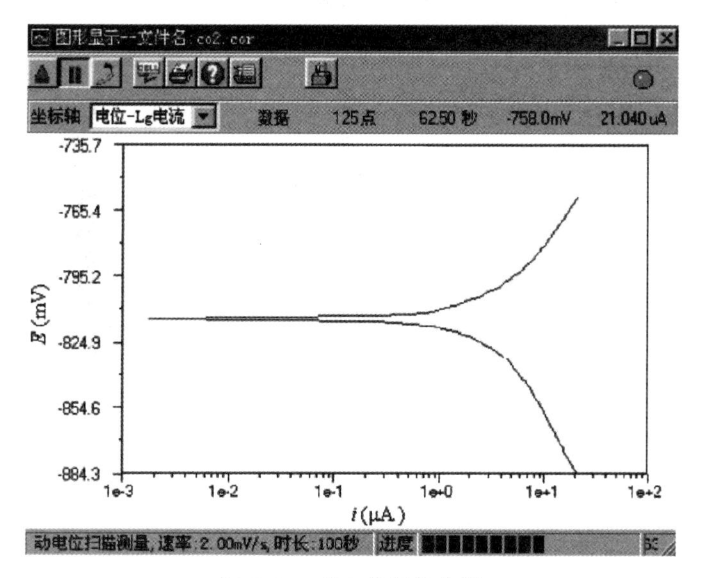

图 2-84 动电位极化曲线

测试结束后，按试样号保存好动电位极化曲线，退出。

7. 曲线拟合

进入 CV 数据处理中，打开刚测试过的数据文件，按图 2-85～图 2-88 所示进行参数拟合。试样取出，溶液倒掉，彻底清洗烧杯。关闭程序→关闭 CS310 电化学工作站→关闭电脑。同样，做出空白样的动电位扫描极化曲线。通过拟合得出腐蚀速率［corrosion rate，简称 CR(mm·a^{-1})］。

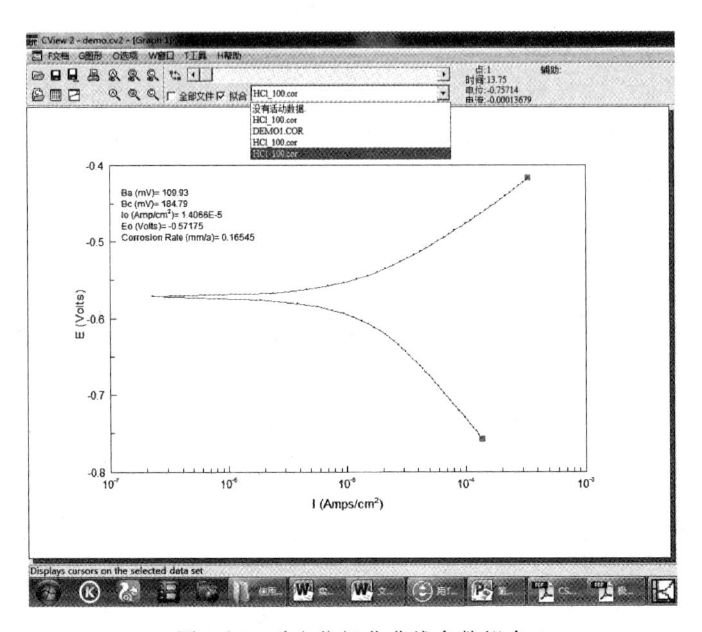

图 2-85 动电位极化曲线参数拟合 1

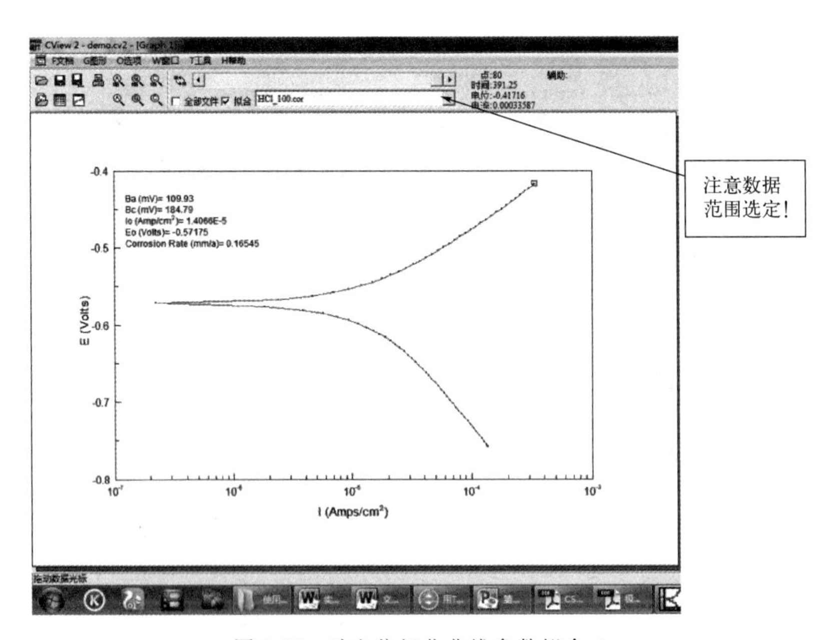

图 2-86 动电位极化曲线参数拟合 2

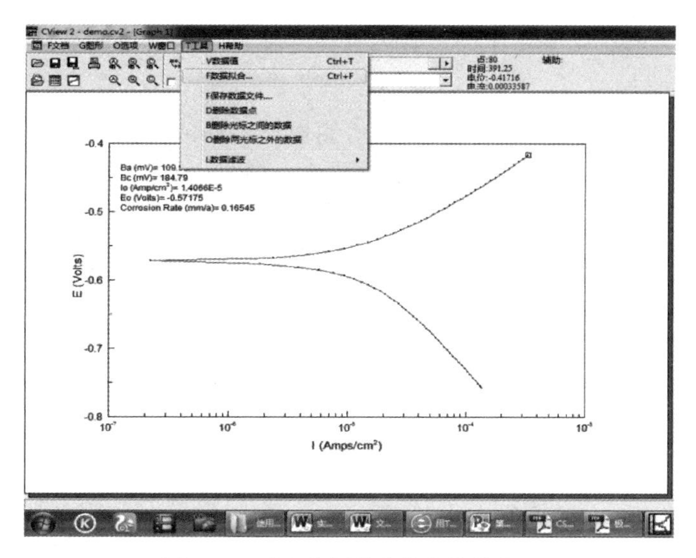

图 2-87　动电位极化曲线参数拟合 3

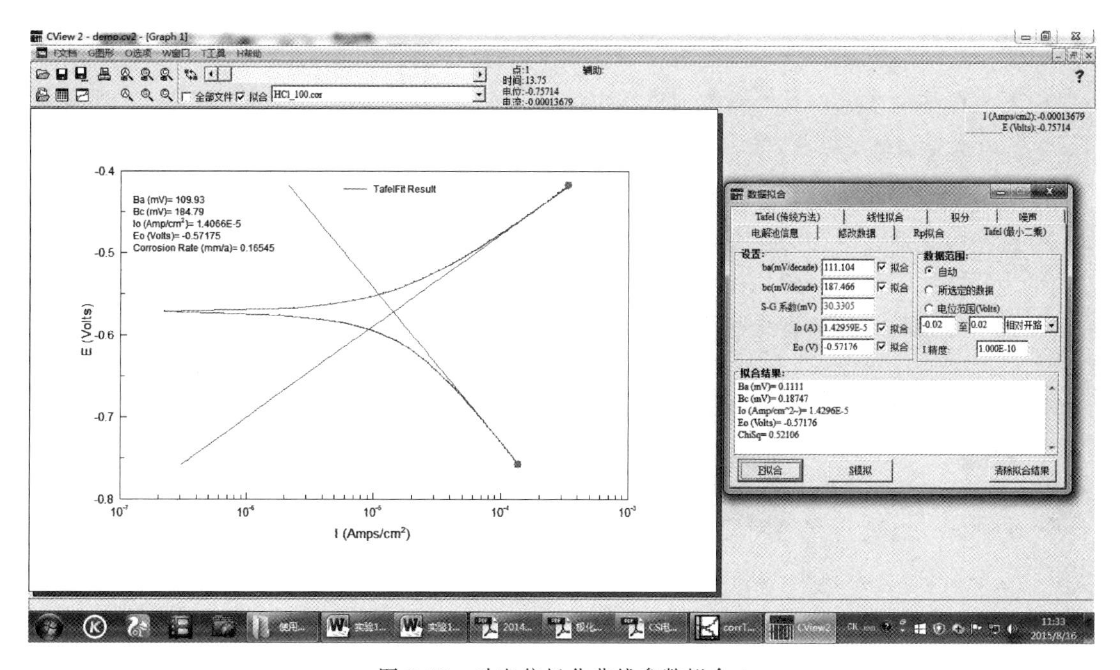

图 2-88　动电位极化曲线参数拟合 4

五、注意事项

1. 测定前仔细了解仪器的使用方法。

2. 电极表面一定要处理平整、光亮、干净，不能有点蚀孔。

3. 为减少电极电势测试过程中的溶液电位降，通常两者之间以鲁金毛细管相连。由于表面张力的作用，鲁金毛细管应尽量靠近研究电极表面，但也不能无限制靠近，以防对研究电极表面的电力线分布造成屏蔽效应，使研究电极电势的测定尽可能地准确。

4. 环氧树脂灌封电极时，焊接处一定要和金属片接触紧密，以防环氧树脂类固定时流入，出现导电不畅问题。导线裸露处一定要灌封好。

5. 盐桥中间应无气泡，盐桥中的溶胶冷凝后，管口往往出现凹面，此时用玻棒蘸一滴热溶胶加在管口即可。

6. 如果盐桥内琼脂干涸，要及时更换，否则电路不同或阻抗过大，会引起严重的电流或电势振荡现象。另外，如果参比电极内氯化钾完全消失，要及时补充固体氯化钾。

六、数据记录与处理

1. 用 Cview 绘图分析软件绘制腐蚀体系测量得到的 E-lg|j|极化曲线图。

2. 用 Tafel 最小二乘法拟合，并将数据处理结果记录在表 2-40 中。

表 2-40 极化曲线参数

c/mol·L^{-1}	b_a/mV	b_c/mV	j_{corr}/μA·cm^{-2}	E_{corr}/mV	CR/mm·a^{-1}
0					
1					

3. 用动电位极化拟合参数确定出空白样和腐蚀液下的极化曲线的腐蚀电位（E_{corr}）、腐蚀电流密度（j_{corr}）、阴极 Tafel 斜率（b_a）、阳极 Tafel 斜率（b_c）后，分析讨论金属腐蚀的机理。

4. 对实验中的效果以及经验教训进行小结。

七、思考与讨论

1. 做好本实验的关键有哪些？

2. 测量极化曲线时，为什么要选用三电极体系？

3. 极化曲线测试的目的是什么？

4. 使用电化学工作站有哪些注意事项？

图 2-89 CorrTest-310 多通道仪器设备图

八、补充与提示

1. 仪器名称、厂商、型号

（1）实验用仪器：CS310 电化学工作站。

（2）厂商：武汉科思特仪器股份有限公司。

（3）型号：CorrTest-310 多通道（见图 2-89）。

2. 仪器设备操作关键点

（1）将设备的红、黄、绿接头分别与三电极相连。其中，红色连辅助电极铂电极，黄色连套有盐桥的参比电极，绿色连研究电极。

（2）注意电极在溶液中浸泡 2 h 后再开始进行相关测试。

（3）鲁金毛细管尖端要靠近研究电极工作表面。

（4）电极在溶液中浸泡待开路电位稳定后才开始进行相关测试。

（5）动电位扫描中扫描速率为 0.5 mV·s^{-1}，扫描区间为－250～250m V（相对于腐蚀电位）。

（6）恒电位仪设置中，电流量程和电位极化范围都为自动切换，比如 20μA，本实验不补偿。虚地模式，适用于大多数稳态测试体系。极化方向选择正，即正电流代表阳极极化。

3. 参考数据或文献值（见表 2-41）

表 2-41　30 ℃下钢在 300 mg·L^{-1} HAc 中的极化曲线参数

醋酸浓度/mg·L^{-1}	E_{corr}(vs. SCE)/mV	I_{corr}/μA·cm^{-2}	CR/mpy
300	−565.35	219.07	101.21

注：1 mpy=0.0254 mm·a^{-1}。

九、知识拓展

质子交换膜燃料电池（PEMFC）是一种燃料电池，质子交换膜（PEM）的特有属性使其只允许氢离子通过，氢离子通过它顺利传导到阴极。PEMFC 已成为汽油内燃机动力最具竞争力的洁净取代动力源。2010 年以前最常用的 PEM 仍然是美国杜邦公司的 Nafion 质子交换膜，国内装配 PEMFC 所用的 PEM 主要依靠进口。在燃料电池系统中，膜的成本几乎占总成本的 20%～30%，因此降低 PEM 价格迫在眉睫。经过多年的持久创新，2010 年华南理工大学建成了全球最大 PEMFC 示范电站。据了解，示范电站建成后，国内外许多专家都感叹不已。英国政府能源顾问、著名燃料电池专家、英国帝工理工学院教授 Nigel Brandon 参观示范电站后说："这是一个奇迹！一所大学的课题组能够用如此少的经费完成如此艰巨的任务，开发出这么好的大功率燃料电池系统，简直不可思议！"又经过十余年的努力和创新，华南理工大学在 PEM 制造工艺上取得了新突破，该工艺能有效降低成本，有望推动国产 PEM 商业化的进程。

十、参考文献

[1] 李荻．电化学原理［M］．3 版．北京：北京航空航天大学出版社，2008.
[2] Mug N，Zhao T P. Effect of metallic cations on corrosion inhibition of an anionic surfactant for mild steel［J］. Corrosion，1996，52（11）：853-859.
[3] 谢德明，童少平，曹江林．应用电化学基础［M］．北京：化学工业出版社，2013.
[4] 傅献彩，侯文华．物理化学（上、下册）［M］．北京：高等教育出版社，2022.
[5] 吴荫顺，曹备．阴极保护和阳极保护：原理、技术及工程应用［M］．北京：中国石化出版社，2007.
[6] 武汉科斯特科技有限公司．CS 系列电化学工作站安装与使用说明书．华中科技大学监制，2009.
[7] 侯保荣，路东柱．我国腐蚀成本及其防控策略［J］．中国科学院院刊，2018，33（06）：601-609.
[8] 全科宇．金属腐蚀强极化检测方法及应用研究［D］．重庆：重庆大学，2018.

实验 21　电导的测定及其应用

一、实验目的

1. 了解溶液电导的基本概念。
2. 学会电导（率）仪的使用方法。
3. 掌握溶液电导的测定及应用。

二、实验原理

AB 型弱电解质在溶液中电离达到平衡时，电离平衡常数 K_c 与原始浓度 c 和电离度 α 有以下关系：

$$K_c = c\alpha^2/(1-\alpha) \tag{2-81}$$

在一定温度下，K_c 是常数，因此可以通过测定 AB 型弱电解质在不同浓度时的 α 代入

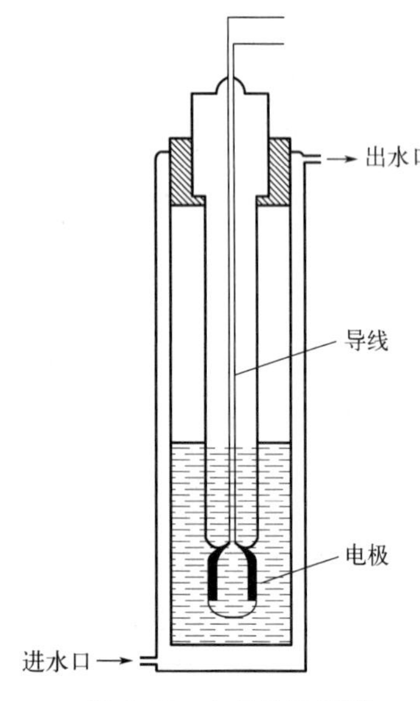

图 2-90 电导池示意图

式(2-81) 求出 K_c。

醋酸溶液的电离度可用电导法来测定，图 2-90 是用来测定溶液电导的电导池。将电解质溶液放入电导池内，溶液电导（G）与两电极之间的距离（l）成反比，与电极的面积（A）成正比，则

$$G=\kappa\frac{A}{l} \tag{2-82}$$

其中，$\frac{l}{A}$为电导池常数，以 K_{cell} 表示；κ 为电导率。其物理意义：在平行而相距 1 m，面积均为 1 m^2 的两电极间，电解质溶液的电导称为该溶液的电导率，其 SI 单位为 $S \cdot m^{-1}$。

由于电极的 l 和 A 不易精确测量，因此在实验中是用一种已知电导率值的溶液先求出电导池常数 K_{cell}，然后把待测溶液放入该电导池测出其电导值，再根据式(2-82) 求出其电导率。

溶液的摩尔电导率是指把含有 1 mol 电解质的该溶液置于相距为 1 m 的两平行电极之间的电导，以 Λ_m 表示，其 SI 单位为 $S \cdot m^2 \cdot mol^{-1}$。

摩尔电导率与电导率的关系为

$$\Lambda_m=\kappa/c \tag{2-83}$$

式中，c 为该溶液的浓度，其 SI 单位为 $mol \cdot m^{-3}$。对于弱电解质溶液来说，可以认为

$$\alpha=\frac{\Lambda_m}{\Lambda_m^{\infty}} \tag{2-84}$$

式中，Λ_m^{∞} 是溶液在无限稀释时的摩尔电导率。

对于强电解质溶液（如 KCl、NaAc），其 Λ_m 和 c 的关系为

$$\Lambda_m=\Lambda_m^{\infty}(1-\beta\sqrt{c}) \tag{2-85}$$

对于弱电解质溶液（如 HAc 等），Λ_m 和 c 则不是线性关系，故它不能像强电解质溶液那样，从Λ_m-$\sqrt{c}$的图外推至 $c=0$ 处求得Λ_m^{∞}。

在无限稀释的溶液中，每种离子对电解质的摩尔电导率都有一定的贡献，各离子是独立移动的，不受其他离子的影响，对电解质$M_{\nu^+}A_{\nu^-}$来说：

$$\Lambda_m^{\infty}=\nu^+\Lambda_{m+}^{\infty}+\nu^-\Lambda_{m-}^{\infty} \tag{2-86}$$

即弱电解质 HAc 的Λ_m^{∞} 可由强电解质 HCl、NaAc 和 NaCl 的Λ_m^{∞} 的代数和求得：

$$\Lambda_m^{\infty}(HAc)=\Lambda_m^{\infty}(H^+)+\Lambda_m^{\infty}(Ac^-)=\Lambda_m^{\infty}(HCl)+\Lambda_m^{\infty}(NaAc)-\Lambda_m^{\infty}(NaCl) \tag{2-87}$$

把式(2-84) 代入式(2-81) 可得

$$c\Lambda_m=(\Lambda_m^{\infty})^2K_c\frac{1}{\Lambda_m}-\Lambda_m^{\infty}K_c \tag{2-88}$$

以$c\Lambda_m$ 对$\frac{1}{\Lambda_m}$作图，其直线的斜率为 $(\Lambda_m^{\infty})^2K_c$，如知道$\Lambda_m^{\infty}$ 值，就可算出 K_c。

本实验采用电导法测定 HAc 的电离常数。

三、仪器与试剂

1. 主要仪器：电导率仪 1 台，恒温槽 1 套，电导池 1 个，电导电极 1 个，容量瓶（100 mL）5 个，移液管（25 mL、50 mL），洗瓶 1 个，洗耳球 1 个。

2. 主要试剂：10.00 $mol \cdot m^{-3}$ KCl 溶液，100.0 $mol \cdot m^{-3}$ HAc 溶液。

四、实验步骤

（1）在 100 mL 容量瓶中配制浓度为原始乙酸溶液（100.0 $mol \cdot m^{-3}$）浓度的 14 倍、18 倍、116 倍、132 倍、164 倍的溶液 5 份。

（2）将恒温槽温度调至 25.0 ℃±0.1 ℃或 30.0 ℃±0.1 ℃，按图 2-90 所示使恒温水流经电导池夹层。

（3）测定电导池常数 K_{cell}：倾去电导池中蒸馏水（电导池不用时，应将两铂黑电极浸在蒸馏水中，以免干燥致使表面发生改变），将电导池和铂电极用少量的 10.00 $mol \cdot m^{-3}$ KCl 洗涤 2～3 次后，装入 10.00 $mol \cdot m^{-3}$ KCl 溶液，恒温后用电导仪测其电导，重复测三次。

（4）测定电导水的电导：倾去电导池中的 KCl 溶液，用电导水洗净电导池和铂电极，然后注入电导水，恒温后测其电导值，重复测定三次。

（5）测定 HAc 溶液的电导：倾去电导池中的电导水，将电导池和铂电极用少量待测 HAc 溶液洗涤 2～3 次，最后注入待测 HAc 溶液，恒温后，用电导率仪测其电导，每种浓度重复测定三次。

按照浓度由小到大的顺序，测定各种不同浓度 HAc 溶液的电导。

五、注意事项

1. 实验中温度要恒定，测量必须在同一温度下进行。恒温槽的温度要控制在 25.0 ℃±0.1 ℃或 30.0 ℃±0.1 ℃。

2. 每次测定前，都必须将电导电极及电导池洗涤干净，以免影响测定结果。

3. 浓度和温度是影响电导的主要因素，故移液管应当清洁，电极必须与待测液试管同时一起恒温。

4. 测电导水的电导时，铂黑电极要用电导水充分冲洗干净，使用电极时不可互换。

5. 铂黑电极需用电镀法在铂片的表面上镀一层铂黑。镀铂黑的目的是增加电极的表面积，促进对气体的吸附，并有利于与溶液达到平衡。

六、数据记录与处理

大气压________Pa；室温________℃；实验温度________℃。

1. 电导池常数测定的实验数据记录在表 2-42 中。

25 ℃或（30 ℃）时，10.00 $mol \cdot m^{-3}$ KCl 溶液电导：________。

表 2-42　电导池常数测定实验数据

实验次数	$G(KCl)/S$	$G(H_2O)/S$	K_{cell}/m^{-1}
1			
2			
3			

2. 醋酸溶液的电离常数测定实验数据记录在表 2-43 中。

HAc 原始浓度：________。

表 2-43　醋酸溶液的电离常数测定实验数据

c /mol·m^{-3}	G/S	κ /S·m^{-1}	Λ_m /S·m^2·mol^{-1}	$1/\Lambda_m$ /S^{-1}·m^{-2}·mol	$c\Lambda_m$ /S·m^{-1}	α	K_c /mol·m^{-3}	K_c /mol·m^{-3}

3. 按式(2-87) 以 $c\Lambda_m$ 对 $\frac{1}{\Lambda_m}$ 作图应得一条直线，直线的斜率为 $(\Lambda_m^{\infty})^2K_c$，由此求得 K_c，并与上述结果进行比较。

七、思考与讨论

1. 摩尔电导率与电导率有何关系？
2. 摩尔电导率与电离度的关系及适用条件是怎样的？
3. K_c 是怎样通过实验测定的方法获得的？影响 K_c 的因素有哪些？
4. 为什么要测电导池常数？如何得到该常数？
5. 测电导时为什么需要恒温？实验中测电导池常数和溶液电导时温度是否一致？

八、补充与提示

1. 仪器名称、厂商、型号

(1) 实验用仪器：电导率仪。

(2) 厂商：青岛聚创环保集团有限公司。

(3) 型号：雷磁 DDS-11A（见图 2-91 和图 2-92）。

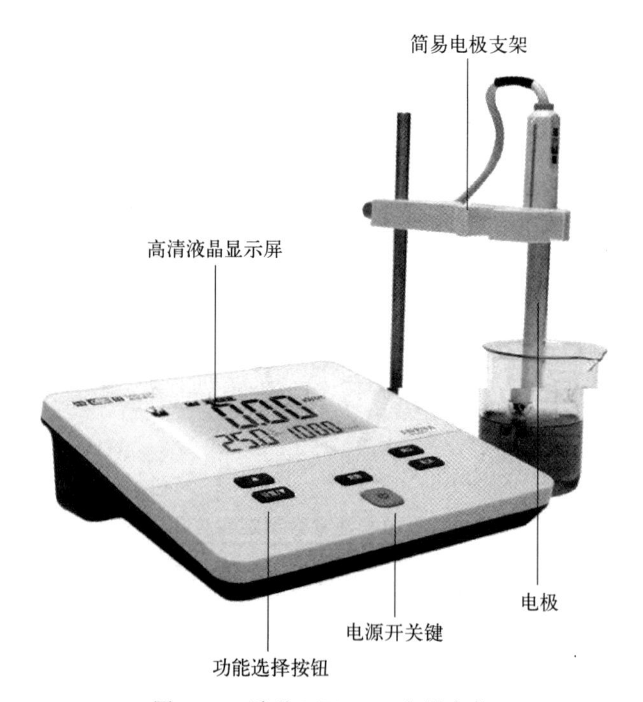

图 2-91　雷磁 DDS-11A 电导率仪

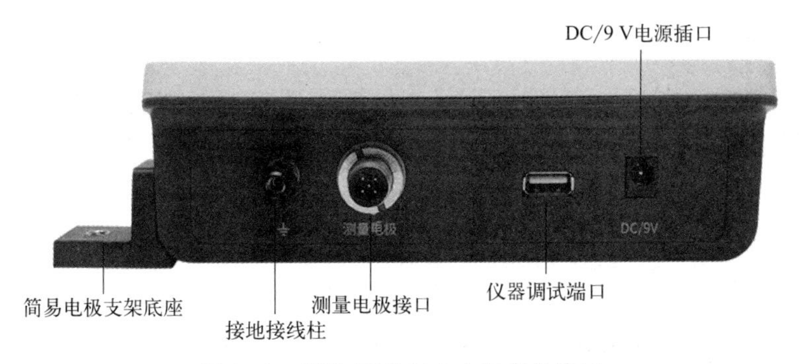

图 2-92 雷磁 DDS-11A 电导率仪接口

2. 实验操作提示

(1) 测电解质溶液电导时，为了减小电流密度及电极过程活化能，从而减小极化，而采用铂黑电极。测蒸馏水电导时，为了避免铂黑电极表面吸附的离子或杂质溶入，改变电导，而用光亮铂电极。

(2) 移液管的选择，要求与量取的体积值匹配（量取 15～35 mL 不等）；移液管需要润洗，要求润洗 2 次，每次用量为 2～3 mL。

(3) 电导率仪要预热，在配制溶液前预热 15 min。

(4) 仪器校正：温度补偿旋钮旋转至 25 ℃（或室温），电极常数旋转至 1，测量旋钮旋转至校正，读取电导池读数，如 0.879，则旋转校正旋钮调至 87.9。

(5) 测量时，用蒸馏水淋洗电导电极 2 次，再用待测液淋洗电导电极 2 次，加入待测液的液面需高出电极的铂片 2cm 以上。

(6) 读数时，要求乘以响应档的数量级，测定三次，取平均值。

九、知识拓展

电解质溶液的电导测定实验是一种常见的化学实验方法，旨在确定电解质的导电性能。实验过程中，首先需要准备好一定浓度的电解质溶液，并使用电导率仪对其进行测量。在测量前，需要保证电导率仪测量电极干净无污染，以免影响测量结果。

电导是电解质溶液中电荷移动的能力，通常用于测定液体的浓度或纯度。它是描述电解质物质中离子能量传输速率的一个重要参数，电导的测定可以通过电导率仪来完成。测量电流与电势差之间的比值称为电导系数，电导率仪能够快速、准确地测量液体样品的电导，且对高浓度溶液最为有效，这种技术可被应用于环境监测、工业生产以及生物化学实验等诸多领域。

例如，电导率仪可以用于测量水中离子含量，如硝酸盐、硫酸盐、氯化物和钠离子，以评估水的质量和污染程度。在工业生产中，液体的电导可用于监测和控制反应和溶液的浓度，以确保产品符合标准质量。在生物化学实验中，电导技术可以用于测量生化反应中的离子含量和浓度。例如，在细胞质中钠、钾和氯离子的浓度对细胞膜电位的调节具有重要作用，可以用电导率仪测量细胞质中离子含量的变化，以研究生化反应的动力学和热力学特征。

总之，电导的测定具有广泛的应用价值，可以为许多领域提供快速、准确的液体浓度或纯度测量。随着高精度和自动化技术的发展，电导技术将不断完善和创新，为更多实验和应用提供新的可能和机遇。

十、参考文献

[1] Drainas D, Drainas C. A conductimetric method for assaying asparaginase activity in *Aspergillus nidulans* [J]. The FEBS Journal. 1985, 151 (3): 591-593.

[2] 张秀华 . 物理化学实验 [M]. 哈尔滨: 哈尔滨工程大学出版社, 2015: 190.

[3] 李成保 . 土壤电导研究及其应用 [J]. 土壤学进展, 1989, 1: 1-8.

[4] 陆小华, 王延儒 . 混合溶剂中强电解质电导的测定及其应用 [J]. 南京工业大学学报 (自然科学版), 1985, 2: 109-112.

实验 22 电导法测定难溶盐的溶度积

一、实验目的

1. 掌握电导法测定难溶盐溶度积的基本原理和方法。
2. 巩固溶液电导、电导率及摩尔电导率概念。
3. 学会使用电导率仪测量溶液电导。
4. 通过实验验证电解质溶液电导与浓度的关系。
5. 测定 $BaSO_4$ 在 298 K 时的溶度积及溶解度。

二、实验原理

常见的微溶或难溶盐如 $BaSO_4$、$PbSO_4$、AgCl 等在水中溶解度很小，溶度积的值很小，其定量准确测定较难。但是，这些微溶或难溶盐一旦溶解在水中，可以达到完全电离，因此，可以通过准确测定其饱和溶液的电导率，计算得到其溶度积和溶解度。

1. 有关电导 G、电导率 κ 及摩尔电导率 Λ_m 公式

电导 G 即电阻的倒数。电导率 κ 即电阻率的倒数，指单位体积电解质溶液的电导。摩尔电导率 Λ_m 指单位浓度电解质溶液的电导率。当采用电导池或电导电极进行测定时，电解质溶液浓度 c、电导 G、电导率 κ 与摩尔电导率 Λ_m 的关系为：

$$\kappa=\frac{l}{A}G=K_{cell}G \tag{2-89}$$

$$\Lambda_m=\frac{\kappa}{c} \tag{2-90}$$

其中，$K_{cell}=l/A$，称为电导池常数，它是两电极间距 l 与电极表面积 A 之比。但常用的电导电极是在 Pt 片电极表面镀有絮状铂黑以增大比表面并降低极化，因此，电导池常数 l/A 不能直接测量，需要用电导测定方法确定电导池常数。方法是：先将已知电导率 κ 的标准 KCl 溶液装入电导池中，测定其电导 G，由已知电导率 κ，根据式(2-89) 计算得出 K_{cell} 值。

2. 电导测定得到难溶盐溶度积的原理

一般难溶盐的溶解度很小，其饱和溶液可近似作无限稀释溶液，则将其饱和溶液的摩尔电导率 Λ_m 与无限稀释溶液中的摩尔电导率Λ_m^∞ 近似相等，即 $\Lambda_m\approx\Lambda_m^\infty$。$\Lambda_m^\infty$ 可根据科尔劳施 (Kohlrausch) 离子独立运动定律，由无限稀释离子摩尔电导率相加而得。

Λ_m 可从手册数据获得，κ 使用电导率仪测得，c 便可用式(2-90) 求得。

实验测定必须注意到，难溶盐由于在水中的溶解度极小，浓度很小，其饱和溶液的电导率 $\kappa_{溶液}$ 实际上是盐的正、负离子的电导率，数值很小，因而需考虑溶剂 H_2O 解离的正、负离子即 H^+、OH^- 的电导率，则测定得到的溶液电导率应为溶质盐与溶剂水的共同电导

率，即：

$$\kappa_{溶液}=\kappa_{盐}+\kappa_{水} \tag{2-91}$$

因此，在测定电导率 $\kappa_{溶液}$ 之前，首先还需要测定配制溶液所用水的电导率 $\kappa_{水}$。得到 $\kappa_{盐}$ 后，根据式(2-90) 得到该温度下难溶盐在水中的饱和浓度 c，计算得到溶度积。

关于电导与电导率的测量方法，请参阅本书实验 21。

三、仪器与试剂

1. 主要仪器：恒温槽，电导电极（镀铅黑），电导率仪，带盖塑料瓶（150 mL 或 200 mL）。

2. 主要试剂：电导水，$BaSO_4$(GR)，KCl 溶液（0.02 mol·L^{-1} 或根据查到的电导率值的对应浓度由实验室统一配制）。

四、实验步骤

（1）调节恒温槽温度在（25±0.2)℃范围内。

（2）提前制备 $BaSO_4$ 饱和溶液：在 200 mL 干净带盖塑料瓶中加入少量 $BaSO_4$，用 100 mL 电导水洗涤 3 次。每次洗涤需剧烈振荡，待溶液澄清后，倾去溶液再加电导水洗涤，洗 3 次以除去可溶性杂质。加入 100 mL 电导水浸泡溶解 $BaSO_4$，置于（25±0.2）℃恒温槽内，使溶液尽量澄清。难溶盐的溶解较慢，为保证充分溶解，可选择在实验开始时提前进行。使用时取上层澄清溶液。

（3）测定电导水的电导率 $\kappa_{水}$：依次用蒸馏水、电导水洗电极及测定用塑料容器各 3 次，在塑料瓶中装入电导水，在 25 ℃恒温下测定电导得到水的电导率 $\kappa_{水}$。测量 3 次，记录并取平均值。

（4）测定饱和 $BaSO_4$ 溶液的电导率 $\kappa_{溶液}$：将测定过水的电导电极和塑料瓶用少量 $BaSO_4$ 饱和溶液洗涤 3 次。将澄清的 $BaSO_4$ 饱和溶液装入塑料瓶，插入电导电极，电极应浸入液面以下。在 25 ℃恒温下测定电导得到 $\kappa_{溶液}$。测量 3 次，记录并取平均值。

（5）测定 KCl 溶液的电导，计算电导电极的电导池常数 K_{cell}。取配制的 KCl 溶液，用同一支电导电极测定 KCl 溶液的电导。测量 3 次，记录并取平均值。

（6）实验完毕后，洗净塑料瓶。在塑料瓶中装入电导水，将电导电极浸入水中保存。

五、注意事项

1. 配制溶液需用电导水（电导率小于 1 μS·m^{-1}）。处理方法是，向蒸馏水中加入少量高锰酸钾，用石英玻璃烧瓶进行蒸馏。

2. 制备饱和溶液时，一定要将可溶性盐洗净。取溶液测量电导率时要取澄清溶液。

3. 测定溶液电导率时，一定要用待测溶液洗涤塑料瓶及电极，以保证浓度的准确。并注意恒温，一般需恒温 15～20 min。

4. 测定电导率时，电极应浸入液面以下。不使用时应浸入蒸馏水中，以免干燥后难以洗净铂吸附的杂质，又可避免干燥电极插入溶液时，因表面的不完全浸润产生小气泡，使表面状态不稳定，影响测定结果。

5. 铂黑电极上黏附的溶液只能用滤纸吸，不能用滤纸擦，以免破坏电极表面。

六、数据记录与处理

1. 记录实验数据，见表 2-44。

表 2-44 实验数据

实验温度：25 ℃ (298 K)

编号	G_{H_2O}/S	$G_{溶液}$/S	G_{KCl}/S	κ_{H_2O}/S·m^{-1}	κ_{BaSO_4}/S·m^{-1}
1					
2					
3					
平均值					

2. 数据处理：由查到的 κ_{KCl} 和测定的 G_{KCl}，根据公式 $\kappa=\frac{l}{A}G=K_{cell}G$ 计算得到 K_{cell} 值。

由 $\kappa_{H_2O}=K_{cell}G_{H_2O}$ 计算得到水的电导率。

由 $\kappa_{溶液}=K_{cell}G_{溶液}$ 计算 $BaSO_4$ 饱和溶液电导率。

由 $\kappa_{BaSO_4}=\kappa_{溶液}-\kappa_{H_2O}$ 可求得 κ_{BaSO_4}。

查得 Ba^{2+} 和 SO_4^{2-} 在 25 ℃时无限稀释的摩尔电导率，计算得 $\Lambda_{m(BaSO_4)}$。

根据式(2-90) 计算得到 $BaSO_4$ 的浓度 c，计算出溶度积 K_{sp}。

$$c_{BaSO_4}=\kappa_{BaSO_4}/\Lambda_m$$

$$K_{sp(BaSO_4)}=(c/c^{\ominus})^2$$

对于溶解度的计算。设溶液的体积是 1 m^3，因溶液极稀，设溶液密度近似等于水的密度。

$$b_{BaSO_4}(mol)=cV$$

常用溶解度是指单位质量溶剂溶解的溶质的质量。因此，溶解度 ($BaSO_4$)$=b_{BaSO_4}\times M_{BaSO_4}$。

注意单位：$BaSO_4$ 的浓度 c(mol·m^{-3})，溶解度 (kg·kg^{-1})。

七、思考与讨论

1. 电导率、摩尔电导率与电解质溶液的浓度有何规律？

2. H^+ 和 OH^- 的无限稀释摩尔电导率为何比其他离子的无限稀释离子摩尔电导率大很多？

3. 处理数据时为什么可以认为 $\Lambda_m(BaSO_4)\approx\Lambda_m^{\infty}(BaSO_4)$？

4. 恒温槽温度不稳定，会影响测量结果吗？

5. 饱和的 $BaSO_4$ 溶液中不能含有任何悬浮物，为什么？

6. 查一查物理化学手册上 $BaSO_4$ 溶解度，与实验值对比，计算相对误差，分析为什么会产生误差？

7. 采用电导法测量难溶盐的溶度积时，该方法对难溶盐有何要求？

八、补充与提示

1. 电导率仪仪器的名称、厂商、型号见实验 21。

2. 电导率法测定难溶物质的溶度积的思路：首先制备生成难溶物质，其次是采取边过滤边洗涤，用化学方法检测至洗涤滤液中无反应物离子后，再在一定温度下烘干至恒重；然后称取一定量烘干的难溶物质进行溶解，制备其饱和溶液，并测定电导率；经过反复多次饱和溶液的制备和电导率测定，直到相邻两次之间制备得到的饱和溶液电导率相差在一定范围内，则认为其离子浓度即为难溶解物质的溶解度；之后根据溶度积规则，计算出难溶物质的溶解度和溶度积常数。

3. 25 ℃，$BaSO_4$ 的溶解度为 2.44×10^{-4} g・L^{-1}，溶度积 $K_{sp}=1.1\times10^{-10}$。

九、知识拓展

随着时代的快速发展，各项新型技术也不断创新，在物理化学实验领域也有了广泛的应用，尤其在物理化学实验教学中，可以评价实验所得数据，由最初原始数据到最终的实验处理结果，在这个实验数据处理过程中，在多次计算处理、求解、绘图后，单纯根据测定实验所获数据处理结果往往不能绝对地保证判断准确性。研究者基于 Visual Basic 6.0 开发工具，结合测定实验原理，开发设计实验数据处理程序，能够处理实验后所得数据，减少误差，确保该实验测定结果的可靠性、真实性。

电导率测量本身不仅具有实际意义，而且还可用于估算总溶解固体（TDS）或水的盐度。由于电导率测量既简单又快速，因此非常适合常规测试和长期监测，电导测量的应用也较为广泛。

譬如，天然水、水产养殖和环境应用。在天然水中，电导率主要用于估算水中溶解盐的浓度，从而可以深入了解影响水的过程。在河水中，蒸散量较高的夏季，水的电导率（和TDS）可能会增加，而当融雪或大雨将水稀释后，水的电导率（和 TDS）可能会降低。在沿海地区，水的电导率可能会随着与盐水的混合而发生变化，并且在气候凉爽的地区，当水被道路盐污染时，水的电导率可能会上升。水处理及工业方面的应用，水处理领域可用于确保水安全饮用或适合工业使用；在许多工业应用中，可能会担心结垢（矿物沉积物的沉淀）或腐蚀，而电导率可用于估算水中溶解的矿物质含量，因此可用于监测用于防止结垢的脱盐过程或用于防止腐蚀的再矿化过程。此外，在农业和水培方面也有应用，对于灌溉而言，水的盐度是重要的因素，如果盐度过高，则随着水的蒸发盐分会在土壤中累积，这可能会降低土壤质量并抑制植物的生长。电导率小于 700 μS・cm^{-1} 的水可无限制地用于灌溉，可接受，电导率值大于 3000 μS・cm^{-1} 的水应严格限制使用。

电导测量既简单又快速，因此对于常规评估水的盐浓度非常实用。无论是评估盐、污染物还是营养物的浓度，测量电导率都可以减少对更昂贵或更耗时的测试的需求。

十、参考文献

[1] 郑传明，吕桂琴．物理化学实验［M］. 2 版．北京：北京理工大学出版社，2015：158.

[2] 刘静．电导法测定难溶盐 $BaSO_4$ 的实验数据处理和处理程序［J］. 世界有色金属，2021，5：119-120.

[3] 任庆云，王松涛，闫娜．电导法测定难溶盐 $BaSO_4$ 的溶解度实验数据处理程序的研发［J］. 山东化工，2019，48（3）：154-157.

[4] 傅献彩，侯文华．物理化学（下册）［M］. 6 版．北京：高等教育出版社，2022.

实验 23　采用电化学阻抗谱研究锂电池中 Li^+ 脱嵌的活化能

一、实验目的

1. 了解纽扣电池的结构及组装。

2. 学会用电化学工作站测试电池阻抗的操作技术。

3. 掌握阻抗谱测试锂电池中锂离子脱嵌活化能的基本方法及原理。

4. 掌握 Origin 8.5 绘图软件绘制阻抗谱曲线。

二、实验原理

锂离子电池的动力学影响因素对于提高电池的倍率性能，尤其是低温条件下的倍率性能是至关重要的。Li^+ 电荷转移过程包括 Li^+ 嵌入石墨、溶剂化 Li^+ 的去溶剂过程、Li^+ 在固态电解质膜（SEI）扩散过程以及电极上 Li^+ 接受电子还原为锂等过程。其中 Li^+ 在 SEI 膜扩散过程成为速率控制步骤，取决于电极和电解质界面的特性。

锂电池放电过程中电压曲线降低的三个因素为：欧姆极化、电化学极化、浓差极化。极化电阻正是由锂电池内部的极化现象引起。电化学极化主要是由锂电池发生化学反应时电极的活化能引起的，表现在阿伦尼乌斯方程的计算，其物理意义可以理解为电极活性颗粒表面发生的化学放电速率相比电子迁移速率稍慢，从而其中负极颗粒表面实际电位偏移平衡电位，引起活化极化，因此活化能的大小可用于定量描述电位偏移平衡电位。

化学反应速率与活化能密切相关。活化能越低，电极反应速率越快，表明 Li^+ 在尖晶石晶格中脱出与嵌入时具有更低的反应能垒。图 2-93(a) 是 $LiMn_2O_4$ 样品在不同测试温度下的 Nyquist 图，随着温度的升高，样品的电荷转移电阻（R_{ct}）值均降低，交换电流（i_0）与表观活化能（E_a）的关系满足以下方程：

$$i_0 = RT = nFR_{ct} \tag{2-92}$$

$$i_0 = A\exp-(E_a/RT) \tag{2-93}$$

根据式(2-92) 和式(2-93) 得出

$$E_a = -Rk\ln 10 \tag{2-94}$$

式中，i_0 是交换电流，A；R 是气体常数，8.314 $J \cdot mol^{-1} \cdot K^{-1}$；$T$ 是绝对温度，K；n 是电子转移数；F 是法拉第常数，96484.5 $C \cdot mol^{-1}$；R_{ct} 是电荷转移电阻，Ω；A 是与温度无关的常数。E_a 方程中［式(2-94)］k 是拟合线的斜率。结合样品在不同温度下测试的 Nyquist 图，以 $\lg i_0$ 与 $1000/T$ 作 Arrhenius 图，如图 2-93(b) 所示，通过 Origin 8.5 软件进行拟合，求出斜率，计算表观活化能。

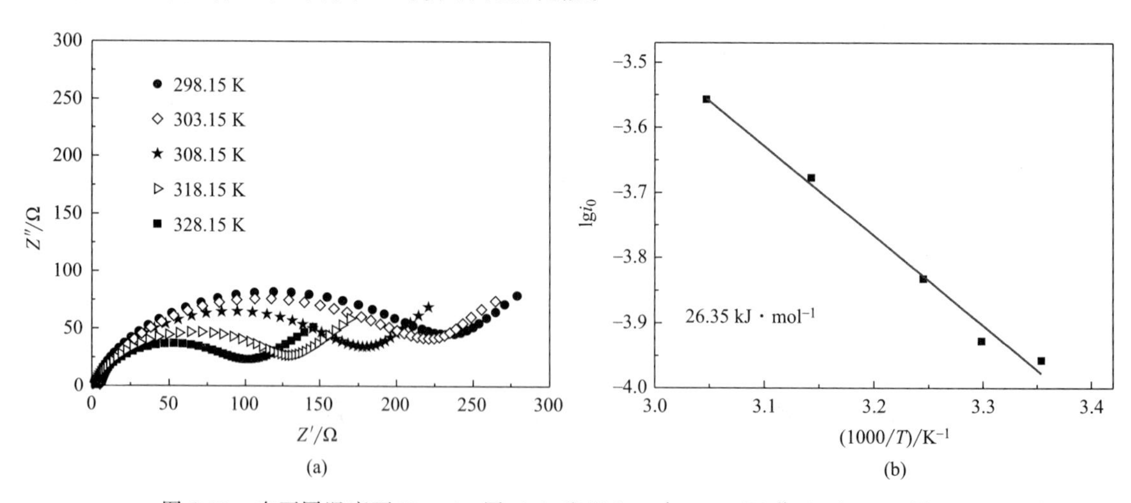

图 2-93 在不同温度下 Nyquist 图（a）和以 $\lg i_0$ 与 $1000/T$ 作 Arrhenius 图（b）

三、仪器与试剂

1. 主要仪器：电池封口机，手套箱，烘箱，电化学工作站，计算机。

2. 主要材料：电池正负极壳，金属锂片，聚丙烯微孔膜 Celgard2320。

3. 主要试剂：尖晶石 $LiMn_2O_4$ 正极材料，电解液。

四、实验步骤

1. 电池的组装

以尖晶石 $LiMn_2O_4$ 正极片为正极，1 mol·L^{-1} $LiPF_6$ 溶液为电解液，聚丙烯微孔膜 Celgard2320 为隔膜，在充满 Ar 气氛的手套箱中装配成 CR2032 扣式电池（5～8 颗）。

2. 不同温度下的阻抗测试

在不同温度（25～55 ℃）下进行电化学阻抗测试。将烘箱预先设定温度为 25 ℃，取一颗扣式电池与电化学工作站连接，待烘箱达预设温度后将电池放置于烘箱中预热 5 min，再打开电化学工作站，测试其阻抗谱。电化学工作站测试条件：频率范围为 1.0 Hz～100 kHz，振幅为 35 mV。按上述同样步骤在相同设置参数条件下，测定在 35 ℃、40 ℃、45 ℃、55 ℃温度下的阻抗谱。

五、注意事项

1. 扣式电池与电化学工作站的正负极不能接错。

2. 测试过程中，烘箱门不能打开，需保持恒温。

3. 在烘箱中操作时，避免被烫伤。

六、数据记录与处理

将实验数据记录在表 2-45 中。

表 2-45 实验数据记录

实验序号	温度/K	R_{ct}/Ω	i_0/A	k	E_a/kJ·mol^{-1}
1					
2					
3					
4					
5					

1. 通过 Zview 2.0 软件将所得的各阻抗谱进行拟合，绘制等效电路图，得到不同温度下的电荷转移阻抗 R_{ct}。

2. 绘制阻抗谱曲线：将不同温度下测试的 EIS 数据在 Origin 8.5 绘图软件绘制阻抗谱曲线。

3. 计算 i_0：根据式(2-92)，其中 n 是电子转移数 1，根据数据处理步骤 1 中得到的电荷转移阻抗 R_{ct} 值。将以上数值代入，计算不同温度下的 i_0。

4. 绘制 Arrhenius 图并拟合：选中数据，点击 Origin 8.5 图中工具栏的 Analysis→Fitting→Linear Fit→1<Last used>（见图 2-94）。最终完成拟合，记录斜率 k 值。

5. 计算表观活化能 E_a：将 k 值和 R 代入式(2-94)，求得 E_a。

七、思考与讨论

1. 为什么温度越高电荷转移电阻越低？

2. 使用电化学工作站有哪些注意事项？

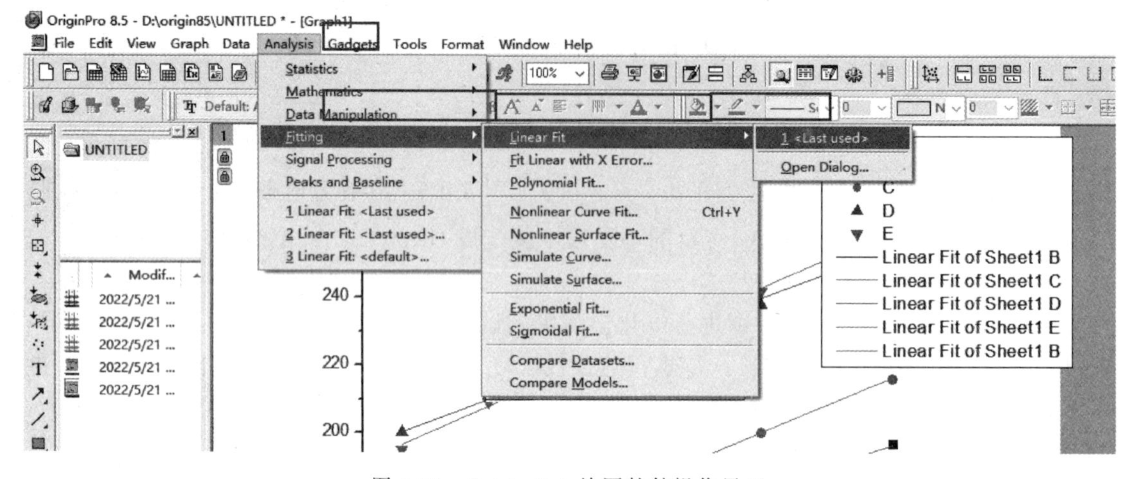

图 2-94 Origin 8.5 绘图软件操作界面

3. 本实验过程中的关键技术操作是什么？

4. 若扣式电池与电化学工作站的正负极接反了，测试结果如何？

5. 选择 2～3 个温度测试计算锂电池锂离子的表观活化能，是否可行？

6. 在所测试的温度下阻抗的变化程度大小对表观活化能的影响是怎样的？

7. 除了温度，还有哪些因素会影响锂离子的传输速率？

八、补充与提示

1. 仪器名称、厂商、型号

（1）实验用仪器：CHI604D 电化学工作站。

（2）厂商：上海辰华仪器有限公司。

（3）型号：CHI604D 单通道（见图 2-95）。

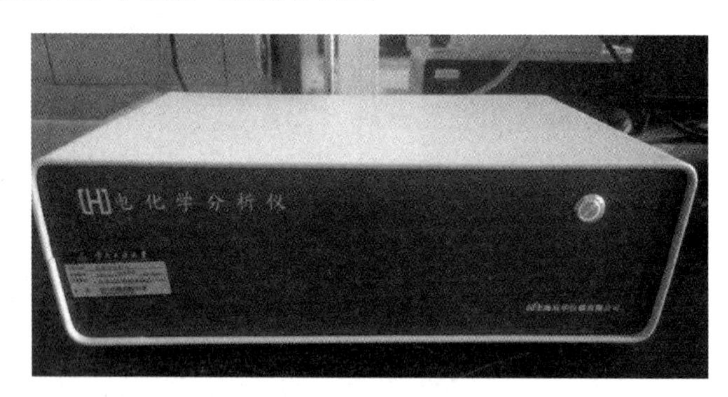

图 2-95 CHI604D 型电化学工作站

2. CHI604D 型电化学工作站配置参数及配件

（1）主要技术参数：恒电位仪的电位范围±10 V；电位上升时间<1 μs；槽压±12 V；三电极或四电极设置，参比电极输入阻抗 1×10^{12} Ω；灵敏度 1×10^{-12}～0.1 A·V^{-1} 共 12 挡量程；输入偏置电流<50 pA；电流测量分辨率<0.01 pA；CV 的最小电位增量 0.1 mV；电位更新速率 10 MHz；快速数据采集 16 位分辨@1MHz；CV 和 LSV 扫描速率 0.000001～5000 V·s^{-1}；电位扫描时电位增量 0.1 mV@1000 V·s^{-1}；CA 和 CC 脉冲宽度 0.0001～1000 s；CA 和 CC 阶跃次数 320；SHACV 频率 0.1～5 kHz；IMP 频率 0.00001～100 kHz；

自动电位和电流零位调整；电位和电流测量低通滤波器，自动或手动设置，覆盖八个数量级的频率范围；最大数据长度 128000～4096000 点可选择；仪器尺寸 32 cm（宽）×28 cm（深）×12 cm（高）；仪器重量 5 kg。

（2）设备主要功能：CHI604D 型电化学工作站的主要功能有：循环伏安法（CV）；线性扫描伏安法（LSV）；Tafel 图（TAFEL）；计时电流法（CA）；计时电量法（CC）；控制电位电解库仑法（BE）；交流阻抗测量（IMP）；交流阻抗-时间测量（IMPT）；交流阻抗-电位测量（IMPE）；开路电压-时间曲线（OCPT）；预设反应机理 CV 模拟器；交流阻抗数字模拟器和拟合程序。

九、知识拓展

当今科学技术快速提升与经济全球化迅速发展的同时，也给人类的生存环境与能源带来了巨大的挑战。2020 年 9 月中国明确提出 2030 年“碳达峰”与 2060 年“碳中和”的“双碳”目标，在此政策背景之下，锂离子电池具有成本低、环境友好、长循环寿命、安全性优良等优点，被认为是最有效的电池储能系统之一，备受关注。且被广泛应用于 3C 产品、电动汽车（EV）、混合动力电动汽车（HEV）等领域。

正极材料是影响锂离子电池性能和成本的关键。常用的正极材料有层状钴酸锂（$LiCoO_2$）、橄榄石结构的磷酸铁锂（$LiFePO_4$）、尖晶石结构的锰酸锂（$LiMn_2O_4$）以及层状三元 NCA 和 NCM 等。其中，尖晶石型 $LiMn_2O_4$ 由于 Mn 资源丰富、价格低廉、安全、比能量较高等优点，被认为是最有应用前景的锂离子电池正极材料之一。但是，其在充放电循环过程中，由于受到姜-泰勒效应、氧缺陷和 Mn^{3+} 溶解的影响，$LiMn_2O_4$ 正极材料在充放电储存方面均存在不可逆容量损失，充放电过程中，锂离子的脱嵌严重影响电池实际容量的发挥及其循环寿命。因此，采用电化学阻抗谱来研究锂离子电池中 Li^+ 脱嵌的活化能，具有重要的指导意义。

十、参考文献

[1] 米成．锂离子电池界面反应活化能应用研究［J］．湖南有色金属．2023，39（01）：55-58.

[2] 管从胜，章宗穰．镉离子选择电极交流阻抗谱研究-载流子传输活化能和响应机制［J］．化学学报．1988，8：816-818.

[3] Ishikawa H，Nishikawa Y，Umeda M. Comparison of activation energies of laminated lithium-ion secondary cell using $LiCoO_2$ and $LiMn_2O_4$ as cathode material by AC impedance method. Journal of Renewable and Sustainable Energy［J］．2011，3（5）：053106.

[4] 梁其梅，郭昱娇，郭俊明，等．亚微米去顶角八面体 $LiNi_{0.08}Mn_{1.92}O_4$ 正极材料制备及高温电化学性能［J］．化学学报，2021，79：1526-1533.

[5] Tao Y，Liu Q，Guo Y，Xiang M，Liu X，Bai W，Guo J，Chou S. Regulation of morphology evolution and Mn dissolution for ultra-long cycled spinel $LiMn_2O_4$ cathode materials by B-doping［J］．Journal of Power Sources，2022，524：231073-231084.

实验 24　低碳钢在醋酸溶液中交流阻抗的测定

一、实验目的

1．掌握测定电化学阻抗谱的基本原理和方法。

2．了解电化学阻抗的意义和应用。

3. 掌握由 Nyquist 图数据处理方法和等效电路图的建立。

4. 熟悉电化学工作站电化学阻抗-频率的操作规程。

二、实验原理

电化学阻抗谱又称为交流阻抗，它是一种以小振幅的正弦波电位（或电流）为扰动信号的电化学测量方法。由于以小振幅的信号对体系扰动，一方面可以避免对体系产生大影响，另一方面也使得扰动与体系的响应之间近似呈线性关系。同时，电化学阻抗谱方法又是一种频率域的测量方法，它以测量得到的频率范围很宽的阻抗谱来研究电极系统，因而能比其他常规的电化学方法得到更多的动力学信息及电极界面结构的信息。如：可以从阻抗谱中含有的时间常数的个数及其数值的大小推测影响电极过程的状态变量的情况；可以从测得的阻抗谱观察电极过程中有无传质过程的影响等。

电化学阻抗谱的测量一个目的，就是根据测量得到的电化学阻抗谱图，确定电化学阻抗谱的等效电路或数学模型，与其他的电化学方法相结合，推测电极系统中包含的动力学过程及其机理；另一个目的是，如果已经建立起一个合理的等效电路或数学模型，那么就要确定数学模型中有关的参数或等效电路中有关元件的参数值，从而估算有关过程的动力学参数或有关体系的物理参数。比如：可以通过电化学阻抗谱结果，根据等效电路图估算出从参比电极到工作电极之间的溶液电阻 R_s、双电层电容 C_{dl} 以及电荷转移电阻 R_{ct} 的信息。如图 2-96 为等效电路中的各元器件。

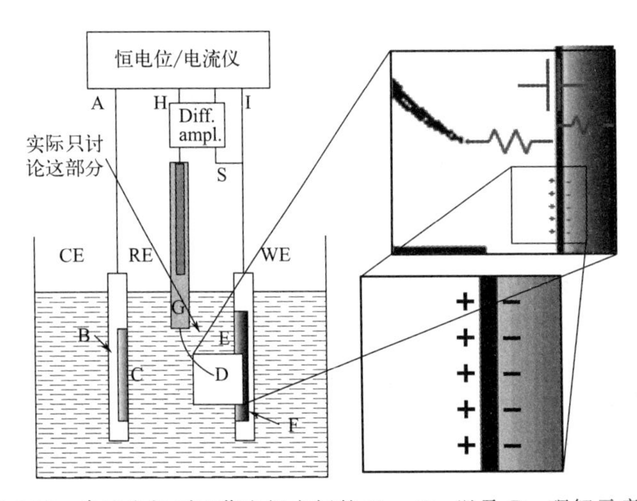

图 2-96 参比电极到工作电极之间的 R_s、C_{dl} 以及 R_{ct} 理解示意图

在图 2-96 中三电极两回路体系中，实际讨论的只是放大区域，即参比电极的盐桥尾部和研究电极（工作电极）的界面部分区域。这部分区域分成了三部分，首先是盐桥尾部到研究电极界面附近区域，由于溶液的存在产生了溶液电阻 R_s；其次由于金属电极表面的剩余电荷（—）的存在而界面左侧溶液相邻区域带了正电荷（＋），这样，形成了双电层结构，双电层 C_{dl} 的存在引起了阻抗（容抗）；同时，在界面处还应考虑由于官能结构与金属发生交互作用而产生电荷的转移，这种带来的阻抗即为电荷转移电阻 R_{ct}。因此，这三个元器件在体系中多以以下等效电路来表达：即 R_{ct} 和 C_{dl} 并联后再与 R_s 串联。同时，还要注意到，C_{dl} 是高频时可导通，而 R 是低频时可导通。这样，就可以在一个比较大的频率范围对体系进行交流阻抗的测量。比如，$10^{-2}\sim10^5$ Hz，就可以得到电阻、电抗（容抗、感抗）等多

方面的信息。因此，测量体系在不同频率下的阻抗谱，即阻抗-频率扫描，一般以 Nyquist 图（本实验必有）和 Bode 图来表示其阻抗谱形式。

直流电下，阻抗仅是以电阻 R 的形式体现；而交流电下，由于电流或电阻的周期性变化，阻抗不仅以 R 的形式在实轴体现，还会在虚轴以容抗 $\left(-j\,\dfrac{1}{\omega C}\right)$ 或感抗（$j\omega L$）的形式体现。即阻抗是一个矢量，复数，由实轴 Z_{Re}（或 Z'）和虚轴 Z_{Im}（或 Z''）组成。由这个较典型的阻抗图谱 2-97 可以看出，它是由实轴的数学表达和虚轴的数学表达组成，通过两式消去角频率 ω 后，获得一个如圆的基本方程的表达式(2-95)、式(2-96)、式(2-97)。通过实轴可以找到 R_s 和 R_{ct}，通过虚轴可以间接找到 C_{dl} 的值。这里，C_{dl} 是理想电容，实际体系中，由于表面粗糙度的影响，电容成为了非理想电容，即 Q 或 CPE-C，粗糙度越大，偏离理想情况越多，即指数部分数值越小于 1。

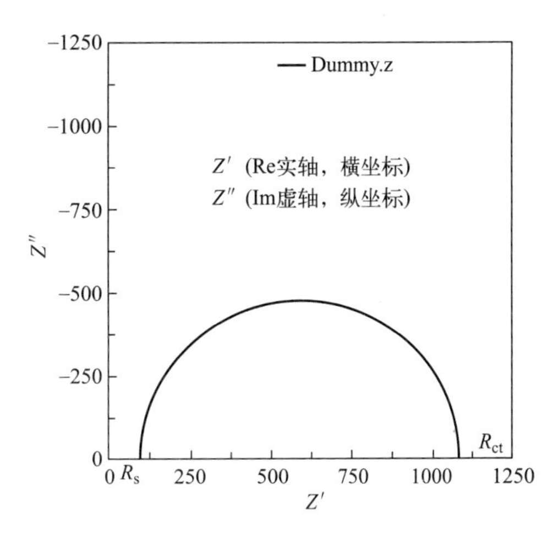

图 2-97　典型阻抗图谱

$$\left(Z_{\text{Re}}-R_s-\frac{R_{ct}}{2}\right)^2+Z_{\text{Im}}^2=\left(\frac{R_{ct}}{2}\right)^2 \tag{2-95}$$

$$Z_{\text{Re}}=R_s+\frac{R_{ct}}{1+\omega^2 C_d^2 R_{ct}^2} \tag{2-96}$$

$$Z_{\text{Im}}=\frac{\omega C_d R_{ct}^2}{1+\omega^2 C_d^2 R_{ct}^2} \tag{2-97}$$

从图 2-98 可以看出，测量是从高频到低频顺序，且随着频率的降低，实轴数值从 0 向坐标轴的右侧方向，虚轴数值由 0 向负值方向（上方）变化。测出图形后，通过等效电路的设立和拟合可以得出 R_s、C_{dl} 以及 R_{ct}。

三、仪器与试剂

1. 主要仪器：AL204 电子分析天平，电热恒温水浴锅（北京泰克仪器有限公司），CS310 电化学工作站（武汉科思特仪器有限公司），烧杯（250 mL），玻璃棒，辅助电极，参比电极，容量瓶 100 mL，超声波清洗仪。

2. 主要材料：试样为昆明钢铁厂生产的冷轧钢片，其组成（质量分数）为 C≤0.22%，Mn≤1.4%，Si≤0.35%，S≤0.050%，P≤0.045%。

3. 主要试剂：冰乙酸（AR），丙酮（AR），蒸馏水。

四、实验步骤

1. 配溶液

用冰乙酸（AR）及蒸馏水配制 500 mg·L^{-1} 实验溶液 100 mL，盛在容量瓶内作为电解液。

2. 试样的准备

(1) 工作电极表面的处理：工作电极裸露面积依次用 100#、240#、600#、800#、

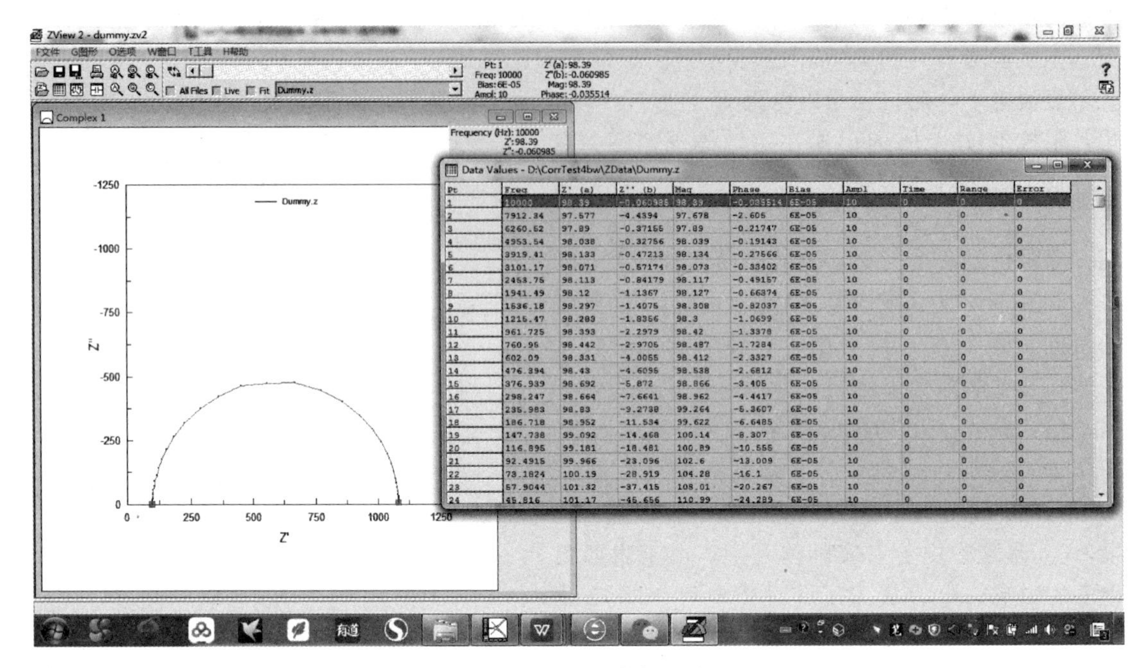

图 2-98 阻抗图与数据的关系

1000# 砂纸打磨至镜面光亮，然后用丙酮脱脂，蒸馏水清洗后，分别放入装有 100 mL 待用电解液的烧杯中，浸泡 2 h 使开路电位稳定。

(2) 工作电极的焊制和灌封：首先准备长短合适的铜线，分别在两端去掉塑料外壳，将一端用钳子折弯，之后用锤子将其敲扁备用；再用砂纸打磨直径为 1.0 cm 的钢片，直到无锈亮白为止，备用；进行焊接，将钢片放置在石棉网之上，下方用电热炉调至适当温度，用电烙铁将焊丝熔化并焊接在钢片上，得到完整牢固的电极；最后用环氧树脂和聚酰胺树脂按 1∶2 的比例灌封工作电极（裸露面积为直径 1.0 cm 圆的面积）。

(3) 盐桥的制作：将装有 100 mL 蒸馏水的烧杯加热直至沸腾，当水沸腾时，先加入 1 g 琼脂，不断搅拌直至溶解；然后加入 30 g 氯化钾，进行不断搅拌直至溶解；当全部溶解后，沸腾时将其吸入鲁金毛细管，用洗耳球顶住鲁金毛细管的大口端，通过洗耳球负压将琼脂溶液慢慢吸入到玻璃管中，到顶部玻璃管空间半满为止。温度降低后冷却 5 min，随着琼脂的凝固，溶于琼脂中的氯化钾将部分析出，玻璃管中出现白色的斑点，这样装有凝固了的琼脂溶液的玻璃管就叫盐桥。见图 2-81 中的鲁金毛细管。

3. 预热

打开电化学工作站电源开关，预热 5～20 min，使仪器工作在温漂最小状态。

4. 电解池的安装

装好辅助电极、参比电极，鲁金毛细管尖端靠近研究电极工作表面（1 mm 左右），将仪器上的线与待测电极体系相连（如图 2-81 所示）。

5. 连接

将电极插头的黑色和绿色保护套夹与研究电极相连，红色与辅助电极相连，黄色与参比电极相连，打开计算机中的 Corrtest 电化学测试程序，选择动电位扫描，如果开路电位显示值合理，则电解池设置正常。

6. 程序设定测试

打开计算机中的Corrtest电化学测试程序，选择：测试方法→交流阻抗→阻抗-频率扫描后，仪器模式自动切换到实地模式。打开对话框，在测试开始前，开始按钮为无效状态，只有当指定一个有效的文件名后，“开始”按钮才被激活，此后所有数据将保存在新建的文件中。（开路电位）显示当前电解池的开路电位，这一点对于判断工作电极是否已经稳定，并可以进行阻抗测试是特别有用的。对话框常规设置中，电流量程和积分设置都为自动，直流电位相对开路电位为0，交流幅值10 mV，初始频率100000 Hz，终止频率0.01 Hz，对数，一般没有特殊需要不选择线性、10点的模式。分析器设置中，对于介质电阻较小的体系可能选择2 mA，对于涂层或者阻抗较高的体系，可以选择20～200 μA，如果量程不合适，会导致EIS曲线出现噪声，本实验取2 mA。带宽响应部分：对于稳定的体系，可以选择关闭，对于阻抗比较高的（涂层）体系，可以选择22～100 pF，为降低测量曲线的噪声水平，我们取22 pF。CS350仪器内部自动采用了电位和电流的偏压消除，提高了阻抗的测量精度。进行阻抗测量时，推荐至少要打开“信号去偏”选项，如果交流激励信号幅值小于100 mV，可以打开“信号增强”选项。设置完成后按开始键进入测试，测试完成后看到Nyquist图和Bode图，三张图同框。本实验只要求掌握Nyquist图的数据拟合。见图2-99和图2-100。

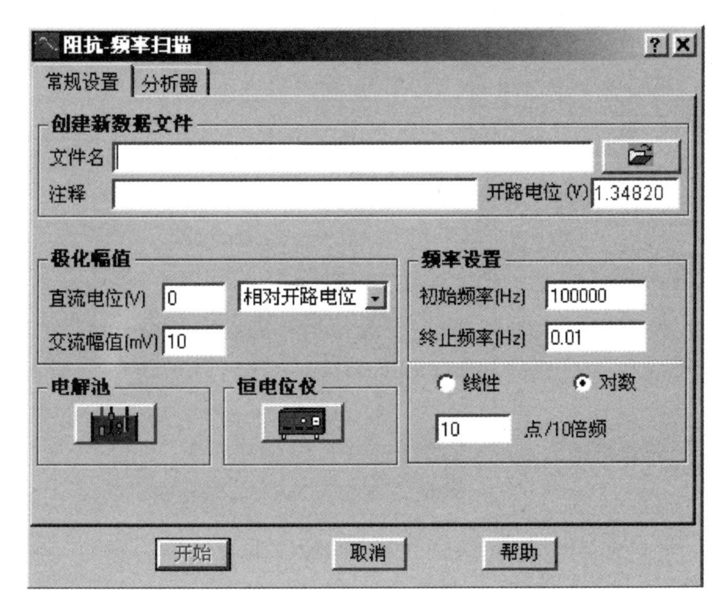

图2-99 电化学阻抗测试常规设置

7. 曲线拟合

CorrTest使用Zview软件作为阻抗谱分析以及图形绘制工具。Zview具有强大等阻抗分析功能，能对数据文件进行复数平面图，Bode图，能让用户自建各种等效电路，进行数据拟合，具有图形局部放大、曲线平滑、数据修正等功能。

从工具菜单中选择“等效电路”，即可进行强大的阻抗谱分析，用户可以在此组建自己的等效电路，也可以选用经典的等效电路。在等效电路窗口中。选择“Model”进入“Edit equivalent circuit”，即可开始模拟或者拟合。如图2-101所示。

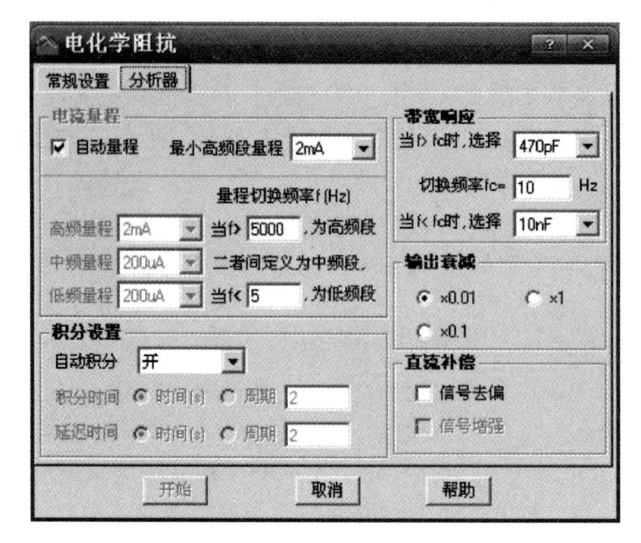

图 2-100 电化学阻抗分析器设置

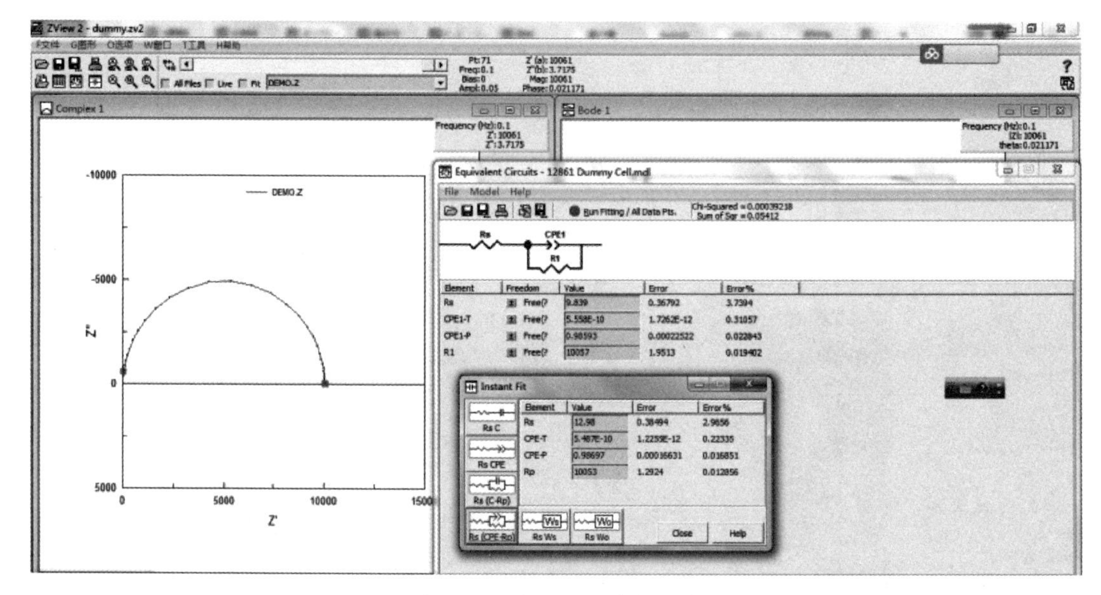

图 2-101 交流阻抗参数拟合

五、注意事项

1. 测定前仔细了解仪器的使用方法。

2. 电极表面一定要处理平整、光亮、干净，不能有点蚀孔。

3. 为减少电极电势测试过程中的溶液电位降，通常两者之间以鲁金毛细管相连。由于表面张力的作用，鲁金毛细管应尽量但也不能无限制靠近研究电极表面，以防对研究电极表面的电力线分布造成屏蔽效应。工作电极上电势的测定尽可能地准确。

4. 环氧树脂灌封电极时，焊接处一定和金属片接触紧密，以防环氧树脂类固定时流入，出现导电不畅问题。导线裸露处一定要灌封好。

5. 盐桥中间无气泡，盐桥的溶胶冷凝后，管口往往出现凹面，此时用玻棒蘸一滴热溶胶加在管口即可。

6. 如果盐桥内琼脂干涸，要及时更换，否则电路不同或阻抗过大，会引起严重的电流或电位振荡现象。另外，如果参比电极内氯化钾完全消失，要及时补充固体氯化钾。

六、数据记录与处理

1. 通过交流阻抗测量的数据拟合处理来确定参数，记入表 2-46 中分别为 R_s（$\Omega \cdot cm^2$）表示溶液电阻，R_t（$\Omega \cdot cm^2$）表示电荷转移电阻，CPE1-T（$\mu F \cdot cm^{-2}$）表示双电层电容，CPE-P 为弥散指数，再由公式计算出缓蚀率 IE（%）。

2. 根据测量得到的电化学阻抗谱图，建立电化学阻抗谱的等效电路图。

表 2-46　电化学阻抗谱拟合数据

c/mg · L^{-1}	R_s/($\Omega \cdot cm^2$)	R_{ct}/($\Omega \cdot cm^2$)	CPE1-T/($\mu F \cdot cm^{-2}$)	CPE-P
0				
250				

3. 对实验中的效果以及经验教训进行小结。

七、思考与讨论

1. 做好本实验的关键有哪些？
2. 测量极化曲线时，为什么要选用三电极体系？
3. 极化曲线测试的目的？
4. 使用电化学工作站有哪些注意事项？

八、补充与提示

1. 仪器名称、厂商、型号

同实验 20。

2. 性能指标、应用领域

（1）性能指标：CS 系列电化学工作站由高速 MCU、高精度 FET 集成电路组成，内置 DDS 数字信号合成器、高功率恒电位/恒电流仪、双通道相关分析器和双通道高速 16 bit/高精度 24 bit AD 转换器。能完成线性扫描伏安（LSV）、循环伏安（CV）、阶梯波循环伏安（SCV）、方波循环伏安（SWV）、差分脉冲伏安（DPV）和常规脉冲伏安（NPV）以及差分常规脉冲伏安（DNPV）等电分析方法；还可以完成恒电流（位）极化、动电位（流）扫描、任意恒电流（位）方波，多恒电流（位）阶跃、零电阻电流计、电化学噪声（电偶电流）、电化学阻抗（EIS）等电化学测试等功能，所有测量功能均可定时自动进行，用于无人值守下的自动测量。

CS 系列包括多种型号，可用于较大电流和较高槽压的电化学测量和应用，例如电池、电分析、腐蚀、电解、电镀等。仪器的电流输出范围为±2 A，槽压为±21 V。电压控制范围：±10 V；电流控制范围：±2.0 A；电流测量下限为 10 pA。

CorrTest 测试软件还具有特别针对材料和腐蚀电化学的实验方法，包括钝化曲线自动或人工反扫，电化学再活化法，溶液电阻（IR 降）测量和补偿法。Corrtest 分析软件则具有完善的数据分析功能，可对伏安曲线进行数字平滑、积分、微分运算，能对极化曲线进行电化学参数解析，包括极化电阻 R_p，Tafel 斜率 b_a，b_c，腐蚀电流密度 i_{corr}，腐蚀速率计算等，还可计算噪声电阻 R_n 和功率谱，并可将图形以矢量方式拷贝到 Microsoft Word 文档中。

（2）应用领域：主要有以下几个方面。

① 研究电化学机理；物质的定性定量分析；

② 常规电化学测试，包括电合成、电镀和电池性能评价；

③ 功能和能源材料的机理和制备研究；

④ 缓蚀剂、水质稳定剂、涂层以及阴极保护效率快速评价以及氢渗测试等；

⑤ 金属材料在导电性介质（包括水/混凝土等环境）中的腐蚀电化学测试。

3. CorrTest 测量与控制软件主要功能

（1）稳态极化：开路电位测量（OCP）；恒电位极化；恒电流极化；动电位扫描（DPP）；动电流扫描（DGP）。

（2）暂态极化：任意恒电位方波；任意恒电流方波；多电位阶跃（VSTEP）；多电流阶跃（ISTEP）；计时分析［计时电位法（CP），计时电流法（CA），计时电量法（CC）］。

（3）伏安分析：线性扫描伏安法（LSV）；循环伏安法（CV）；阶梯伏安法（SCV）；差分脉冲伏安法（DPV）；常规脉冲伏安法（NPV）；方波伏安法（SWV）；交流伏安法（ACV）；常规差分脉冲伏安法（DNPV）；二次谐波交流伏安（SHACV）。

（4）溶出伏安法：恒电位溶出伏安；线性溶出伏安；阶梯溶出伏安；方波溶出伏安；交流溶出伏安。

（5）交流阻抗：电化学阻抗（EIS）-频率扫描；电化学阻抗（EIS）-时间扫描；电化学阻抗（EIS）-电位扫描。

（6）腐蚀测量：循环极化曲线（CPP）；线性极化曲线（LPR）；动电位再活化法（EPR）；电化学噪声（EN）；电偶腐蚀测量（ZRA）；氢扩散测试（HDT）。

（7）电池测试：电池充放电测试；恒电流充放电；恒电流间歇充放电。

（8）扩展测量：盘环电极测试；数字记录仪；波形发生器；圆盘电机控制。

4. 参考数据或文献值（见表 2-47）

表 2-47 30 ℃下钢 300 mg·L^{-1} HAc 中的电化学阻抗谱拟合数据

c/mg·L^{-1}	R_s/Ω·cm^2	R_{ct}/Ω·cm^2	CPE1-T/μF·cm^2	CPE-P
300	19.6	296.2	199	0.76

九、知识拓展

电化学中有许多场合仍很难得到电流、电势和时间之间的显式关系式，这对于实际求解和数据分析很困难。后来，在 Laplace 变换空间进行积分变换后，数据分析就变得容易了。Laplace 变换可将一个有实数参数时间 t（$t \geqslant 0$）的函数转换为一个参数为复数 s 的函数。因此，电流、电压、阻抗都可以表达成复数即实数+虚数的形式。另外，阻抗是由电阻和电抗两个不同性质的部分组成，恰好分别对应于复数的实部和虚部。复数的极坐标形式，反映复数的大小（模）和幅角，恰与阻抗的大小和阻抗角相对应，而且各个元器件都符合相应的复平面运算法则。

十、参考文献

［1］ 谢德明，童少平，曹江林．等．应用电化学基础［M］．北京：化学工业出版社，2013：241.

［2］ 华中科技大学监制，武汉科斯特科技有限公司．CS 系列电化学工作站安装与使用说明书．2009，12.

实验 25 pH 计法测定醋酸的电离常数

一、实验目的

① 了解弱酸电离常数的测定方法。

② 学习 pH 计的使用和中和滴定操作。

③ 加深对电离平衡基本概念的理解。

二、实验原理

醋酸是一元弱酸，在水溶液中存在着电离平衡：

$$HAc \rightleftharpoons H^{+} + Ac^{-}$$

其电离常数为

$$K_{i}^{\ominus} = \frac{c_{H^{+}} c_{Ac^{-}}}{c_{HAc}} \tag{2-98}$$

设 HAc 的起始浓度为 c，如果忽略水的电离，则平衡时溶液中 $c_{H^{+}} \approx c_{Ac^{-}}$，式(2-98)可改写为

$$K_{i}^{\ominus} = \frac{c_{H^{+}}^{2}}{c - c_{Ac^{-}}} \tag{2-99}$$

严格地说，离子浓度应用离子活度代替，式(2-98) 应修正为

$$K_{a}^{\ominus} = \frac{\alpha_{H^{+}} \alpha_{Ac^{-}}}{\alpha_{HAc}} \tag{2-100}$$

或

$$K_{a}^{\ominus} = \frac{c_{H^{+}} \gamma_{H^{+}} c_{Ac^{-}} \gamma_{Ac^{-}}}{c_{HAc} \gamma_{HAc}} \tag{2-101}$$

在弱酸的稀溶液中，如果不存在其他强电解质，由于溶液中离子强度（I）很小，$a \approx c$，此时活度系数 $\gamma \approx 1$，$K_{i}^{\ominus} \approx K_{a}^{\ominus}$。

$K_{i}^{\ominus}$ 称为浓度电离常数，$K_{a}^{\ominus}$ 称为活度电离常数，$K_{i}^{\ominus}$ 不随溶液浓度改变，但随温度的变化略有改变。式(2-98) 中的 $c_{H^{+}}$、$c_{Ac^{-}}$ 和 c_{HAc} 分别是 H^{+}、Ac^{-} 和 HAc 的平衡浓度，HAc 溶液的总浓度可以用标准 NaOH 溶液滴定测得。其电离出来的 H^{+} 浓度，可以在一定温度下，用 pH 计测定 HAc 溶液的 pH 值，再根据 $pH = -\lg c_{H^{+}}$ 关系式计算出 $c_{H^{+}}$。另外，根据各物质之间的浓度关系，求出 $c_{Ac^{-}}$、c_{HAc} 后代入式(2-98) 便可计算出该温度下的 $K_{i}^{\ominus}$ 值，并可计算出电离度 α。

如温度一定时，HAc 的电离度为 α，则 $c_{H^{+}} = c\alpha$，代入式(2-99) 得

$$K_{i}^{\ominus} = \frac{c\alpha^{2}}{1-\alpha} \tag{2-102}$$

进一步可计算出该温度下醋酸的电离度 α。

三、仪器与试剂

1. 主要仪器：容量瓶（50 mL），烧杯（50 mL），移液管（10 mL、25 mL），碱式滴定管（50 mL），锥形瓶（250 mL），pHS-3C pH 计。

2. 主要试剂：NaOH 标准溶液（0.2000 mol·L^{-1}），HAc 溶液（0.2 mol·L^{-1}），酚酞指示剂。

四、实验步骤

1. HAc 标准溶液浓度的标定

用移液管准确移取 25 mL 0.2 mol·L^{-1} HAc 溶液于 250 mL 锥形瓶中，加入 1～2 滴酚酞指示剂，用 0.2000 mol·L^{-1} NaOH 标准溶液滴定至溶液刚刚出现粉红色并在 30 s 内不褪色为止。记录滴定至终点时所消耗的 NaOH 体积。

重复上述操作，平行滴定三次，取其平均值，计算 HAc 标准溶液的浓度。

2. 配制系列已知浓度的 HAc 溶液

将容量瓶编号 1～3，按表 2-48 分别用吸量管准确量 2.50 mL、5.00 mL 和 25.00 mL 的 0.2000 mol·L^{-1} HAc 标准溶液于 3 个 50 mL 容量瓶中，用蒸馏水稀释至刻度，摇匀。配制成不同浓度的 HAc 溶液，并分别计算出各溶液的准确浓度。

表 2-48 测定 $K^{\ominus}$（HAc）的实验数据和计算结果

编号	V(HAc)/mL	$V(H_2O)$/mL	c(HAc)/mol·L^{-1}	pH 值	$c(H^+)$/mol·L^{-1}	$K^{\ominus}$(HAc)	α(HAc)/%
1	2.50	47.50					
2	5.00	45.00					
3	25.00	25.00					

3. HAc 溶液 pH 值的测定

准备 4 个洁净的 50 mL 烧杯，编号 1～4，分别取约 30 mL 上述三种浓度的 HAc 溶液及未经稀释的 HAc 溶液。用 pH 计按由稀到浓的次序测定 1～4 号 HAc 溶液的 pH 值，及时记录所测 pH 值。

五、注意事项

1. 用 pH 计测量 HAc 溶液 pH 值时，应按由稀到浓次序进行。
2. 用 pH 计测定溶液的 pH 值时，需正确使用玻璃电极、甘汞电极。

六、数据记录与处理

1. 根据式(2-98) 计算 HAc 的 $K_i^{\ominus}$ 值，并计算 $K_i^{\ominus}$ 的平均值。
2. 计算 HAc 溶液的电离度 α，说明 HAc 溶液浓度对电离度的影响。

七、思考与讨论

1. 若改变 HAc 溶液的浓度和温度，测其电离度和电离常数有无变化？
2. 配制和测定不同浓度 HAc 溶液的 pH 值时，为什么要按由稀到浓的顺序进行？
3. 用 pH 计测定溶液的 pH 值时，怎样正确使用玻璃电极？
4. 当 HAc 完全被 NaOH 中和时，反应终点的 pH 值是否等于 7，为什么？

八、补充与提示

1. 测定计算得出的电离常数往往超出误差范围，其误差来源有很多：a. 配制溶液时，HAc 溶液的量取，滴定不准确；b. 环境温度变化大；c. 醋酸具有挥发性，测量不够迅速。

2. 实验所用仪器 pH 计（图 2-102）型号为 pHS-3C pH 计。

九、知识拓展

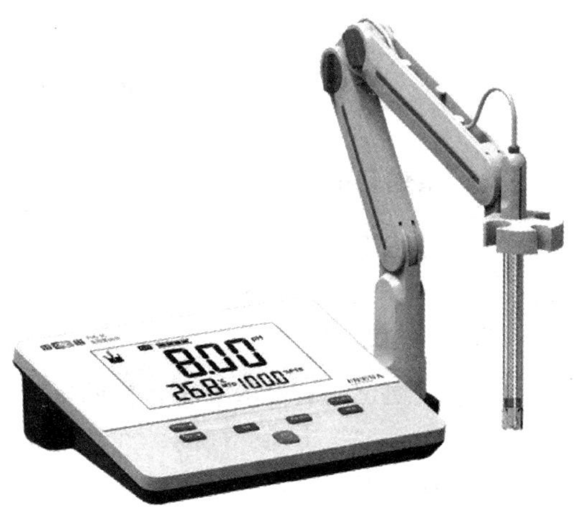

图 2-102　pHS-3C pH 计

电解质电离常数 K 的测定有多种方法：①pH 值法；②半中和法；③电导率法等。本实验采用的是 pH 值法，下面补充介绍一下半中和法与电导率法。

1. 半中和法

将式(2-98) 两边取对数则得

$$\lg K^{\ominus}_{i(HAc)} = \lg c_{H^+} + \lg \frac{c_{Ac^-}}{c_{HAc}}$$

当 $c_{Ac^-} = c_{HAc}$ 时，则

$$\lg K^{\ominus}_{i(HAc)} = \lg c_{H^+}$$

$$pK^{\ominus}_{i(HAc)} = pH \qquad (2\text{-}103)$$

用 NaOH 溶液中和 HAc，当原有 HAc 的一半量被中和时，则剩余的 HAc 浓度恰好与 Ac^- 的浓度相等，此时剩余醋酸与中和反应产生的醋酸盐组成缓冲溶液。用 pH 计测此缓冲溶液的 pH 值，由式(2-103) 就可得知醋酸的电离常数。

2. 电导率法

对弱电解质溶液来说，其浓度 c 越小，其电离度 α 越大，因而当无限稀释时，可看作完全电离，此时溶液的摩尔电导率称为极限摩尔电导率（Λ_m^{∞}）。同一弱电解质，在一定温度时，其极限摩尔电导率 Λ_m^{∞} 是一定值。表 2-49 列出在无限稀释时，不同温度下醋酸溶液的极限摩尔电导率 Λ_m^{∞} 值。

表 2-49　不同温度下醋酸溶液的极限摩尔电导率 Λ_m^{∞} 值

温度/℃	0	18	25	30
Λ_m^{∞}/S·m^2·mol^{-1}	254×10^{-4}	349×10^{-4}	390.7×10^{-4}	421.8×10^{-4}

温度一定时，弱电解质某浓度时的电离度等于该浓度时的摩尔电导率与极限摩尔电导率之比，即

$$\alpha_{HAc} = \Lambda_m / \Lambda_m^{\infty} \qquad (2\text{-}104)$$

得

$$K_i^{\ominus} = \frac{c\alpha^2}{1-\alpha} = \frac{c\Lambda_m^2}{\Lambda_m^{\infty}(\Lambda_m^{\infty} - \Lambda_m)} \qquad (2\text{-}105)$$

由实验测得浓度 c 时，醋酸溶液的电导率 κ，求得 Λ_m 值，再由式(2-105) 可求得 $K^{\ominus}_{i(HAc)}$ 值。

十、参考文献

[1]　北京大学化学学院物理化学实验教学组．物理化学实验［M］. 4 版．北京：北京大学出版社，2002.
[2]　郑传明，吕桂琴．物理化学实验［M］. 2 版．北京：北京理工大学出版社，2015.
[3]　罗澄明，向明礼．物理化学实验［M］. 4 版．北京：高等教育出版社，2004.

实验 26 希托夫法测定离子的迁移数

一、实验目的

1. 掌握希托夫法测定电解质溶液中离子迁移数的基本原理和操作方法。

2. 测定 $CuSO_4$ 溶液中 Cu^{2+} 和 SO_4^{2-} 的迁移数。

二、实验原理

当电流通过电解质溶液时，在两电极上发生氧化、还原反应，反应物质的量与通过电量的关系服从法拉第定律。同时，在溶液中的正、负离子分别向阴、阳两极迁移，由于正、负离子的移动速度不同，所带电荷不等，因此它们在迁移电量时所分担的份额也不同。电解的结果是两极区的溶液浓度发生了变化。

为了表示电解质溶液中离子的特征，以及它们对溶液导电能力贡献的大小，引入离子迁移数的概念。

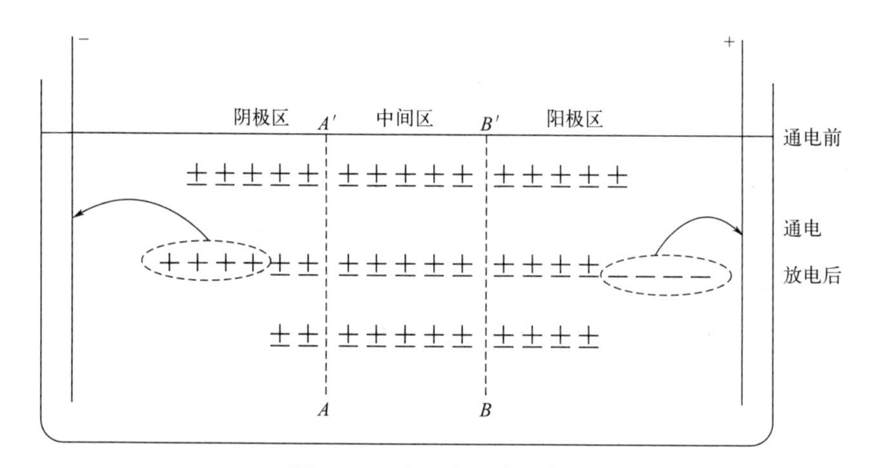

图 2-103 离子电迁移示意图

在两个惰性电极之间设想两个假想截面 AA'、BB'，将电解池分成阳极区、中间区和阴极区（图 2-103）。假定电解质 MA 溶液中仅含有一价正、负离子 M^+ 和 A^-，且负离子的运动速度是正离子运动速度的三倍，即 $v_-=3v_+$。电极通电、放电后的结果是：

阴极区：只剩下 2 个离子对，这是由于从阴极区移出三个负离子；

阳极区：只剩下 4 个离子对，这是由于从阳极区移出一个正离子。

通过溶液的总电量 Q 为正、负离子迁移电量的总和，即 4 个电子电量，因此可以得到如下关系：

$$\frac{v_+}{v_-}=\frac{\text{阳极区减少的电解质}}{\text{阴极区减少的电解质}}=\frac{\text{正离子迁移的电荷量}(Q_+)}{\text{负离子迁移的电荷量}(Q_-)}$$

定义离子的迁移数为：

正离子迁移数 $t_+=\dfrac{Q_+}{Q}$，负离子迁移数 $t_-=\dfrac{Q_-}{Q}$，其中 Q 为总电量。

所以 $t_++t_-=\dfrac{Q_+}{Q}+\dfrac{Q_-}{Q}=1$

离子迁移数可以用希托夫法进行测定，其实验装置如图 2-104 所示，包括一个阴极管、一个阳极管和一个中间管，外电路中串联有库仑电量计（本实验中采用铜电量计），可测定通过电流的总电量。在溶液中间区浓度不变的条件下，分析通电前原溶液及通电后阳极区（或阴极区）溶液的浓度，比较等量溶剂所含 MA 的量，可计算出通电后迁移出阳极区（或阴极区）的 MA 的量。通过溶液的总电量 Q，由串联在电路中的电量计测定。根据公式可计算出 t_+ 和 t_-。

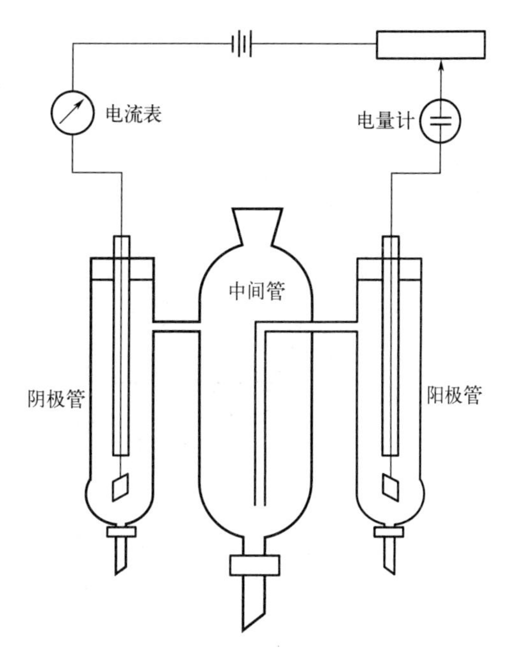

图 2-104　希托夫法实验装置示意图

以 $CuSO_4$ 溶液为例，在迁移管中，两电极均为铜电极，其中放入 $CuSO_4$ 溶液。通电时，溶液中的 Cu^{2+} 在阴极上发生还原，而在阳极上金属铜溶解生成 Cu^{2+}。

通电时，一方面阳极区有 Cu^{2+} 迁出，另一方面电极上 Cu 溶解生成 Cu^{2+} 进入阳极区，因而有：

$$n_{电解后}=n_{电解前}+n_{反应}-n_{迁移}$$

整理得到：

$$n_{迁移}=n_{电解前}+n_{反应}-n_{电解后}$$

式中，$n_{迁移}$表示迁移出阳极区的 Cu^{2+} 的量；$n_{电解前}$表示通电前阳极区所含 Cu^{2+} 的量；$n_{电解后}$表示通电后阳极区所含 Cu^{2+} 的量；$n_{反应}$表示通电时阳极上 Cu 溶解（转变为 Cu^{2+}）的量，也等于铜电量计阴极上析出铜的量。

可以看出，希托夫法测定离子的迁移数至少包括两个假定：①电的输送者只是电解质的离子，溶剂水不导电，这一点与实际情况接近；②不考虑离子水化现象。实际正、负离子所带水量不一定相同，因此电极区电解质浓度的改变，部分是由水迁移所引起的。这种不考虑离子水化现象所测得的迁移数称为希托夫迁移数。

三、仪器与试剂

1. 主要仪器：LQY 离子迁移数测定装置，紫外-可见分光光度计，锥形瓶（25 mL，100 mL），移液管（5 mL，10 mL，25 mL），容量瓶（100 mL，250 mL）。

2. 主要试剂：镀铜液（参见“实验 18 原电池电动势的测定与应用”），无水乙醇（AR），HNO_3 溶液（1 mol·L^{-1}），$CuSO_4$ 溶液（0.5 mol·L^{-1}），乙二胺四乙酸二钠（EDTA，AR），乙酸（AR），乙酸钠（AR），$CuCl_2$（AR）。

四、实验步骤

（1）仪器说明：

LQY 离子迁移数测定装置连接图如图 2-105 所示，前面板如图 2-106 所示。

铜电量计使用方法：

① 铜电量计中共有三片铜片，两边铜片为阳极，中间铜片为阴极。

② 阳板铜片固定在电极固定板上，不可拆下，阴极铜片由阴极插座固定。拆下或固定

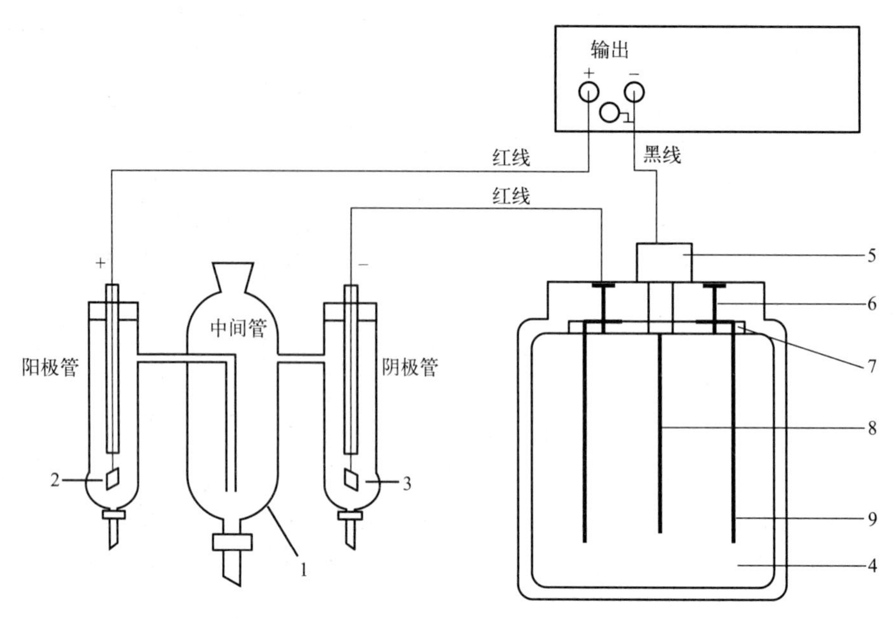

图 2-105 LQY 离子迁移数测定装置连接图

1—迁移管；2—阳极；3—阴极；4—库仑计；5—阴极插座；6—阳极插座；7—电极固定板；8—阴极铜片；9—阳极铜片

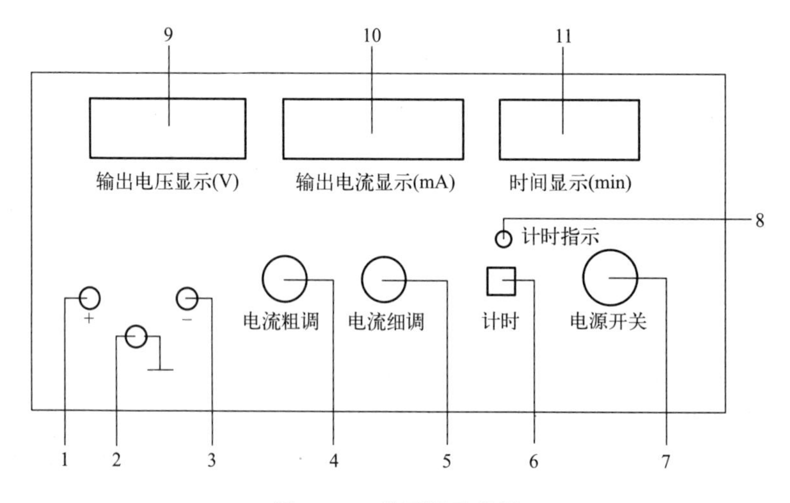

图 2-106 前面板示意图

1—正极接线柱：负载的正极接入处；2—接地接线柱；3—负极接线柱：负载的负极接入处；4—电流粗调：粗略调节电流所需电流值；5—电流细调：精确调节电流所需电流值；6—计时按钮：按下此按钮，停止或开始计时；7—电源开关；8—计时指示：计时开始计时指示灯亮；9—输出电压显示窗口：显示输出的实际电压值；10—输出电流显示窗口：显示输出的实际电流值；11—时间显示窗口：显示计时时间

阴极铜片时只需逆时针旋松或顺时针旋紧阴极插座即可。

③ 电极固定板上有两个阳极插座，实验中可任意插入其中一个插座。

（2）铜电量计的阴极和阳极为铜片。实验前将铜电极用金相砂纸蘸水打磨，再用 $1\ mol \cdot L^{-1}$ HNO_3 溶液稍微浸洗一下，以除去表面的氧化层，然后用蒸馏水冲洗。在铜电量计中加入镀铜液，安装好电极，连接电源后，在 5 mA 电流下电镀 1 h，取出铜阴极，用蒸馏水冲洗，乙醇润湿后用热风吹干（温度不可太高，电吹风离开电极一段距离），冷却后称重（W_1）。

（3）将电解用铜电极用金相砂纸蘸水打磨，再用1 mol·L^{-1} HNO_3 溶液稍微浸洗一下，以除去表面的氧化层，然后用蒸馏水冲洗。清洗迁移管。注意活塞是否漏水。在1000 mL容量瓶中配制0.025 mol·L^{-1} $CuSO_4$ 溶液，用少量溶液荡洗迁移管两次，用该溶液充满迁移管，注意管中不能有气泡。

（4）按图2-105连接实验装置。接通电源，仔细调节使电流在20 mA左右，通电90分钟，电解过程中要避免振动、摇晃等，这会引起各管中溶液混合的行为。电解结束后切断电源，迅速将阳极管上的电极塞取下，打开阳极管底部活塞，将阳极区溶液放入已知质量的、干燥的100 mL锥形瓶中称重（准确至0.01 g），注意不要使中间管中的溶液一起流出。

（5）取出铜电量计中的阴极铜片，用蒸馏水冲洗，乙醇润湿后用热风吹干，冷却后称重（W_2）。

（6）准确移取25 mL阳极区溶液在电子天平上准确称重。另取25 mL原0.025 mol·L^{-1} $CuSO_4$ 溶液准确称重，再取25 mL通电后中间区 $CuSO_4$ 溶液准确称重。

（7）将上述三份准确称重的25 mL溶液用分光光度计扫描吸光度曲线。若原0.025 mol·L^{-1} $CuSO_4$ 溶液与中间区 $CuSO_4$ 溶液的测定浓度偏差大于3%，说明中间区溶液已经与阳极区溶液发生返混，应重新进行测定。

五、注意事项

1. 实验中的铜电极必须是纯度99.999%的电解铜。

2. 实验过程中凡是能引起溶液扩散、搅动等的因素必须避免。电极阴、阳极的位置能对调，迁移管及电极不能有气泡，两极上的电流密度不能太大。

3. 本实验中各部分的划分应正确，不能将阳极区与阴极区的溶液划入中间区，这样会引起实验误差。

4. 本实验用铜电量计的增重计算电量，因此称量及前处理都很重要，需仔细进行。

六、数据记录与处理

1. 根据铜电量计阴极铜片在通电前后的质量差，计算电极上Cu溶解成 Cu^{2+} 的物质的量：

$$n_{反应}(\text{mol})=\frac{W_2-W_1}{M_{Cu}}$$

式中，$M_{Cu}=63.546\ \text{g}\cdot\text{mol}^{-1}$，是铜的摩尔质量。

2. 根据分光光度法测定的阳极区溶液的 Cu^{2+} 浓度 $c_{阳}$（mol·L^{-1}，以下各式中浓度 c 的单位均与此相同），计算25 mL阳极区溶液中的 $CuSO_4$ 的物质的量：

$$n_{25\ \text{mL},阳}(\text{mol})=0.025c_{阳}$$

再根据通电后整个阳极区溶液质量 $W_{阳}$ 和25 mL阳极区溶液质量 $W_{阳,25\ \text{mL}}$，换算出通电后阳极区溶液中的 $CuSO_4$ 物质的量 $n_{电解后}$：

$$n_{电解后}(\text{mol})=\frac{W_{阳}}{W_{阳,25\ \text{mL}}}n_{25\text{mL},阳}$$

并计算出整个阳极区中溶剂水的质量 $W_{水}$：

$$W_{水}=W_{阳}-n_{电解后}M_{CuSO_4}$$

式中，$M_{CuSO_4}=159.6086\ g\cdot mol^{-1}$，是硫酸铜的摩尔质量。

3. 分别对比原 0.025 mol·L^{-1} $CuSO_4$ 溶液和通电后中间区 $CuSO_4$ 溶液的分光光度法测定结果和称重质量，如差别不大，则取两者的平均值作为电解前溶液中的 $CuSO_4$ 浓度 $c_{中}$，和 25 mL 电解前溶液质量 $W_{中,25\ mL}$。据此计算出电解前每克溶剂水中 $CuSO_4$ 的物质的量：

$$\frac{0.025c_{中}}{W_{中,25\ mL}-0.025c_{中}}$$

并换算出与整个阳极区溶剂水同质量（$W_{水}$）的电解前溶液中 $CuSO_4$ 的物质的量：

$$n_{电解前}(mol)=\frac{0.025c_{中}}{W_{中,25mL}-0.025c_{中}}W_{水}$$

4. 计算 Cu^{2+} 的电迁移量：$n_{迁移}=n_{电解前}+n_{反应}-n_{电解后}$。

5. 计算正、负离子的迁移数。

$$t_{Cu^{2+}}=\frac{n_{迁移}}{n_{反应}} \qquad t_{SO_4^{2-}}=1-t_{Cu^{2+}}$$

据此

$$t_{Cu^{2+}}=1-\frac{n_{电解后}-n_{电解前}}{n_{反应}}$$

因为 $0<t_{Cu^{2+}}<1$，所以 $n_{电解后}>n_{电解前}$，即电解后的阳极区 $CuSO_4$ 浓度比电解前增大。

文献数据：

水溶液中 $\frac{1}{2}Cu^{2+}$ 的极限摩尔电导率 $\Lambda_{+}^{\infty}/S\cdot cm^2\cdot mol^{-1}$：

0 ℃ 28；18 ℃ 45.3；25 ℃ 53.6

水溶液中 $\frac{1}{2}SO_4^{2-}$ 的极限摩尔电导率 $\Lambda_{-}^{\infty}/S\cdot cm^2\cdot mol^{-1}$：

0 ℃ 41；18 ℃ 68.4；25 ℃ 80

18 ℃无限稀释水溶液中的离子淌度 $U\times10^8/m^2\cdot V^{-1}\cdot s^{-1}$：

Cu^{2+} 4.6；SO_4^{2-} 7.1

七、思考与讨论

1. 中间区溶液浓度发生变化说明什么？如何防止？
2. 除铜电量计外，还可以设计出怎样的电量计？

八、补充与提示

1. 仪器和溶液配制

(1) 仪器：安捷伦紫外-可见分光光度计。

(2) 乙二胺四乙酸二钠盐溶液（EDTA）配制：称取乙二胺四乙酸二钠盐 74.5 g，用水溶解后再稀释至 1 L，浓度为 0.2 mol·L^{-1}。

(3) 醋酸-醋酸钠缓冲溶液配制：称取结晶醋酸钠 132.3 g，溶于水后加入冰醋酸 2.36 mL，用水稀释至 1 L，溶液 pH=6。缓冲溶液也可以用市售标准缓冲液样品配制。

(4) 铜标准溶液配制：准确称取 99.99%的氯化铜 0.5 g，移入 100 mL 容量瓶中，用水稀释至刻度，配制成铜离子浓度为 0.05 mol·L^{-1} 的铜标准溶液。

2. 分光光度法测定铜离子的浓度

（1）取 25 mL 0.2 mol·L^{-1} 乙二胺四乙酸二钠盐溶液，用水稀释，定容，摇匀。在安捷伦紫外-可见分光光度计上，用空白试剂（只含 EDTA 和缓冲溶液）或蒸馏水测定空白曲线，然后测定所配制的铜离子溶液的吸光度，测试波长为 730 nm。

（2）吸取不同体积的铜标准溶液，重复上述过程，在铜离子浓度为 0.003～0.008 mol·L^{-1} 范围内，至少共测定 5 个数据，作出铜离子浓度-吸光度工作曲线。

（3）按上述方法，将待测定溶液配制成铜离子浓度处于工作曲线范围之内的溶液，然后测定其吸光度。

九、知识拓展

离子迁移数在传感技术中有着广泛的应用，主要用于监测物质的电化学变化。它可以反映出所有传感器中物质的行为，例如湿度、pH 值和氧化还原电位等，这有助于更好地理解和预测物质的行为。此外，通过控制离子迁移数获取更精准的数据，有助于优化传感器设计，提高可靠性，从而提高检测的精度。此外，离子迁移系数可以建立起物质迁移与环境因素之间的关系，如温度、电压和溶质分布，从而提供丰富的科研数据供科学家研究。与此同时，离子迁移数还能够在公共服务领域中发挥巨大作用，例如通过远程监控水库深度、地下水位和建筑物土壤温度等，可以为公众提供实时的预警服务，减少灾害等。

互联网技术的发展也给离子迁移数应用带来了极大的便利。无线网络可以实现实时离子迁移数数据采集，丰富了离子迁移数数据库，从而实现对物质行为变化的战略研究，促进设计更加可靠的传感器，这是推动离子迁移数技术发展的重要因素。离子迁移数技术已经大大改善了研究物质迁移的能力，并广泛应用于传感器设计及其他实际应用中，它是实现互联网技术发展的重要基础，为大众提供了多种实用的服务。

十、参考文献

[1] 邓景发，范康年．物理化学［M］．北京：高等教育出版社，1993：732.
[2] Daniels F，et al. Experimental Physical Chemistry［M］. 7th ed. New York：McGraw - Hill，Inc，1970.
[3] 北京大学化学系物理化学教研室．物理化学实验［M］．3 版．北京：北京大学出版社，1995.
[4] 孙尔康，高卫，徐维清，等．物理化学实验［M］．3 版．南京：南京大学出版社，2022.

第三节 动力学

实验 27 旋光度法测定蔗糖转化反应的速率常数

一、实验目的

1. 测定蔗糖水溶液在酸催化作用下的反应速率常数和半衰期。
2. 了解反应物浓度与旋光度之间的关系。
3. 了解旋光仪的基本原理，掌握其使用方法。

二、实验原理

蔗糖在酸作催化剂的条件下水解成为葡萄糖和果糖，水解反应速率与蔗糖浓度、反应温度、酸的种类和浓度等因素有关。葡萄糖、果糖和蔗糖溶液总旋光度等于各组分旋光度的代数和，可利用溶液旋光度的加和性原理分析蔗糖水解反应中溶液各组分的浓度变化。

蔗糖在水中转化成葡萄糖和果糖，其反应式为：

$$\underset{(\text{蔗糖})}{C_{12}H_{22}O_{11}} + H_2O \xrightarrow{H^+} \underset{(\text{葡萄糖})}{C_6H_{12}O_6} + \underset{(\text{果糖})}{C_6H_{12}O_6}$$

在纯水中此反应极慢，为使反应加速，常以 H^+ 为催化剂，故蔗糖的水解反应通常在酸性介质中进行。当蔗糖溶液浓度不大时，反应中水是大量存在的，尽管有部分水分子参加了反应，仍可近似地认为整个反应过程中水的浓度是恒定的；而 H^+ 是催化剂，其浓度也保持不变。故此二级反应可视为一级反应，其速率方程为：

$$-\mathrm{d}c/\mathrm{d}t = kc \tag{2-106}$$

式中，c 为 t 时刻的反应物浓度；k 为反应速率常数。

积分式(2-106) 可得：

$$\ln c = \ln c_0 - kt \tag{2-107}$$

式中，c_0 为反应开始时反应物的浓度。

当 $c=\frac{1}{2}c_0$ 时，时间 t 可用 $t_{1/2}$ 表示，即为反应半衰期：

$$t_{1/2} = (\ln 2)/k = 0.693/k \tag{2-108}$$

从式(2-107) 可看出，在不同时间测定反应物的相应浓度，并以 $\ln c$ 对 t 作图，可得一直线，由直线斜率即可求得反应速率常数 k。然而反应是在不断进行的，要快速分析出反应物的浓度是困难的。

蔗糖、葡萄糖和果糖都具有旋光性，且旋光能力不同，故可利用体系在反应进程中旋光度的变化来度量反应的进程。

溶液的旋光度与溶质的旋光能力、溶剂性质、溶液浓度、样品管长度、温度和光源波长等均有关系。当除溶液浓度外的其他条件均固定时，旋光度 α 与反应物的浓度 c 呈线性关系，即

$$\alpha = \beta c \tag{2-109}$$

式中，β 是与物质的旋光能力、溶剂性质、溶液浓度、样品管长度及反应温度等有关的比例常数。

物质的旋光能力用比旋光度来度量，比旋光度用式(2-110) 表示：

$$[\alpha]_D^t = \frac{\alpha \times 100}{l c_A} \tag{2-110}$$

式中，t 为实验时的温度；D 是所用光源的波长；l 是样品管长度；c_A 为浓度，$g \cdot 100\ mL^{-1}$；α 为测得的旋光度。

反应物蔗糖是右旋物质，其比旋光度 $[\alpha]_D^{20}=66.6°$；生成物中葡萄糖也是右旋物质，其比旋光度 $[\alpha]_D^{20}=52.5°$；但果糖是左旋物质，其比旋光度 $[\alpha]_D^{20}=-91.9°$。由于生成物中果糖的左旋性比葡萄糖的右旋性大，所以生成物呈现左旋性质。因此随着反应的进行，体系的右旋角不断减小，反应至某一瞬间，体系的旋光度可恰好等于零，而后就变成左旋，直到蔗糖完全转化，这时左旋角达到最大值 α_∞。

设体系最初的旋光度为：$\alpha_0=\beta_{反}c_0$（$t=0$，蔗糖尚未转化） (2-111)

体系最终的旋光度为：$\alpha_{\infty}=\beta_{生}c_0$（$t=\infty$，蔗糖已完全转化）　(2-112)

式(2-111) 和式(2-112) 中的 $\beta_{反}$ 和 $\beta_{生}$ 分别为反应物和生成物的比例常数。

当时间为 t 时，蔗糖浓度为 c，此时旋光度为 α_t，即

$$\alpha_t=\beta_{反}c+\beta_{生}(c_0-c) \tag{2-113}$$

联立式(2-111)、式(2-112) 和式(2-113) 可解得：

$$c_0=\frac{\alpha_0-\alpha_{\infty}}{\beta_{反}-\beta_{生}}=\beta'(\alpha_0-\alpha_{\infty}) \tag{2-114}$$

$$c=\frac{\alpha_t-\alpha_{\infty}}{\beta_{反}-\beta_{生}}=\beta'(\alpha_t-\alpha_{\infty}) \tag{2-115}$$

将式(2-114) 和式(2-115) 代入式(2-107) 得：

$$\ln(\alpha_t-\alpha_{\infty})=-kt+\ln(\alpha_0-\alpha_{\infty}) \tag{2-116}$$

以 $\ln(\alpha_t-\alpha_{\infty})$ 对 t 作图可得一直线，由直线斜率可求出该反应的速率常数 k。

三、仪器与试剂

1. 主要仪器：自动旋光仪（WZZ2B，苏州尤测仪器有限公司）、数显恒温水浴锅（HH-4，无锡莱浦仪器设备有限公司）。

2. 主要试剂：蔗糖（AR），盐酸（AR）。

四、实验步骤

1. 调节自动旋光仪

使用自动旋光仪钠光谱 D 线（589 nm）光源，长度为 10 cm 的旋光管进行测定。测定前，自动旋光仪需预热 30 min，且用纯化水进行空白校正。

2. 测试温度对蔗糖比旋光度的影响

精密称取 7.5032 g 蔗糖，置于 100 mL 容量瓶中，加少量纯化水，振荡混匀，进行溶解，再用纯化水定容至 100 mL。分别在 10 ℃、20 ℃、30 ℃、40 ℃的温度下水浴，以控制蔗糖溶液温度，并用温度计精确测定其温度，测定同一浓度蔗糖溶液在不同温度下的旋光值，每个温度点测定 18 次，取平均值，计算该温度下的比旋光度。

3. 蔗糖水解过程中 α_t 的测定

称取 20 g 蔗糖于烧杯中，加入适量蒸馏水使其溶解，用 100 mL 容量瓶配成溶液。用移液管取 25 mL 蔗糖溶液于 100 mL 洁净干燥的锥形瓶中，再用另一支移液管取 25 mL 4 mol·L^{-1} 的 HCl 溶液加到盛有蔗糖溶液的锥形瓶中混合，同时记下时间。振荡摇匀，立即用少量反应液荡洗样品管两次，然后以此混合液注满样品管，盖好玻璃片，旋紧套盖（检查是否漏液，有气泡），擦净旋光管两端玻璃片，立刻置于旋光仪中测量各时间的旋光度（注意：此时只能用去一半左右的反应液）。在反应开始后的 2 min 内测出第一个数据，在以后的 15 min 内，每隔一分钟测量一次。随着反应物浓度降低，反应速率变慢，可将测量的时间间隔放宽为 3 min，一直测量到反应时间为 50 min 为止。

4. α_{∞} 的测定

在测量 α_t 期间，将步骤 3 中剩余的另一半混合液置于 50～60 ℃水浴锅内温热 40 min，使其加速反应至完全，然后取出冷却至室温，测其旋光度，在 10 min 内读取 5 个数据，取其平均值，此值即可认为是 α_{∞}。

五、注意事项

1. 旋光仪连续使用时间不宜超过 4 h。如果使用时间较长，中间应关熄 10～15 min，待钠光灯冷却后再继续使用，以免亮度下降和寿命缩短。

2. 样品管用后要及时将溶液倒出，把两头的套盖打开，玻璃片取出，彻底清洗样品管、套盖和玻璃片，并在小盆中用蒸馏水浸泡 10 min，然后擦干放好。玻璃片不能用手直接揩擦，应用柔软绒布或擦镜纸揩擦。

3. 旋光仪应放在通风干燥、温度适宜的地方，并用防尘罩盖好，使用前用擦镜纸擦净镜头。

4. 对大多数光学活性物质而言，当温度升高 1 ℃时，比旋光度减少千分之几，在 20～60 ℃，温度的变化对葡萄糖、蔗糖、乳糖的比旋光度基本无影响。

5. 如果螺帽盖旋拧不紧，容易漏液；拧得太紧则光学玻璃会受到应力而产生附加的偏振作用，给测量带来误差，也可能导致玻璃片压碎。

6. 在测定 α_∞ 时，为加快反应进程促使反应完全，需在 55 ℃左右的水浴中恒温，但要注意温度不要超过 60 ℃，否则会发生副反应（此时溶液变黄）。

六、数据记录与处理

1. 实验记录

将实验所测旋光度与时间记录在表 2-50 中。

室温________℃，盐酸浓度 α_0________；α_∞________。

表 2-50 反应时间与旋光度的关系

t/min	2	3	4	5	…	15	18	21	24	…	50
α_t/(°)											
$\ln(\alpha_t-\alpha_\infty)$											

2. 数据处理

（1）用 $\ln(\alpha_t-\alpha_\infty)$ 对 t 作图，由直线斜率求出反应速率常数 k。

（2）用 $t_{1/2}=0.693/k$ 计算反应的半衰期 $t_{1/2}$。

七、思考与讨论

1. 本实验是否必须做仪器的零点校正？为什么？

2. 在混合蔗糖和 HCl 溶液时，总是把 HCl 溶液加到蔗糖溶液中，而不是把蔗糖溶液加入 HCl 溶液中，为什么？

3. 在测量蔗糖转化速率常数时，选用长的旋光管好还是短的旋光管好？为什么？

八、补充与提示

1. 旋光仪的构造和原理

通过圆盘旋光仪（如 WXG-4 型旋光仪，上海精密科学仪器有限公司）（见图 2-107）可进一步了解旋光仪的构造和测量原理（见图 2-108）。

2. WXG-4 型旋光仪的使用

开启电源开关预热 5 min，使钠光灯发光正常，就可开始工作。洗净样品管并注满蒸馏水使其形成一凸面，取玻璃片沿管口水平推入盖好，再旋紧套盖至不漏水即可，不要有气泡

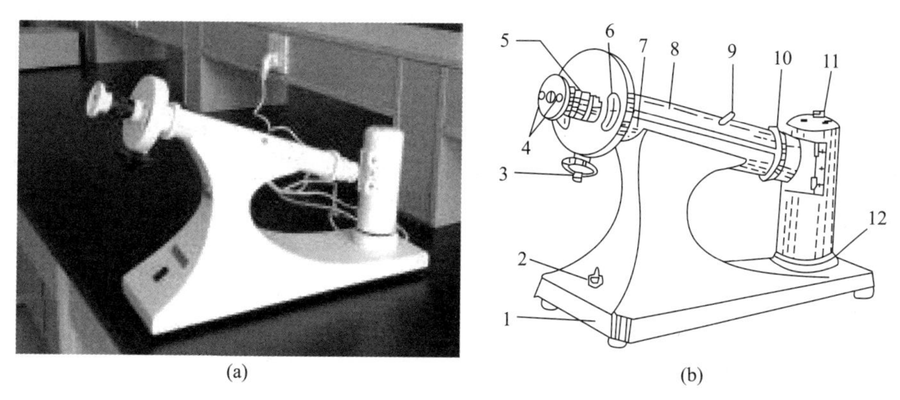

图 2-107　WXG-4 圆盘旋光仪（a）及其构造（b）

1—底座；2—电源开关；3—度盘转动手轮；4—读数放大镜；5—调焦手轮；6—度盘及游标；7—镜筒；8—镜筒盖；9—镜盖手柄；10—镜盖连接圈；11—灯罩；12—灯座

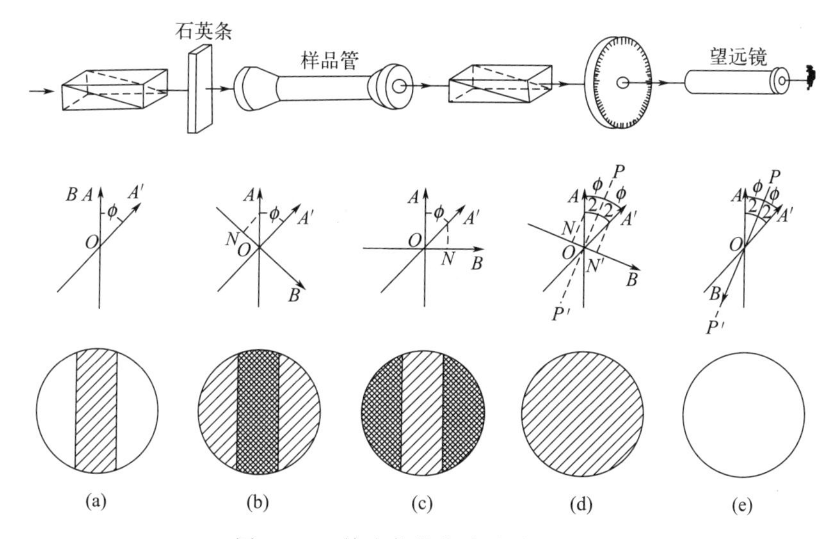

图 2-108　旋光仪的构造及测量原理

产生（如有气泡，应赶至凸处，使其不在光路上）。然后用吸水纸擦干样品管，用擦镜纸擦净玻璃片，放入旋光仪光路中。调节目镜使视野清晰，再旋转检偏镜至能观察到三分视野暗度相等为止。记下刻度盘读数，重复测量 3 次，取其平均值，此值即为零点偏差值，应在测量读数中减去或加上该偏差值。三分视场见图 2-109。

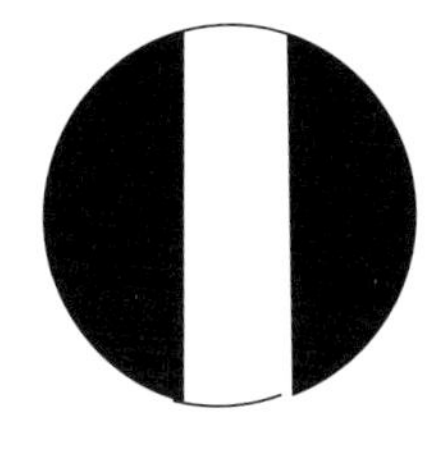

(a) 大于(或小于)零点视场

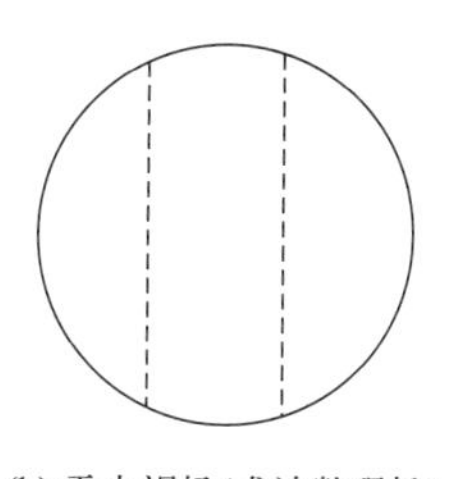

(b) 零点视场(或读数现场)

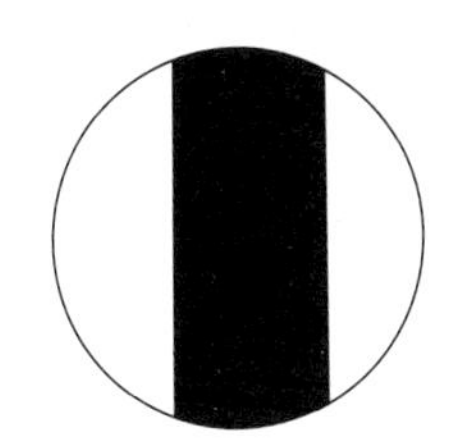

(c) 大于(或小于)零点视场

图 2-109　三分视场图

3. 读数方法（注意量程和精度）

刻度盘分两个半圆，分别标出 0°～180°，固定游标分为 20 等份（如图 2-110 所示）。读数时，先读游标的 0 落在刻度盘上的位置（整数值），再用游标尺的刻度盘画线重合的方法，读出游标尺上的数值（可读出两位小数）。

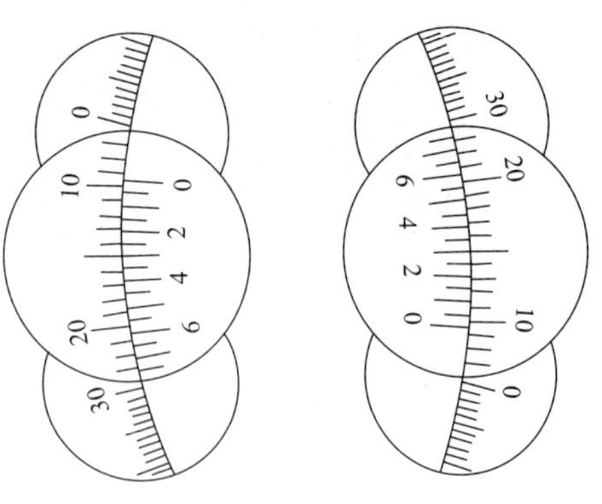

图 2-110　读数示意图

九、知识拓展

蔗糖溶液原本是无色透明的溶液，在偏振片的帮助下，蔗糖溶液可以呈现出多彩的颜色。利用偏振片这一特性，可以观测在不同浓度下蔗糖溶液分光能力的差异，追踪蔗糖溶液在酸性条件下的水解过程。“旋光度法测蔗糖水解反应速率常数”是化学动力学研究的第一个定量化结果，由 Wilhelmy 在 1850 年首次报道，在化学动力学的发展历史上具有里程碑意义。目前，“旋光度法测蔗糖水解反应速率常数”仍然是大学物理化学实验中一个非常经典的化学动力学教学实验。

蔗糖在酸作催化剂的条件下水解成为葡萄糖和果糖，水解反应速率与蔗糖浓度、反应温度、酸的种类和浓度等因素有关。近 20 年来，人们不断对实验原理、实验方法、数据处理等内容进行完善和改进。最早尝试了给旋光仪增加恒温装置以避免温度波动对实验结果的影响，同时探讨了不同温度和盐酸浓度下的蔗糖水解反应速率常数，并验证了蔗糖水解反应为一级反应的实验条件，认为较低的蔗糖浓度和较低的酸浓度是进行一级反应近似处理的关键。采用误差分析的方法对蔗糖水解实验的不同数据处理方法进行比较，提出了利用外推法计算反应终点的旋光度（α_{∞}）和二次曲线拟合计算反应速率常数的方法，探讨了不直接测量 α_{∞} 从而避免终点旋光度测不准造成较大误差的实验改进方法。

蔗糖水解反应实际上是可逆反应，人们在实际教学和教研探索中的教学思路大多局限在动力学知识的讨论，往往将蔗糖水解近似处理为完全反应，很少涉及蔗糖水解反应在热力学方面的问题。为了进一步拓展蔗糖水解实验的教学内容，加深学生对旋光度加和性、化学反应级数、热力学动态平衡等知识的理解，可在实验教学中详细分析蔗糖水解体系旋光度的加和性、蔗糖水解反应的可逆性，探讨温度对蔗糖转化、蔗糖水解平衡的影响，以拓展学生的学习思路，增强学生对蔗糖水解反应的理解。

实验中利用溶液旋光度的变化对蔗糖水解进程进行跟踪，进而计算出速率常数、半衰期和蔗糖转化的活化能；证明将蔗糖水解反应近似为一级反应的正确性；对蔗糖水解反应终点进行分析，确定溶液中蔗糖的剩余浓度；分析温度对蔗糖转化率、反应平衡常数的影响；验证蔗糖水解反应的可逆性。实验方法要尽量简单直观，易于操作，重复性好。

十、参考文献

[1] 于少芬，赵倩，何有清，等．旋光度法测蔗糖水解反应速率常数实验的热力学探究 [J]．大学化学，2021，36（4）：36-38.

[2] 林敬东，韩国彬，等．旋光度法测定蔗糖转化反应速率常数实验用旋光管的改进 [J]．大学化学 [J]．2006，21（4）：56-57.

[3] 许永苗，李惠安，黄彩平，等．折旋光仪在果葡糖浆组分检测中的应用 [J]．食品工程，2015（1）：46-48.

[4] Goldberg R N，Tewari Y，Ahluwalia J C. Thermodynamics of the hydrolysis of sucrose [J]. J Biol Chem，1989，264 (17)：9901.

实验 28　电导法测定乙酸乙酯皂化反应的速率常数

一、实验目的

1. 了解二级反应的特点，学会用图解计算法求二级反应的速率常数。
2. 学习电导法测定乙酸乙酯皂化反应速率常数的原理和方法以及活化能的测定方法。
3. 熟悉电导率仪的使用。

二、实验原理

乙酸乙酯皂化反应是典型的二级反应，其反应式为：

$$CH_3COOC_2H_5 + Na^+ + OH^- \longrightarrow CH_3OO^- + Na^+ + C_2H_5OH$$

在反应过程中，各物质的浓度随时间而改变。某一时刻的 OH^- 浓度可用标准酸进行滴定求得，也可通过测量溶液的某些物理性质而得到。用电导率仪测定溶液的电导值 G 随时间的变化关系，可以监测反应的进程，进而可求算反应的速率常数。二级反应的速率与反应物的浓度有关，如果反应物 $CH_3COOC_2H_5$ 和 NaOH 的初始浓度相同，均为 c，则反应时间为 t 时，反应产生成的 CH_3OO^- 和 C_2H_5OH 的浓度为 x，而 $CH_3COOC_2H_5$ 和 NaOH 的浓度均为 $c-x$。设逆反应可忽略，则反应物和生成物的浓度随时间的关系为：

	$CH_3COOC_2H_5$	+ NaOH	$\longrightarrow CH_3COONa$	+ C_2H_5OH
$t=0$	c	c	0	0
$t=t$	$c-x$	$c-x$	x	x
$t\to\infty$	$\to 0$	$\to 0$	$\to c$	$\to c$

二级反应的速率方程可表示为：

$$\frac{dx}{dt}=k(c-x)(c-x) \qquad (2\text{-}117)$$

积分得：

$$kt=\frac{x}{c(c-x)} \qquad (2\text{-}118)$$

显然，只要测出反应进程中 t 时的 x 值，再将 c 代入式(2-118)，就可得到反应速率常数 k 值。由于反应物是稀的水溶液，故可假定 CH_3COONa 全部电离。则溶液中参与导电的离子有 Na^+、OH^- 和 CH_3COO^- 等，而 Na^+ 在反应前后浓度不变，OH^- 的迁移率比 CH_3COO^- 的大得多。随着反应时间的增加，OH^- 不断减少，而 CH_3COO^- 则不断增加，所以体系的电导值不断下降。在一定范围内，可以认为体系电导值的减少量与 CH_3COONa 浓度 x 的增加量成正比，即：

$$t=t \text{ 时}，x=\beta(G_0-G_t) \qquad (2\text{-}119)$$

$$t=\infty \text{ 时}，c=\beta(G_0-G_\infty) \qquad (2\text{-}120)$$

式中，G_0 和 G_t 分别为溶液起始和 t 时的电导值；G_∞ 为反应终了时的电导值；β 为比例常数。将式(2-119) 和式(2-120) 代入式(2-118) 得：

$$kt=\frac{\beta(G_0-G_t)}{c\beta[(G_0-G_\infty)-(G_0-G_t)]}=\frac{G_0-G_t}{c(G_t-G_\infty)} \qquad (2\text{-}121)$$

或写成：

$$ktc=\frac{G_0-G_t}{G_t-G_\infty} \qquad (2\text{-}122)$$

因为 $G=\kappa/K_{\text{cell}}$，得：
$$ktc=\frac{\kappa_0-\kappa_t}{\kappa_t-\kappa_\infty} \tag{2-123}$$

从直线方程式(2-123)可知，已知起始浓度为 c，在恒温条件下，只要测出 κ_0、κ_∞ 以及不同时间对应的 κ_t，并以 $\frac{\kappa_0-\kappa_t}{\kappa_t-\kappa_\infty}$ 对 t 作图，可得一条直线，由直线斜率 ck 可以求得此温度下的反应速率常数 k，其单位为 $\text{min}^{-1}\cdot\text{mol}^{-1}\cdot\text{L}$。

将上述测试步骤的反应温度设为 T_1，反应速率常数设为 k_1。同理，按照上述步骤可以测得另一反应温度 T_2 时的反应速度常数 k_2。利用阿伦尼乌斯（Arrhenius）公式可以算得该反应的活化能 E_a。

$$\ln\frac{k_2}{k_1}=\frac{E_a}{R}\left(\frac{1}{T_1}-\frac{1}{T_2}\right) \tag{2-124}$$

三、仪器与试剂

1. 主要仪器：DDS-307A 型电导率仪，恒温水浴，双管电导池，铂黑电极，秒表（可用手机替代），大试管，移液管。

2. 主要试剂：NaOH（AR），$CH_3COOC_2H_5$（AR），CH_3COONa（AR），KCl（AR）。

四、实验步骤

1. 启动恒温水浴电源

启动恒温水浴电源，调至所需实验温度。

2. 开启电导率仪

开启电导率仪电源，按照使用手册调节电导率。

3. 配制溶液

分别配制 $0.0100\ \text{mol}\cdot\text{L}^{-1}$ NaOH(Ⅰ)，$0.0200\ \text{mol}\cdot\text{L}^{-1}$ NaOH(Ⅱ)，$0.0200\ \text{mol}\cdot\text{L}^{-1}$ $CH_3COOC_2H_5$，$0.0100\ \text{mol}\cdot\text{L}^{-1}$ CH_3COONa，$0.0100\ \text{mol}\cdot\text{L}^{-1}$ KCl 各 50 mL。

4. 测量 κ_0

取一洁净的大试管，加入适量 $0.0100\ \text{mol}\cdot\text{L}^{-1}$ NaOH 溶液（能浸没铂黑电极约 1 cm）塞上橡皮塞后置于恒温水浴中，恒温约 10 min。先用电导水洗涤铂黑电极，再用 $0.0100\ \text{mol}\cdot\text{L}^{-1}$ NaOH 溶液淋洗（注意：不要碰电极上的铂黑），然后接上电导率仪，测量其电导率直至稳定不变为止，此时显示值即为 κ_0。

5. 测量 κ_∞

由于实验测定过程中不可能等到 $t\to\infty$ 再进行测量，且反应也并不完全不可逆，所以通常以 $0.0100\ \text{mol}\cdot\text{L}^{-1}$ CH_3COONa 溶液的电导率值作为 κ_∞，测量方法与测量 κ_0 相同。但是必须注意：每次更换溶液，都要先用电导水淋洗电极，再用被测溶液淋洗两三次后再将电极放入待测液中测量。

6. 测量 κ_t

本实验采用双管电导池进行测量，其装置如图 2-111 所示。电导池和电极的处理方法同前，安装后置于恒温水浴内。用移液管准确移取 10 mL $0.0200\ \text{mol}\cdot\text{L}^{-1}$ NaOH 注入 A 管中；用另一支移液管准确移取 10 mL $0.0200\ \text{mol}\cdot\text{L}^{-1}$ $CH_3COOC_2H_5$ 注入 B 管中，塞上橡皮塞恒温 10 min 之后，用洗耳球通过 B 管上口将 $CH_3COOC_2H_5$ 溶液压入 A 管与 NaOH 溶液混合（注意：不要用力过猛）。当溶液压入一半时，开始记录时间，然后反复压几次，使溶液混合均匀，并立即测量其电导率值。从计时起间隔 2 min 记一次数值，直至电导率值变化不大即可停止测量。一般该反应时间需 45 min～1 h。

7. 反应活化能的测定

按上述实验步骤，调节恒温水浴至温度 T_2，分别测定该温度下的 κ_0、κ_∞ 和 κ_t 的值。实验结束后，清洗电极以及双管电导池，并置于电导水中保存待用。

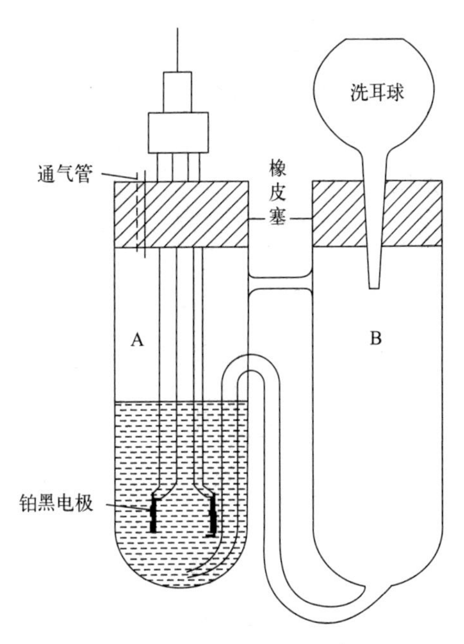

图 2-111 双管电导池示意图

五、注意事项

1. 配好的 NaOH 溶液要防止空气中的 CO_2 气体进入。

2. 乙酸乙酯溶液和 NaOH 溶液的浓度必须相同。

3. 乙酸乙酯溶液需要新鲜配制。

4. 电极暂时不测量时，先用电导水冲洗干净，然后浸泡于电导水中待用。再次测量时，先用滤纸将电极表面的水吸干，或用电吹风将电极吹干。

5. 电极的引线不能潮湿，否则将测不准。

6. 电极要轻拿轻放，切勿触碰铂黑。

六、数据记录与处理

1. 分别将反应温度 T_1 和反应温度 T_2 时测得的实验数据列入表 2-51 和表 2-52。

表 2-51 T_1 反应温度时电导率的数值

反应温度＝____K，大气压＝____Pa，κ_0＝____μS·cm^{-1}，κ_∞＝____μS·cm^{-1}

t/min							
κ_t/μS·cm^{-1}							
$\frac{\kappa_0-\kappa_t}{\kappa_t-\kappa_\infty}$							

表 2-52 T_2 反应温度时电导率的数值

反应温度＝____K，大气压＝____Pa，κ_0＝____μS·cm^{-1}，κ_∞＝____μS·cm^{-1}

t/min							
κ_t/μS·cm^{-1}							
$\frac{\kappa_0-\kappa_t}{\kappa_t-\kappa_\infty}$							

2. 以 $\frac{\kappa_0-\kappa_t}{\kappa_t-\kappa_\infty}$ 对 t 作图，由直线斜率 ck 可以求得 T_1 和 T_2 温度下的反应速率常数 k_1 和 k_2。

3. 由两温度下的速率常数，根据阿伦尼乌斯方程计算该反应的活化能。

七、思考与讨论

1. 为何本实验要在恒温条件下进行，且 $CH_3COOC_2H_5$ 和 NaOH 溶液在混合前还要预先恒温？

2. 为什么乙酸乙酯与 NaOH 溶液浓度必须足够稀？

3. 若乙酸乙酯与 NaOH 溶液的起始浓度不等，应如何计算反应速率常数 k 值，试设计如何进行实验？

4. 为什么要使两种反应物的浓度相等？如何配制指定浓度的溶液？

5. 如果 NaOH 溶液和 $CH_3COOC_2H_5$ 溶液都为浓溶液，能否用此法求 k 值？为什么？

八、补充与提示

1. 仪器名称、厂商、型号

(1) 实验用仪器：电导率仪＋双管电导池。

(2) 厂商：上海仪电科学仪器股份有限公司。

(3) 型号：DDS-307A 型（见图 2-112）。

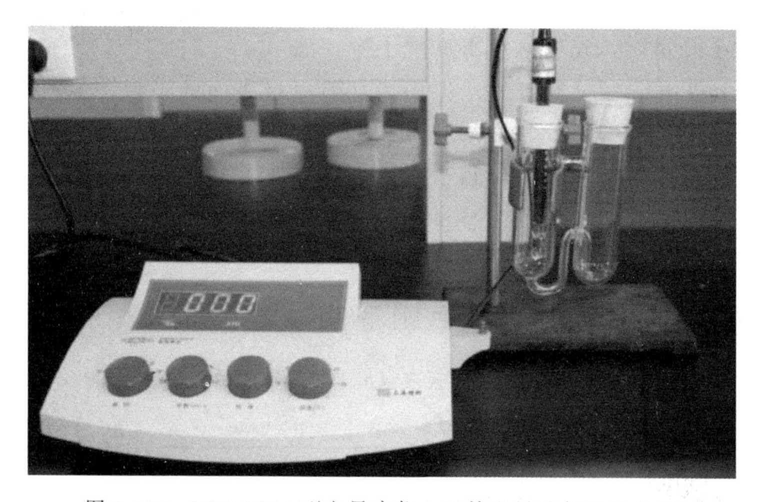

图 2-112 DDS-307A 型电导率仪＋双管电导池仪器设备图

2. 性能指标及应用领域

DDS307 型电导率仪为台式，测量范围为 0.00 μS～100 mS，分辨率为 0～200000 μS · cm^{-1}，温补方式为手动式，温度区间为 15.0～35.0 ℃，基准温度 25 ℃，温度补偿系数 2%，电极常数有一1、0.01、0.1、1.0、10.0，被测溶液温度范围 5～60 ℃。

DDS-307A 型电导率仪是实验室测量水溶液电导率必备的仪器，仪器广泛地应用于石油化工、生物医药、污水处理、环境监测、矿山冶炼等行业及大专院校和科研单位。若配用适当常数的电导电极，可用于测量电子半导体、核能工业和电厂纯水或超纯水的电导率。

3. 参考数据或文献值

30 ℃时测得的不同时间的电导率参考数据见表 2-53，根据表 2-53 作出如图 2-113 所示的 $\frac{\kappa_0-\kappa_t}{\kappa_t-\kappa_\infty}$-$t$ 图，根据直线斜率求出 k 值。

表 2-53 30 ℃反应温度时电导率的数值

反应温度=303 K，大气压=101 kPa，κ_0=2500 μS·cm^{-1}，κ_∞=480 μS·cm^{-1}

t	2:44	4:40	6:42	8:53	10:46	12:40	14:47	16:38	18:34
κ_t/μS·cm^{-1}	2200	2100	1980	1910	1755	1705	1655	1625	1575
$\frac{\kappa_0-\kappa_t}{\kappa_t-\kappa_\infty}$	2.08	2.348	2.738	3.011	3.783	4.100	4.461	4.704	5.160

t	20:42	22:45	24:46	26:48	28:40	30:53	32:42	34:39	36:42
κ_t/μS·cm^{-1}	1548	1510	1458	1450	1428	1410	1380	1350	1340
$\frac{\kappa_0-\kappa_t}{\kappa_t-\kappa_\infty}$	5.440	5.875	6.579	6.700	7.054	7.306	7.953	8.625	8.872

t	38:43	40:54	42:43	44:42	46:34				
κ_t/μS·cm^{-1}	1333	1325	1300	1290	1290				
$\frac{\kappa_0-\kappa_t}{\kappa_t-\kappa_\infty}$	9.052	9.267	10.000	10.324	10.324				

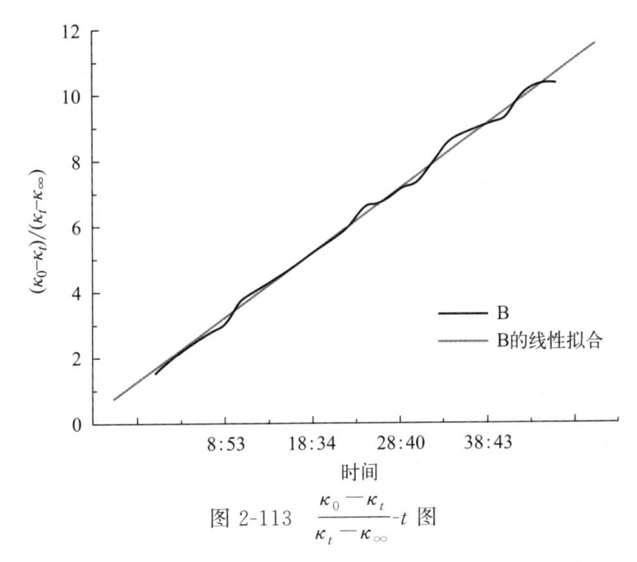

图 2-113 $\frac{\kappa_0-\kappa_t}{\kappa_t-\kappa_\infty}$-$t$ 图

求得 k=0.75471 min^{-1}·mol^{-1}·L，E_a=12198.71 J·mol^{-1}。

九、知识拓展

孙承谔（1911—1991），物理化学家和化学教育家，主要从事化学动力学的研究工作，是中国早期从事化学动力学研究的先驱之一，并曾长期担任北京大学化学系主任。孙承谔自幼聪明好学，1923 年考入清华学校，1929 年毕业后赴美留学，入美国威斯康星大学化学系学习，他刻苦勤奋，仅用四年时间就完成了大学本科和研究生阶段的学业，并于 1933 年获哲学博士学位，时年仅 22 岁。1934 年他被聘为美国普林斯顿大学研究助理。孙承谔一生主要从事物理化学，尤其是化学动力学领域的科研和教学工作。在国内外主要学术期刊上先后发表论文 50 余篇，其内容涉及偶极矩测定、活化能计算、过渡态理论、电负性、溶剂效应和催化动力学等方面，他的主要学术成就有催化反应动力学、化学反应速率过渡态理论、物性和物质结构定量关系规律、缅舒特金（Меншуткин）反应。

孙承谔在物理化学领域的研究范围很广，在化学动力学领域内，早在 20 世纪 30 年代他就开始从事前沿方面的研究工作，所研究的动力学体系不仅有气相，还有液相；不仅有均相，还有复相；不仅涉及基础理论，而且有密切联系实际的工作。他对我国化学动力学理论及实用研究队伍的形成做出了杰出的贡献。“文化大革命”前后，孙承谔为适应我国石油化学工业发展的需要，开始进行催化反应动力学的研究工作，如伯醇在铜铬氧化物上的催化脱氢和在银催化剂上的乙烯氧化反应动力学。前一项工作研究了醇分子结构对脱氢速率的影响，实验证明，链的长短对伯醇在铜铬氧化物的阿金斯（Adkins）催化剂上的脱氢反应活化能无影响，但反应速率常数 k 随醇的碳原子数增加而增大，即主要是频率因子的变化，证明了这种催化反应属于二级反应机理。在 20 世纪 80 年代所做的银催化剂上乙烯氧化反应动力学的研究工作中，大量实验表明乙烯氧化所得环氧乙烷的生成属于朗谬尔-里迪尔（Langmuir-Rideal）历程，而二氧化碳的生成主要属于朗谬尔-欣谢尔伍德（Langmair-Hinshelwood）历程，因此乙烯催化氧化反应可用两个平行反应表示，而不是文献上提出的连串平行反应。这些规律无论在理论上还是实际上都有一定指导意义。为了推动我国化学动力学的科研和教学工作，孙承谔还组织翻译了《化学动力学与历程》一书。

十、参考资料

[1] 复旦大学等编．庄继华等修订．物理化学实验［M］．3 版．北京：高等教育出版社，2004.
[2] 孙尔康，高卫，徐维清，等．物理化学实验［M］．3 版．南京：南京大学出版社，2022.
[3] 傅献彩，侯文华．物理化学（上、下册）［M］．6 版．北京：高等教育出版社，2022.

实验 29 丙酮碘化反应的速率方程

一、实验目的

1. 掌握用孤立法确定反应级数的方法。
2. 测定酸催化作用下丙酮碘化反应的速率常数。
3. 掌握分光光度计的原理和使用方法。
4. 了解分光光度法在化学动力学研究中的应用。
5. 通过本实验加深对复杂反应特征的理解。

二、实验原理

大多数化学反应是由若干个基元反应组成的，这类反应的反应速率和反应物浓度间的关系不能用质量作用定律预测，而是通过实验找出动力学速率方程表示式。确定反应级数的方法通常有孤立法（微分法）、半衰期法、积分法，其中孤立法是动力学研究中常用的方法。即设计一系列溶液，其中只有某种物质的浓度不同，而其他浓度均相同，借此可以求得反应对该物质的级数。同样也可以得到各种作用物的级数，从而确定速率方程。本实验用孤立法确定丙酮碘化反应级数，从而确定丙酮碘化反应速率方程。

丙酮碘化反应是一个复杂反应，反应方程式为

$$H_3C-\overset{\overset{\displaystyle O}{\|}}{C}-CH_3 + I_2 \xrightleftharpoons{H^+} H_3C-\overset{\overset{\displaystyle O}{\|}}{C}-CH_2I + I^- + H^+$$

其中，H^+ 是反应的催化剂。因丙酮碘化反应本身有 H^+ 生成，所以，这是一个自催化反应。设反应动力学方程为

$$-\frac{dc_{I_2}}{dt}=kc_A^x c_{H^+}^y c_{I_2}^z \tag{2-125}$$

式中，c_A、c_{H^+}、c_{I_2} 分别为丙酮、盐酸、碘的浓度（$mol \cdot L^{-1}$）；x、y、z 分别代表丙酮、氢离子、碘的反应级数；k 为速率常数。将式(2-125) 两边取对数得

$$\lg\left(-\frac{dc_{I_2}}{dt}\right)=\lg k+x\lg c_A+y\lg c_{H^+}+z\lg c_{I_2} \tag{2-126}$$

从式(2-126) 可以看出，反应级数 x、y、z 分别是 $\lg\left(-\frac{dc_{I_2}}{dt}\right)$ 对 $\lg c_A$、$\lg c_{H^+}$、$\lg c_{I_2}$ 的偏微分。如果用图解法，可以这样处理：在三种物质中，固定两种物质的浓度，配制出第三种物质浓度不同的一系列溶液，以 $\lg\left(-\frac{dc_{I_2}}{dt}\right)$ 对该组分浓度的对数作图，所得斜率即为该物质在此反应中的反应级数。

因碘在可见光区有一个很宽的吸收带，而在此吸收带中盐酸、丙酮、碘化丙酮和氯化钾溶液均没有明显的吸收，故可采用分光光度法直接观察碘浓度随时间的变化关系。根据朗伯-比尔定律

$$A=\lg\frac{1}{T}=\lg\frac{I_0}{I}=\varepsilon bc_{I_2}$$

从而有

$$A=\varepsilon bc_{I_2} \tag{2-127}$$

式中，A 为吸光度；T 为透光率；I 和 I_0 分别为某一波长的光线通过待测溶液和空白溶液的光强度；ε 为吸光系数；b 为比色皿厚度。测出反应体系不同时刻的吸光度，作 A-t 图，其斜率为

$$\frac{dA}{dt}=\varepsilon b\frac{dc_{I_2}}{dt}\ \text{或}\ -\frac{dc_{I_2}}{dt}=-\frac{1}{\varepsilon b}\times\frac{dA}{dt} \tag{2-128}$$

如已知 ε 和 b（$b=1$ cm），即可算出反应速率。

若反应物碘是少量的，而丙酮和酸对碘是过量的，则反应在碘完全消耗以前，丙酮和酸的浓度可认为基本保持不变，即 $c_A \approx c_{H^+} \gg c_{I_2}$（本实验的浓度范围：丙酮浓度为 0.1～0.4 $mol \cdot L^{-1}$，氢离子浓度为 0.1～0.4 $mol \cdot L^{-1}$，碘离子浓度为 0.0001～0.01 $mol \cdot L^{-1}$）。经实验发现 A-t 图为一条直线，说明反应速率与碘的浓度无关，所以 $z=0$。同时，可认为反应过程中 c_A 和 c_{H^+} 保持不变，对速率方程式(2-125) 两边积分得

$$c_{I_{2,1}}-c_{I_{2,2}}=kc_A^x c_{H^+}^y(t_1-t_2) \tag{2-129}$$

将 $A=\varepsilon bc_{I_2}$ 代入式(2-129) 并整理得

$$k=\left(\frac{A_1-A_2}{t_1-t_2}\right)\frac{1}{\varepsilon b}\times\frac{1}{c_A^x c_{H^+}^y}$$

因 A-t 图为直线，$\frac{A_2-A_1}{t_2-t_1}=\frac{dA}{dt}$，所以

$$k=-\left(\frac{dA}{dt}\right)\frac{1}{\varepsilon b}\times\frac{1}{c_A^x c_{H^+}^y} \tag{2-130}$$

三、仪器与试剂

1. 主要仪器：722 型分光光度计，比色皿，擦镜纸，50 mL 容量瓶，50 mL 烧杯，5 mL、10 mL 移液管，秒表。

2. 主要试剂：2.00 mol·L^{-1} 盐酸溶液，2.00 mol·L^{-1} 丙酮溶液，0.02 mol·L^{-1} 碘溶液，蒸馏水。

四、实验步骤

1. 溶液的配制

（1）配制 2.00 mol·L^{-1} 盐酸溶液：以浓硫酸配置，配置好后用 $Na_2B_4O_7 \cdot 10H_2O$ 进行标定。

（2）配制 0.02 mol·L^{-1} 碘溶液：称取 0.1427 g KIO_3，在 50mL 烧杯中加入少量水微热溶解，加入 1.1 g KI 加热溶解，再加入 0.41 mol·L^{-1} 的盐酸 10 mL 混合，倒入 100 mL 容量瓶中，稀释至刻度即可。

2. 调整 722 分光光度计

将可分光光度计的波长调到 520 nm 处，用光径长 1 cm 的比色皿装蒸馏水（装到 2/3 即可），调透光率为 100%。

3. 测量吸光系数 ε

配置 0.001 mol·L^{-1} 碘溶液，用少量的碘溶液洗涤比色皿两次，再注入 0.001 mol·L^{-1} 碘溶液，测定吸光度 A，更换碘溶液再重复测定两次，取平均值。通过公式 $A=\varepsilon b c_{I_2}$ 求得 ε 值，其中 b=1 cm。

4. 配制反应体系，测定不同时刻 t 时的吸光度 A

（1）丙酮浓度不同的反应液：用移液管分别给 1～5 号 5 只干净的 50 mL 容量瓶各加入 2.00 mol·L^{-1} 丙酮溶液 5 mL，2.00 mol·L^{-1} 盐酸溶液 5 mL，再注入适量的蒸馏水。之后另取一只移液管分别给 1～5 号 5 只 50 mL 容量瓶依次加入 2.00 mol·L^{-1} 丙酮溶液 2.5 mL、5.0 mL、7.5 mL、10 mL、12.5 mL，丙酮溶液加入一半时开始计时，加入蒸馏水定容，混合均匀。取 3 mL 反应液加入比色皿中，测定不同时间的吸光度 A，每隔 15 s 读一个吸光度数据，直到吸光度读数为 0.100。

（2）氢离子浓度不同的反应溶液：用移液管分别给 1～5 号 5 只干净的 50 mL 容量瓶各加入 0.02 mol·L^{-1} 碘溶液 5 mL，同时依次加入 2.00 mol·L^{-1} 盐酸溶液 2.5 mL、5.0 mL、7.5 mL、10 mL、12.5 mL，再注入适量的蒸馏水。之后每个容量瓶依次加入 2.00 mol·L^{-1} 丙酮溶液 5 mL，丙酮溶液加入一半时开始计时，加蒸馏水定容，混合均匀。取 3 mL 反应液加入比色皿中，测定不同时间的吸光度 A，每隔 15 s 读一个吸光度数据，直到吸光度读数为 0.100。

五、注意事项

1. 拿比色皿时，手指只能捏住比色皿的毛玻璃面，不要碰比色皿的透光面，以免沾污。此外比色皿不要装太满，到 2/3 处即可。

2. 测定完一份溶液的吸光度后，再配制下一份反应液，不可同时配制 5 份反应液。

3. 定容和取样的速度需要快一些。

六、数据记录与处理

1. 记录 0.001mol·L^{-1} 碘溶液的吸光度 A 值（表 2-54），并计算得到吸光系数 ε 值。

表 2-54 碘溶液的吸光度 A 值

测量次数	1	2	3	平均值
吸光度 A				
吸光系数 ε				

2. 记录丙酮浓度不同的反应溶液在不同时刻的 A 值（表 2-55），并绘制 A-t 图。

表 2-55 丙酮浓度不同的反应溶液在不同时刻的 A 值

$c_{H^+}=0.1\ mol\cdot L^{-1}$ $c_{I_2}=0.002\ mol\cdot L^{-1}$										
实验序号	$c_A=0.1\ mol\cdot L^{-1}$		$c_A=0.2\ mol\cdot L^{-1}$		$c_A=0.3\ mol\cdot L^{-1}$		$c_A=0.4\ mol\cdot L^{-1}$		$c_A=0.5\ mol\cdot L^{-1}$	
	t/s	A	t/s	A	t/s	A	t/s	A	t/s	A
1										
2										
3										
⋮										
⋮										
n										

3. 记录盐酸浓度不同的反应溶液在不同时刻的 A 值（表 2-56），并绘制 A-t 图。

表 2-56 盐酸浓度不同的反应溶液在不同时刻的 A 值

$c_A=0.1\ mol\cdot L^{-1}$ $c_{I_2}=0.002\ mol\cdot L^{-1}$										
实验序号	$c_{H^+}=0.1\ mol\cdot L^{-1}$		$c_{H^+}=0.2\ mol\cdot L^{-1}$		$c_{H^+}=0.3\ mol\cdot L^{-1}$		$c_{H^+}=0.4\ mol\cdot L^{-1}$		$c_{H^+}=0.5\ mol\cdot L^{-1}$	
	t/s	A	t/s	A	t/s	A	t/s	A	t/s	A
1										
2										
3										
⋮										
⋮										
n										

4. 由 A-t 图求出表 2-57 和表 2-58 的有关数值。

表 2-57 双对数表格 Ⅰ

$c_{H^+}=0.1\ mol\cdot L^{-1}$ $c_{I_2}=0.002\ mol\cdot L^{-1}$				
$c_A/mol\cdot L^{-1}$	$\lg c_A$	dA/dt	$(-dc_{I_2}/dt)$	$\lg(-dc_{I_2}/dt)$
0.1				
0.2				
0.3				
0.4				
0.5				

表 2-58 双对数表格Ⅱ

$c_A=0.1\ mol \cdot L^{-1}$ $c_{I_2}=0.002\ mol \cdot L^{-1}$				
$c_{H^+}/mol \cdot L^{-1}$	$\lg c_{H^+}$	dA/dt	$(-dc_{I_2}/dt)$	$\lg(-dc_{I_2}/dt)$
0.1	100	80	58	30
0.2				
0.3				
0.4				
0.5				

5. 作 $\lg\left(-\frac{dc_{I_2}}{dt}\right)$-$\lg c_A$ 和 $\lg\left(-\frac{dc_{I_2}}{dt}\right)$-$\lg c_{H^+}$ 图，其斜率分别是丙酮、氢离子的反应级数 x、y。

6. 计算丙酮碘化反应速率常数：根据公式(2-130) 计算不同浓度反应溶液中的 k_i 值(表 2-59)，然后取 k_i 的平均值作为丙酮碘化反应速率常数 k，$k=\frac{1}{n}\sum_{i=1}^{n}k_i$。

表 2-59 k_i 计算表格

$c_A/mol \cdot L^{-1}$	$c_{H^+}/mol \cdot L^{-1}$	ε	b/cm	dA/dt	k_i
0.1	0.2				
0.2	0.2				
0.3	0.2				
0.4	0.2				
0.5	0.2				
0.2	0.1				
0.2	0.2				
0.2	0.3				
0.2	0.4				
0.2	0.5				
平均值 k					

七、思考与讨论

1. 本实验中，为什么是将丙酮溶液加到盐酸和碘的混合液中？如果没有立即计时，而是当混合物稀释至 50 mL，摇匀倒入恒温比色皿测透光率时才开始计时，是否影响实验结果？为什么？

2. 影响本实验结果的主要因素是什么？

八、补充与提示

实验用仪器：722 型分光光度计（见图 2-114）。

722 型分光光度计使用规则：

① 检查各个旋钮的起始位置是否正确，接通电源开关。

② 选择开关置于“T”，调节波长旋钮，使波长为测定波长。仪器预热 20 min。

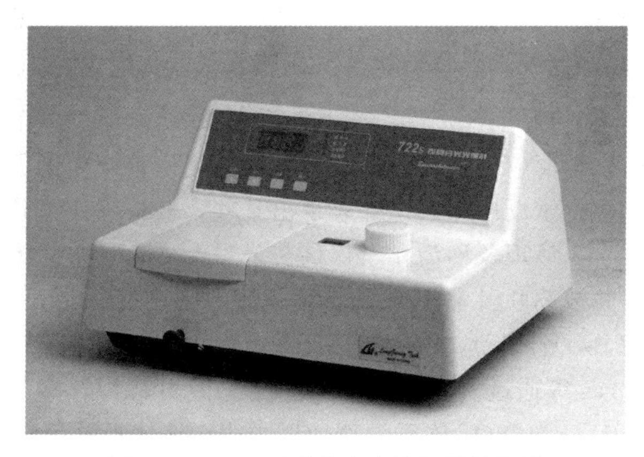

图 2-114 722 型分光光度计仪器设备图

③ 打开试样室盖，调节“0”旋钮，使数字显示为“000”；盖上试样室盖，将比色皿架处于蒸馏水校正位置，调节透过率“100%”旋钮，使数字显示为“100.0”。

④ 预热后，按③步骤连续几次调整“0”和“100%”，仪器即可进行测定工作。

⑤ 吸光度 A 的测量：将旋钮置于“A”，调节吸光度调零旋钮，使数字显示为“000”，然后将被测样品移入光路，显示值即为被测样品的吸光度值。

⑥ 浓度 c 的测量：选择开关由“A”旋至“C”，将已标定浓度的样品移入光路，调节浓度旋钮，使得数字显示为标定值；将被测样品移入光路，即可读出被测样品的浓度值。如果大幅度改变测试波长时，在调整“0”与“100%”后稍等片刻，待稳定后，重新调整“0”和“100%”即可进行测试。

⑦ 测试完毕后应及时清理比色皿，将仪器各旋钮调节到关机位置后关闭电源。注意每台仪器所配套的比色皿，不能与其他仪器上的比色皿单个调换。

九、知识拓展

丙酮碘化反应产物对反应速率有加快作用，该类反应称为自催化反应。在自催化反应中，反应速率既受反应物浓度的影响，又受反应产物浓度的影响。在丙酮碘化反应中酸是反应的催化剂，通常不加酸，因为只要反应一开始，就会产生酸 HI，此酸就可自动催化反应进行。因此反应还没有开始时，有一个诱导阶段，一旦有一点酸产生，反应就很快进行。

自催化作用的特点是：①反应开始进行得很慢（称诱导期），随着起催化作用的产物的积累，反应速率迅速加快，而后因反应物的消耗反应速率下降；②自催化反应必须加入微量产物才能启动；③自催化反应必然会有一个最大反应速率出现。

十、参考文献

[1] 北京大学化学系物理化学教研室．物理化学实验［M］．3 版．北京：北京大学出版社，1995.

[2] 东北师范大学，等．物理化学实验［M］．2 版．北京：高等教育出版社，1989.

[3] 复旦大学等编．庄继华等修订．物理化学实验［M］．3 版．北京：高等教育出版社，2004.

实验 30 BZ 振荡反应

一、实验目的

1. 了解 BZ（Belousov-Zhabotinski）振荡反应的基本原理。

2. 观察化学振荡现象。

3. 通过测定电位-时间曲线求得化学振荡反应的表观活化能。

二、实验原理

人们通常所研究的化学反应，其反应物和产物的浓度呈单调变化，最终达到不随时间变化的平衡状态。但是有些化学反应体系，却表现出某些物理量（如组分、浓度）随时间呈周期性变化，是非平衡体系，该现象称为化学振荡。最早发现化学振荡体系的是含有溴酸盐的有机物反应体系，它首先被苏联科学家 Belousov 发现，后由 Zhabotinski 命名，为了纪念两位科学家，因此命名为 BZ 振荡反应。

Fiela、Koros、Noyes 等通过实验对 BZ 振荡反应做出解释，称为 FKN 机理。下面以 BrO_3^--Ce^{4+}-$CH_2(COOH)_2$-H_2SO_4 体系为例加以说明。该体系总反应为：

$$2H^+ + 2BrO_3^- + 3CH_2(COOH)_2 \longrightarrow 2BrCH(COOH)_2 + 3CO_2 + 4H_2O \quad (2\text{-}131)$$

体系中存在着下面的反应过程：

① 过程 A

$$BrO_3^- + Br^- + 2H^+ \xrightarrow{k_2} HBrO_2 + HOBr \quad (2\text{-}132)$$

$$HBrO_2 + Br^- + H^+ \xrightarrow{k_3} 2HOBr \quad (2\text{-}133)$$

② 过程 B

$$BrO_3^- + HBrO_2 + H^+ \xrightarrow{k_4} 2BrO_2 + H_2O \quad (2\text{-}134)$$

$$BrO_2 + Ce^{3+} + H^+ \xrightarrow{k_5} HBrO_2 + Ce^{4+} \quad (2\text{-}135)$$

$$2HBrO_2 \xrightarrow{k_6} BrO_3^- + HOBr + H^+ \quad (2\text{-}136)$$

③ Br^- 的再生过程

$$4Ce^{4+} + BrCH(COOH)_2 + H_2O + HOBr \xrightarrow{k_7} 2Br^- + 4Ce^{3+} + 3CO_2 + 6H^+ \quad (2\text{-}137)$$

当 $[Br^-]$ 足够高时，主要发生过程 A，其中反应（2-132）是速率控制步骤。研究表明，当达到标定态时，有 $[HBrO_2] = (k_2/k_3)[BrO_3^-][H^+]$。

当 $[Br^-]$ 低时，发生过程 B，Ce^{3+} 被氧化。反应(2-134) 是速率控制步骤，反应式(2-136) 和式(2-135) 将自催化产生 $HBrO_2$，达到准定态时，有 $[HBrO_2] \approx (k_4/2k_6)[BrO_3^-][H^+]$。

由反应式(2-133) 和反应 (2-134) 可以看出：Br^- 和 BrO_3^- 是竞争 $HBrO_2$ 的。当 $k_3[Br^-] > k_4[BrO_3^-]$ 时，自催化过程式(2-134) 不可能发生。自催化是 BZ 振荡反应中必不可少的步骤，否则该振荡不能发生。研究表明，Br^- 的临界浓度为

$$[Br^-]_{临界} = (k_3/k_4)[BrO_3^-] = 5\times10^{-6}[BrO_3^-] \quad (2\text{-}138)$$

若已知实验的初始浓度 $[BrO_3^-]$，可由式(2-138) 估算 $[Br^-]_{临界}$。

通过反应 (2-137) 实现 Br^- 的再生。

体系中存在两个受溴离子浓度控制的过程 A 和过程 B，当 $[Br^-]$ 高于临界浓度 $[Br^-]_{临界}$ 时发生过程 A，当 $[Br^-]$ 低于临界浓度 $[Br^-]_{临界}$ 时发生过程 B。也就是说 $[Br^-]$ 起着开关作用，它控制着从过程 A 到过程 B，再由过程 B 到过程 A 的转变。

在反应进行时，系统中的 $[Br^-]$、$[HBrO_2]$、$[Ce^{3+}]$、$[Ce^{4+}]$ 都随着时间发生周期

性的变化，实验中，可以用溴离子选择电极测定［Br^-］，用铂丝电极测定［Ce^{3+}］、［Ce^{4+}］随着时间变化的曲线。溶液的颜色在黄色和无色之间振荡，若再加入适量的 $FeSO_4$ 邻菲罗啉溶液，溶液的颜色将在蓝色和红色之间振荡。

从加入硫酸铈铵到开始振荡的时间为 t_u（诱导期）和振荡周期（t_z），它们都与反应速率成反比，即 $1/t_u$（或 t_z）$\propto k = A\exp(-E/RT)$，得到 $\ln[1/t_u(\text{或} t_z)] = \ln A - E/RT$，作图 $\ln(1/t)$ -$1/T$，根据斜率求出表观活化能 E。

三、仪器与试剂

1. 主要仪器：ZD-BZ 型实验装置，计算机（自带），反应器（带三孔橡胶塞），超级恒温槽，饱和甘汞电极（带 1 mol·L^{-1} 硫酸盐桥），铂电极，100 mL 容量瓶 5 个，50 mL 烧杯 5 个，洗瓶，胶头滴管。

2. 主要试剂：丙二酸（AR），溴酸钾（AR），硫酸铈铵（AR），硫酸（AR）。

四、实验步骤

1. 溶液配制

分别用去离子水配制 0.45 mol·L^{-1} 丙二酸、0.25 mol·L^{-1} 溴酸钾、3.00 mol·L^{-1} 硫酸和 4×10^{-3} mol·L^{-1} 硫酸铈铵（必须在 0.2 mol·L^{-1} 硫酸介质中配制）溶液。

2. 试样的准备

（1）组装仪器：打开 ZD-BZ 型实验装置进行预热 10 min，同时开启恒温槽电源，并调节温度为 30 ℃（或比室温高 3～5 ℃）。把反应器接通恒温循环水，并放在 ZD-BZ 型实验装置的磁力搅拌托盘上；正极线和负极线分别插入红色和黑色接线孔中；利用数据线把计算机与实验装置连接起来。

（2）组装电极：把铂电极插入三孔橡胶塞中，把饱和甘汞电极插入 1 mol·L^{-1} 硫酸盐管中后再插入三孔橡胶塞中。

（3）反应溶液的预热：在反应器中加入已配好的丙二酸溶液、溴酸钾溶液、硫酸溶液各 15 mL，循环水加热恒温，并打开磁力搅拌器进行搅拌。取出硫酸铈铵溶液 15 mL，放入一烧杯中，置于恒温水浴槽中预热 10 min。

3. 测量

调节 ZB-BZ 型实验装置上的电压旋钮至 2 V 挡位，把正负电极短接，之后按仪器上的清零键。将负极线与饱和甘汞电极相连，正极线与铂电极相连，在软件窗口单击开始实验键，根据提示输入 BZ 振荡反应即时数据储存文件名，注意改变文件名中的序号。将恒温后的硫酸铈铵溶液 15 mL 加入反应器中，立即单击 OK 键，开始计时，计算机采集电位信号。

观察反应器中溶液颜色变化和记录的电位曲线，待画完 10 个振荡周期或曲线运行到横坐标最右端后，单击停止实验键，停止信号采集。

用去离子水淋洗电极，倒掉反应器中的溶液，注意酸性溶液有腐蚀性！用自来水清洗反应器，再用去离子水刷洗反应器。

改变恒温槽温度为 35 ℃、40 ℃和 45 ℃，重复上述实验。

关闭仪器所有电源。

五、注意事项

1. 测定前仔细了解仪器的使用方法。

2. 电极表面一定要处理平整、光亮、干净，不能有点蚀孔。

3. 所使用的反应容器一定要清洗干净，搅拌子位置以及搅拌速度都应加以控制。

4. 小心使用硫酸溶液，避免对实验仪器和实验人员造成腐蚀。

六、数据记录与处理

1. 作电位-时间图，从图中找出诱导时间 t_u 和振荡周期 t_z。

2. 作图 $\ln(1/t)$-$1/T$，根据斜率求出表观活化能 E。

3. 对振荡曲线进行解释。

七、思考与讨论

1. 什么是化学振荡？产生化学振荡需要什么条件？

2. 本实验中直接测定的是什么量？目的是什么？

3. 为什么搅拌子位置及搅拌速度要保持一致？

八、补充与提示

1. ZD-BZ 型实验装置的特点

将 BZ 反应器（含电极）、NDM-Ⅰ数字直流电压测量仪、数字接口一体化设计，配套 SYC-15B（或 SYC-15C）超级恒温水浴、实验软件（含通信线）。

① 电势测量范围：0～2 V（分辨率：0.1 mV）和 0～20 V（分辨率：1 mV）两挡，可根据实验自由确定。

② 输入阻抗＞10^{12} Ω，克服了仪表电路对振荡体系的影响。

③ 将电压测量、磁力搅拌、计算机接口、数据采集系统和反应器集成于一体。

④ 采用箱式设计，易于使用和存放，反应器易于固定，避免因碰撞而使反应器侧翻。

⑤ 超级水浴，温度范围：室温～100 ℃。

（SYC-15B）温度波动±0.1 ℃，分辨率 0.1 ℃

（SYC-15C）温度波动±0.02 ℃，分辨率 0.01 ℃

2. 注意事项

① 实验中溴酸钾试剂纯度要求高，为 GR，其余为 AR。

② 配制硫酸铈铵溶液时，一定要在 0.2 mol·L^{-1} 硫酸介质中配制，防止发生水解呈浑浊。

③ 反应器应清洁干净，转子位置和转速都必须加以控制。

④ 电势测量一般取 0～2 V 挡，用户可根据实验需要选用 0～20 V 挡。

⑤ 若跟电脑连接时，只需用通信线将仪器上的串行口与电脑串行口相接，在相应软件下工作即可（软件使用参见软件使用说明书）。

⑥ 若测量过程中显示“OUL”（表示超量程），请切换量程到 20 V。

九、知识拓展

在化学反应中，反应产物本身可作为反应催化剂的化学反应称为自催化反应。一般的化学反应最终都能达到平衡状态（组分浓度不随时间而改变），而在自催化反应中，有一类是发生在远离平衡态的体系中，在反应过程中一些参数（如压力、温度、热效应等）或某些组分的浓度会随时间或空间位置呈周期性的变化，人们称这种现象为“化学振荡”。由于化学振荡反应的特点，如体系中某组分浓度的规律变化在适当条件下能显示出来时，可形成色彩丰富的时空有序现象（如空间结构、振荡、化学波等）。这种在开放体系中出现的有序耗散结构也证明负熵流的存在，因为在开放体系中，只有足够的负熵流才能使体系维持有序的结构。化学振荡属于时间上的有序耗散结构。

别洛索夫（Belousov）在1958年首先报道以金属锌离子作催化剂，在柠檬酸介质中被溴酸盐氧化时某中间产物浓度随时间周期性变化的化学振荡现象。扎勃丁斯基（Zhabotinski）进一步深入研究，在1964年证明化学振荡体系还能呈现空间有序周期性变化现象。为纪念他们最早期的研究成果，将后来发现的大量可呈现化学振荡的含溴酸盐的反应体系为BZ振荡反应。

随着研究的深入，人们发现所有的振荡反应都含有自催化反馈步骤，同时也发现了许多能发生振荡反应的体系（振荡器）。尽管如此，但化学振荡的动力学机理，特别是产生时一些有序现象的机理仍不完全清楚。对于BZ振荡反应，人们比较认可的FKN机理，是由Field、Koros、Noyes等完成的。近年来研究表明还存在着其他类型的振荡（如连续振荡、双周期振荡、多周期振荡等），化学振荡直观地展现了自然科学中普遍存在的非平衡非线性问题，故自发现以来一直得到人们的重视。目前，随着对化学振荡研究的深入，许多化学振荡器陆续被设计出来，与此同时，对化学振荡的应用研究也已经开始。

十、参考文献

[1] 白玮，苏长伟，陈海云．物理化学实验[M]．北京：科学出版社，2016.

[2] 复旦大学等编．庄继华等修订．物理化学实验[M]．3版．北京：高等教育出版社，2004.

实验31 催化剂对过氧化氢分解速率的影响

一、实验目的

1. 熟悉一级反应的特点，了解催化剂对一级反应速率的影响。

2. 了解用体积法研究动力学的基本原理，用量气法测定H_2O_2分解反应的速率常数和半衰期。

二、实验原理

动力学研究常通过间接测定与反应物或产物浓度呈一定数学关系的物理量随反应时间的变化来考察反应的速率和机理。化学反应速率取决于许多因素，例如反应物浓度和压力、温度、催化剂、溶剂、酸碱度、光化反应的光强度、多相反应的分散度，以及搅拌强度、微波、超声波、磁场等都可能对反应速率产生影响。

凡是反应速率与反应物浓度的一次方成正比的反应均称为一级反应。实验证明过氧化氢的分解反应为一级反应。过氧化氢很不稳定，在无催化剂作用时也能分解，但分解速率很慢。某些催化剂可以明显地加快反应速率，能加速H_2O_2分解的催化剂有Pt、Ag、MnO_2、CuO（多相催化剂）、Cu^{2+}、Fe^{3+}、Mn^{2+}、I^-（均相催化剂）等。

加入KI作催化剂，可加速H_2O_2分解反应，且反应速率与碘离子浓度成正比。1904年Bredig和Nalton提出下面的反应机理：

$$I^- + H_2O_2 \longrightarrow IO^- + H_2O \text{（慢）}$$

$$IO^- + H_2O_2 \longrightarrow I^- + O_2 + H_2O \text{（快）}$$

$$H_2O_2 \xrightarrow{KI} \frac{1}{2}O_2 + H_2O \text{（总反应）}$$

由于第二步比第一步快得多，所以第一步是决速步骤。反应速率方程可表示为：

$$-\frac{dc_{H_2O_2}}{dt}=kc_{I^-}c_{H_2O_2} \tag{2-139}$$

在反应过程中 I^- 通过反应式中的快反应不断再生，其浓度不变。故式(2-138) 可写成：

$$-\frac{dc_{H_2O_2}}{dt}=k'c_{H_2O_2} \tag{2-140}$$

式(2-140) 的积分方程为：

$$\ln c=-k't+\ln c_0 \tag{2-141}$$

式中，c_0 为反应物过氧化氢在起始时刻的初始浓度；c 为反应物过氧化氢在 t 时刻的浓度。若以 $\ln c$ 对 t 作图，可得一直线，利用直线斜率可求出反应的表观速率常数 k'。式中 k' 的大小表征着反应速率的快慢。$\ln c_0$ 为积分常数，可由 $t=0$，$x=0$ 这一边界条件得出。

当 $c=\frac{1}{2}c_0$ 时，由式(2-141) 可得，相应的时间 t 即为反应的半衰期 $t_{1/2}$：

$$t_{1/2}=\frac{\ln 2}{k'}=\frac{0.693}{k'} \tag{2-142}$$

由式(2-141) 和式(2-142)，测定不同 t 时刻的浓度 c，可求得过氧化氢催化分解反应的表观速率常数 k' 和半衰期 $t_{1/2}$。不同 t 时刻的浓度可通过测量（恒压）在相应时间内分解放出的氧气的体积得出，即通过体积法研究该反应的反应速率。体积法是研究化学反应动力学的基本方法之一，只要反应过程中体系的体积发生明显的变化，一般都可用这种方法研究该反应的动力学。

本实验装置如图 2-115 所示，在反应过程中为确保恒外压，应不断调整水准瓶内的水面，使其与量气管的水面相平，同时记录时间和量气管的示值，即得每个时刻放出氧气的体积。分解反应过程中，在一定温度、压力下，反应放出 O_2 的体积与所分解 H_2O_2 的物质的量成正比，若以 V_t 表示 H_2O_2 在 t 时刻分解放出 O_2 的体积，V_∞ 表示 H_2O_2 全部分解时放出 O_2 的体积，则

$$c_0 \propto V_\infty;\ c \propto (V_\infty - V_t)$$

上式代入式(2-141) 得：

$$\ln(V_\infty - V_t)=-k't+\ln V_\infty \tag{2-143}$$

根据式(2-143) 可知，只要测量一系列不同 t 时刻的 V_t 及 V_∞，以 $\ln(V_\infty - V_t)$ 对 t 作图，可得一直线，由直线斜率可求得反应的表观速率常数 k'，再由式(2-142) 可求得半衰期 $t_{1/2}$。

如果改变分解反应的温度，求得不同温度下的反应速率常数 k，则根据阿仑尼乌斯公式，有：

$$\frac{d\ln k}{dT}=\frac{E}{RT^2} \tag{2-144}$$

积分后可知，若以 $\ln k$ 对 $1/T$ 作图，由斜率则可求得在该反应温度范围内的平均活化能。

三、仪器与试剂

1. 主要仪器：50 mL 量气瓶 1 个，150 mL 锥形瓶 1 个，水准瓶 1 个，电磁搅拌器 1 台，磁子，刻度移液管（1 mL、10 mL、50 mL）各 1 支，量筒 1 支。

2. 主要试剂：30% H_2O_2，KI 溶液（0.1 mol·L^{-1}），蒸馏水。

四、实验步骤

（1）实验装置图如图 2-115 所示，将 30 mL 蒸馏水和 10 mL 0.1 mol·L^{-1} 的 KI 溶液加入锥形瓶中，放入洁净的搅拌磁子。

（2）实验前需检查测量系统是否漏气。打开橡胶塞通大气，举高水准瓶让水充满量气管。塞紧橡胶塞不通大气，把水准瓶放在桌面上。如果量气管中水面在 2 min 内保持不变即表示体系不漏气。

（3）打开橡胶塞，举起水准瓶，使量气管内液面位于零刻度 0.00 mL 处。启动电磁搅拌，把 0.50 mL 30% H_2O_2 快速加入锥形瓶中，迅速塞紧橡胶塞。在塞紧胶塞的同时，记下反应起始时间。

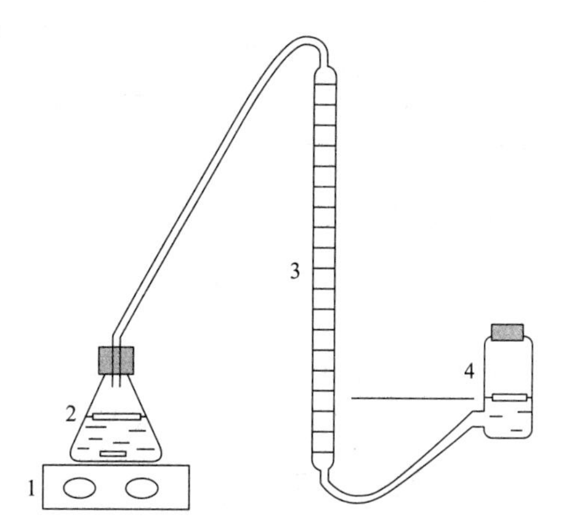

图 2-115　过氧化氢催化反应装置

1—磁力搅拌器；2—锥形瓶；3—量气管；4—水准瓶

（4）反应开始后，前 2 min 内，每隔 0.5 min 读取量气管读数一次；2 min 后，每隔 2 min 读取量气管读数一次；20 min 后，每隔 5 min 读取量气管读数一次，直到量气管读数约为 50.00 mL 时，实验结束。

五、注意事项

1. 气体的体积受温度和压力影响较大，在实验中要保证所测得的 V_t 和 V_∞ 都是在相同的温度和压力下的数据，必须避免外界气温的波动引起压压误差。

2. 实验过程必须保证反应体系的密闭性，避免氧气逸出。

3. 在试漏和量气测量步骤中，调节水准瓶高度时，注意勿让量气管中的液体倒流入锥形瓶中。

4. 在量气管内读数时，一定要使水准瓶和量气管内液面保持同一水平面，水准瓶移动不要太快，以免液面波动剧烈。

5. 反应前的一系列操作，如注入 H_2O_2、加塞、微压差测定仪置零、启动磁力搅拌器、按下秒表计时，要迅速而有条理。

6. 对过氧化氢分解反应有催化作用的物质很多，所以过氧化氢应现用现配，而且最好是使用二次蒸馏水配制。

六、数据记录与处理

1. 记录反应时间 t、$1/t$ 和 V_t 的数据，填入表 2-60，以 V_t 对 $1/t$ 作图，把直线外推至与纵轴的交点，取截距得到 V_∞。

表 2-60　时间 t、$1/t$ 和 V_t 数据

时间 t/min	0.5	1	1.5	2	4	6	8	10	12	14	16	18	20	25	30	35	40
$1/t$/min^{-1}																	
V/mL																	

2. 将 t、$(V_\infty - V_t)$ 和 $\ln(V_\infty - V_t)$ 数据填入表 2-61，以 $\ln(V_\infty - V_t)$ 对 t 作图，由直

线斜率可求得反应的表观速率常数 k'，再由式(2-142) 可求得半衰期 $t_{1/2}$。

表 2-61 t、$(V_\infty - V_t)$ 和 $\ln(V_\infty - V_t)$ 数据

时间 t/min	0.5	1	1.5	2	4	6	8	10	12	14	16	18	20	25	30	35	40
$(V_\infty - V_t)$/mL																	
$\ln(V_\infty - V_t)$																	

七、思考与讨论

1. 反应速率常数 k 值与哪些因素有关？反应过程中为什么要匀速搅拌？搅拌快慢对结果有无影响？

2. 除外推法外，还有什么方法可以测定 V_∞？

3. 为什么在每次读取 V_t 或 V_∞ 时，一定要调整量气管两壁的水面相平？

八、补充与提示

V_∞ 可由两种方法得出：

① 实验得出。

② 公式算出。

计算公式如下：按 H_2O_2 分解反应的化学计量式，1 mol H_2O_2 放出 1/2 mol O_2。在酸性溶液中以 $KMnO_4$ 标准溶液滴定 H_2O_2 溶液，V_∞ 则等于：

$$V_\infty = M_{H_2O_2} V_{H_2O_2} RT/p \ (m^3)$$

式中，$M_{H_2O_2}$ 为 H_2O_2 的起始摩尔浓度，$mol \cdot L^{-1}$；$V_{H_2O_2}$ 为 H_2O_2 溶液的体积，m^3；p 为氧气的分压，即大气压减去实验温度下水的饱和蒸气压，Pa；T 为实验时的热力学温度，K；R 为气体常数，取 8.314 $J \cdot K^{-1} \cdot mol^{-1}$。

由于这种方法需用 $KMnO_4$ 滴定 H_2O_2 的浓度，比较麻烦，所以一般都用实验法直接获得。

九、知识拓展

O_2 是一种价廉、氧化性强的绿色氧化剂，在纸浆氧漂、有机污水的湿法催化氧化处理(WAO，catalytic wet oxidation) 等领域中的应用日益引起人们的重视。但常温附近 O_2 起氧化作用的速率太慢，制约了它的实际应用。从催化原理来说，能显著促进 H_2O_2 分解的催化剂同样能促进逆反应 O_2 生成 H_2O_2 速率的提高，继而提高 O_2 的氧化作用速率。

过氧化氢俗称双氧水，作为一种氢化物，和水的缘分很深，这种淡蓝色的黏稠液体在加热后，就会分解为水和氧气。

人体内也有过氧化氢，在呼吸氧气时，人体内会形成水。在生成水之前，人体会先生成过氧化氢。年轻时，体内有种酶类清除剂可以分解过氧化氢，那就是过氧化氢酶。作为人体防御的关键酶之一，过氧化氢酶是过氧化氢分解为氧气和水的必要条件。

人体中的过氧化氢有抑制酪氨酸酶合成的作用，而酪氨酸酶可以促进黑色素生长。如果皮肤或头发里的黑色素少，皮肤和头发就会有颜色变浅的效果，这也就是为什么白皮肤的欧洲人大多是浅色头发的原因。用 30%的过氧化氢溶液（过氧化氢和水的比例为 3∶10）漂淡头发颜色，这是美容界公开的秘密。只不过，人们从来都没有想到，正是这种有漂白作用的化合物在人体内作祟，使头发变白。随着年龄增长，人体内的过氧化氢酶会逐渐减少，体内残留的过氧化氢就会越来越多。最终，黑色素的形成就会受到抑制，白发因此形成。

十、参考文献

[1] 罗澄源，等．物理化学实验［M］．3版．北京：高等教育出版社，1989.

[2] 毕玉水．物理化学实验［M］．北京：化学工业出版社，2015.

[3] 郑传明，吕桂琴．物理化学实验［M］．2版．北京：北京理工大学出版社，2015.

[4] 卢义程，赵捷夫，陈玲．高浓度乳化废水处理中铜系催化剂催化活性比较［J］．上海环境科学，2002，21（4）：199-201.

[5] 李启良，陈建林．催化氧化法处理有机废水催化剂的选择应用［J］．污染防治技，2003，16（2）：34-36.

[6] 王岚岚．氧电极催化剂的组成对 H_2O_2 分解活性的研究．安徽工程科技学院学报［J］，2003，18（2）：12-15.

实验 32 NMR谱测定丙酮酸水解速率常数及平衡常数

一、实验目的

1．了解核磁共振仪的基本原理、操作以及基本图谱解析。

2．利用核磁共振仪测定丙酮酸水解正逆反应速率常数及平衡常数。

二、实验原理

核磁共振（NMR）的方法与技术作为分析物质的一种手段，由于其可深入物质内部而不破坏样品，并具有迅速、准确、分辨率高等优点而得以迅速发展和广泛应用，已经从物理学渗透到化学、生物、地质、医疗以及材料等学科，在科研和生产中发挥了巨大作用。本实验是利用核磁共振谱图给出的特定信息来测定物理化学中物质的物性常数，即物质发生化学反应的速率常数及平衡常数。

核磁共振峰的化学位移反映了共振核的不同化学环境。当一种共振核在两种不同状态之间快速交换时，共振峰的位置是这两种状态化学位移的权重平均值。共振峰的半高宽 $\Delta\omega$ 与核在该状态下平均寿命 τ 有直接关系。因此，峰的化学位移、峰位置的变化、峰形状的改变等均为物质的化学反应过程提供了重要信息。本实验所用丙酮酸水解反应是许多含有羰基的化合物在水溶液中常见的酸碱催化反应。

1．丙酮酸水解反应的原理

丙酮酸在酸性溶液中会水解为2,2-二羟基丙酸，这是一个可逆水解反应，可用下式表示：

$$H_3C-\overset{\overset{\displaystyle O}{\|}}{C}-COOH + H_2O \underset{k^r}{\overset{k^f}{\rightleftharpoons}} H_3C-\underset{\underset{\displaystyle OH}{|}}{\overset{\overset{\displaystyle OH}{|}}{C}}-COOH \tag{2-145}$$

在这个实验中，核磁共振技术可用于测定正逆反应的速率常数 k^f、k^r 及平衡常数 K。像许多其他的有机化合物一样，这是一个酸催化反应，H^+ 浓度会对反应动力学有影响。

丙酮酸水解反应的机理如下：

$$① \quad H_3C-\overset{\overset{\displaystyle O}{\|}}{C}-COOH + H^+ \rightleftharpoons H_3C-\underset{\underset{\displaystyle OH}{|}}{\overset{+}{C}}-COOH \tag{2-146}$$

此步可快速平衡，平衡常数为 K_1。

②
$$\mathrm{H_3C{-}\overset{+}{C}(OH){-}COOH + H_2O \underset{k_H^r}{\overset{k_H^f}{\rightleftharpoons}} H_3C{-}C(OH)_2{-}COOH + H^+} \tag{2-147}$$

这里引入缩写的概念：A = $CH_3COCOOH$，B = $CH_3C(OH)_2COOH$，AH^+ = $CH_3C^+OHCOOH$。B 的生成速率由步骤②决定，所以：

$$\frac{dc_B}{dt}=k_1^f c_{AH^+}-k_1^r c_{H^+}c_B \tag{2-148}$$

$$=k_1^f K_1 c_{H^+}\ c_A-k_1^r c_{H^+}c_B \tag{2-149}$$

$$=k_H^f c_{H^+}\ c_A-k_H^r c_{H^+}c_B \tag{2-150}$$

$$K=\frac{c_B^{eq}}{c_A^{eq}} \tag{2-151}$$

当步骤②达到平衡时：$\frac{dc_B}{dt}=k_H^f c_{H^+}\ c_A^{eq}-k_H^r c_{H^+}\ c_B^{eq}=0$

将式(2-151) 代入得：

$$K=\frac{k_H^f}{k_H^r} \tag{2-152}$$

因此由正逆反应的速率常数 k_H^f、k_H^r，可求得丙酮酸水解反应的化学平衡常数 K。

2. 核磁共振测定的原理

丙酮酸水解后会出现 $\delta=2.60$ ppm 的丙酮酸—CH_3 质子峰，$\delta=1.75$ ppm 的 2,2-二羟基丙酸—CH_3 质子峰，及 $\delta=5.48$ ppm 的羟基、羧基和水构成的混合质子峰（见图 2-116）。

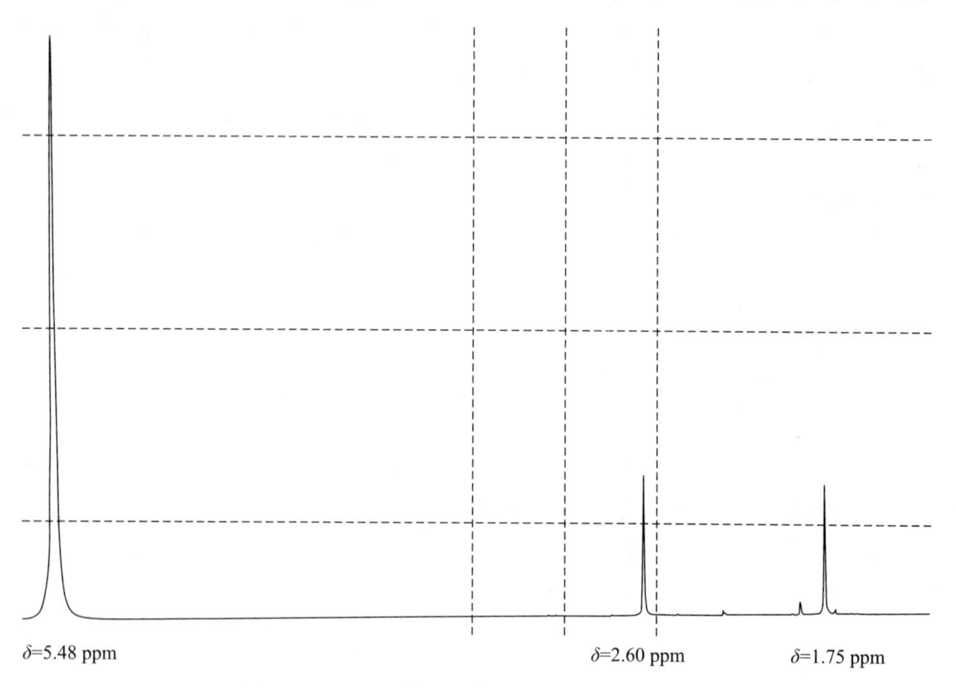

图 2-116　丙酮酸核磁共振光谱图（400 MHz）

质子峰的自然宽度为 $2/T_2$，T_2 为自旋-自旋弛豫时间，当有质子交换时的半高宽为 $\Delta\omega$，τ 为质子峰的寿命，其关系为：

$$\Delta\omega = \frac{2}{T_2} + \frac{2}{\tau} \tag{2-153}$$

式中，$\Delta\omega$ 的单位为 $rad \cdot s^{-1}$，其与频率的 $\Delta\nu$(Hz) 的关系为：

$$2\pi\Delta\nu = \Delta\omega \tag{2-154}$$

在不同氢离子浓度下，丙酮酸—CH_3 质子峰及 2,2-二羟基丙酸—CH_3 质子峰会随着氢离子的浓度增大而变宽，但峰面积减小。质子峰的寿命 τ 和氢离子催化速率常数 k_{H^+} 的关系如下：

$$\frac{1}{\tau} = k_{H^+} c_{H^+} \tag{2-155}$$

由式(2-153) 和式(2-155) 可得：

$$\frac{\Delta\omega}{2} = \frac{1}{T_2} + k_{H^+} c_{H^+} \tag{2-156}$$

由 $\Delta\omega/2$ 对 c_{H^+} 作图为一条直线，直线的斜率为 k_{H^+}，截距为 $1/T_2$，由式(2-153) 可求得各质子峰的寿命 τ。

因此，由正逆反应的 k_H^f、k_H^r，可求得丙酮酸水解反应的平衡常数 K。

三、仪器与试剂

1. 主要仪器：Bruker 400 MHz 核磁共振仪，10 mL 容量瓶，核磁管，移液枪。
2. 主要试剂：HCl（AR），丙酮酸（AR），氘代水（D_2O）。

四、实验步骤

(1) 先配制 6 $mol \cdot L^{-1}$ HCl 水溶液。

(2) 在 5 个 10 mL 容量瓶中，按表 2-62 配制溶液。

表 2-62　溶液配制

试剂	1	2	3	4	5
6 $mol \cdot L^{-1}$ HCl/mL	1	2	3	4	5
丙酮酸/mL	3	3	3	3	3

将上述溶液用蒸馏水定容到 10mL，混合均匀。此时容量瓶中的氢离子浓度各为：0.6 $mol \cdot L^{-1}$、1.2 $mol \cdot L^{-1}$、1.8 $mol \cdot L^{-1}$、2.4 $mol \cdot L^{-1}$、3 $mol \cdot L^{-1}$，丙酮酸浓度为 4 $mol \cdot L^{-1}$。

(3) 在 5 个核磁样品管中，用移液枪移取上述溶液 0.4 mL，并加入 0.1 mL D_2O，混合均匀，待测。此时样品管中各氢离子浓度分别为：0.4 $mol \cdot L^{-1}$、0.8 $mol \cdot L^{-1}$、1.2 $mol \cdot L^{-1}$、1.6 $mol \cdot L^{-1}$、2.4 $mol \cdot L^{-1}$。

(4) 在核磁共振仪上扫描上述样品管中的样品，使用氢谱扫描，溶剂为 D_2O。

(5) 记录各样品管的核磁共振谱图中丙酮酸—CH_3 质子峰、二羟基丙酸—CH_3 质子峰的半峰宽 $\Delta\omega$ 及各峰的积分面积。

五、注意事项

1. 确保所使用的核磁管无划痕破损。

2. 弹出样品前，一定要检查盖子是否拿掉，以免核磁管碰到盖子破碎。

3. 放入样品前，要确认有气流，以免核磁管直接掉下去撞到底部破碎。

4. 使用氘代水时应戴好手套，避免接触皮肤。

六、数据记录与处理

1. 由半峰宽 $\Delta\omega$ 对 c_{H^+} 作图，斜率即是正逆反应的 k_H^f、k_H^r，因此可求得丙酮酸水解反应的化学平衡常数 K。

2. 由截矩 $1/T_2$ 求得各质子的寿命 τ，记入表 2-63 中。

表 2-63 质子的寿命 τ 计算

c_{H^+} /mol·L^{-1}	δ=2.60 ppm		δ=1.75 ppm	
	$\Delta\omega$	τ	$\Delta\omega$	τ
0.4				
0.8				
1.2				
1.6				
2.4				

七、思考与讨论

1. 核磁共振质子峰的宽度与哪些因素有关？

2. 比较由质子峰的积分面积得到的平均化学平衡常数，与由作图得到的 k_H^f、k_H^r 进而计算得到的化学平衡常数 K 的差异。

八、补充与提示

1. 实验用仪器

Bruker 400 MHz 核磁共振仪（见图 2-117）。

2. 核磁管及核磁帽的清洗方法

① 将氘代试剂倒出后，用丙酮将残余液清洗干净；

② 将核磁管缓慢浸入碱缸，使得碱液完全浸没整个管腔，10 小时后取出；

③ 将连接水管的长针头插入核磁管底部反复充水 3 次，洗去碱液；

④ 将核磁管缓慢浸入酸缸或者采用 5%的稀盐酸浸没，使得酸液完全浸没整个管腔，5 小时后取出；

⑤ 重复步骤③的操作，洗去其中的酸液；

⑥ 将水倒出并轻轻甩干后，用丙酮浸没核磁管，浸泡 3 小时；

⑦ 将核磁管中的丙酮倒出，轻轻甩干，将其置于 100 ℃的烘箱中烘干，冷却后备用；

⑧ 核磁帽用过一次后，可将其浸没在丙酮溶剂中，3 小时后取出，真空旋干溶剂，室温下晾干备用。

3. 核磁共振仪操作关键点

（1）准备样品和溶剂：在进行核磁共振实验之前，首先需要准备样品和溶剂。样品如果是固体，则需要将其溶解于溶剂中，使其变为液体样品。溶剂的选择应根据样品的性质和要求来确定，常用的溶剂有二氯甲烷、二氯乙烷等。要确保样品的质量纯度和浓度足够高，以

图 2-117　Bruker 400 MHz 核磁共振仪

获得准确的实验结果。

（2）放入样品管：将准备好的样品倒入样品管中，样品管通常是由玻璃或塑料制成的。在倒样品的过程中应尽量避免将空气带入样品中，以免干扰实验结果。此外，还要确保样品管的密封性良好，以免溶剂挥发或样品泄漏。

（3）调节核磁共振仪的参数：核磁共振仪有多个参数需要调节，以保证实验的准确性和稳定性。常用的参数包括磁场强度、扫描参数和脉冲序列等。在调节磁场强度时，需要使用磁场控制系统来控制磁场的稳定性和均匀性。而在调节扫描参数和脉冲序列时，则需要根据实验的需要来确定，以获得清晰且可靠的核磁共振信号。

（4）开始实验：一切准备就绪后，开始进行核磁共振实验。首先，将样品管放入核磁共振仪的样品槽中，并确保样品与射频线圈的耦合良好。然后，通过控制核磁共振仪的操作界面，选择相应的实验模式和参数，启动实验。

（5）数据处理与分析：实验完成后，得到的核磁共振信号将以图像的形式显示在核磁共振仪的操作界面上。这时，就可以进行数据处理和分析，以获取有关样品的信息。常用的数据处理方法有傅立叶变换、曲线拟合等。通过对核磁共振信号进行处理和分析，可以确定样品的化学结构、化学位移、耦合常数等。

（6）清洁和维护：实验结束后，需要对核磁共振仪进行清洁和维护，以保证其正常运行和使用寿命。清洁时，应使用专用的溶剂和工具，避免对核磁共振仪造成损害。维护时，需要检查核磁共振仪的各个部件和系统是否正常，并及时更换或修理受损的部件。

九、知识拓展

1930 年，物理学家伊西多·拉比（sidor Isaac Rabi）发现在磁场中的原子核会沿磁场方向呈正向或反向有序平行排列，而施加无线电波之后，原子核的自旋方向发生翻转。这是人类关于原子核与磁场以及外加射频场相互作用的最早认识。由于这项研究，拉比于 1944 年获得了诺贝尔物理学奖。

1946 年两位美国科学家布洛赫（F. Bloch）和珀塞尔（E. M. Purcell）发现，将具有奇数个核子（包括质子和中子）的原子核置于磁场中，再施加以特定频率的射频场，就会发生原子核吸收射频场能量的现象，这就是人们最初对核磁共振现象的认识。这一发现在精确测定物质的核磁属性方面取得了突破和进展，为此他们两人获得了 1952 年诺贝尔物理学奖。

之后人们发现电磁波作用于原子核系统时，当电磁波频率所决定的量子能量正好等于原子核相邻能级之间的能量差时（$\Delta E = h\nu$），原子核就会吸收电磁波，引起核能态在两个相邻能级之间的跃迁，这就是核磁共振现象。

1948 年 NMR 信号的发现，1948 年核磁弛豫理论的建立，1950 年化学位移和耦合的发现，以及 1965 年傅里叶变换谱学的诞生，促进了 NMR 的迅猛发展，形成了液体高分辨、固体高分辨和 NMR 成像三足鼎立的新局面。二维 NMR 的发展，使液体 NMR 的应用迅速扩展到了生物领域；交叉极化技术的发展，使 20 世纪 50 年代就发明出来的固体魔角旋转技术在材料科学中发挥巨大的作用；NMR 成像技术的发展，使 NMR 进入了与人生命息息相关的医学领域。

十、参考文献

[1] 复旦大学等编．庄继华等修订．物理化学实验 [M]. 3 版．北京：高等教育出版社，2004.
[2] 北京大学化学学院物理化学实验教研组．物理化学实验 [M]. 4 版．北京：北京大学出版社，2024.
[3] 邢淑芝，谷开慧，解玉鹏，等．核磁共振实验原理及数据分析 [J]. 大学物理实验，2010，23 (05)：25-29.

第四节 表面和胶体化学

实验 33 最大泡压法测定溶液的表面张力

一、实验目的

1. 了解表面张力的性质、表面自由能的意义以及表面张力和吸附的关系。
2. 掌握用最大泡压法测定表面张力的原理和技术。
3. 测定不同浓度乙醇水溶液的表面张力，计算表面吸附量和乙醇分子横截面积。

二、实验原理

1. 表面自由能

在液体的内部任何分子周围的吸引力是平衡的，但在液体表面层的分子却不相同。因为表面层的分子一方面受到液体内层的邻近分子的吸引，另一方面受到液面外部气体分子的吸引，而且前者的作用要比后者大。因此在液体表面层中，每个分子都受到垂直于液面并指向液体内部的不平衡力（图 2-118）。

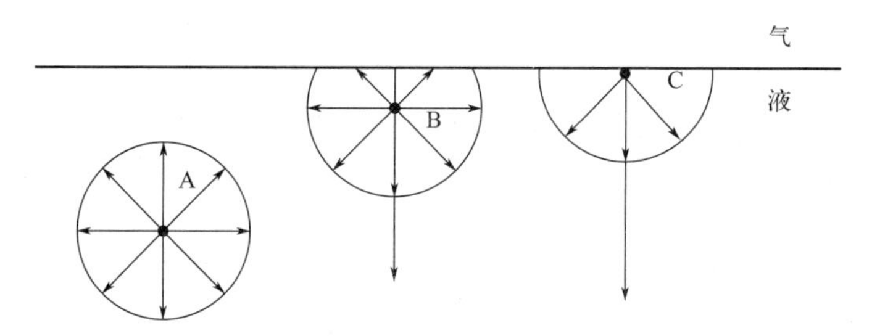

图 2-118　液体分子间作用力示意图

这种吸引力使表面层的分子向内挤，促成液体的最小面积，如水珠、露珠表面是圆形的。要使液体的表面积增大就必须要反抗分子的内向力而做功，增加分子的位能。所以分子在表面层相比在液体内部有较大的位能，该位能就是表面自由能。

从热力学观点看，液体表面缩小是一个自发过程，这是使系统总的吉布斯自由能减小的过程。在温度、压力和组成恒定时，可逆地使液体产生新的表面 ΔA，则需要对其做表面功，该表面功就转化为表面分子的吉布斯自由能。表面功的大小应与 ΔA 成正比：

$$\Delta G = W = \gamma \Delta A \tag{2-157}$$

式中，γ 为液体的比表面自由能，$J \cdot m^{-2}$，即增加单位表面积引起系统吉布斯自由能的增量，或者单位表面积上的分子比相同数量的内部分子“超额的”吉布斯自由能。也可将 γ 看作液体限制其表面，力图使它收缩的单位直线长度上所作用的力，称为表面张力（单位：$N \cdot m^{-1}$）。γ 表示液体表面自动缩小趋势的大小，其值与液体的成分、溶质的浓度、温度及表面气氛等因素有关。

2. 溶液的表面吸附

纯液体表面层的组成与内部的组成相同，因此纯液体降低表面自由能的唯一途径是尽可能缩小其表面积。对于溶液，由于溶质能使溶剂的表面张力发生改变，因此可以通过调节溶质在表面层的浓度来降低表面自由能。

根据能量最低原则，当溶质能降低溶剂的表面张力时，溶质在溶液表面层中的浓度比溶液内部的浓度大；反之，溶质使溶剂的表面张力升高时，溶质在溶液表面层中的浓度比溶液内部的浓度小。这种表面浓度与溶液内部浓度不同的现象称为溶液的表面吸附。表面吸附的多少常用表面吸附量 Γ 表示，其定义为：单位面积表面层所含溶质的物质的量与等量溶剂在本体溶液中所含溶质的物质的量之差。显然，在指定的温度和压力下，溶质的吸附量与溶液的表面张力及溶液的浓度有关，根据热力学知识可知它们之间的关系遵守吉布斯（Gibbs）吸附等温方程：

$$\Gamma = -\frac{c}{RT}\left(\frac{d\gamma}{dc}\right)_T \tag{2-158}$$

式中，Γ 为表面吸附量，$mol \cdot m^{-2}$；c 为稀溶液浓度，$mol \cdot L^{-1}$；R 为摩尔气体常数；T 为热力学温度，K；γ 为表面张力，$J \cdot m^{-2}$；$(d\gamma/dc)_T$ 表示在一定温度下表面张力随浓度的变化率。$(d\gamma/dc)_T < 0$，则 $\Gamma > 0$，溶质能降低溶剂的表面张力，溶液表面层的浓度大于内部的浓度，称为正吸附；$(d\gamma/dc)_T > 0$，则 $\Gamma < 0$，溶质能增加溶剂的表面张力，溶液表面层的浓度小于内部的浓度，称为负吸附。本实验测定正吸附情况。

一般来说，凡是能使溶液表面张力升高的物质，均称为表面惰性物质；凡是能使溶液表面张力降低的物质，均称为表面活性物质。但习惯上，只把那些溶入少量就能显著降低溶液表面张力的物质称为表面活性剂。表面活性物质的分子都是由亲水性的极性基团和憎水（亲油）性的非极性基团所构成的，乙醇就属于这样的化合物。它们在水溶液表面排列的情况随其浓度不同而异，如图 2-119 所示。浓度小时，分子可以平躺在表面上；浓度增大时，分子的极性基团取向溶液内部，而非极性基团基本上取向外部；当浓度增至一定程度，溶质分子占据了所有表面，就形成了饱和吸附层。

用吉布斯吸附等温式计算某溶质的吸附量时，可由实验测得一组恒温下不同溶液浓度 c 时的表面张力，以 γ 对 c 作图，可得到 γ-c 曲线，如图 2-120 所示。从图 2-120 可以看出，在开始时 γ 随浓度增加而迅速下降，以后的变化比较缓慢。将曲线上某指定浓度下的斜率 $\mathrm{d}\gamma/\mathrm{d}c$ 代入式(2-158)，即可求得该浓度下溶质在溶液表面的吸附量 Γ。

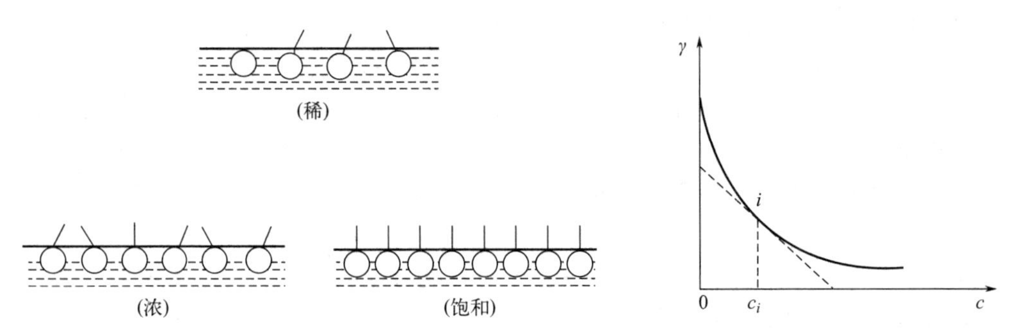

图 2-119　表面活性物质分子在水溶液表面上的排列情况

图 2-120　表面张力与浓度的关系

3. 饱和吸附与溶质分子的横截面积

在一定温度下，体系处于平衡状态时，吸附量 Γ 和浓度 c 之间的关系与固体对气体的吸附很相似，也可用和朗缪尔单分子层吸附等温式相似的经验公式来表示，即：

$$\Gamma = \Gamma_\infty \frac{kc}{1+kc} \tag{2-159}$$

式中，k 为经验常数，与溶质的表面活性大小有关。由式(2-159) 可知，当浓度很小时，Γ 与 c 呈直线关系；当浓度较大时，Γ 与 c 呈曲线关系；当浓度足够大时，则呈现一个吸附量的极限值，即 $\Gamma = \Gamma_\infty$。此时若再增加浓度，吸附量不再改变，所以 Γ_∞ 称为饱和吸附量。Γ_∞ 可以近似地看成是在单位表面上定向排列呈单分子层吸附时溶质的物质的量。求出 Γ_∞ 值，即可算出每个被吸附的表面活性物质分子的横截面积 A_s。

将式(2-159) 整理得：

$$\frac{c}{\Gamma} = \frac{1}{\Gamma_\infty}c + \frac{1}{k\Gamma_\infty} \tag{2-160}$$

以 c/Γ 对 c 作图可得到一条直线，其斜率的倒数为 Γ_∞，则每个分子的截面积为：

$$A_s = \frac{1}{\Gamma_\infty N_A} \tag{2-161}$$

式中，N_A 为阿伏伽德罗常数。

因此，如测得不同浓度溶液的表面张力，从 γ-c 曲线上可求得不同浓度的斜率 $\mathrm{d}\gamma/\mathrm{d}c$，即可求出不同浓度的吸附量 Γ，再从 c/Γ-c 直线上求出 Γ_∞，便可计算出溶质分子的横截面积 A_s。

4. 最大泡压法

测定表面张力的方法很多，本实验用最大泡压法测定乙醇水溶液的表面张力。实验装置如图 2-121 所示。

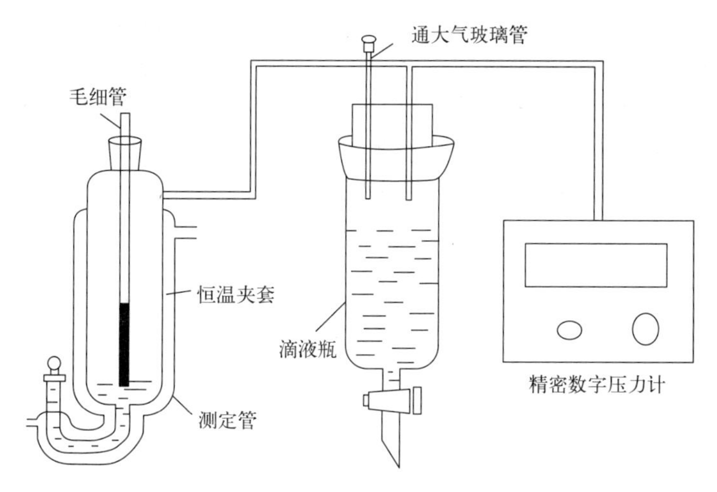

图 2-121 测定表面张力实验装置

将被测液体装于测定管中，打开滴液瓶活塞缓缓放水抽气，系统不断减压，毛细管出口将出现一小气泡，且不断增大。若毛细管足够细，管下端气泡将呈球缺形，液面可视为球面的一部分。随着小气泡的变大，气泡的曲率半径将变小。当气泡的半径等于毛细管的半径时，气泡的曲率半径最小，液面对气体的附加压力达到最大，如图 2-122 所示。

在气泡的曲率半径等于毛细管半径时，$p_{内}=p_{外}$；气泡内的压力，$p_{内}=p_{大气}-2\gamma/r$；气泡外的压力，$p_{外}=p_{系统}+\rho gh$。实验时控制让毛细管端口与液面相切，即使 $h=0$，$p_{外}=p_{系统}$。

根据附加压力的定义及拉普拉斯方程，半径为 r 的凹面对小气泡的附加压力为

$$\Delta p_{max}=p_{大气}-p_{系统}=p_{最大}=2\gamma/r \quad (2\text{-}162)$$

于是求得所测液体的表面张力为

$$\gamma=\frac{r}{2}\Delta p_{max}=K'\Delta p_{max} \quad (2\text{-}163)$$

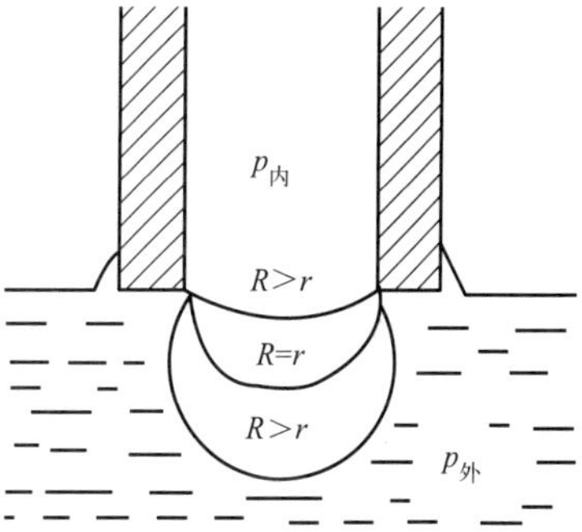

图 2-122 气泡的形成过程

R—气泡的曲率半径；r—毛细管端半径

此后进一步抽气，气泡若再增大，气泡曲率半径也将增大，此时气泡表面承受的压力差必然减小，而测定管中的压力差却在进一步加大，所以导致气泡破裂从液体内部逸出。最大压力差可用数字式压力差仪直接读出，K'称为毛细管常数，可用已知表面张力的物质来确定。

三、仪器与试剂

1. 主要仪器：表面张力测定装置，超级恒温槽，洗耳球，10 mL 移液管，100 mL 容量瓶。
2. 主要试剂：乙醇（AR）。

四、实验步骤

（1）调节恒温水浴温度为 30 ℃。

（2）配制溶液：准确量取 5 mL、10 mL、15 mL、20 mL、25 mL、30 mL、35 mL、40 mL 的乙醇于 100 mL 容量瓶中（测完可回收至容量瓶继续用）。

（3）仪器准备与检漏：仔细用洗液洗净测定管及毛细管内外壁，然后用自来水和蒸馏水冲洗数次。按图 2-123 安装好实验仪器，检查系统是否漏气。检查方法：在恒温条件下，将一定量的蒸馏水装入测定管中，将毛细管插入测定管中，用滴管通过测定管下端支管调节液面的高度，使测定管内液体刚好与毛细管端面相切；打开滴液瓶活塞缓缓放水抽气，使系统内压力降低，数字压力计读数由小增大至一相当大的数值时，关闭滴液瓶活塞，若数字压力计读数在 1～2 min 内基本稳定，表明系统的气密性良好，可以进行实验，否则应检查各玻璃磨口处或其他接口。

（4）测定毛细管常数：在测定管中注入蒸馏水，使管内液面刚好与毛细管口相接触，慢慢打开滴液瓶活塞，严格控制滴液速度，使毛细管端口约 6 s 出一个气泡，由数字压力计读出瞬间最大压差（700～800 Pa），记录最大值，重复 3 次，取平均值。

（5）测量乙醇溶液的表面张力：按步骤（4）分别测量不同浓度乙醇溶液的表面张力，从稀到浓依次进行。每次测量前必须用少量被测液润洗测定管，尤其是毛细管部分，确保毛细管内外溶液的浓度一致。

（6）实验结束，用蒸馏水洗净仪器，整理好实验仪器，做好仪器使用登记，打扫好实验室卫生。

五、注意事项

1. 测定时毛细管及测定管应洗涤干净，以玻璃不挂水珠为好，否则气泡可能不呈单泡逸出，而使压力计读数不稳定。如发生此种现象，毛细管应重洗。注意润洗毛细管和测定管。

2. 液面相切是关键，不能插入液面。

3. 控制好滴液瓶的滴液速度，水的流速每次均应保持一致，尽可能使气泡呈单泡逸出，以利于读数的准确性。气泡形成稳定后，观察压力差计，读最大数据，读 3 次。

4. 若不冒泡，或数据不稳定，可拔开橡皮管检查其内是否有水，若有水，将水倒出即可。

六、数据记录与处理

1. 将实验所得数据记录于表 2-64 中。

表 2-64 实验测定数据记录

温度： 水的表面张力： 仪器常数 K：________

溶液浓度 /mol·L^{-1}	压力差 Δp/kPa				γ/N·m^{-1}	$(d\gamma/dc)_T$	Γ/mol·m^{-2}
	1	2	3	平均值			

2. 查得实验温度下纯水的表面张力数据，按式(2-163) 求出毛细管常数 K'。

3. 分别计算各浓度乙醇水溶液的 γ 值。

4. 以浓度 c 为横坐标，以 γ 为纵坐标作 γ-c 图，连成光滑曲线。

5. 在曲线上取 10 个点（不一定是原实验浓度），求出曲线上不同浓度 c 点处的斜率 $d\gamma/dc$。

6. 根据吉布斯吸附等温方程［式(2-158)］求吸附量 Γ。

7. 列出 c、$(d\gamma/dc)_T$、Γ、c/Γ 的对应数据，以 c/Γ 对 c 作图，从直线的斜率求出 Γ_∞，并计算出乙醇分子的横截面积 A_s。

七、思考与讨论

1. 毛细管尖端为何必须调节得恰与液面相切？如果毛细管端口插入液面一定深度，对实验数据有何影响？

2. 最大泡压法测定表面张力时为什么要读最大压力差？如果气泡逸出得很快，或几个气泡一起出，对实验结果有无影响？

3. 本实验为何要测定仪器常数？仪器常数与温度有关系吗？

八、补充与提示

测定表面张力的实验装置图见图 2-123 和图 2-124。

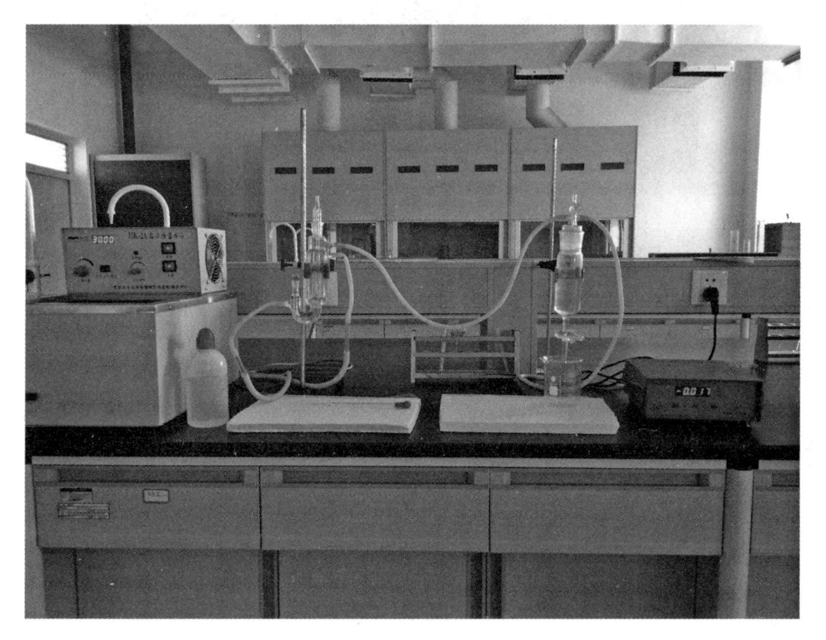

图 2-123　实验装置图

九、知识拓展

在未来的发展中，表面张力将继续发挥重要作用。首先，表面张力在生物学中发挥着重要作用，它影响着细胞膜的结构和功能，并且在水生生物的生态系统中扮演着重要角色。其次，表面张力在材料科学和化学中也很重要，它影响着材料的制备和性质。再次，表面张力在能源领域也具有重要意义，例如，表面张力在石油和天然气开采中发挥着重要作用，并且是影响油气田生产效率的重要因素。此外，表面张力还与太阳能电池板的研究和开发有关，因为太阳能电池板中的液体电解质表面张力会影响电池的效率。

在未来，随着科学技术的不断发展和进步，表面张力的研究将继续深入。这可能促生新

图 2-124　实验装置局部放大图

的发现和应用，从而改善人们的生活和环境。例如，表面张力的研究可能有助于开发更高效的石油和天然气开采技术，并且可能有助于开发更高效的太阳能电池板。

十、参考文献

[1] 复旦大学等编，庄继华等修订．物理化学实［M］．3 版．北京：高等教育出版社，2004.

[2] 方能虎．实验化学（下册）［M］．北京：科学出版社，2005.

实验 34　溶液吸附法测定固体的比表面积

一、实验目的

1. 学会用次甲基蓝水溶液吸附法测定活性炭的比表面积。

2. 了解朗缪尔单分子层吸附理论及溶液吸附法测定比表面积的基本原理。

二、实验原理

溶液的吸附可用于测定固体的比表面积。次甲基蓝是易被固体吸附的水溶性染料，研究表明，在一定浓度范围内，大多数固体对次甲基蓝的吸附是单分子层吸附，符合朗缪尔吸附理论。

朗缪尔吸附理论的基本假设是：固体表面是均匀的，吸附是单分子层吸附，吸附剂一旦被吸附质覆盖就不能被再吸附；在吸附平衡时，吸附和脱附建立动态平衡；吸附平衡前，吸附速率与空白表面成正比，脱附速率与覆盖度成正比。

设固体表面的吸附位总数为 N，覆盖度为 θ，溶液中吸附质的浓度为 c，根据上述假定，有：

吸附速率：$r_{吸}=k_1N(1-\theta)c$（k_1 为吸附速率常数）

脱附速率：$r_{脱}=k_{-1}N\theta$（k_{-1} 为脱附速率常数）

当达到吸附平衡时：$r_{吸}=r_{脱}$　即　$k_1N(1-\theta)c=k_{-1}N\theta$

由此可得：

$$\theta=\frac{K_{吸}c}{1+K_{吸}c} \tag{2-164}$$

式中，$K_{吸}=k_1/k_{-1}$ 称为吸附平衡常数。其值取决于吸附剂和吸附质的性质及温度，$K_{吸}$值越大，固体对吸附质的吸附能力越强。若以 Γ 表示浓度 c 时的平衡吸附量，以 Γ_{∞} 表示全部吸附位被占据时单分子层吸附量，即饱和吸附量，则：$\theta=\Gamma/\Gamma_{\infty}$

代入式(2-164)得

$$\Gamma=\Gamma_{\infty}\frac{K_{吸}c}{1+K_{吸}c} \tag{2-165}$$

整理式(2-165)得到如下形式

$$\frac{c}{\Gamma}=\frac{1}{\Gamma_{\infty}K_{吸}}+\frac{1}{\Gamma_{\infty}}c \tag{2-166}$$

作 c/Γ-c 图，从直线斜率可求得 Γ_{∞}，再结合截距便可得到 $K_{吸}$。Γ_{∞}指每克吸附剂对吸附质的饱和吸附量（用物质的量表示），若每个吸附质分子在吸附剂上所占据的面积为 σ_A，则吸附剂的比表面积可以按照式(2-167)计算

$$S=\Gamma_{\infty}N_A\sigma_A \tag{2-167}$$

式中，S 为吸附剂比表面积；N_A 为阿伏伽德罗常数。

次甲基蓝的结构为：

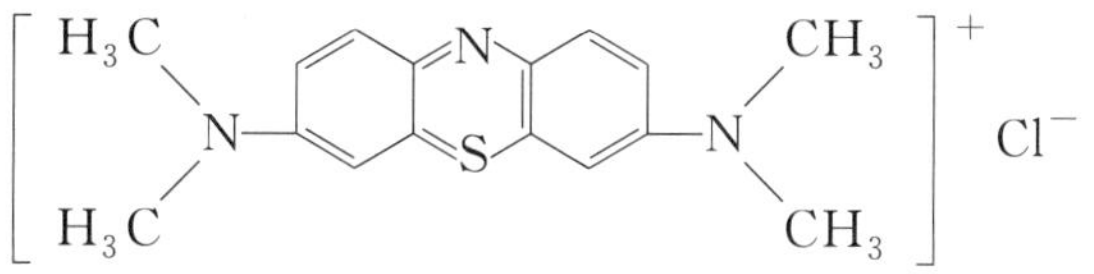

H_3C　CH_3　N　N　S　N　H_3C　CH_3　$]^+$　Cl^-

阳离子大小为 $17.0\times7.6\times3.25\times10^{-30}$ m^3。

次甲基蓝的吸附有三种取向：平面吸附，投影面积为 135×10^{-20} m^2；侧面吸附，投影面积为 75×10^{-20} m^2；端基吸附，投影面积为 39×10^{-20} m^2。对于非石墨型的活性炭，次甲基蓝是以端基吸附取向吸附在活性炭表面的，因此 $\sigma_A=39\times10^{-20}$ m^2。

根据光吸收定律，当入射光为一定波长的单色光时，某溶液的吸光度与溶液中有色物质的浓度及溶液层的厚度成正比

$$A=-\lg(I/I_0)=\varepsilon bc \tag{2-168}$$

式中，A 为吸光度；I_0 为入射光强度；I 为透射光强度；ε 为吸光系数；b 为光径长度或液层厚度；c 为溶液浓度。

次甲基蓝溶液在可见光区有两个吸收峰：445 nm 和 665 nm。但在 445 nm 处活性炭吸附对吸收峰有很大的干扰，因此本实验选用的测定波长为 665 nm，并用分光光度计进行测量。

三、仪器与试剂

1. 主要仪器：分光光度计及其附件，HY振荡器，容量瓶（50 mL）5只，容量瓶（500 mL）6只，容量瓶（100 mL）5只，2号砂芯漏斗1只，带塞锥形瓶（100 mL）5只，抽滤瓶（500 mL）1只，滴管2支。

2. 主要试剂：次甲基蓝原始溶液（0.2%），次甲基蓝标准液（0.3126×10^{-3} mol·L^{-1}），颗粒状非石墨型活性炭。

四、实验步骤

1. 样品活化

颗粒活性炭置于瓷坩埚中，放入500 ℃马弗炉活化1 h，然后置于干燥器中备用（此步骤实验前已经由实验室做好）。

2. 溶液吸附

取5只干燥的带塞锥形瓶，编号，分别准确称取活化过的活性炭约0.1 g置于瓶中（记录准确质量），按表2-65配制不同浓度的次甲基蓝溶液50 mL，塞好瓶塞，放在振荡器上振荡3 h以上。样品振荡达到吸附平衡后，将锥形瓶取下，用砂芯漏斗过滤，得到吸附平衡后滤液。分别量取滤液5 mL于500 mL容量瓶中，用蒸馏水定容，摇匀待用。此为平衡稀释液。

表2-65 吸附试样配制比例

项目	1	2	3	4	5
V(0.2%次甲基蓝溶液)/mL	15	20	25	30	40
V(蒸馏水)/mL	35	30	25	20	10

3. 原始溶液处理

为了准确测量约0.2%次甲基蓝原始溶液的浓度，称取1 g溶液放入500 mL容量瓶中，并用蒸馏水稀释至刻度，待用。此为原始溶液稀释液。

4. 次甲基蓝标准溶液的配制

分别量取1 mL、4 mL、6 mL、8 mL、10 mL浓度为0.3126×10^{-3} mol·L^{-1}的次甲基蓝标准溶液于100 mL容量瓶中，用蒸馏水定容，摇匀备用。

5. 选择工作波长

对于次甲基蓝溶液，测定波长为665 nm。由于各分光光度计波长刻度略有误差，取浓度为0.04×（0.3126×10^{-3} mol·L^{-1}）的标准溶液，在波长600～700 nm范围内测量吸光度，以吸光度最大的波长为测定波长。

6. 测量吸光度

选择透光率（T%）高的比色皿为参比。由于次甲基蓝具有吸附性，故应按照从稀到浓的顺序测定。

测完后用洗液洗涤比色皿，用自来水冲洗，再用蒸馏水清洗2～3次。

五、注意事项

1. 活性炭需干燥防潮。

2. 过滤溶液及测各溶液吸光度时由稀到浓，以减小误差。

3. 实验结束后用洗液润洗比色皿及其他玻璃仪器，把沾在上面的颜色尽量洗掉。

4. 分光光度计 4 个比色皿配套，每次可测 3 个溶液。比色皿用待测液润洗 2～3 次，并用擦镜纸擦干外表面才可测量。

六、数据记录与处理

1. 将实验所得数据记入表 2-66 和表 2-67 中。

表 2-66 次甲基蓝标准溶液浓度与吸光度

编号	标准液浓度/mol·L^{-1}	吸光度 A
1		
2		
3		
4		
5		

表 2-67 次甲基蓝原始溶液浓度、平衡溶液浓度及吸附量

项目	1	2	3	4	5
平衡溶液浓度/mol·L^{-1}					
平衡溶液吸光度 A					
活性炭质量/g					
初始浓度/mol·L^{-1}					
平衡吸附量 Γ/mol·g^{-1}					
原始溶液浓度/mol·L^{-1}					
原始溶液吸光度 A					

2. 作次甲基蓝溶液吸光度对浓度的工作曲线。

3. 求次甲基蓝原始溶液浓度和各个平衡溶液浓度。根据稀释后原始溶液的吸光度，从工作曲线上查得对应的浓度，乘以稀释倍数 500，即为原始溶液的浓度 c_0。根据实验测定的各个稀释后的平衡溶液吸光度，从工作曲线上查得对应的浓度，乘以稀释倍数 100，即为平衡溶液的浓度 c_i。

4. 计算吸附溶液的初始浓度。按照实验操作步骤 2 的溶液配制方法，计算各吸附溶液的初始浓度 $c_{0,i}$。

5. 计算吸附量。由平衡溶液浓度 c_i 及初始浓度 $c_{0,i}$ 数据，按式(2-169) 计算吸附量 Γ_i

$$\Gamma_i = \frac{(c_{0,i} - c_i)V}{m} \tag{2-169}$$

式中，V 为吸附溶液的总体积，L；m 为加入溶液中的吸附剂质量，g。

6. 作朗缪尔吸附等温线。以 Γ 为纵坐标，c 为横坐标，作 Γ-c 吸附等温线。

7. 求饱和吸附量。由 Γ 和 c 数据计算 c/Γ 值，然后作 c/Γ-c 图，由直线斜率求得饱和吸附量 Γ_∞。在 Γ-c 图上将 Γ_∞ 值用虚线作一水平线，这一虚线即是吸附量 Γ 的水平渐近线。

8. 计算活性炭的比表面积。将 Γ_∞ 值代入式(2-167)，即可算得活性炭的比表面积 S。

七、思考与讨论

1. 根据朗缪尔理论的基本假设，结合本实验数据，算出各平衡浓度的覆盖度，估算饱和吸附的平衡浓度范围。

2. 溶液产生吸附时，如何判断其达到平衡?

3. 实验中引起误差的原因主要有哪些?

八、补充与提示

1. 活性炭容易吸潮，在称取活性炭时动作要迅速，否则活性炭对次甲基蓝的吸附会减少，使得测量结果偏小。在每次称量完后都需要盖上塞子。称量活性炭的质量应尽量接近0.1 g，这样保证吸附既达到平衡又没有明显的过饱和现象。

2. 振荡时间要充分，一般3 h以上。振荡速度需适中，不宜过大或者过小，以最有利于活性炭的吸附为宜。

3. 实验所用仪器：振荡器（图2-125），其型号为HY-4。

图2-125 振荡器

九、知识拓展

活性炭是一种经特殊处理的炭，将有机原料（果壳、煤、木材等）在隔绝空气的条件下加热，以减少非碳成分（此过程称为炭化），然后与气体反应，表面被侵蚀，形成微孔发达的结构（此过程称为活化）。由于活化的过程是一个微观过程，即大量的分子炭化物表面侵蚀是点状侵蚀，所以造成了活性炭表面具有无数细小孔隙。活性炭表面的微孔直径大多在2～50 nm之间，即使是少量的活性炭，也有巨大的表面积，每克活性炭的表面积为500～1500 m^2，活性炭的一切应用几乎都基于这一特点。

活性炭中的灰分组成及其含量对活性炭的吸附活性有很大影响。灰分主要由K_2O、Na_2O、CaO、MgO、Fe_2O_3、Al_2O_3、P_2O_5、SO_3、Cl^-等组成，灰分含量与制取活性炭的原料有关，而且，随活性炭中挥发物的去除，活性炭中的灰分含量增大。

十、参考文献

[1] 夏海涛. 物理化学实验 [M]. 哈尔滨：哈尔滨工业大学出版社，2003：222-226.

[2] 北京大学化学系物理化学教研室. 物理化学实验 [M]. 3版. 北京：北京大学出版社，1995：208-211.

[3]　戴维．P. 休梅克，卡．W. 加兰，等．物理化学实验［M］. 4版．俞鼎琼，廖代伟，译．北京：化学工业出版社，1990：334.
[4]　复旦大学，等．物理化学实验［M］. 2版．北京：高等教育出版社，1993：187-190.
[5]　宋光泉．通用化学实验技术（上）［M］. 北京：高等教育出版社，1998：130-132.
[6]　傅献彩，沈文霞，姚天扬．物理化学（下册）［M］. 北京：高等教育出版社，1990：828-832，961-964.

实验 35　黏度法测定水溶性高聚物分子量

一、实验目的

1. 掌握用乌式黏度计测定黏度的原理和方法。
2. 测定聚乙二醇的平均分子量。

二、实验原理

对于高聚物来说，分子量作为其基本性质之一，能反映高聚物的物理性能，因而非常重要。高聚物内部分子量参差不齐，不固定，只有一定范围，因此只能测其平均值。黏度法是常用的一种测定高聚物分子量的方法。

黏度是指液体对流动所表现的阻力，可看作一种内摩擦。内摩擦来自三方面：一是溶剂分子与溶剂分子之间的内摩擦，也就是纯溶剂的黏度，记为 η_0； 二是高分子与高分子之间的内摩擦；三是高分子与溶剂分子之间的内摩擦。三者总和表现为高聚物溶液的黏度，记为 η。

增比黏度，记作 η_{sp}， 即

$$\eta_{sp}=\frac{\eta-\eta_0}{\eta_0}=\frac{\eta}{\eta_0}-1=\eta_r-1 \tag{2-170}$$

式中，η_r 称为相对黏度。

溶液的浓度可大可小，显然，浓度越大，黏度也就越大。为了便于比较，引入单位浓度下所显示的黏度，即引入 η_{sp}/c， 称为比浓黏度。其中 c 是浓度，采用单位为 $g \cdot mL^{-1}$。

为了进一步消除高聚物分子之间的内摩擦效应，必须将溶液浓度无限稀释，使得每个高聚物分子彼此相隔极远，其相互干扰可以忽略不计。这时溶液所呈现出的黏度行为基本上反映了高分子与溶剂分子之间的内摩擦，这一黏度的极限值记为：

$$\lim_{c \to 0}\frac{\eta_{sp}}{c}=[\eta] \tag{2-171}$$

式中，$[\eta]$ 为特性黏度，其值与浓度无关。实验证明，当聚合物、溶剂和温度确定以后，$[\eta]$ 的数值只与高聚物平均分子量 M 有关，它们之间的半经验关系可用马克-豪温克（Mark-Houwink）方程式表示：

$$[\eta]=KM^{\alpha} \tag{2-172}$$

式中，K、α 为常数。30 ℃时，聚乙二醇的 $K=1.26\times10^{-2}g \cdot mL^{-1}$，$\alpha=0.78$。

测定高分子的［η］时，用毛细管黏度计最为方便。当液体在毛细管黏度计内因重力作用而流出时，遵守泊肃叶（Poiseuille）定律：

$$\frac{\eta}{\rho}=\frac{\pi hgr^4t}{8lV}-m\frac{V}{8\pi lt} \tag{2-173}$$

式中，ρ 为液体的密度；l 为毛细管长度；r 为毛细管半径；t 为液体流出毛细管的时间；h 为流经毛细管液体的平均液柱高度；g 为重力加速度；V 为流经毛细管的液体体积；m 为与机器的几何形状有关的常数，在 $r/l \ll 1$ 时，可取 $m=1$。

对某一支指定的黏度计而言，r、h、V、l、g、m 均为常数，故

$$\frac{\eta}{\rho}=At-\frac{B}{t} \tag{2-174}$$

其中，$A=\frac{\pi hgr^4}{8lV}$，$B=m\frac{V}{8\pi l}$。当 $t>100\text{s}$ 时，式(2-174) 中的第二项可以忽略。

即
$$\eta=At\rho$$

如测定是在稀溶液中进行，溶液的密度和溶剂的密度近似相等，则：

$$\eta_r=\frac{At\rho_{溶液}}{At_0\rho_{溶剂}}\approx\frac{t}{t_0} \tag{2-175}$$

所以 η_{sp}/c 和 $(\ln\eta_r)/c$ 的极限都等于特性黏度 [η]，由此获得 [η] 的方法有两种（见图 2-126）：一种以 η_{sp} 对 c 作图，外推 $c\rightarrow0$ 的截距值即为 [η]；另一种以 $(\ln\eta_r)/c$ 对 c 作图，外推 $c\rightarrow0$ 的截距值即为 [η]。将 [η] 代入式(2-170)，即可得高聚物的分子量，K 和 α 值可查表得。

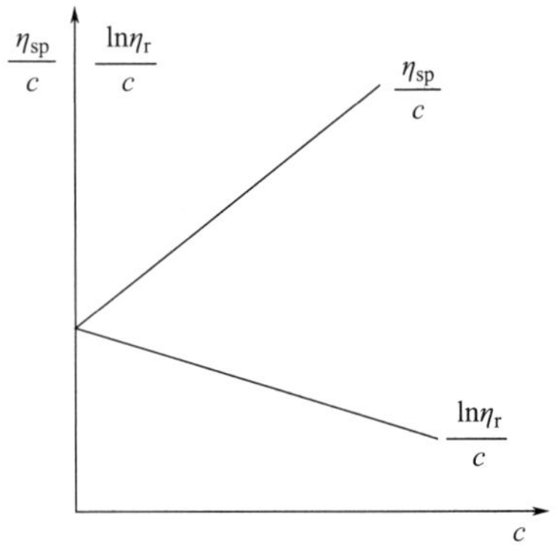

图 2-126 外推法求 [η] 示意图

三、仪器与试剂

1. 主要仪器：乌氏黏度计（见图 2-127），玻璃缸恒温水浴，铁架台，移液管，洗耳球，计时器，夹子，橡胶管。

2. 主要试剂：聚乙二醇，正丁醇。

四、实验步骤

1. 恒温

打开玻璃缸恒温槽，设定温度为 (30.0±0.01)℃，打开搅拌器。

2. 清洗仪器

将黏度计用洗液、自来水和蒸馏水洗干净，特别注意毛细管部分，再用乙醇润洗，然后烘干备用。吹干黏度计所需时间较长，特别是毛细管要多吹一段时间。

3. 溶液流出时间的测定

如图 2-127 所示，向干燥的黏度计 A 管中内注入聚乙二醇 10 mL，在 C 管和 B 管的上端套上干燥清洁的橡胶管。用夹子夹住 C 管上的橡胶管使其不通大气。恒温 2 分钟后用洗耳球在 B 管的上端吸气，将水从 F 球经 D 球、毛细管、E 球抽至 G 球 2/3 处；松开 C 管上的夹子，使其通气，此时 D 球内溶液回到 F 球，使毛细管以上的液体悬空；毛细管以上的液体下落，当凹液面最低处流经刻度 a 线时，立刻按下秒表开始记时，至 b 处则停止记时。记下液体流经 a、b 之间所需的时间。重复测定三次，偏差小于 0.3 s 取其平均值，即为 t_1 值。

然后依次从 A 管分别加入 2.0 mL、3.0 mL、5.0 mL、10.0 mL 蒸馏水，按上述方法分别测定不同浓度时的 t 值。共 5 个 t 值。

4. 溶剂流出时间 t_0 的测定

洗净、干燥，再用乙醇润洗吹干黏度计，加入 10 mL 蒸馏水，然后用同前方法测定 t_0。

5. 实验收尾

关闭电源，清洗黏度计 3 次，用纯水注满黏度计，实验完毕。要保证黏度计不使用时是清洁的，否则有异物长时间不清理影响实验结果。

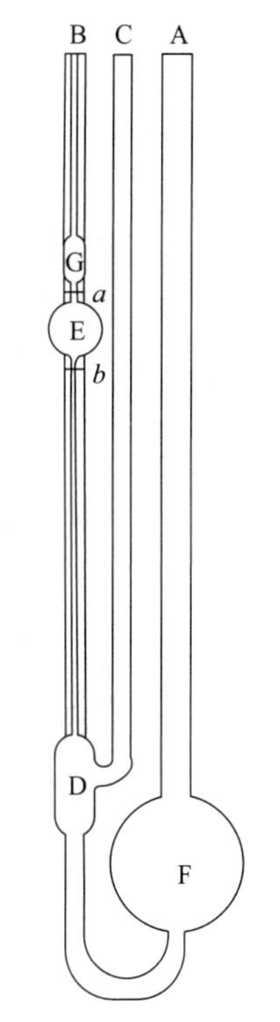

图 2-127　乌氏黏度计

五、注意事项

1. 保证黏度计干燥洗净，尤其是毛细管部分，容量瓶和移液管也要洗净。

2. 要用待测液反复润洗毛细管。

3. 多压吸 2～3 次，可以除泡且保证浓度均匀。恒温过程中除泡，尽量不用正丁醇除泡剂。

4. 从浓到稀测，用热水洗。

5. 黏度计的位置靠近搅拌器时温度均匀，但不能太近，否则会发生碰撞。黏度计要调整好水平和垂直位置。

六、数据记录与处理

1. 计算各溶液的浓度，并将流出时间记录于表 2-68 中。

2. 由原理中的公式计算出 c、η_r、$\ln\eta_r$、η_{sp}、η_{sp}/c、$(\ln\eta_r)/c$ 记录在表 2-68 中。

表 2-68　各溶液流出时间记录表

溶液浓度		流出时间/s				η_r	η_{sp}	η_{sp}/c	$\ln\eta_r$	$(\ln\eta_r)/c$
		测量值			平均值					
		1	2	3						
溶剂										
溶液	c_1									
	c_2									
	c_3									
	c_4									

3. 以 η_{sp}/c 和 $(\ln\eta_r)/c$ 对 c 作图，得两条直线，外推至 $c=0$ 处，求出 $[\eta]$。

4. 计算聚乙二醇水溶液的平均分子量 M。

七、思考与讨论

1. 黏度法测定高聚物分子量有何优缺点？使用公式 $\eta_r=\dfrac{t}{t_0}$ 的前提条件是什么？

2. 影响黏度法测定分子量准确性的因素有哪些？当把溶剂加入黏度计中稀释原有的溶液时，如何才能使其混合均匀？若不均匀会对实验结果有什么影响？

八、补充与提示

本实验的实验装置如图 2-128 所示。

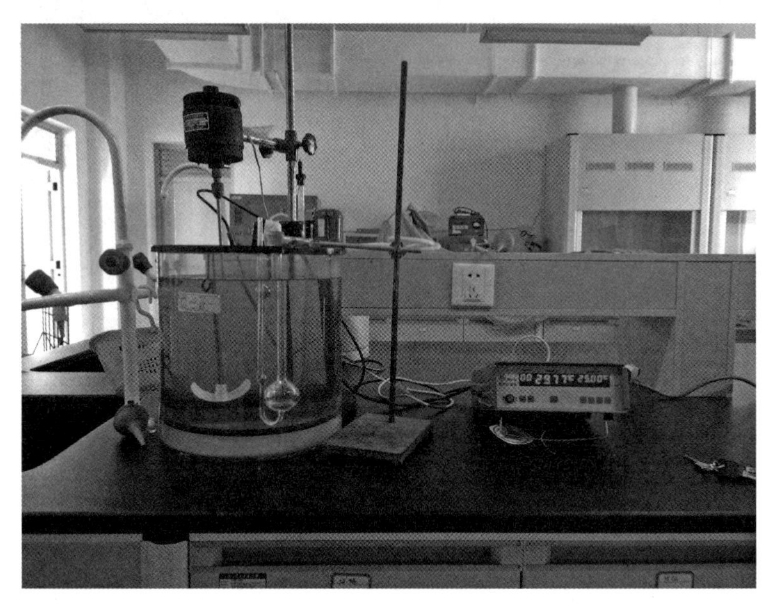

图 2-128 实验装置图

本实验的误差来源可能有以下几点：

① 实验时只是将 D 球和 F 球浸入恒温槽水中，并未将毛细管也全部浸入水中，这样在测量时温度可能会有偏差。但是液体流经 a、b 的时间很短，温度变化很小。相比之下，让溶液在恒温槽中全部恒温更重要一些。

② 另外，乌氏黏度计中在 a、b 线间如果有气泡，对实验数据也有很大的影响。在黏度较大的 2、3 组实验时，气泡都比较多。赶气泡效果最好的方法是把所有的液体都先用洗耳球赶下去再吸上来，吸的过程中乌氏黏度计的 C 管是要堵住的。实验中使用这一方法多次，但是还是有很小的气泡未能除去。

③ 人的反应时间有 0.1 s 左右。但是人的反应时间有快慢，就算是同一个人，反应时间都会因环境改变或者情绪受到很大影响。这些可能有的零点几秒的误差相对于测出的流出时间来讲并不能忽略。所以本实验将各组实验允许误差设在±0.3 s。

九、知识拓展

高聚物溶液黏度的测定对测试温度特别敏感。实验结果表明，特性黏度值随温度升高而下降。一般而言，温度上升 0.01 ℃黏度不受影响；温度上升 0.02 ℃，特性黏度下降 0.004；温度上升 0.05 ℃，特性黏度下降 0.011；温度上升 0.08 ℃，特性黏度则下降 0.021，该值对高聚物分子量的计算已产生明显的偏差。由此可见温度参数直接影响黏度的大小，故必需严格控制温度精度范围，测定结果才有可靠保证。

十、参考文献

[1] 傅献彩，沈文霞. 物理化学 [M]. 5 版. 北京：高等教育出版社，2006.
[2] 何广平，南俊民，孙艳辉. 物理化学实验 [M]. 北京：化学工业出版社，2008.
[3] 何曼君，陈维孝，董西霞. 高分子物理 [M]. 上海：复旦大学出版社，1982.

实验 36　表面活性剂临界胶束浓度的测定

一、实验目的

1. 了解表面活性剂的特性、胶束形成的原理及临界胶束浓度（CMC）的定义。

2. 掌握电导率仪的使用方法。

3. 用电导法测定十二烷基硫酸钠的临界胶束浓度。

二、实验原理

凡能显著降低水的表面张力的物质都称为表面活性剂。表面活性剂分子结构的特点是具有不对称性，它是由具有亲水性的极性基团和具有憎水性的非极性基团（又称亲油性基团，一般是 8～18 个碳的直链烃，也可能是环烃）组成的，因而表面活性剂都是两亲分子，具有“两亲”性质（亲水性、亲油性）。若按其化学结构来分类，可分为离子型（表面活性剂溶于水时电离成离子）和非离子型（表面活性剂溶于水时不电离），如图 2-129 所示。

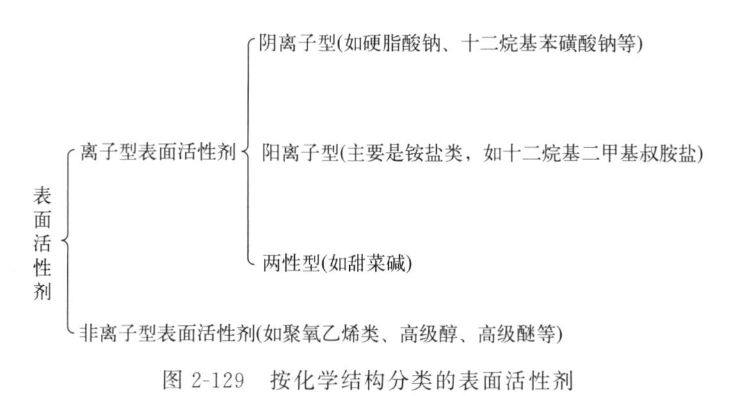

图 2-129　按化学结构分类的表面活性剂

图 2-130 为在水中不断添加表面活性剂后产生的变化。当浓度极稀时，见图 2-130（a），与一般溶液无明显差别。而浓度稍有增加时，见图 2-130（b），表面活性剂很快聚集到水面，引起表面水分子的数量减少，从而使表面张力急剧下降；与此同时，水中的表面活性剂也三三两两地聚集到一起，这种表面活性剂的聚集体称为胶束。随着浓度逐渐增大，见图 2-130（c），水溶液表面聚集了足够量的表面活性剂并密集地定向排列形成单分子膜，表面的性质发生明显的变化。此状态相当于图 2-132 曲线上的转折部分。如果再提高浓度，则水溶液中的表面活性剂分子就几十、几百地聚集在一起，排列成如图 2-130（c）和（d）所示的球状胶束，还可能生成棒状胶束，乃至层状胶束见图 2-131。

表面活性剂形成球状胶束的最低浓度，大致也就是在表面形成单分子层的浓度，称为临界胶束浓度（critical micelle concentration，CMC）。当浓度超过 CMC 后，在溶液内部所生成的胶束，往往能使一些不易溶于水的物质因进入胶束而增加其溶解度，进一步还能增长为包裹了油的尺寸为几到几十纳米的超微液滴。至于已属于胶体范畴的乳状液、微乳状液和泡沫，也与表面活性剂分子在表面上的定向作用密切相关。在 CMC 点上溶液的结构改变导致其物理及化学性质，如表面张力、电导率、渗透压、浊度、光学性质等与浓度的关系曲线出现明显的转折，如图 2-132 所示。这种现象是测定 CMC 的实验依据，也是表面活性剂的一个重要特征。

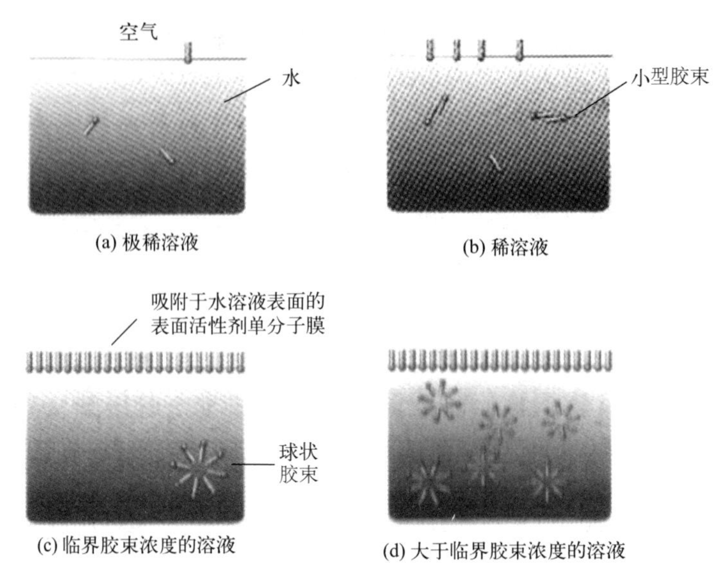

(a) 极稀溶液　(b) 稀溶液

(c) 临界胶束浓度的溶液　(d) 大于临界胶束浓度的溶液

图 2-130　不同浓度溶液中表面活性剂分子的状态

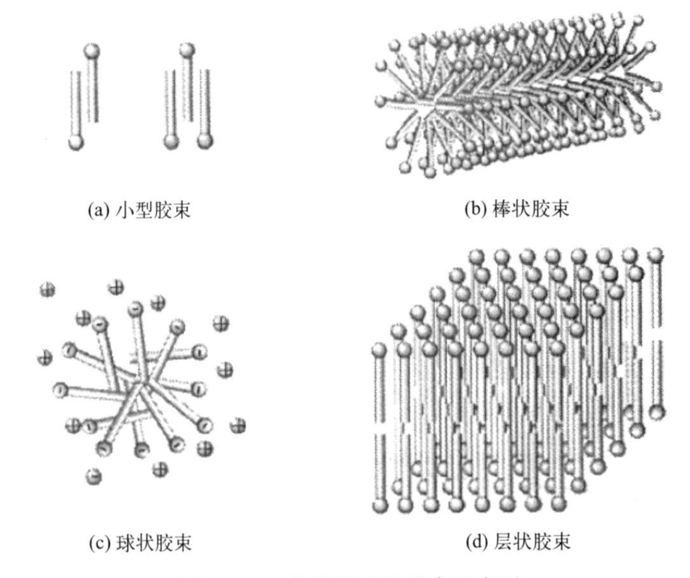

(a) 小型胶束　(b) 棒状胶束

(c) 球状胶束　(d) 层状胶束

图 2-131　各种形式的胶束示意图

本实验利用 DDS-307 型电导率仪测定不同浓度的十二烷基硫酸钠水溶液的电导率（或摩尔电导率），并作电导率（或摩尔电导率）与浓度的关系图，从图中的转折点即可求得临界胶束浓度。

三、仪器与试剂

1. 主要仪器：DDS-307 型数显电导率仪 1 台，DJS-1A 型铂黑电极 1 支，超级恒温水浴 1 套，容量瓶（100 mL）12 个，容量瓶（1000 mL）1 个，大试管 2 支，移液管（5 mL、10 mL）各 1 支，洗耳球 1 个，铁架台及夹子 1 套。

2. 主要试剂：氯化钾（AR），十二烷基硫酸钠（AR）。

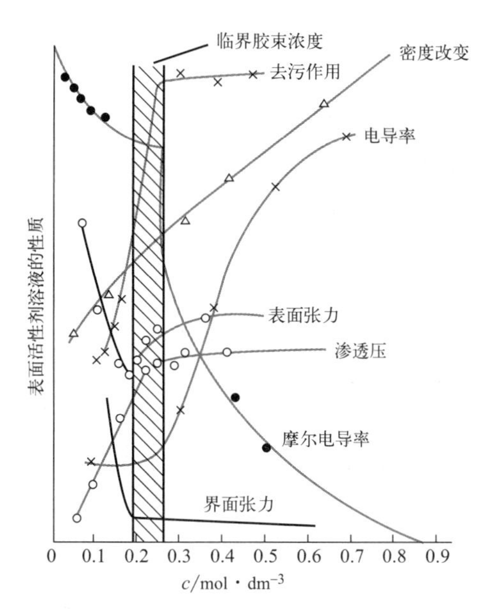

图 2-132　十二烷基硫酸钠的性质与浓度的关系

四、实验步骤

(1) 用电导水或重蒸馏水准确配制 0.01 mol · L^{-1} 的 KCl 标准溶液。

(2) 取十二烷基硫酸钠在 80 ℃烘干 3 h，用电导水或重蒸馏水准确配制 0.002 mol · L^{-1}、0.004 mol · L^{-1}、0.006 mol · L^{-1}、0.007 mol · L^{-1}、0.008 mol · L^{-1}、0.009 mol · L^{-1}、0.010 mol · L^{-1}、0.012 mol · L^{-1}、0.014 mol · L^{-1}、0.016 mol · L^{-1}、0.018 mol · L^{-1}、0.020 mol · L^{-1} 的十二烷基硫酸钠溶液各 100 mL。

(3) 将电导率仪及恒温水浴接通电源预热 20 min，调节恒温水浴温度至实验所需温度(如 25 ℃或其他温度)。

(4) 将大试管和电极清洗干净（需用蒸馏水冲洗），用 0.01 mol · L^{-1} KCl 溶液荡洗大试管及电极三次（每次少许溶液），加入 0.01 mol · L^{-1} KCl 标准溶液于大试管中并插入电极（溶液量以淹没电极两极上 0.5 cm 为宜），在恒定温度下（恒温时间不得少于 10 min）用 KCl 标准溶液标定电极的电导池常数。

(5) 将大试管和电极清洗干净（需用蒸馏水冲洗），用电导率仪从稀到浓分别测定上述十二烷基硫酸钠溶液的电导率。用后一个溶液荡洗存放过前一个溶液的电导池、电极和容器三次以上（每次少许溶液），每个溶液测定前须恒温 10 min，每个溶液的电导率读三次，取平均值。

(6) 列表记录溶液各浓度对应的电导率或摩尔电导率。

(7) 实验结束后用蒸馏水洗净试管和电极，并且测量所用水的电导率。

五、注意事项

1. 在配制十二烷基硫酸钠稀释溶液时，用移液管取出原始溶液后，加水稀释时要沿着容量瓶壁加入，在稀释到刻度前不许摇动，以防止产生大量泡沫影响稀释精度。

2. 在测完 KCl 溶液后，如不换大试管，要用同一支试管测定十二烷基硫酸钠溶液的电导率，必须洗净试管和电极，然后用待测溶液荡洗试管和电极。

六、数据记录与处理

1. 按表 2-69 格式记录实验数据。

表 2-69 实验数据记录表

参数	1	2	3	4	5	6	7	8	9	10	11	12
浓度 $c/\mathrm{mol\cdot L^{-1}}$												
电导率												
$\kappa/\mathrm{S\cdot m^{-1}}$												
摩尔电导率												
$\Lambda_m/\mathrm{S\cdot m^2\cdot mol^{-1}}$												

2. 根据表 2-69 中的实验数据以电导率或摩尔电导率为纵坐标，以浓度为横坐标作图，在图上找到转折点，所对应的浓度即为 CMC 值。文献值：40 ℃，十二烷基硫酸钠的 CMC 为 $8.7\times10^{-3}\mathrm{mol\cdot L^{-1}}$。

七、思考与讨论

1. 非离子型表面活性剂的 CMC 值能否用本实验方法测定？
2. 测定表面活性剂的 CMC 值有何实际意义？

八、补充与提示

实验用仪器 DDS-307 型数显电导率仪的使用方法。

电解质溶液的电导除了可以用惠斯登交流电桥测定外，现多采用电导（率）仪直接测定，其特点是快速、直读和操作方便。电导（率）仪的种类虽然很多，但基本原理大致相同。DDS-307 型数显电导率仪（如图 2-133 所示）是数字直读式电导率仪，用于测量各种液体介质的电导率，当配以 0.1 或 0.01 电导池常数的电极时，能够测量高纯水的电导率。

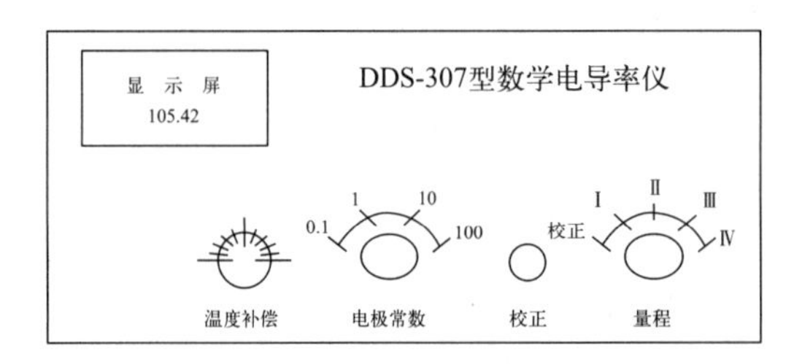

图 2-133 DDS-307 型数显电导率仪控制面板

1. 测量原理

根据电导的定义 $G=\dfrac{1}{R}$ 可知，测定液体的电导实际上就是测定其电阻。

在图 2-134 中稳压器输出稳定的直流电压供给振荡器和放大器，使它们在稳定状态下工作。振荡器输出电压不随电导池电阻 R_x 的变化而变化，从而为电阻分压回路提供一稳定的标准电压 E，电阻分压回路由电导池 R_x 和测量电阻箱 R_m 串联组成。E 加在该回路 AB 两端，产生电流强度 I_x。根据欧姆定律：

$$I_x=\frac{E}{R_x+R_m}=\frac{E_m}{R_m}$$

则
$$E_m = \frac{ER_m}{R_m + R_x} = \frac{ER_m}{R_m + \frac{1}{G}}$$

式中，G 为电导池中溶液的电导。

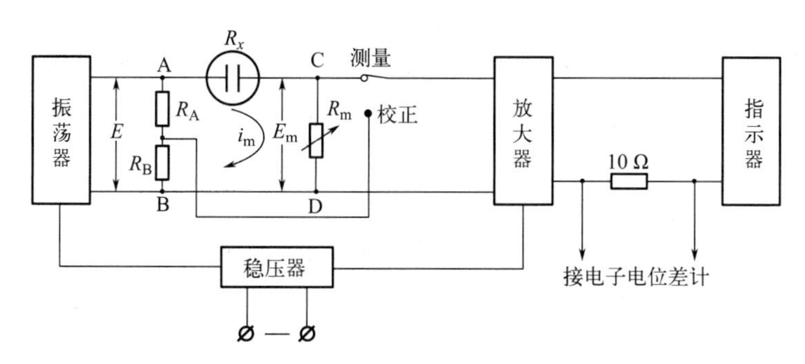

图 2-134 DDS-307 型数显电导率仪测量原理

上式中 E 不变，R_m 经设定后也不变，所以电导 G 只是 E_m 的函数。E_m 经放大器后，换算成电导（率）值后显示在显示器上。

2. 仪器技术性能

（1）仪器使用条件

供电电源：220 V±22 V，50 Hz±1 Hz。

环境温度：5～40 ℃。

空气相对湿度：≤85%。

无显著的振动、强磁场干扰。

（2）主要技术参数

测量范围：0～10^5 $\mu S \cdot cm^{-1}$（其相当的电阻率范围为 0～10 Ω）分成 16 个量程。

测量误差：不大于±1%（满度）±1 个字。

仪器稳定性：±0.1%±1 个字 · 3 h^{-1}（预热 1h 后）。

温度补偿范围：15～35 ℃，误差±1%（满量程），包括手动温度补偿（基准 25 ℃）及不补偿两种方式。

信号输出：输出电压范围 0～10 mV。

消耗功率：$P \leqslant 2$ W。

仪器外形尺寸：300 mm×210 mm×70 mm。

仪器总质量：1 kg。

可配电极规格常数：0.01 cm^{-1}、0.1 cm^{-1}、1 cm^{-1}、10 cm^{-1} 四种，本仪器配标准电极 1 cm^{-1}。

3. 仪器使用方法

（1）电极的使用

按被测介质电导率的高低，选择不同常数的电导电极，并且测试方法也不同。当介质电导率小于 0.1 $\mu S \cdot cm^{-1}$ 时选用 0.01 cm^{-1} 常数的电极，而且应流动测量；当介质电导率在 0.1～1 $\mu S \cdot cm^{-1}$ 之间时选用 0.1 cm^{-1} 常数的 DJS-0.1 型光亮电极，任意状态下测量；当介质电导率在 1～100 $\mu S \cdot cm^{-1}$ 之间时选用常数为 1cm^{-1} 的 DJS-1 型光亮电极；当介质电导率在100～1000 μS・cm^{-1}之间时选用1cm^{-1}常数的DJS-1型铂黑电极；当介质电导率在1000～10000 μS・cm^{-1}之间时选用1 cm^{-1}或10 cm^{-1}常数的DJS-1型铂黑电极或DJS-10型铂黑电极；当介质电导率大于10000 μS・cm^{-1}时应选用10cm^{-1}常数的DJS-10型铂黑电极。

（2）温度补偿调节器的使用

用温度计测出被测介质的温度后，把“温度补偿”旋钮置于相应的温度刻度上。若把旋钮置于25 ℃刻度上，即为基准温度下补偿，也即无补偿方式。

（3）常数选择开关的选择

若选用0.01 cm^{-1}±0.01 cm^{-1}常数的电极，则置于0.01挡。

若选用0.1 cm^{-1}±0.1 cm^{-1}常数的电极，则置于0.1挡。

若选用1 cm^{-1}±cm^{-1}常数的电极则置于1挡。

若选用10 cm^{-1}±10 cm^{-1}常数的电极，则置于10挡。

（4）常数的设定方法

量程开关置于校正挡：

① 对0.01 cm^{-1}电极，常数选择开关置于0.01挡，若使用的电极（电导池）常数为0.0095，则调节校正旋钮使仪器显示为0.950。

② 对0.1 cm^{-1}电极，常数选择开关置于0.1挡，若使用的电极（电导池）常数为0.095，则调节校正旋钮使仪器显示为9.50。

③ 对1 cm^{-1}电极，常数选择开关置于1挡，若使用的电极（电导池）常数为0.95，则调节校正旋钮使仪器显示为95.0。

④ 对10 cm^{-1}电极，常数选择开关置于10挡，若使用的电极（电导池）常数为9.5，则调节校正旋钮使仪器显示为950。

（5）测量步骤

① 不采用温度补偿（基本法）。同一种规格常数的电极，其实际电导池常数的存在范围是0.8～1.2。为消除这实际存在的偏差，仪器设有常数校正功能。

a. 操作：打开电源开关，将仪器功能开关置于校正（基本）挡，温度补偿旋钮置于25 ℃刻度线，调节常数校正钮，使仪器显示电导池实际常数值，即对1 cm^{-1}电极，常数选择开关置于1挡。当电导池常数为0.95时，仪器显示“95.0”；当电导池常数为1.05时，仪器显示“105.0”。电极是否接上，仪器量程开关在何位置，不影响进行常数校正（新电极出厂时，其电导池常数一般标在电极相应位置上）。

b. 测量：将电极插头插入插口，再将电极浸入被测液中，功能开关置于“测量”挡，选择合适的量程（量程开关应由第Ⅳ量程挡起逐步转向Ⅲ、Ⅱ、Ⅰ量程挡）使仪器尽可能显示多位有效数字。此时仪器显示的读数乘以[100（第Ⅳ量程挡）、10（第Ⅲ量程挡）、1（第Ⅱ量程挡）、0.1（第Ⅰ量程挡）]后，即为该被测液的电导率。

② 采用温度补偿（温度补偿法）。调节“温度补偿”旋钮，使其指示的温度与溶液温度相同，仪器功能开关置于“校正（温补）”挡，其他同上。

测量：将功能开关置于“测量”挡，电极插入被测液中，仪器显示该被测液的标准温度25 ℃时的电导率。

说明：一般情况下，液体的电导率是指该液体介质在标准温度（25 ℃）时的电导率。当介质温度不在25 ℃时，其液体电导率会有一个变量。为等效消除这个变量，仪器设置了温度补偿功能。仪器不采用温度补偿时，测得的电导率已换算为该液体在 25 ℃时的电导率值。

本仪器温度补偿系数为每度（℃）乘以 2%。所以在做高精密测量时，尽量不采用温度补偿，而采用测量后查表或将被测液温度在 25 ℃时测量，来求得液体介质 25 ℃时的电导率值。

（6）仪器维护和注意事项

① 电极的引线、插头应保持干燥。在测量高电导（即低电阻）时应使插头接触良好，以减少接触电导。

② 电极应定期进行常数的标定。电极在使用和保存过程中，因介质、空气侵蚀等因素的影响，其电导池常数会有所变化。电导池常数发生变化后，需重新进行电导池常数测定，仪器应根据新测得的常数重新进行“常数校正”。

③ 测量时，为保证测量精度和样液不被污染，电极使用前应用去离子水（或二次蒸馏水）冲洗二次，然后用样液冲洗三次。

④ 当样液介质电导率小于 1 $\mu S \cdot cm^{-1}$ 时，应加测量槽做流动测量，并使用洁净容器。

⑤ 选用仪器量程应适当。当仪器显示屏只显示最高位 1 时，为溢出显示，此时，请选择高挡测量。

⑥ 在测量过程中如需重新校正仪器，只需将量程开关置于校正挡即可重新校正仪器，而不必将电极插头拔出，也不必将电极从待测液中取出。

九、知识拓展

表面活性剂，又称为界面活性剂，是一类在界面或界面附近具有显著活性的化学物质。这一概念起源于 19 世纪末，随着对表面现象的深入研究，科学家们开始认识到某些物质在液体界面上表现出特殊性质，从而引出了表面活性剂的概念。

表面活性剂的本质是具有两性结构的分子，其分子中同时包含亲水性（亲水分子）和疏水性（亲油分子）部分。这种结构赋予了表面活性剂独特的性质：在液体表面或液体-气体界面上，它们能够自组装成胶束或单分子层，通过调节分子的取向来降低界面的表面张力。这种特性使表面活性剂在润湿、乳化、分散等过程中发挥重要作用。

表面活性剂被广泛应用于工农业生产、轻纺、日用化工、食品、医药、科学研究等许多领域，故对表面活性剂 CMC 值的测定有着重要的实际意义。临界胶束浓度（CMC）是表面活性剂溶液中一个重要的热力学参数，源自对表面活性剂在溶液中自组装行为的研究。19 世纪末至 20 世纪初，随着对胶体和表面现象的深入探索，科学家们逐渐认识到表面活性剂在溶液中的特殊行为，并最终确定了 CMC 的概念。

CMC 是指表面活性剂在溶液中自发形成胶束的临界浓度。表面活性剂是具有疏水性（亲油性）和亲水性两部分结构的分子，这使得它在水等溶液中能够在特定浓度范围内形成微小胶束。这些胶束在内部聚集了疏水基团，而外部暴露出亲水基团，从而在分子层面上改变了溶液的性质，如降低表面张力和提高溶解性。

CMC 是通过研究表面活性剂在不同浓度下的溶液性质和行为得出的。在低于 CMC 的浓度下，表面活性剂主要以单体形式存在；而超过 CMC 后，胶束逐渐开始形成。这一转变与表面活性剂分子间的相互作用有关，而 CMC 则标志着这种相互作用从单体形式向胶束结构的转变。

CMC 在化学、生物化学、工程等领域具有广泛的应用价值。首先，它对于理解胶体稳定性、分散系统以及乳化等过程至关重要。其次，CMC 在清洁剂、药物传递系统、食品工业等方面的应用也十分重要。在这些应用中，了解和控制 CMC 可以帮助优化产品性能、提高效率，并实现更可控的制造过程。

总之，临界胶束浓度（CMC）作为表面活性剂溶液中胶束形成的临界点，源自对表面活性剂自组装行为的深入研究。其重要性不仅体现在理论研究上，还在众多实际应用中具有广泛而深远的意义。

因 CMC 可反映出表面活性剂的效率。测定 CMC 的方法有许多，可根据所用表面活性剂的种类及活性大小选择适当方法。本实验方法仅限于离子型表面活性剂，此法对活性较高的表面活性剂有较高的准确性，但过量的电解质存在会降低测定的灵敏度，故配制溶液时应该用电导水。溶解的表面活性剂分子与胶束之间的平衡与温度有关，故温度的控制也是影响测量精度的因素。

十、参考文献

[1] 傅献彩，沈文霞，等．物理化学下册 [M]. 北京：高等教育出版社，2007.
[2] 胡英．物理化学下册 [M]. 北京：高等教育出版社，1999.

实验 37 电泳法测定电动电势

一、实验目的

1. 掌握电泳法测定电动电势（ζ）的原理及方法。
2. 加深对电泳现象的认识和理解。

二、实验原理

胶体溶液是一个高度分散的多相体系，分散在介质中的胶体微粒由于自身的电离或表面选择性地吸附某种离子等而带有某种电荷，又因为静电作用和离子热运动的结果在胶粒周围有电性相反电荷数量相等的分散介质反离子存在，从而在固液界面上建立起了双电层结构。当胶体相对静止时，整个溶液呈电中性，但在外电场作用下，双电层沿移动界面分离开，即胶粒和分散介质发生反向相对移动，此时则会产生电位差，由此产生的电位差称为电动电势，用“ζ”表示。

ζ 电势是表征胶粒特性的重要物理量之一，在研究胶体性质以及实际应用中都有重要的作用。如：ζ 电势的大小和胶体的稳定性有关，在制备或破坏胶体时，通常都需要先了解有关胶体的 ζ 电势。$|\zeta|$ 值越大，表明胶粒荷电越多，胶粒之间的斥力越大，胶体越稳定；反之，则不稳定；当 ζ 电势等于零时，胶体的稳定性最差，产生聚沉现象。

在外加电场的作用下，分散相胶粒对分散相介质发生相对移动的现象称为电泳。胶粒的移动方向取决于胶粒所带电荷的电性，而其移动速度由 ζ 电势的大小所决定，所以通过电泳实验可测定 ζ 电势的大小，还可以确定胶粒的电性。原则上，任何一种胶体的电动现象都可以用来测定 ζ 电势，但最方便的方法则是通过电泳现象来测定。电泳法分为宏观法和微观法。宏观法是观察电泳管内溶胶与辅助液间界面在电场作用下的移动速度；微观法为借助于超显微镜观察单个胶粒在电场中定向移动的速度。对于高度分散的溶胶或过浓的溶胶，不易观察个别粒子的移动，只能用宏观法；对于颜色太淡或浓度过稀的溶胶则适宜用微观法。

本实验是在一定的外加电场强度下，以盐酸为辅助液用宏观法测定 $Fe(OH)_3$ 胶粒的电泳速度，然后根据赫姆霍兹（Helmholtz）公式计算出 ζ 电势。

将 $Fe(OH)_3$ 胶粒视为棒状，则有：

$$\zeta=\frac{4\pi\eta u}{\varepsilon\omega} \tag{2-176}$$

式中，ζ 为电动电势；η 为液体黏度；u 为电泳速度；ε 为液体介电常数；ω 为两电极间电位梯度（其值等于 U/l，其中 U 为加在两极的电压，l 是两极间的距离）。

电泳测定装置如图 2-135 所示。

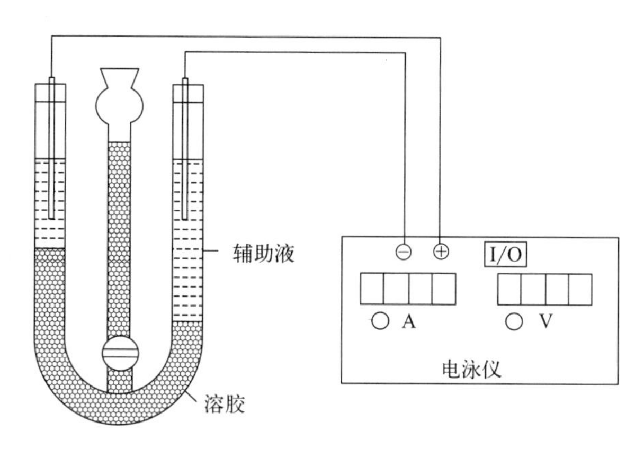

图 2-135　电泳测定实验装置

三、仪器与试剂

1. 主要仪器：电泳管 1 支，直流稳压稳流电源 1 台，铂电极 2 支，秒表 1 块。
2. 主要试剂：$Fe(OH)_3$ 溶胶（已纯化），HCl 辅助液。

四、实验步骤

将事先洗净烘干的电泳管垂直固定在铁架台上，活塞上均匀涂上一薄层凡士林，塞好活塞，按一个方向旋转几转，使凡士林涂抹更均匀。按图 2-135 所示安装好仪器。

把待测 $Fe(OH)_3$ 溶胶从电泳管的中间管注入至“0”刻度稍高处。再用 2 支滴管分别沿电泳管的两侧管管壁，等量地缓缓加入辅助液盐酸至浸没铂电极约 2 cm，在加液过程中要保持两管内液面齐平，两液相间界面清晰。轻轻将铂电极插入盐酸液层中，切勿扰动液面，应保持两电极垂直且浸入液面下的深度相等。将两电极接于 30～50 V 的直流稳压稳流电源上，按下开关，同时开始计时至 40 min，每 5 min 记一次胶体液面上升的距离。沿电泳管中线量出两电极间的距离，重复 6 次，取其平均值。实验完毕回收胶体溶液，洗净电泳管和电极，并在电泳管中放满蒸馏水浸泡铂电极。

五、注意事项

1. 电泳管必须清洗干净，然后烘干备用。
2. 电泳管要垂直固定在铁架台上，且在整个实验过程中不再移动。
3. 辅助液在电泳管两侧管的高度相等。
4. 铂电极插入的深度一样。

六、数据记录与处理

将实验数据记入表 2-70 中。

实验开始时温度__________，大气压__________，实验结束时温度__________，大气压

________，胶体种类________，辅助液________，胶粒的电性________，电压________，液体黏度 η________，电动电势 ζ：________

表 2-70 实验数据记录表

参数	1	2	3	4	…	8	平均值
电泳时间/s							
界面移动距离/cm							
电泳速度/$cm \cdot s^{-1}$							
两电极间距离/cm							

由胶体界面在单位时间内移动的距离可得电泳速度（μ），再由测得的两铂电极间的距离 l 和外加电压 U 计算电位梯度（ω），然后将 u 和 ω 代入赫姆霍兹（Helmholtz）公式计算出 $Fe(OH)_3$ 胶粒的 ζ 电势，根据胶体界面移动的方向确定胶粒的电性。其中的 η、ε 用水的数值代入，不同温度时水的介电常数按 $\varepsilon=80-0.4(T/K-293)$ 计算。

七、思考与讨论

1. 准确测定溶胶的电泳速度时，必须注意哪些问题？

2. 本实验为什么要求电泳管非常干净？

3. 测 ζ 电势时，为什么要控制所用辅助液的电导率与待测溶胶的电导率相等？根据什么条件选择作为辅助液的物质？

八、补充与提示

$Fe(OH)_3$ 溶胶的制备与纯化方法。

（1）用水解法制备 $Fe(OH)_3$ 溶胶：在 250 mL 烧杯中加入 100 mL 去离子水，加热至沸，慢慢滴加 20% $FeCl_3$ 溶液 5～10 mL，并不断搅拌，加完后继续煮沸 5 min，由水解而得到红棕色 $Fe(OH)_3$ 溶胶。在溶液冷却时，反应要逆向进行，因此所得 $Fe(OH)_3$ 溶胶必须进行渗析处理。

（2）渗析半透膜的制备：选一内壁光滑的 500 mL 锥形瓶，洗净、烘干并冷却，在锥形瓶中倒入约 30 mL 6%的火棉胶液（溶剂是乙醇：乙醚为 1：3 的溶液），小心转动锥形瓶使火棉胶在锥形瓶上形成均匀薄层，倾出多余火棉胶液于回收瓶中，倒置锥形瓶于铁圈上使剩余火棉胶液流尽，并让乙醚蒸发完，直至闻不出乙醚气味。此时用手指轻触胶膜不粘手，则可用电吹风热风吹 5 min，将锥形瓶放正，并注满蒸馏水。约 10 min 后，让膜中剩余乙醇溶去，倒去瓶中的水，用小刀在瓶口剥开一部分膜，在膜与瓶壁间灌水至满，使膜脱离瓶壁。倒去水，轻轻取出所成膜袋，检查膜袋是否有漏洞，若有漏洞，擦干有洞部分，用玻璃棒蘸火棉胶液少许，轻触漏洞即可补好。若膜袋完好，将其中灌水、扎好而悬空，袋中的水应逐渐渗出。一般要求水渗出速率不小于每小时 4 mL，否则不符合要求，需重新制备。

（3）用热析法纯化 $Fe(OH)_3$：将水解法制得的 $Fe(OH)_3$ 溶胶置于火棉胶半透膜袋内，用线拴住袋口，置于 800 mL 的清洁烧杯内。在烧杯内加去离子水约 300 mL，保持温度在 60～70 ℃，进行热渗析。每半小时换一次水，并取出 1 mL 水检查其中 Cl^- 及 Fe^{3+}，分别用 1% $AgNO_3$ 及 KCNS 溶液进行检验，直至不能检查出 Cl^- 及 Fe^{3+} 为止。将纯化过的 $Fe(OH)_3$ 溶胶移至 250 mL 清洁干燥的试剂瓶中，放置一段时间进行老化，老化后的 $Fe(OH)_3$ 溶胶即可供电泳实验使用。

九、知识拓展

电泳现象是一种基于电荷的分离技术，广泛应用于生物化学、生物医学、分析化学等领域。这一现象的研究和应用源远流长，起源于 19 世纪初，随着对电学和分子性质的研究，电泳现象逐渐被认识和应用。

电泳现象的本质是基于带电粒子在电场中的运动特性。当带电粒子置于电场中时，由于带电特性，它们会受到电场力的作用，从而发生迁移运动，这种带电粒子在电场中的运动被称为电泳。

电泳现象的主要应用之一是在蛋白质、核酸等生物大分子的分离和分析中。将样品置于电泳缓冲液中，在电场作用下，不同带电量的分子会根据其电荷大小和分子大小、形状进行迁移。这使得电泳成了分离、检测和定量生物大分子的重要方法。

电泳技术在 DNA 测序、蛋白质组学等领域有着广泛的应用。例如，凝胶电泳可以分离 DNA 片段，从而实现 DNA 测序；蛋白质电泳则可以在分离带电蛋白质时检测其分子量、电荷以及含量。这些应用对于理解生物分子结构、功能以及疾病诊断等都具有重要意义。

此外，电泳现象的研究也有助于深入理解分子的电荷特性和运动机制。研究电泳现象可以揭示分子的电荷分布、溶液中离子的影响等问题，从而对溶液中的电荷分布和分子间相互作用有更深刻的认识。

总之，电泳现象作为一种基于电荷分离的技术，源远流长，应用广泛。它不仅在生物学和化学领域中有着重要地位，也为人们深入理解带电粒子在电场中的运动特性和分子间相互作用提供了有力的工具。

十、参考文献

［1］ 复旦大学等编．庄继华等修订．物理化学实验［M］. 3 版．北京：高等教育出版社，2004.
［2］ 山东大学．物理化学与胶体化学实验［M］. 北京：高等教育出版社，1981.
［3］ 夏海涛，许越，腾玉洁．物理化学实验［M］. 哈尔滨：哈尔滨工业大学出版社，2003.

第五节　物质结构

实验 38　络合物磁化率的测定

一、实验目的

1. 掌握古埃（Gouy）法测定磁化率的原理和方法。
2. 通过测定一些络合物的磁化率，求算未成对电子数和判断这些分子的配键类型。

二、实验原理

1. 实验理论

在外磁场作用下，物质会被磁化产生附加磁场。物质的磁感应强度为

$$\boldsymbol{B}=\boldsymbol{B}_0+\boldsymbol{B}'=\mu_0\boldsymbol{H}+\boldsymbol{B}' \tag{2-177}$$

式中，$\boldsymbol{B}_0$ 为外磁场的磁感应强度；$\boldsymbol{B}'$为附加磁感应强度；$\boldsymbol{H}$ 为外磁场强度；μ_0 为真空磁导率，其数值等于 $4\pi\times10^{-7}$ N・A^{-2}。

物质的磁化可用磁化强度 $\boldsymbol{M}$ 来描述，$\boldsymbol{M}$ 也是矢量，它与磁场强度成正比

$$\boldsymbol{M}=\chi\boldsymbol{H} \tag{2-178}$$

式中，χ 为物质的体积磁化率。在化学上常用质量磁化率 χ_m 或摩尔磁化率 χ_M 来表示物质的磁性质。

$$\chi_m=\frac{\chi}{\rho} \tag{2-179}$$

$$\chi_M=M\chi_m=\frac{\chi M}{\rho} \tag{2-180}$$

式中，ρ、M 分别为物质的密度和摩尔质量。

物质的磁性与组成物质的原子、离子或分子的微观结构有关，当原子、离子或分子的两个自旋状态电子数不相等，即有未成对电子时，物质就具有永久磁矩。由于热运动，永久磁矩指向各个方向的机会相同，所以该磁矩的统计值等于零。在外磁场作用下，具有永久磁矩的原子、离子或分子除了其永久磁矩会顺着外磁场的方向排列（其磁化方向与外磁场方向相同，磁化强度与外磁场强度成正比），表现为顺磁性外，由于它内部的电子轨道运动还有感应的磁矩，其方向与外磁场方向相反，表现为抗磁性，故此类物质的摩尔磁化率 χ_M 是摩尔顺磁化率 $\chi_{顺}$ 和摩尔抗磁化率 $\chi_{抗}$ 的和。

对于顺磁性物质，$\chi_{顺}\gg|\chi_{抗}|$，可作近似处理，$\chi_M=\chi_{顺}$。对于逆磁性物质，则只有 $\chi_{抗}$，所以它的 $\chi_M=\chi_{抗}$。

若物质被磁化的强度与外磁场强度不存在正比关系，而是随着外磁场强度的增加而剧烈增加，当外磁场消失后，物质的附加磁场并不立即随之消失，这种物质称为铁磁性物质。

磁化率是物质的宏观性质，分子磁矩是物质的微观性质，用统计力学的方法可以得到摩尔顺磁化率 $\chi_{顺}$ 和分子永久磁矩 μ_m 间的关系

$$\chi_{顺}=\frac{N_A\mu_m^2\mu_0}{3kT}=\frac{C}{T} \tag{2-181}$$

式中，N_A 为阿伏伽德罗常数；k 为玻尔兹曼常数；T 为绝对温度；C 为居里常数。物质的摩尔顺磁化率与热力学温度成反比这一关系，称为居里定律，是居里首先在实验中发现的。

物质的永久磁矩 μ_m 与它所含有的未成对电子数 n 的关系为

$$\mu_m=\mu_B\sqrt{n(n+2)} \tag{2-182}$$

式中，μ_B 为玻尔磁子，其物理意义是单个自由电子自旋所产生的磁矩

$$\mu_B=\frac{eh}{4\pi m_e}=9.274\times10^{-24}\ \mathrm{J\cdot T^{-1}} \tag{2-183}$$

式中，h 为普朗克常量；m_e 为电子质量。因此，只要通过实验测得 χ_M，即可求出 μ_m，算出未成对电子数。这对于研究某些原子或离子的电子组态，以及判断络合物分子的配键类型是很有意义的。

例如，Fe^{2+} 在自由离子状态下的外层电子结构为 $3d^6 4s^0 4p^0$。如以它作为中心离子与 6 个 H_2O 配位体形成 $[Fe(H_2O)_6]^{2+}$ 络离子，是电价络合物。其中 Fe^{2+} 仍然保持原自由离子状态下的电子层结构，此时 $n=4$，如图 2-136 所示。

如果 Fe^{2+} 与 6 个 CN^- 配位体形成 $[Fe(CN)_6]^{4-}$ 络离子，则是共价络合物。这时 Fe^{2+} 的外电子层结构发生变化，$n=0$，如图 2-137 所示。

图 2-136　Fe^{2+}在自由离子状态下的外层电子结构

3d　4s　4p

图 2-137　Fe^{2+}外层电子结构的重排

显然，其中 6 个空轨道形成 d^2sp^3 的 6 个杂化轨道，它们能接受 6 个 CN^- 中的 6 对孤对电子，形成共价配键。

2. 仪器原理

古埃法测定磁化率装置如图 2-138 所示。将装有样品的圆柱形玻璃管悬挂在两磁极中间，使样品底部处于两磁极的中心，即磁场强度最强区域，样品的顶部则位于磁场强度最弱，甚至为零的区域。这样，样品就处于不均匀的磁场中，设样品的截面积为 A，在非均匀磁场中所受到的作用力 $\mathrm{d}F$ 为

$$\mathrm{d}F = \chi\mu_0 HA\,\mathrm{d}S\,\frac{\mathrm{d}H}{\mathrm{d}S} \tag{2-184}$$

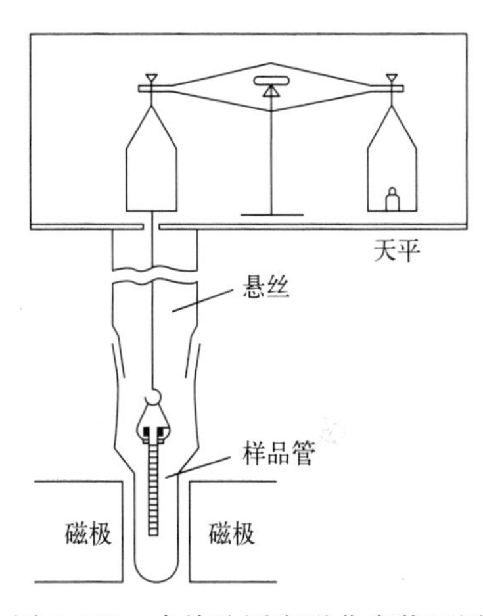

图 2-138　古埃法测定磁化率装置图

式中，$\frac{\mathrm{d}H}{\mathrm{d}S}$为磁场强度梯度。对于顺磁性物质的作用力，指向磁场强度最强的方向，抗磁性物质则指向磁场强度弱的方向。当不考虑样品周围介质（如空气，其磁化率很小）和 H_0 的影响时，整个样品所受的力为

$$F = \int_{H=H}^{H_0=0} \chi\mu_0 AH\,\mathrm{d}S\,\frac{\mathrm{d}H}{\mathrm{d}S} = \frac{1}{2}\chi\mu_0 H^2 A \tag{2-185}$$

当样品受到磁场作用力时，天平的另一臂加减砝码使之平衡，设 Δm 为施加磁场前后的质量差，则

$$F = \frac{1}{2}\chi\mu_0 H^2 A = g\Delta m = g(\Delta m_{空管+样品} - \Delta m_{空管}) \tag{2-186}$$

由于 $\chi = \chi_m \rho$，$\rho = \frac{m}{hA}$，代入式(2-186) 整理得

$$\chi_M = \frac{2(\Delta m_{空管+样品} - \Delta m_{空管})hgM}{\mu_0 m H^2} \tag{2-187}$$

式中，h 为样品高度；m 为样品质量；M 为样品摩尔质量；ρ 为样品密度；μ_0 为真空磁导率，$\mu_0 = 4\pi \times 10^{-7}\ \mathrm{N \cdot A^{-2}}$；$H$ 为磁场强度。

磁场强度 H 可用特斯拉计测量，或用已知磁化率的标准物质进行间接测量。例如，用莫尔盐［$(NH_4)_2SO_4 \cdot FeSO_4 \cdot 6H_2O$］，已知莫尔盐的 χ_m 与热力学温度 T 的关系式为

$$\chi_m = \frac{9500}{T+1} \times 4\pi \times 10^{-9}\ \mathrm{m^3 \cdot kg^{-1}} \tag{2-188}$$

三、仪器与试剂

1. 主要仪器：古埃磁天平（包括电磁铁、电光天平、励磁电源），特斯拉计 1 台，软质玻璃样品管 3 只，样品管架 1 个，直尺 1 只，角匙 3 只，广口试剂瓶 3 只，小漏斗 3 只，研钵 3 个。

2. 主要试剂：莫尔盐［$(NH_4)_2SO_4 \cdot FeSO_4 \cdot 6H_2O$］（AR），$FeSO_4 \cdot 7H_2O$（AR），$K_4Fe(CN)_6 \cdot 3H_2O$（AR）。

四、实验步骤

1. 磁场两极中心处磁场强度 H 的测定

本实验用莫尔盐标定对应于特定励磁电流值的磁场强度值，标定步骤如下：

(1) 打开励磁电源开关，使励磁电流强度为 0，打开电子天平的电源，并按下清零按钮，特斯拉计表头调零；

(2) 取一支清洁干燥的空样品管，悬挂在天平一端的挂钩上，使样品管尽可能在两磁极中间（磁场最强处），并且底部在磁极中心连线上，准确称量空样品管质量；

(3) 由小到大调节励磁电流，使磁场强度为 300 mT，等电子天平读数稳定之后，读取电子天平的读数；

(4) 慢慢调节磁场强度读数至 350 mT，读取电子天平的读数；

(5) 慢慢调节磁场强度读数至 380 mT，然后下降至 350 mT，读取电子天平的读数；

(6) 将磁场强度读数降至 300 mT，读取电子天平的读数；

(7) 再将励磁电流强度降至 0，断开励磁电源，最后一次读取电子天平的读数；

(8) 取下样品管，将事先研好的莫尔盐装入样品管（在装填时要不断用样品管底部敲击木垫或橡皮垫，务必使样品粉末均匀填实），直到样品高度约 10 cm，按照上面的步骤分别测量其在 0 mT、300 mT、350 mT 时电子天平的读数（注：上述调节电流由小到大，再由大到小的测定方法，是为了抵消实验时磁场剩磁现象的影响）。

2. 测定 $FeSO_4 \cdot 7H_2O$ 和 $K_4Fe(CN)_6 \cdot 3H_2O$ 的摩尔磁化率

样品管分别装入硫酸亚铁 $FeSO_4 \cdot 7H_2O$ 和亚铁氰化钾 $K_4Fe(CN)_6 \cdot 3H_2O$，按上述相同的步骤测量其在 0 mT、300 mT、350 mT 时的质量。

五、注意事项

1. 空样品管需干燥洁净。在装填时要不断用样品管底部敲击木垫或橡皮垫，务必使样品粉末均匀填实。

2. 称量时，样品管应正好处于两磁极之间，其底部与磁极中心线齐平。悬挂样品管的悬线勿与任何物件相接触。

3. 称量时尽量不要有大动作的走动，或太多人围观、说话等，避免气流扰动及其他干扰对测量的影响。

4. 读数时最好自始至终由同一个人来完成，以减少读数时因时间间隔不同所造成的误差。每次称量最好先停 10 s，待磁场比较稳定时再读数，以减少误差。

六、数据记录与处理

1. 将实验所得数据记入表 2-71 和表 2-72。

表 2-71　不同磁场强度下空管及样品的称量质量

磁场强度/mT	样品高度/cm：		样品高度/cm：		样品高度/cm：	
	空管质量/g	空管＋莫尔盐质量/g	空管质量/g	空管＋硫酸亚铁质量/g	空管质量/g	空管＋亚铁氰化钾质量/g
0						
300						
350						
350						
300						
0						

表 2-72　不同磁场强度下的质量变化和无磁场时样品的质量

磁场强度/mT	无磁场时样品质量 m/g：		无磁场时样品质量 m/g：		无磁场时样品质量 m/g：	
	空管 Δm/g	莫尔盐 Δm/g	空管 Δm/g	硫酸亚铁 Δm/g	空管 Δm/g	亚铁氰化钾 Δm/g
300						
350						

2. 由莫尔盐的质量磁化率和实验数据计算相应励磁电流下的磁场强度值。

3. 计算 $FeSO_4 \cdot 7H_2O$、$K_4Fe(CN)_6 \cdot 3H_2O$ 的 χ_m、μ_m 和未成对电子数。

4. 根据未成对电子数讨论 $FeSO_4 \cdot 7H_2O$ 和 $K_4Fe(CN)_6 \cdot 3H_2O$ 中 Fe^{2+} 的最外层电子结构以及由此构成的配键类型。

七、思考与讨论

1. 在相同励磁电流下，前后两次测量的结果有无差别？磁场强度是否一致？在不同励磁电流下测得样品的摩尔磁化率是否相同？

2. 样品的装填高度及其在磁场中的位置有何要求？如果样品管的底部不与磁极中心线齐平，对测量结果有何影响？标准样品和待测样品的装填高度不一致对实验有何影响？同一样品的不同装填高度对实验有何影响？

3. 影响本实验结果的主要因素有哪些？

4. 本实验欲测定哪些物质？这些物质哪些是顺磁性物质？哪些是抗磁性物质？它们的未成对电子数各是多少？

八、补充与提示

1. 样品管一定要干净。Δm 空管为较大的正值时表明样品管不干净，应更换。装在样品管内的样品要均匀紧密、上下一致、端面平整，样品高度测量要准确。

2. 由于样品都是研磨完一段时间后才开始测量的，不排除样品会发生相应的吸水和失水，致使分子量发生变化，使最后所计算出来的结果存在误差。

3. 测量样品高度 h 的误差会严重影响实验的精度，这从摩尔磁化率的计算公式［式(2-187)］就可以看出来。而由于样品管中最上面的那些样品粉末不能压紧压平，故测量高度 h 的误差还是比较大的。

4. 装样不紧密也会带来较大误差。推导摩尔磁化率计算公式时用到了密度 ρ，最后表现在样品高度 h 中。装样不紧密也就是说实际密度比理论密度小，这样高度 h 就会比理论值偏大，即使很准确地测量出高度 h，相比理论值还是有一个正的绝对误差。

5. 励磁电流不能每次都准确地定在同一位置，只能尽量保证大概在这个位置附近，因此实际上磁场强度并非每次都是一致的。所以，励磁电流的变化应平稳、缓慢，调节电流时不宜用力过大。增强或减弱磁场时，勿改变永磁体在磁极架上的高低位置及磁极间距，使样品管处于两磁极的中心位置，尽量使磁场强度前后比较一致。

6. 实验所用仪器磁天平（图 2-139）型号为 CTP-1。

图 2-139　磁天平

九、知识拓展

磁天平是一种利用磁力平衡原理来测量物体质量的仪器，它通过在物体上施加磁场，利用磁场的力与重力的平衡关系来测量物体的质量。磁天平的工作原理是基于磁力的两个基本特性：磁场的存在和磁力的作用。下面将详细介绍磁天平的原理及其应用。

（1）磁力的基本原理：磁力是一种基本的物理力，由磁场引起。磁场是由磁体或电流所产生的，它会对其他物体产生力的作用。磁力有两个重要的特性：方向和大小。磁力的方向是沿着磁力线的方向，而磁力的大小与磁场强度和物体的磁性有关。

（2）磁天平的结构：磁天平通常由两个平行的磁体和一个悬挂在平衡点上的物体组成。这两个磁体分别位于物体的两侧，它们产生的磁场与物体的磁性相互作用，使物体悬浮在平衡点上。当物体稍微偏离平衡点时，磁场的力就会将其拉回平衡位置，从而实现磁力平衡。

（3）磁天平的工作原理：磁天平利用磁力的平衡关系来测量物体的质量。当物体悬浮在平衡位置时，物体所受的磁力与物体所受的重力平衡。磁力的大小与物体的质量成正比，而磁场的强度可以通过改变磁体的磁场强度来调节。因此，通过调节磁场的强度，可以使物体在不同质量下保持平衡，从而测量物体的质量。

（4）磁天平的应用：磁天平在科学研究和实验室中广泛应用。它可以用来测量小质量的物体，尤其是微小的粉末和颗粒。在化学实验中，磁天平可以用来测量反应物的质量和产物的质量，从而确定反应的摩尔比。在物理实验中，磁天平可以用来测量物体的密度和浮力，研究物体的浮沉原理。此外，磁天平还可以用于质量校准和质量比较等精密实验。

十、参考文献

[1] 复旦大学，等．物理化学实验［M］．2 版．北京：高等教育出版社，1993.
[2] 复旦大学，等．物理化学实验［M］．3 版．北京：高等教育出版社，2004.

[3]　徐光宪，王祥云．物质结构［M］．2版．北京：高等教育出版社，1987.

实验39　溶液法测定极性分子的偶极矩

一、实验目的

1. 用溶液法测定乙酸乙酯的偶极矩。
2. 了解偶极矩与分子电性质的关系。
3. 掌握溶液法测定偶极矩的实验技术。

二、实验原理

1. 偶极矩与极化度

分子结构可以近似地看成是由电子云和分子骨架（原子核及内层电子）所构成的。由于分子空间构型的不同，其正、负电荷中心可能是重合的，也可能不重合。前者称为非极性分子，后者称为极性分子。

1912年，德拜（Debye）提出“偶极矩（μ）”的概念来度量分子极性的大小，如图2-140所示，其定义是

$$\mu = qd \tag{2-189}$$

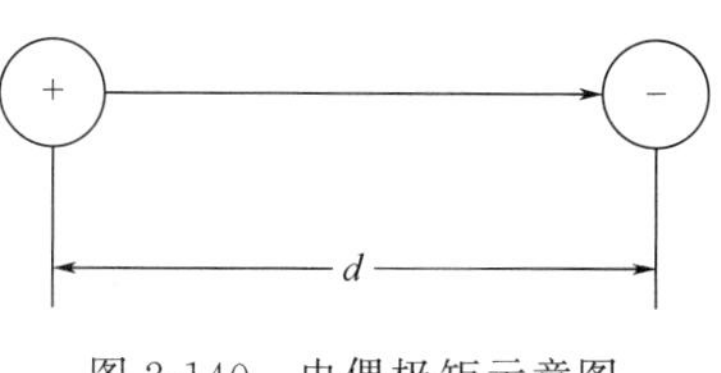

图2-140　电偶极矩示意图

式中，q是正、负电荷中心所带的电荷量；d为正、负电荷中心之间的距离。μ是一个矢量，其方向规定从正到负。因分子中原子间距离的数量级为10^{-10} m，电荷的数量级为10^{-20} C，所以偶极矩的数量级是10^{-30} C·m。

通过偶极矩的测定可以了解分子结构中有关电子云的分布和分子的对称性等情况，还可以用来判别几何异构体和分子的立体结构等。

极性分子具有永久偶极矩，但由于分子的热运动，偶极矩指向各个方向的机会相同，所以偶极矩的统计值等于零。若将极性分子置于均匀的电场中，则偶极矩在电场的作用下会趋向电场方向排列。这时称这些分子被极化了，极化的程度可用摩尔转向极化度$P_{转向}$来衡量。

$P_{转向}$与永久偶极矩μ的平方成正比，与热力学温度T成反比，其关系为：

$$P_{转向} = \frac{4}{3}\pi N_A \times \frac{\mu^2}{3kT} = \frac{4}{9}\pi N_A \frac{\mu^2}{kT} \tag{2-190}$$

式中，k为玻耳兹曼常数；N_A为阿伏伽德罗常数。

在外电场作用下，不论极性分子还是非极性分子都会发生电子云对分子骨架的相对移动，分子骨架也会发生变形，这种现象称为诱导极化或变形极化，用摩尔诱导极化度$P_{诱导}$来衡量。显然，$P_{诱导}$可分为两项，即电子极化度$P_{电子}$和原子极化度$P_{原子}$，因此$P_{诱导}=P_{电子}+P_{原子}$。$P_{诱导}$与外电场强度成正比，与温度无关。

如果外电场是交变电场，极性分子的极化情况则与交变电场的频率有关。当处于频率小于$10^{10}\,s^{-1}$的低频电场或静电场中，极性分子所产生的摩尔极化度P是转向极化、电子极化和原子极化的总和

$$P = P_{转向} + P_{电子} + P_{原子} \tag{2-191}$$

当交变电场的频率增加到$10^{12} \sim 10^{14}\,s^{-1}$的中频（红外频率）时，电场的交变周期小于分子偶极矩的弛豫时间，极性分子的转向运动跟不上电场的变化，即极性分子来不及沿电场

定向，故 $P_{转向}=0$。此时极性分子的摩尔极化度等于摩尔诱导极化度 $P_{诱导}$。当交变电场的频率进一步增加到大于 $10^{15}\ s^{-1}$ 的高频（可见光和紫外频率）时，极性分子的转向运动和分子骨架变形都跟不上电场的变化，此时极性分子的摩尔极化度等于电子极化度 $P_{电子}$。

因此，原则上只要在低频电场下测得极性分子的摩尔极化度 P，在红外频率下测得极性分子的摩尔诱导极化度 $P_{诱导}$，两者相减得到极性分子的摩尔转向极化度 $P_{转向}$，然后代入式(2-190) 就可算出极性分子的永久偶极矩 μ 来。

2. 极化度的测定

克劳修斯、莫索蒂和德拜（Clausius-Mosotti-Debye）根据电磁理论得到了摩尔极化度 P 与介电常数 ε 之间的关系式

$$P=\frac{\varepsilon-1}{\varepsilon+2}\times\frac{M}{\rho} \tag{2-192}$$

式中，M 为被测物质的摩尔质量；ρ 是该物质的密度；ε 可以通过实验测定。

但式(2-192) 是假定分子与分子间无相互作用而推导得到的，所以它只适用于温度不太低的气相体系。然而测定气相的介电常数和密度在实验上困难较大，某些物质甚至根本无法使其处于稳定的气相状态。因此后来提出了一种溶液法来解决这一困难。溶液法的基本思路是，在无限稀释的非极性溶剂的溶液中，溶质分子所处的状态和气相时相近，于是无限稀释溶液中溶质的摩尔极化度 P_2^{∞} 就可以看作为式(2-192) 中的 P。

海德斯特兰（Hedestran）首先利用稀溶液的近似公式

$$\varepsilon_{溶}=\varepsilon_1(1+\alpha x_2) \tag{2-193}$$

$$\rho_{溶}=\rho_1(1+\beta x_2) \tag{2-194}$$

再根据溶液的加和性，推导出无限稀释时溶质摩尔极化度的计算公式

$$P=P_2^{\infty}=\lim_{x_2\to 0}P_2=\frac{3\alpha\varepsilon_1}{(\varepsilon_1+2)^2}\times\frac{M_1}{\rho_1}+\frac{\varepsilon_1-1}{\varepsilon_1+2}\times\frac{M_2-\beta M_1}{\rho_1} \tag{2-195}$$

上述式(2-193)、式(2-194)、式(2-195) 中，$\varepsilon_{溶}$、$\rho_{溶}$ 是溶液的介电常数和密度；M_2、x_2 是溶质的摩尔质量和摩尔分数；ε_1、ρ_1 和 M_1 分别是溶剂的介电常数、密度和摩尔质量；α、β 分别是与 $\varepsilon_{溶}$-x_2 和 $\rho_{溶}$-x_2 直线斜率有关的常数。

上面已经提到，在红外频率的电场下可以测得极性分子的摩尔诱导极化度 $P_{诱导}=P_{电子}+P_{原子}$。但在实验中由于条件的限制，很难做到这一点，所以一般总是在高频电场下测定极性分子的电子极化度 $P_{电子}$。

根据光的电磁理论，在同一频率的高频电场作用下，透明物质的介电常数 ε 与折射率 n 的关系为

$$\varepsilon=n^2 \tag{2-196}$$

习惯上用摩尔折射度 R_2 来表示高频区测得的极化度，因为此时 $P_{转向}=0$，$P_{原子}=0$，则

$$R_2=P_{电子}\frac{n^2-1}{n^2+2}\times\frac{M}{\rho} \tag{2-197}$$

在稀溶液情况下也存在近似公式

$$n_{溶}=n_1(1+\gamma x_2) \tag{2-198}$$

同样，从式(2-197) 可以推导得无限稀释时溶质的摩尔折射度的公式

$$P_{电子}=R_2^{\infty}=\lim_{x_2\to 0}R_2=\frac{n_1^2-1}{n_1^2+2}\times\frac{M_2-\beta M_1}{\rho_1}+\frac{6n_1^2M_1\gamma}{(n_1^2+2)^2\rho_1} \tag{2-199}$$

上述式(2-198)、式(2-199)中，$n_{溶}$是溶液的折射率；n_1是溶剂的折射率；γ是与$n_{溶}$-x_2直线斜率有关的常数。

3. 偶极矩的测定

考虑到原子极化度通常只有电子极化度的5%～10%，而且$P_{转向}$又比$P_{电子}$大得多，故常常忽视原子极化度。

从式(2-190)、式(2-191)、式(2-195)和式(2-199)可得

$$P_{转向}=P_2^{\infty}-R_2^{\infty}=\frac{4}{9}\pi N_A\frac{\mu^2}{kT} \tag{2-200}$$

式(2-200)把物质分子的微观性质偶极矩和它的宏观性质介电常数、密度和折射率联系起来，分子的永久偶极矩就可用下面简化式计算

$$\mu=0.04274\times10^{-30}\sqrt{(P_2^{\infty}-R_2^{\infty})T}\quad \text{C·m} \tag{2-201}$$

在某种情况下，若需要考虑$P_{电子}$影响时，只需对R_2^{∞}做部分修正就行了。

上述测求极性分子偶极矩的方法称为溶液法。溶液法测得的溶质偶极矩与气相测得的真实值间存在偏差，造成这种现象的原因是非极性溶剂与极性溶质分子间的相互作用——“溶剂化”作用，这种偏差现象称为溶液法测量偶极矩的“溶剂效应”。罗斯（Ross）和萨克（Sack）等曾对溶剂效应开展了研究，并推导出校正公式，有兴趣的读者可阅读有关参考资料。

此外，测定偶极矩的实验方法还有多种，如温度法、分子束法、分子光谱法以及利用微波谱的斯塔克法等。

4. 介电常数的测定

介电常数是通过测量电容然后计算而得到的。测量电容的方法一般有电桥法、拍频法和谐振法。后两者抗干扰性能好、精度高，但仪器价格较贵。本实验采用电桥法，选用CC-6型小电容测量仪，将其与复旦大学科教仪器厂生产的电容池配套使用。

电容池两极间真空时和充满某物质时电容分别为C_0和C_x，则该物质的介电常数ε与电容的关系为

$$\varepsilon=\frac{\varepsilon_x}{\varepsilon_0}=\frac{C_x}{C_0} \tag{2-202}$$

式中，ε_0和ε_x分别为真空和该物质的电容率。

当将电容池插在小电容测量仪上测量电容时，实际测得的电容应是由电容池两极间的电容和整个测试系统中的分布电容C_d并联构成的，即$C_x=C_0+C_d$。C_d是一个恒定值，称为仪器的本底值，在测量时应予扣除，否则会引进误差。因此必须先求出本底值C_d，并在以后的各次测量中予以扣除。

三、仪器与试剂

1. 主要仪器：阿贝折射仪，电吹风机，CC-6型小电容测量仪，容量瓶（50 mL），电容池，超级恒温槽、比重管。

2. 主要试剂：乙酸乙酯（AR）、环己烷（AR）。

四、实验步骤

1. 溶液配制

用称重法配制4个不同浓度的乙酸乙酯-环己烷溶液。将4个50 mL的容量瓶干燥、称

重，用移液管分别移取 5.00 mL、6.00 mL、7.00 mL、8.00 mL 乙酸乙酯于上述各干燥容量瓶中，称重后加入环己烷至刻度，称重。计算出每个溶液的摩尔浓度。

2. 折射率测定

在室温下用阿贝折射仪测定环己烷及各样品的折射率。测定时注意各样品需加样三次，每次读取三个数据，然后取平均值。

3. 介电常数测定

(1) 电容 C_d 和 C_0 的测定：本实验采用环己烷作为标准物质，其介电常数的温度公式为

$$\varepsilon_{标} = 2.238 - 0.0020(T - 20) \tag{2-203}$$

式中，T 为恒温温度，℃。25℃时 $\varepsilon_{标}$ 应为 2.228。

用电吹风机将电容池两极间的间隙吹干，旋上金属盖。接通电源，校零后将电容池与小电容测量仪相连接，接通恒温浴导油管，使电容池恒温在 (2.0±0.1) ℃。待到显示电容不再上升（如果数值不稳定，读取显示的最大值），读取数值。重复测量三次，取三次测量的平均值。

用滴管将纯环己烷从金属盖的中间口加入电容池中去，使液面超过两电极，并盖上塑料塞，以防液体挥发。恒温 10 分钟后，同上法测量电容值。然后打开金属盖，倾去两电极间的环己烷（倒在回收瓶中），重新装样再次测量电容值。取两次测量的平均值。

(2) 溶液电容的测定：测定方法与纯环己烷的测量相同。但在进行测定前，为了证实电容池两电极间的残余液确已除净，可先测量以空气为介质时的电容值。如电容值偏高，则应用丙酮溶液润洗，再以洗耳球将电容池吹干，方可加入新的溶液。每个溶液均应重复测定两次，其数据的差值应小于 0.05 pF，否则要继续复测。所测电容读数取平均值，减去 C_d，即为溶液的电容值 $C_{溶}$。由于溶液易挥发而造成浓度改变，故加样时动作要迅速，加样后塑料塞要塞紧。

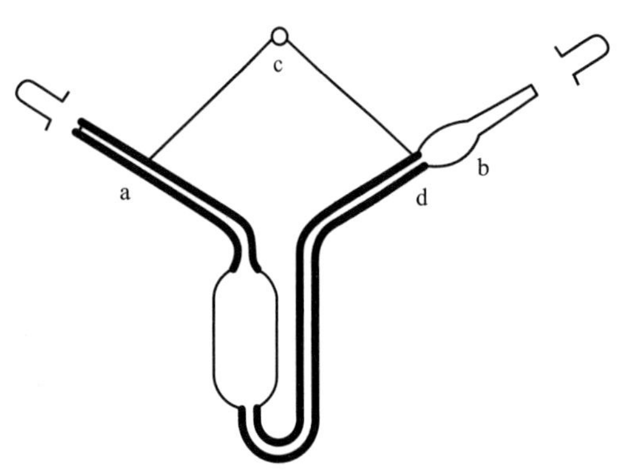

图 2-141 测定易挥发液体的比重管示意图

(3) 溶液密度的测定：将奥斯瓦尔德-斯普林格（Ostwald-Sprengel）比重管（如图 2-141 所示）仔细干燥后称重为 m_0，取下磨口小帽，将 a 支管的管口插入事先沸腾再冷却后的蒸馏水中，用针筒连接橡皮管从 b 支管的管口慢慢抽气，将蒸馏水吸入比重管内，使水充满 b 端小球，盖上两个小帽，用不锈钢丝 c 将比重管吊在恒温水浴中，在 (25±0.1) ℃下恒温 10 min。然后将比重管的 b 端略向上仰，用滤纸从 a 支管的管口吸取管内多余的蒸馏水，以调节 b 支管的液面到刻度 d。从恒温槽中取出比重管，将磨口小帽先套 a 端管口，后套 b 端，并用滤纸吸干管外所沾的水，挂在天平上称重得 m_1。

同上法，对环己烷以及配制溶液分别进行测定，所得质量为 m_2。则环己烷和各溶液的密度为：

$$\rho^{25\ ℃} = \frac{m_2 - m_0}{m_1 - m_0}\rho_{水}^{25\ ℃} \tag{2-204}$$

五、注意事项

1. 在配制溶液时，容量瓶必须干燥，且称重配制。

2. 实验过程中都要迅速盖好塞子或盖子，防止溶质和溶剂的挥发，以免造成实验结果的偏差。

3. 应用电吹风机的冷风对电容池吹干，防止热风对温度变化的干扰。

4. 测电容时，直接用指定的移液管将样品注入电容池内，动作要谨慎、缓慢。如果把样品溅在测量池外，可用软纸吸干，以免影响数据的稳定。

六、数据记录与处理

1. 按溶液配制的实测质量，计算四个溶液的实际浓度。

2. 计算 C_0、C_d 和各溶液的 $C_{溶}$ 值，求出各溶液的介电常数 $\varepsilon_{溶}$，作 $\varepsilon_{溶}$-x_2 图，由直线斜率求算 α 值。

3. 计算纯环己烷及各溶液的密度，作 $\rho_{溶}$-x_2 图，由直线斜率求算 β 值。

4. 作 $n_{溶}$-x_2 图，由直线斜率计算 γ 值。

5. 将 ρ_1、ε_1、α 和 β 值代入式(2-195) 计算 P_2^{∞}。

6. 将 ρ_1、n_1、β 和 γ 值代入式(2-199) 计算 R_2^{∞}。

7. 将 P_2^{∞}、R_2^{∞} 值代入式(2-201) 即可计算乙酸乙酯分子的偶极矩 μ 值。

8. 文献值见表 2-73。

表 2-73 乙酸乙酯分子的偶极矩

μ/D	$\mu\times10^{30}$/C·m①	状态或溶剂	温度/℃
1.78	5.94	气	30～195
1.83	6.10	液	25
1.76	5.87	CCl_4	25
1.89②	6.30	CCl_4	25

① 按 1D=3.33564C·m 换算。

② 本实验学生测定结果统计值略低于该值。

七、思考与讨论

1. 分析本实验误差的主要来源，如何改进?

2. 试说明溶液法测量极性分子永久偶极矩的要点，有何基本假定? 推导公式时做了哪些近似?

3. 如何利用溶液法测量偶极矩的“溶剂效应”来研究极性溶质分子与非极性溶剂的相互作用?

八、补充与提示

测定电容的方法如下：

(1) 准备：打开小电容测量仪（见图 2-142）前面板的电源开关，预热 5 分钟。电容池使用前应打开加料盖，用丙酮对内外电极间隙进行数次冲洗，并用电吹风机吹干。用配套测试线将数字小电容测量仪的“电容池座”C_2 插座与电容池的内电极插座相连；将另一根测试线的一端插入小电容测量仪的“电容池”C_1 插座，插入后顺时针旋转一下以防脱落，另一端悬空。待显示稳定后，按一下采零键，显示器显示“00.00”。

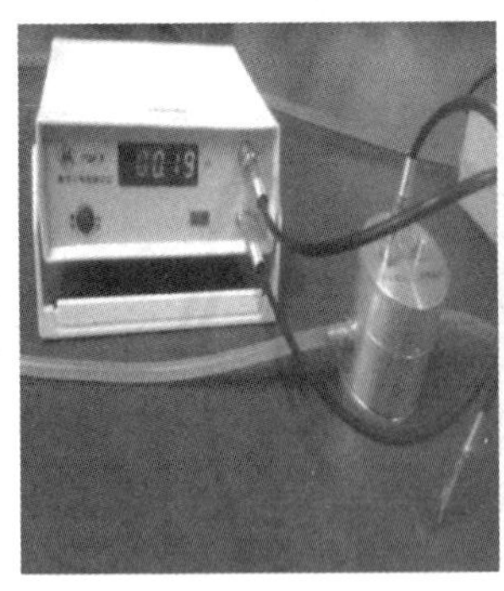
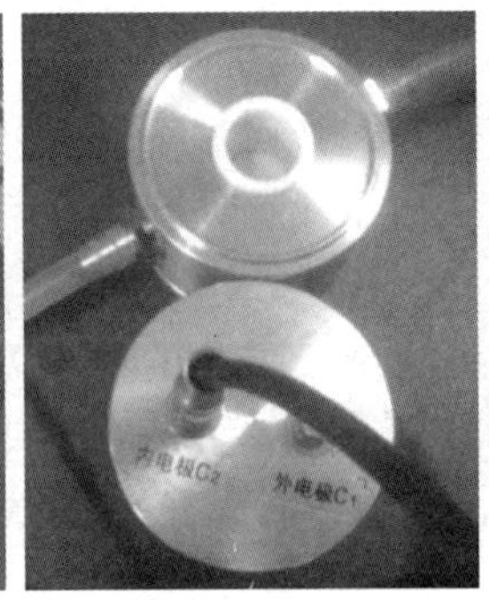

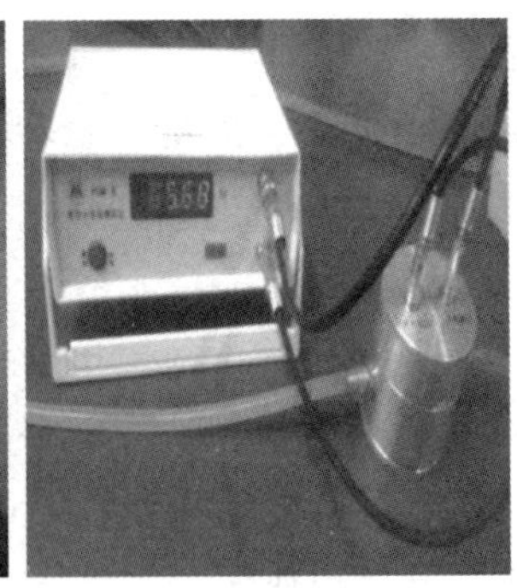

图 2-142 数字小电容测量仪

(2) 空气介质电容的测量：将那根悬空测试线的悬空端插入电容池“外电极”插座，插入后顺时针旋转一下以防脱落。此时显示器显示值为空气介质的电容（$C_{空}$）与系统分布电容（$C_{分}$）之和。

(3) 样品介质电容的测量：逆时针旋转，拔出电容池“外电极”插座一端的测试线。打开电容池加料口盖子，用滴管注入待测样品。样品应淹没内外电极，不超过内塑料层上端为佳，否则会影响测量结果。盖紧加料口盖子，待显示稳定后，采零。将拔下的测试线的一端插入电容池“外电极”插座，顺时针旋转一下以防脱落。此时显示器显示的值即为实验液体介质（$C_{液}$）与系统分布电容（$C_{分}$）之和。每次换样品时，都要拧开电容池盖子，用电吹风机吹干。为保证下一次测量的准确性，应先测空气及系统分布电容，如大于先前测量值，则说明电容池没有吹干，需重新吹干。测试完毕，根据公式计算介电常数。

九、知识拓展

电偶极子是两个等量异号点电荷组成的系统。作为一种客观物质的存在，电偶极子是电介质理论和原子物理学的重要模型，电偶极子在自然界中无处不在。无论是简单的水分子还是复杂的 DNA 生物大分子，无论是一个细胞还是组织、器官乃至整个生命体，电偶极子在其中都发挥着重要作用。电偶极矩的大小会影响混合物中各组分的溶解度。因为水是极性分子，有很强的电偶极矩，故可以很好地作为其他分子的溶剂。这些分子包括弱偶极矩分子、强偶极矩分子和离子。而没有偶极矩的分子或者分子大到有很大的区域没有偶极矩的分子，在水中就不能很好地溶解，例如有些油没有偶极矩，就不能与水混溶。

十、参考文献

[1] 徐光宪，王祥云．物质结构［M］．3 版．北京：高等教育出版社，1987：446.

[2] Ross I G，Sack R A. Solvent effects in dipole-moment measurements［J］. Proc Phys Soc，1950，63(B)：893.

[3] McClellan A L. Tables of Experimental Dipole Moments. 1963：116.

[4] LeFevre R J W. Dopole Moments［M］. 3rd ed. London：Methuen，1953：7-10.

[5] 项一非，李树家．中级物理化学实验［M］．北京：高等教育出版社，1988，142.

[6] 庄继华，等．物理化学实验［M］．3 版．北京：高等教育出版社，2008.

实验 40 X 射线粉末衍射物相分析

一、实验目的

1. 掌握 X 射线粉末衍射的实验原理和方法。

2. 了解 X 射线衍射仪的构造和测试方法。

3. 能根据 X 射线粉末衍射谱图分析鉴定多晶样品的物相。

二、实验原理

衍射指光线照射到物体边沿后通过散射继续在空间发射的现象。如果采用单色平行光，衍射后将产生干涉，即相干波在空间某处相遇后，因位相不同相互之间产生干涉作用，引起相互加强或减弱的物理现象。衍射发生的条件有两个，分别是相干波（点光源发出的波）和光栅。衍射的结果是产生明暗相间的衍射花纹，代表着衍射方向（角度）和强度。根据衍射花纹可以反过来推测光源和光栅的情况。为了使光能产生明显的偏向，必须使“光栅间隔”具有与光的波长相同的数量级。用于可见光谱的光栅每毫米刻有 500～5000 条线。根据晶体对 X 射线的衍射特征，即衍射线的位置、强度及数量来鉴定结晶物质的物相的方法，就是 X 射线衍射物相分析法。

每一种结晶物质都有各自独特的化学组成和晶体结构。晶体结构可以用三维点阵来表示，每个点阵点代表晶体中的一个基本单元，如离子、原子或分子等。空间点阵可以从各个方向予以划分，而成为许多组平行的平面点阵。因此，晶体可以看成是由一系列具有相同晶面指数的平面按一定的距离分布而形成的。各种晶体具有不同的基本单元、晶胞大小、对称性，因此，每一种晶体都必然存在着一系列特定的 d 值，可以用于表征不同的晶体。没有任何两种物质，它们的晶胞大小、质点种类及其在晶胞中的排列方式是完全一致的。

X 射线入射晶体时，作用于束缚较紧的电子，电子发生晶格振动，向空间辐射与入射波频率相同的电磁波（散射波），该电子成了新的辐射源，所有的电子散射波均可看成是由原子中心发出的，这样每个电子就成了发生源，它们向空间发射与入射波频率相同的散射波。由于这些散射波的频率相同，在空间将发生干涉，在某些固定方向得到增强或者减弱甚至消失，产生衍射现象，形成了波的干涉图案，即衍射花样。因此，当 X 射线被晶体衍射时，每一种结晶物质都有自己独特的衍射花样，衍射特征可以用各个衍射晶面间距 d 和衍射线的相对强度 I/I_0 来表征。其中晶面间距 d 与晶胞的形状和大小有关，相对强度 I/I_0 则与质点的种类及其在晶胞中的位置有关。所以任何一种结晶物质的衍射数据 d 和 I/I_0 是其晶体结构的必然反映，可以根据它们来鉴别结晶物质的物相。

X 射线衍射是研究物质多晶型的主要手段之一，它有单晶 X 射线衍射法和粉末 X 射线衍射法两种，可用于区别晶态与非晶态、混合物与化合物。通过给出晶胞参数，如原子间距离、环平面距离、二面角等确定物质的晶型与结构。其中，粉末法研究的对象不是单晶体，而是许多取向随机的小晶体的总和，此法准确度高，分辨能力强。每一种晶体的粉末图谱几乎同人的指纹一样，其衍射线的分布位置和强度有着特征性规律，因而成为物相鉴定的基础。

当波长为 λ 的 X 射线射到这族平面点阵时，每一个平面点阵都对 X 射线产生散射，如图 2-143 所示。先考虑任一平面点阵 1 对 X 射线的散射作用，即 X 射线射到同一点阵平面的点阵上，如果入射的 X 射线与点阵平面的交角为 θ，而衍射线在相当于平面镜反射方向上的夹角也是 θ，则射到相邻两个点阵点上的入射线和衍射线所经过的光程相等，即 $PP'=QQ'=RR'$ [图 2-143(a)]。根据光的干涉原理，它们互相加强，并且入射线、衍射线和点阵平面的法线在同一平面上。

再考虑整个平面点阵族对 X 射线的作用：相邻两个平面点阵间的间距为 d，射到平面点阵 1 和平面点阵 2 上的 X 射线的光程差为 $CB+BD$，而 $CB=BD=d\sin\theta$，即相邻两个点阵平面上光程差为 $2d\sin\theta$ [图 2-143(b)]。根据衍射条件，光程差必须是波长 λ 的整数倍才能

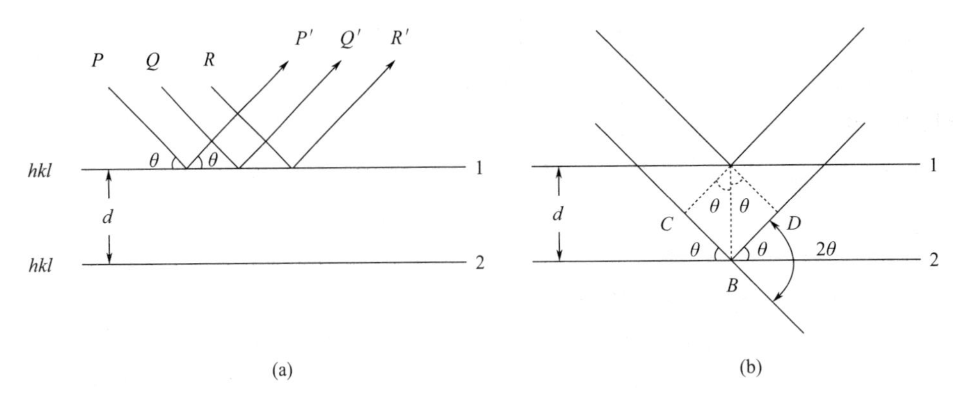

图 2-143 晶体的 Bragg-衍射

产生衍射，这样就得到 X 射线衍射（或 Bragg 衍射）基本公式：

$$2d\sin\theta = n\lambda \tag{2-205}$$

式中，θ 为衍射角，随 n 不同而异，n 是 1，2，3…整数。在晶体结构分析中，为简化和统一，将所有的衍射都看成一级衍射，n 值通常取 1。以粉末为样品，以测得的 X 射线的衍射强度（I）与最强衍射峰的强度（I_0）的比值（I/I_0）为纵坐标，以 2θ 为横坐标所表示的图谱为粉末 X 射线衍射图。通常从衍射峰位置（2θ）、晶面间距（d）及衍射峰强度比（I/I_0）可得到样品的晶型变化、结晶度、晶体状态及有无混晶等信息。

物相定性分析则是和已知物相的衍射数据（d 值以及 I/I_0 值等）对比，如果未知物相测定的 d 和 I/I_0 和已知物相的 d 以及 I/I_0 值很好地对应，则可以认为卡片所代表的物相为待测的物相。已知物相的衍射数据均已编辑成卡片出版，即 PDF 卡片。

三、仪器与试剂

1. 主要仪器：德国 Bruker D8 advance X 射线衍射仪、计算机控制处理系统。
2. 主要材料：玛瑙研钵。
3. 主要试剂：Ni 粉末和 ZnO 粉末（二级品，研磨至通过 325 目的筛子）。

四、实验步骤

1. 样品制备

将研细的 ZnO 粉末样品均匀地撒于样品槽中，使其略高于样品槽的边缘，用玻璃片压样品的表面。要求试样面与玻璃表面齐平，并使样品足够紧密且表面光滑平整，附着在槽内不至于脱落。使粉末试样在试样架里均匀分布并用玻璃板压平实。

2. 实验参数的选择

(1) 阳极靶的选择：尽可能避免靶材产生的特征 X 射线激发样品的荧光辐射，以降低衍射花样的背底，使图样清晰。Cu 靶适用于除了黑色金属试样以外的一般无机物、有机物。

(2) 管电压和管电流的选择：工作电压设定为 40 kV 的激发电压，管电流选择 20 mA。

(3) 发散狭缝（DS）的选择：发散狭缝（DS）决定了 X 射线水平方向的发散角，限制试样被 X 射线照射的面积。如果使用较宽的发散狭缝，X 射线强度增加，但在低角度处入射 X 射线超出试样范围，照射到边上的试样架，出现试样架物质的衍射峰或漫散峰，给定量物相分析带来不利的影响。通常定性物相分析选用 1°发散狭缝，当低角度衍射特别重要时，可以选用 (1/2)° [或 (1/6)°] 发散狭缝。

(4) 防散射狭缝（SS）的选择：防散射狭缝用来防止空气等物资引起的散射 X 射线进

入探测器，选用 SS 与 DS 角度相同。

（5）接收狭缝（RS）的选择：接收狭缝越小，分辨率越高，衍射强度越低。通常物相定性分析时使用 0.3 mm 的接收狭缝，精确测定时可使用 0.15 mm 的接收狭缝。

（6）扫描范围的确定：不同的测定目的，其扫描范围也不同。当选用 Cu 靶进行无机化合物的相分析时，扫描范围 $2\theta=20°\sim80°$。

（7）扫描速度的确定：常规物相定性分析常采用每分钟 4°～6°的扫描速度。

3. 样品测试

（1）开机前的准备和检查：将制备好的试样插入衍射仪样品台，盖上顶盖，关闭防护罩；X 射线管窗口应关闭，管电流表、管电压表指示应在最小位置；接通总电源。

（2）开机操作：启动循环水泵，开启衍射仪总电源；待数分钟后，打开计算机 X 射线衍射仪应用软件，设置管电压、管电流至需要值，设置合适的衍射条件及参数，开始样品测试。

（3）停机操作：测量完毕，关闭 X 射线衍射仪应用软件；取出试样，15 min 后关闭循环水泵，关闭水源，最后关闭衍射仪总电源及线路总电源。

（4）测试完毕后，可将样品测试数据存入磁盘供随时调出处理。原始数据用 Origin 得到图像，用 Jade 软件分析和处理数据，计算衍射图上各衍射峰所对应的 d_{hkl} 值；计算各衍射峰的相对强度，以最强峰为 100%，其他峰均为与最强峰的比值；利用 PDF 卡鉴定出待测样品的物相。

五、注意事项

1. 粉末样品制备有几种方法，应注意：

（1）粉末样品：晶粒要细小，试样无择优取向（取向排列混乱），通常将试样研细后使用，可用玛瑙研钵研细。

（2）块状样品：先将块状样品表面研磨抛光，大小不超过 20 mm×18 mm，然后用橡皮泥将样品粘在铝样品支架上，要求样品表面与铝样品支架表面平齐。

（3）薄膜样品：将薄膜样品剪成合适大小，用胶带纸粘在玻璃样品支架上。

2. 严格按照 Bruker D8 advance X 射线衍射仪操作规程开机、测定和关机。

六、数据记录与处理

将 Ni 和 ZnO 粉末的衍射实验数据填入表 2-74 和表 2-75 中。

表 2-74　Ni 粉末的衍射实验数据

样品卡片号：4-850　　样品：Ni 粉末　　波长 λ：____

峰号	2θ	d 值	强度	相对强度	hkl
第一强峰					
第一强峰					
第一强峰					

表 2-75　ZnO 粉末的衍射实验数据

样品卡片号：79-2205　　样品：ZnO 粉末　　波长 λ：____

峰号	2θ	d 值	强度	相对强度	hkl
第一强峰					
第一强峰					
第一强峰					

根据式(2-205) 计算各衍射线的晶面间距 d 值，其中 Cu-Kα 射线的波长久可取 $K\alpha_1$ 和 $K\alpha_2$ 的权重平均值 1.54Å。各衍射线的衍射强度（I）可由衍射峰的面积求算，或近似地用峰的相对高度计算。根据表 2-76 标出各衍射线的指标 hkl，选择较高角度的衍射线，将 $\sin\theta$、衍射指标 hkl 以及 X 射线的波长 λ 代入式(2-205) 中求算晶胞参数 a_0。

表 2-76　立方晶系（$h^2+k^2+l^2$）的可能值

hkl	($h^2+k^2+l^2$)		
	简单立方	体心立方②	面心立方
100	1	—	—
110	2	2(1)	—
111	3	—	3
200	4	4(2)	4
210	5	—	—
211	6	6(3)	—
—	—	—	—
220	8	8(4)	8
300	9	—	—
310	10	10(5)	—
311	11	—	11
222	12	12(6)	12
320	13	—	—
321	14	14(7)	—
—	—	—	—
400	16	16(8)	16
410①	17	—	—
322			
411	18	18(9)	—
330			
331	19	—	19
420	20	20(10)	20
…	…	…	…

① 只列出低指数部分。

② 括号内为（$h^2+k^2+l^2$）/2。

$$\sin^2\theta=\frac{\lambda^2}{4a_0^2}(h^2+k^2+l^2) \tag{2-206}$$

七、思考与讨论

1. 为什么需要将样品磨到 325 目以下？

2. Bragg 方程并未对衍射级数 n 和晶面间距 d 作任何限制，但实际应用中为何只用数量非常有限的一些衍射线？

3. 计算晶胞参数 a_0 时，为什么要用较高角度的衍射线？

4. X 射线对人体有什么危害？应如何防护？

八、补充与提示

1. 仪器名称、厂商、型号

实验用仪器：X 射线衍射仪。

厂商：德国布鲁克。

型号：D8 advance（见图 2-144）。

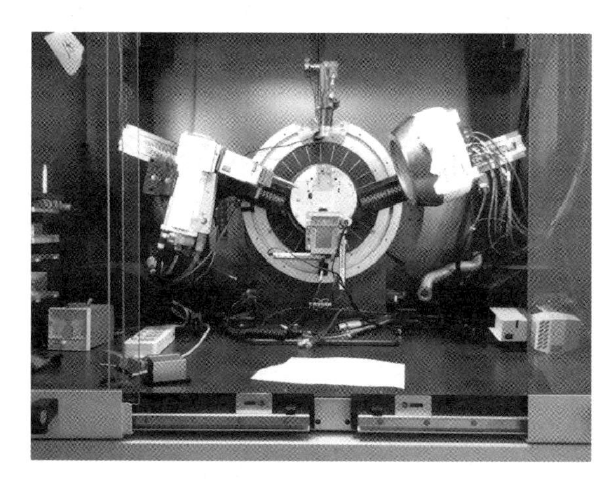

图 2-144　德国布鲁克 D8 advance X 射线衍射仪

2. 性能指标、应用领域

（1）性能指标：X 射线衍射仪基本包括三个部分：①X 射线发生器，用于产生 X 射线，常用的阳极靶元素是 Cu，入射 X 射线波长为 1.54Å；②电子学系统，将样品的衍射信号转换成一个与衍射强度成正比的数字信号用电脑记录下来；③测角仪，测量 X 射线入射角，过滤入射线和衍射线，确定计数管位置。

① 测角仪。测角仪的结构原理和光路图如图 2-145 和图 2-146 所示。

X 射线源 S 是由 X 射线管靶面上的线状焦斑产生的线状光源。线状光源首先通过梭拉缝 S_1，在高度方向上的发散受到限制。随后通过狭缝光栅 K，使入射 X 射线在宽度方向上的发散也受限制。经过 S_1 和 K 后，X 射线将以一定的高度和宽度照射在样品表面，样品中满足布拉格衍射条件的某组晶面将发生衍射。衍射线通过狭缝光栅 L、梭拉缝 S_2 和接受光栅 F 后，以线性进入计数管 C，记录 X 射线的光子数，获得晶面衍射的相对强度。计数管与样品同时转动，且计数管的转动角速度为样品的两倍，这样可以保证入射线与衍射线始终保持 2θ 夹角，从而使计数管收集到的衍射线是那些与样品表面平行的晶面所产生的。θ 角从低到高，计数管从低到高逐一记录各衍射线的光子数，转化为电信号，记录下 X 射线的相对强度，从而形成 X 射线衍射花样。

② X 射线发生器。如图 2-147 所示，X 射线发生器的核心部件为 X 射线管。X 射线管实际上就是一只在高压下工作的真空二极管，它有两个电极：一个是用于发射电子的灯丝（一般为钨丝），作为阴极；另一个是用于接受电子轰击的靶材，作为阳极，它们被密封在高真空的玻璃或陶瓷外壳内。X 射线管供电部分至少包含一个使灯丝加热的低压电源和一个给

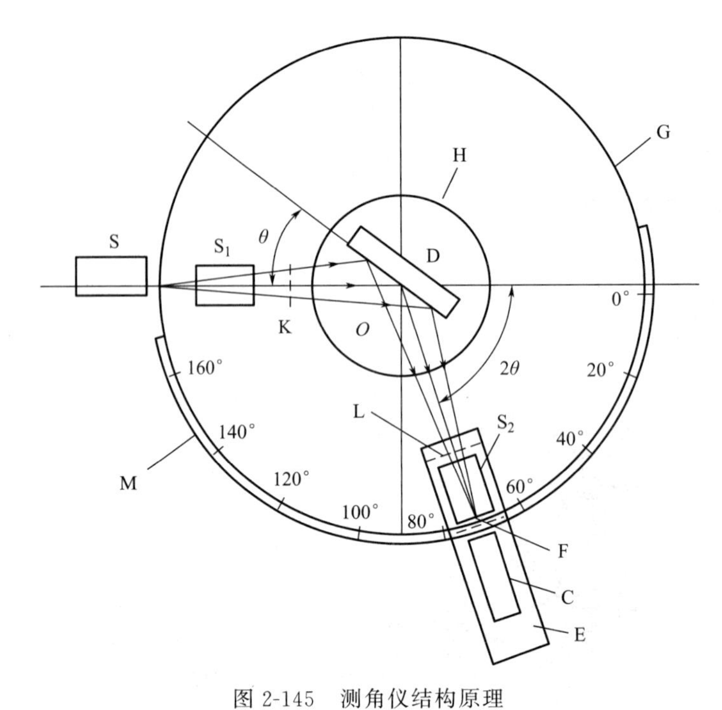

图 2-145 测角仪结构原理

C—计数管；S_1、S_2—梭拉缝；D—样品；E—支架；K、L—狭缝光栅；F—接受光栅；G—测角仪圆；H—样品台；S—X 射线管；M—角度刻度盘

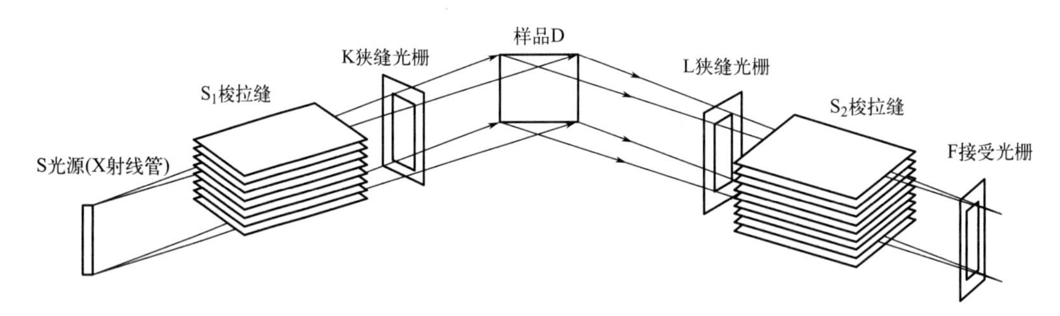

图 2-146 测角仪的光路图

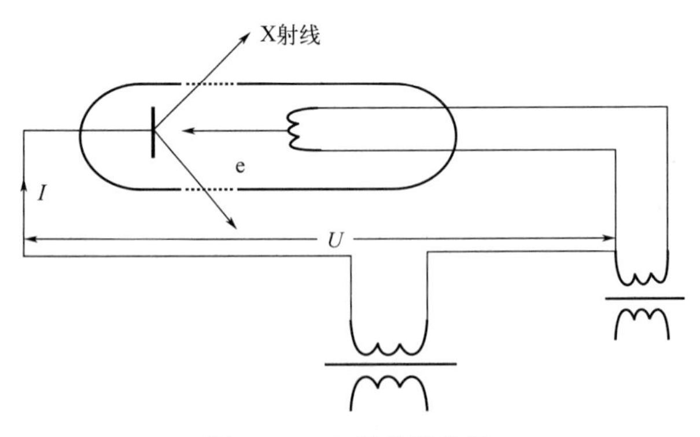

图 2-147 X 射线发生器

两极施加高电压的高压发生器。当灯丝上通过足够的电流使其发生电子云，且有足够的电压（千伏等级）加在阳极和阴极间时，电子云被拉往阳极，此时电子以高能高速的状态撞击钨靶，高速电子到达靶面，运动突然受到阻止，其动能的一小部分便转化为辐射能，以X射线的形式放出。产生的X射线通过铍窗口射出。

改变灯丝电流的大小可以改变灯丝的温度和电子的发射量，从而改变管电流和X射线强度的大小。改变X射线管激发电位或选用不同的靶材可以改变入射X射线的能量或在不同能量处的强度。

③ 计数器。计数器由计数管及其附属电路组成，如图2-148所示。其基本原理：X射线→进入金属圆筒内→惰性气体电离→产生的电子在电场作用下向阳极加速运动→高速运动的电子又使气体电离→连锁反应即雪崩现象→出现一个可测电流→电路转换→计数器有一个电压脉冲输出。电压脉冲峰值与X射线的强度成正比，反映衍射线的相对强度。

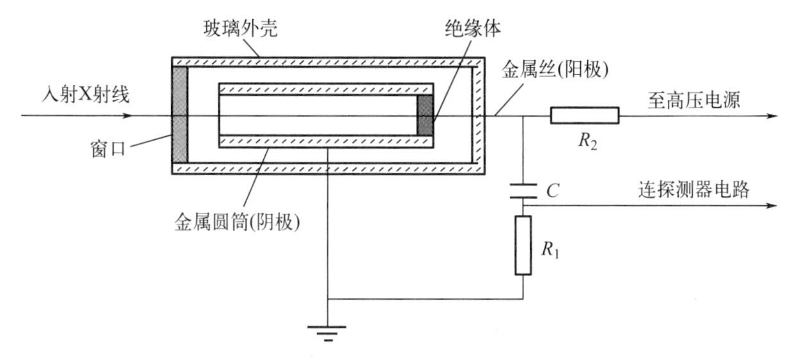

图2-148 正比计数管的结构及其基本电路

（2）应用领域：对于晶体将显示各晶面族的X射线衍射峰的位置、按布拉格公式计算出的晶面间距d值、峰强、峰宽、峰的位移和峰形变化等信息，充分利用这些信息并演化增加各种附件、计算机软件、各种测量方法，就可做以下分析工作：

① 物质识别剖析和物相结构鉴定。衍射花样是物质的“指纹”，迄今为止科学家们已认识并编制了七万多种纯物质的标准衍射“指纹”（国际衍射数据中心ICDD卡），储存在仪器计算机中，通过和实验图谱分析比较，就可识别物质或物相，还可了解其结构和物性参数、制备条件、参考文献等。X射线衍射分析给出的结果直接是物质的名称、状态和化学式，是元素之间的结合形式或所含元素的存在形式（单质、固溶体、化合物）。它对于化学式相同而结构性质不同的各种同素异构体的分析是其他方法无法比拟的。X射线衍射属无损检测，做完样品能回收，这也是一大优点。

② 混合物的定量分析。通常在图谱解析完成后，可由计算机拟合出各物相组分的半定量结果。

③ 结晶状态的描述表征和晶体结构参数的测定。随生成条件和制备工艺的不同，固态物质或材料有可能形成无定形非晶、半结晶、纳米晶和微米晶、取向多晶甚至大块单晶。利用计算机数据处理程序，对于非晶可用XRD原子径向分布函数法测定其短程结构；半结晶可测定其结晶度；纳米晶因衍射峰宽化可用谢乐（Scherrer）公式计算出纳米晶粒平均尺寸；微米级或更大尺寸的晶粒研磨成微米级粉末后进行实验可做更多的分析，如未知晶系和晶格参数的确定，固溶度、晶格畸变及应力等的分析；取向多晶、准单晶甚至大块单晶可用旋转取向X射线衍射（RO-XRD）法鉴别，评价准单晶的质量，测量晶体取向及单晶的三

维取向，指导切割加工。

④揭示实验规律，解释材料器件特性，研究反应机理，探讨制备工艺。如：钢中碳元素的存在状态分析，难溶性矿物所含元素的分析。此外，由于 X 射线衍射对文物鉴定的便利和非破坏性，这种方法越来越受到考古和文物保护工作者的青睐。

3. 粉末衍射卡组

为了方便地进行 X 射线衍射物相分析，哈那瓦特等于 1938 年创立了一套迅速检索的方法。他们最初制作了约 1000 种物质的 X 射线衍射图，然后制成卡片，卡片上列出了一系列 d 值及对应的强度 I，应用时只需将衍射图转换成 d 和 I 值便可以进行对照。1942 年由美国材料与试验协会（ASTM）整理并出版了卡片约 1300 张，这就是通常使用的 ASTM 卡片。该卡片后来逐年均有所增添。1969 年起，由美国材料与试验协会和英国、法国、加拿大等国家的有关协会共同组成名为粉末衍射标准联合委员会（The Joint Committee on Powder Diffraction Standards，简称 JCPDS）的国际机构来负责卡片的收集、校订和编辑工作，所以此后的卡片组就称为粉末衍射卡组（the powder diffraction file），简称 PDF 卡。

我国已刊出（到 1973 年为止）有机及无机卡片各 23 组，共约 30000 张。发展至今天，卡片已经不再只有一种，这里介绍的是最基本的也是最常用的一种。为区别起见，可以称为普通卡片（plain cards），一般所谓 ASTM 卡片或 PDF 卡片指的就是这一种。卡片按内容可划分成十个区，见图 2-149。

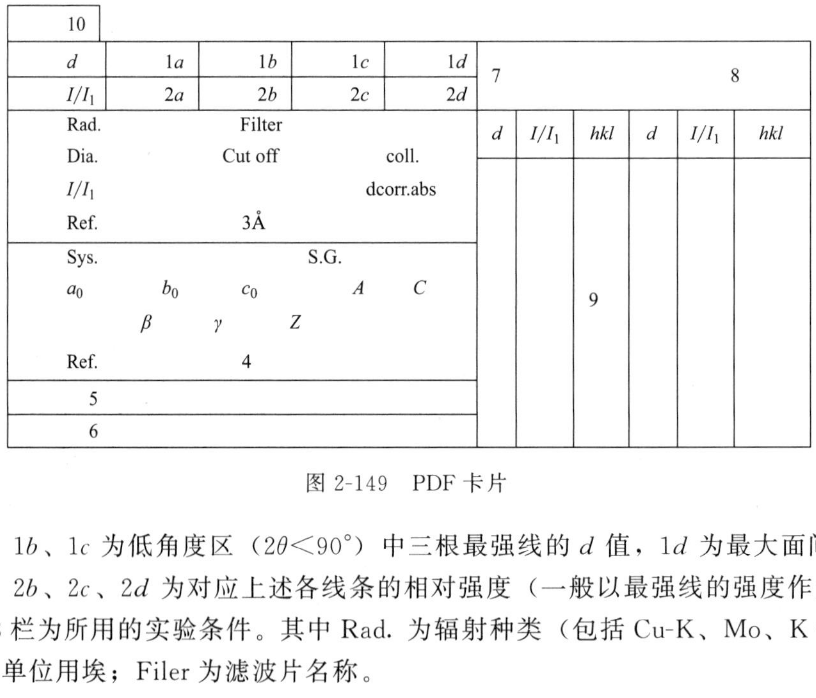

<table>
<tr><td>10</td><td colspan="10"></td></tr>
<tr><td>d</td><td>1a</td><td>1b</td><td>1c</td><td>1d</td><td colspan="3" rowspan="2">7</td><td colspan="3" rowspan="2">8</td></tr>
<tr><td>I/I1</td><td>2a</td><td>2b</td><td>2c</td><td>2d</td></tr>
<tr><td colspan="5" rowspan="2">Rad. Filter
Dia. Cut off coll.
I/I1 dcorr.abs
Ref. 3Å</td><td>d</td><td>I/I1</td><td>hkl</td><td>d</td><td>I/I1</td><td>hkl</td></tr>
<tr><td colspan="6" rowspan="4">9</td></tr>
<tr><td colspan="5">Sys. S.G.
a0 b0 c0 A C
β γ Z
Ref. 4</td></tr>
<tr><td colspan="5">5</td></tr>
<tr><td colspan="5">6</td></tr>
</table>

图 2-149 PDF 卡片

① 1a、1b、1c 为低角度区（$2\theta<90°$）中三根最强线的 d 值，1d 为最大面间距。

② 2a、2b、2c、2d 为对应上述各线条的相对强度（一般以最强线的强度作为 100）。

③ 第 3 栏为所用的实验条件。其中 Rad. 为辐射种类（包括 Cu-K、Mo、K 等）；3Å 为辐射波长，单位用埃；Filer 为滤波片名称。

④ 第 4 栏为物质的晶体学数据。其中 Sys. 为晶系；S. G. 为三维空间群符号；a_0、b_0、c_0 为晶胞在三个轴上的长度；$A=a_0/b_0$，$C=c_0/b_0$ 为轴比；Z 为单位晶胞中化学式单位的数目。

⑤ 第 5 栏为物质的光学及其他物理性质数据。

⑥ 第 6 栏列出试样的来源、制备方法及化学分析实验数据。

⑦ 第 7 栏为物质的化学式及英文名称。

⑧ 第 8 栏为物质的矿物学名称或普遍名称。本栏中若有五角星号表明卡片数据高度可

靠；若有“o”号则表明其可靠程度较低；无标号者表示一般。

⑨ 第 9 栏为晶面间距、相对强度及衍射指标。在这一栏中可能用到下列符号：b 表示宽、模糊或漫散线；d 表示双线；n 表示并非所有资料上都有的线；nc 表示并非该晶胞的线；np 表示对给出的单胞所不能标定的线；ni 表示不是给出的空间群所允许的指数；β 表示由于 β 线的出现或重叠而强度不确定。

⑩ 第 10 栏为卡片序号。

各栏中的“Ref.”均指该栏数据的来源。

4. 参考数据或文献

ZnO 粉末的 X 射线衍射曲线参考图见图 2-150，根据衍射曲线得出的实验数据见表 2-77。

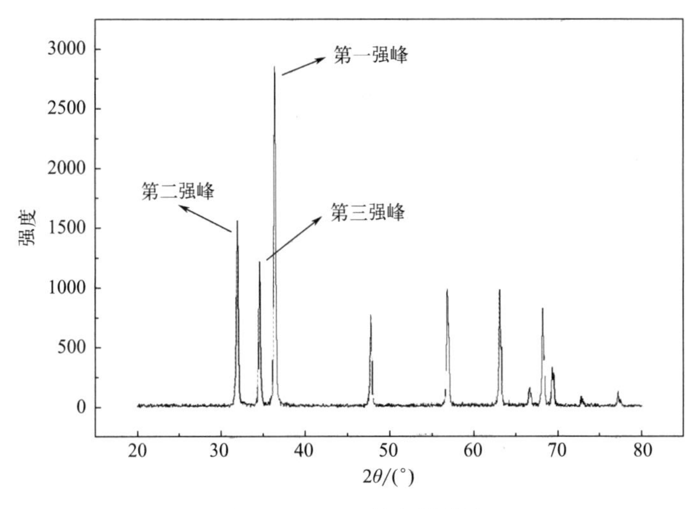

图 2-150 ZnO 的衍射曲线

表 2-77 ZnO 粉末的 X 射线衍射实验数据

样品卡片号：79-2205　　样品：ZnO 粉末　　波长 λ

峰号	2θ	d 值	强度	相对强度	hkl
第一强峰	36.45	2.5629	2856	100%	101
第一强峰	32	2.7985	1561	52.4%	100
第一强峰	34.6	2.5897	1225	42.5%	002

九、知识拓展

1895 年，第一届诺贝尔物理学奖获得者伦琴发现 X 射线。1912 年，劳厄（Laue）等首先发现了 X 射线衍射现象，证实了 X 射线的电磁波本质及晶体原子的周期排列，开创了 X 射线衍射分析的新领域。布拉格（Bragg）随后对劳厄衍射花样进行了深入研究，认为衍射花样中各斑点是由晶体不同晶面反射所造成的，并和他父亲一起利用所发明的电离室谱仪，探测入射 X 射线束经过晶体解理面的反射方向和强度，证明上述设想是正确的，导出了著名的布拉格定律（方程），测定了 NaCl、KCl 及金刚石等的晶体结构，求出了晶胞的形状、大小和原子坐标位置，发展了 X 射线晶体学。以劳厄方程和布拉格定律为代表的 X 射线晶体衍射几何理论，不考虑 X 射线在晶体中多重衍射与衍射束之间及衍射束与入射束之间的干涉作用，称为 X 射线运动学衍射理论。埃瓦尔德（Ewald）根据吉布斯（Gibbs）的倒易空间理念，于 1913 年提出了倒易点阵的概念，同时建立了 X 射线衍射的反射球构造方法，并在 1921 年又进行了完善。目前，倒易点阵已广泛应用于 X 射线衍射理论中，对解释各种衍射现象起到极为有益的作用。Darwin 也在 1913 年从事晶体反射 X 射线强度的研究时，发现了实际晶体的反射强度远远高于理想完整晶体应有的反射强度。他根据多重衍射原理以及透射束与衍射束之间能量传递等动力学关系，提出了完整晶体的初级消光理论，以及实际晶体中存在取向彼此稍差的嵌镶结构模型和次级消光理论，推导出完整晶体反射的摆动曲线和消光距离，开创了 X 射线衍射动力学理论。1941 年，Borrmann 发现了完整晶体中的异常透射现象，20 世纪 60 年代 Kato 提出了球面波衍射理论，Takagi 给出了畸变晶体动力学衍射的普适方程。这些都是动力学衍射理论的重要发展。20 世纪 20 年代，康普顿（Compton）等发现了 X 射线非相干散射现象，称为康普顿散射。我国物理学家吴有训也参与了大量实验工作，做出了卓越的贡献，故该项散射又称为康普顿-吴有训散射。1939 年，Guinier 和 Hosemann 分别发展了 X 射线小角度散射理论。小角度散射就是在倒易点阵原点附近小区域内的漫散射效应，它只与分散在另一均匀物质中的尺度为几十到几百埃的散射中心的形状、大小和分布状态有关，但和散射中心内部的结构无关，因此是一种只反映置换无序而不反映位移无序的漫反射效应。1959 年，Kato 和 Lang 发现了 X 射线的干涉现象，观察到了干涉条纹。在此基础上，发展了 X 射线波在完整晶体中的干涉理论，可精确测定 X 射线波长、折射率、结构因数、消光距离及晶体点阵参数。

X 射线衍射研究新动向主要包括：高度计算机化，如实验设备及实验过程的全自动化、数据分析的计算程序化、衍射花样及衍衬像的计算机模拟等；瞬时及动态研究，由于高亮度及具有特定时间结构的 X 射线源及高效探测系统的出现，某些瞬时现象的观察或研究也有可能实现，如化学反应过程、物质破坏过程、晶体生长过程、形变再结晶过程、相变过程、晶体缺陷运动和交互作用等；极端条件下的衍射分析，例如研究物质在超高压、极低温或极高温、强电场或强磁场、冲击波等极端条件下组织与结构变化的衍射效应。

十、参考文献

[1] 韩建成．多晶 X 射线结构分析［M］．上海：华东师范大学出版社，1989.
[2] 徐光宪，王祥云．物质结构［M］．2 版．北京：高等教育出版社，1988.
[3] 李树棠．晶体 X 射线衍射学基础［M］．北京：冶金工业出版社，1999.

第三章

开放实验

开放实验1　分光光度法测定蔗糖酶的米氏常数

一、实验室开放条件

1. 设备条件

实验仪器设备见表3-1。

表3-1　实验仪器设备

仪器名称	型号	生产厂家
高速离心机	JIDI-5H	广州吉迪仪器有限公司
分光光度计	722型	上海元析仪器有限公司
数显恒温水浴锅	232型	常州智博瑞仪器制造有限公司

2. 试剂与材料条件

实验试剂见表3-2。

表3-2　实验试剂

试剂名称	规格	生产厂家
3,5-二硝基水杨酸	AR	安耐吉化学
醋酸	—	安耐吉化学
蔗糖酶溶液	—	上海麦克林生化科技股份有限公司
葡萄糖	AR	安耐吉化学
蔗糖	AR	安耐吉化学

二、实验原理和方法

酶是由生物体内产生的具有催化活性的蛋白质，它表现出特定的催化功能，因此叫作生物催化剂。酶具有高效性和高度选择性，酶催化反应一般在常温、常压下进行。

在酶催化反应中，底物浓度远超酶的浓度。在指定实验条件下，酶的浓度一定时，酶催化反应速率随底物浓度的增加而增大，直到底物过剩，此时底物浓度不再影响反应速率，反应速率最大。

在 20 世纪初期，人们就已经发现了酶被其底物所饱和的现象，而这种现象在非酶促反应中是不存在的，后来发现底物浓度的改变对酶促反应速率的影响较为复杂。1913 年前后 Michaelis 和 Menten 做了大量的定量研究，积累了足够的实验证据，从酶被底物饱和的现象出发，按照中间产物设想，提出了酶促反应动力学的基本原理，并归纳为一个数学表达式，称为米氏方程：

$$[E]+[S] \rightleftharpoons [ES] \rightleftharpoons P+[E]$$

$$v=v_{max}[S]/(K_m+[S])=v_{max}/(1+K_m/[S])$$

式中，[E] 为游离酶浓度；[S] 为底物浓度；[ES] 为酶与底物结合的中间络合物浓度；v 为酶促反应速率；v_{max} 为酶促反应最大速率；K_m 为米氏常数，是酶促反应达最大反应速率（v_{max}）一半时底物 S 的浓度。

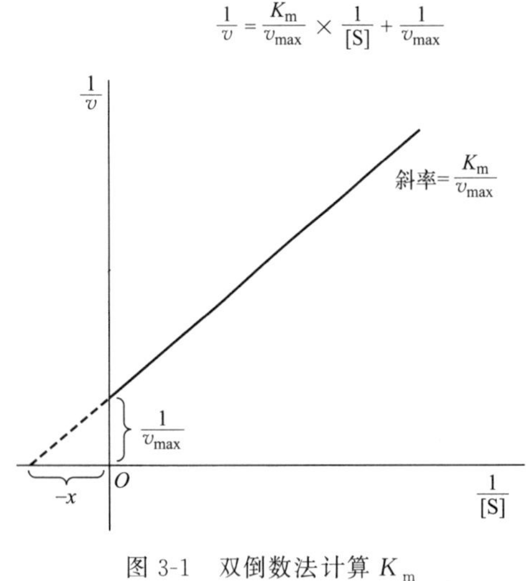

图 3-1 双倒数法计算 K_m

为了准确求出米氏常数 K_m，可以用双倒数作图法，得直线方程：$\frac{1}{v}=\frac{K_m}{v_{max}}\times\frac{1}{[S]}+\frac{1}{v_{max}}$

实验时选择不同的 [S] 测定相应的 v，求出两者的倒数，以 $1/v$ 对 $1/[S]$ 绘出工作曲线如图 3-1 所示，然后利用斜率，换算出 K_m。

三、实验关键点提示

1. 使用仪器前要了解仪器的构造与原理，以及各个旋钮对应的功能。

2. 如果大幅度改变测试波长，在调整“0.01”和“100”后稍等片刻，因光能量变化急剧，光电管受光后反应缓慢，需一段光反应响应时间，待稳定后，调整“0.01”和“100”即可。

3. 仪器有一支干燥剂筒，应保持其干燥，干燥剂变色后应立即更新或烘干后使用。

四、导入性思考

1. 为什么测定蔗糖酶的米氏常数要采用初始速率法？为什么会产生过冷现象？

2. 关于米氏常数 K_m 的说法，下列哪个是错误的？（　　）

A. K_m 是饱和底物浓度时的反应速率

B. K_m 是在一定酶浓度下最大反应速率的一半

C. K_m 是饱和底物浓度的一半

D. K_m 是反应速率达最大反应速率一半时的底物浓度

3. 下列关于米氏常数的说法正确的是。（　　）

A. 随酶浓度的增加而增大

B. 随酶浓度的增加而减小

C. 随底物浓度的增加而增加

D. 是酶的特征常数

五、开放实验各环节要求

1. 明确实验研究目的

① 用分光光度法测定蔗糖酶的米氏常数和最大反应速率；

② 掌握分光光度计的使用方法；

③ 理解并会用双倒数法测定计算米氏常数。

2. 实验方案要求

① 画出实验装置图；

② 写出实验初步设计方案；

③ 依据实验提供的相关信息写出具体操作步骤。

3. 设备及装置认知要求

① 清楚仪器每个旋钮的作用；

② 明确分光光度计设置中各层菜单的意义。

4. 数据处理要求

① 认真记录所测定的数值，采用双倒数作图法画出所得函数图；

② 建立数据处理结果表格，计算过程清楚，结果明了。

5. 开放实验报告要求

实验报告除按照常规实验报告形式书写外，另要求如下：

① 将数值变化用表格体现出来，双倒数作图法所得函数图用另外纸张画出；

② 提出你想做的与本实验相关的研究以及所需要的仪器名称、数量和实验试剂。

六、参考值范围

蔗糖酶的米氏常数通常在 10^{-4}～10^{-3} $mol \cdot L^{-1}$ 之间。根据文献报道，不同来源的蔗糖酶米氏常数的范围可能有所不同。例如，某些细菌的蔗糖酶的米氏常数可能非常低，在 10^{-5} $mol \cdot L^{-1}$ 以下；而在哺乳动物肠道中的蔗糖酶的米氏常数则可能达到 10^{-3} $mol \cdot L^{-1}$ 以上。

七、参考文献

[1]　姚文兵．生物化学［M］．7版．北京：人民卫生出版社，2015：151-153.

[2]　李彦华．对米氏常数求法的一点补充［J］．辽宁工程技术大学学报，2006，25：335-336.

开放实验2　纳米二氧化钛对亚甲基蓝的光催化降解

一、实验室开放条件

1. 设备条件

实验仪器设备见表3-3。

表 3-3 实验仪器设备

仪器名称	型号	生产厂家
光催化装置	配置	上海光相制样设备有限公司
紫外灯管	4W	飞利浦公司
集热式恒温加热磁力搅拌器	DF-101S	上海力辰邦西仪器科技有限公司
电热恒温鼓风干燥箱	DHG-9146A	上海精宏实验设备有限公司
箱式电阻炉	SX2-4-10TP	上海一恒科学仪器有限公司
紫外-可见分光光度计	UV-2550	日本岛津公司
X 射线衍射仪	D8 advance	德国布鲁克公司
扫描电子显微镜	Nova Nona SEM 450	美国 FEI 公司

2. 试剂与材料条件

实验试剂见表 3-4，实验材料见表 3-5。

表 3-4 实验试剂

试剂名称	规格	生产厂家
钛酸丁酯	AR	国药集团化学试剂有限公司
无水乙醇	AR	国药集团化学试剂有限公司
盐酸	AR	国药集团化学试剂有限公司
亚甲基蓝	AR	国药集团化学试剂有限公司

表 3-5 实验材料

材料名称	型号	生产厂家
玛瑙研钵	内径 10 mm	上海力辰邦西仪器科技有限公司
磁子	2 颗	上海力辰邦西仪器科技有限公司
刚玉坩埚	内径 40 mm,1 个	上海力辰邦西仪器科技有限公司
抽样器	针管抽样	上海力辰邦西仪器科技有限公司
容量瓶	100 mL,3 个	上海力辰邦西仪器科技有限公司
移液管	2 支	上海力辰邦西仪器科技有限公司
洗耳球	1 个	上海力辰邦西仪器科技有限公司
烧杯	100 mL 2 个	上海力辰邦西仪器科技有限公司

二、实验原理和方法

环境污染的控制与治理是人类 21 世纪面临和亟待解决的重大问题。在众多环境污染治理技术中，半导体光催化技术以其室温深度氧化、可直接利用太阳光作为光源来活化催化剂、驱动氧化-还原反应等独特性能成为一种理想的环境污染处理技术。研究表明，以纳米二氧化钛（TiO_2）为主的半导体光催化技术能将烷烃、醇、脂肪酸、烯烃、苯同系物、芳香羧酸、卤代烃、卤代烯烃、染料、表面活性剂、杀虫剂等有机物矿化分解，也能将无机重金属离子（Pt^{4+}、Au^{3+}、Rh^{3+}、Cr^{6+} 等）还原沉淀净化；同时，纳米 TiO_2 还具有化学稳定性高、价廉、安全无毒等优点。

以典型的半导体氧化物纳米 TiO_2 为例，其光催化降解有机污染物的一般原理如下：在紫外光辐照下（$h\nu \geqslant 3.2$ eV），TiO_2 内部产生光生电子-空穴对［式(3-1)］，光生电子和空穴经分离、迁移至 TiO_2 表面。光生空穴具有较强氧化性，可氧化活化 TiO_2 表面的羟基，生成羟基自由基［式(3-2)］；而光生电子具有还原性，可使 TiO_2 表面的吸附氧因接受光生电子而被还原，生成氧自由基［式(3-3)］。由于羟基自由基和氧自由基能氧化大多数的有机化合物，可将有机化合物氧化矿化成 CO_2 和 H_2O，即达到深度氧化降解有机污染物的目的［式(3-4)］。

$$TiO_2 \xrightarrow{\text{紫外光辐照}} e^- + h^+ \tag{3-1}$$

$$OH^- + h^+ \longrightarrow \cdot OH \tag{3-2}$$

$$O_2 + e^- \longrightarrow \cdot O_2^- \tag{3-3}$$

$$\cdot OH\ (\text{和/或} \cdot O_2^-) + \text{有机化合物} \longrightarrow CO_2 + H_2O \tag{3-4}$$

本实验采用亚甲基蓝为模型反应物，用自制的纳米 TiO_2 光催化降解亚甲基蓝，亚甲基蓝溶液的浓度变化采用分光光度计测试分析。根据 Beer 定律：

$$A = kc \tag{3-5}$$

式中，A 为吸光度；c 为被测溶液的浓度；k 为吸收系数。

三、实验关键点提示

1. 自制纳米 TiO_2 粉末，并经 X 射线衍射（XRD）和扫描电子显微镜（SEM）测试，获得自制 TiO_2 的纳米尺寸和结构特征。

2. 配制 1 L 浓度为 5 $mg \cdot L^{-1}$ 的亚甲基蓝溶液，称量时精确到小数点第三位。

3. 选择合适的吸收波长（约 664.5 nm），使亚甲基蓝溶液的吸光度达到最大，固定此吸收波长，考察光催化过程中亚甲基蓝溶液浓度（或吸光度）的变化情况。

4. 实验的光催化反应装置（见图 3-2）由石英反应管和四支荧光紫外灯管（Philips，4 W，365 nm 或 254 nm）组成，请务必保证光催化装置不漏气。

5. 光催化反应前，向反应管内注入 100 mL 亚甲基蓝溶液（5 $mg \cdot L^{-1}$），加入 100 mg 的纳米 TiO_2 粉末，不开灯先磁力搅拌 15 min，使亚甲基蓝在纳米 TiO_2 样品表面的吸附-脱附达到平衡。

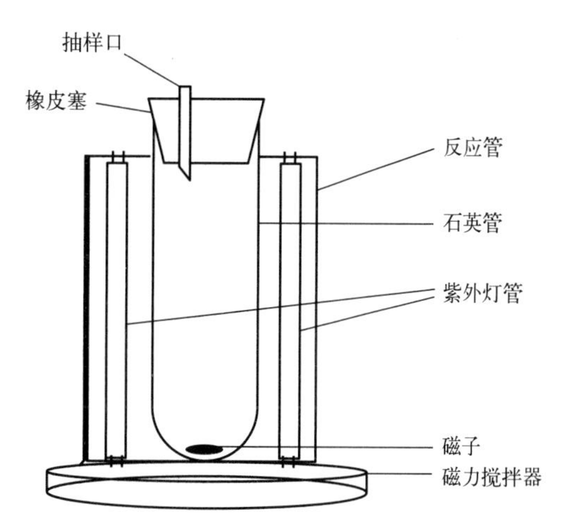

图 3-2 光催化反应装置示意图

6. 上述实验结束后，取 3 mL 悬浮液到离心管中（作为 $t=0$ 时刻的样品），开灯，反应 30 min，每隔 5 min 取样，样品经离心分离后，取上清液进行分光光度计测试分析，记录各时刻溶液的吸光度值。

四、导入性思考

1. 为什么本实验强调制备的 TiO_2 粉末需经 XRD 和 SEM 测试，获得其纳米尺寸和结构特征？

2. 请查阅文献资料确认使用什么方法制备纳米 TiO_2 粉末。

3. 如何判断纳米二氧化钛对亚甲基蓝的光催化降解的反应级数？

五、开放实验各环节要求

1. 明确实验研究目的

① 了解光催化降解有机污染物的基本原理；

② 掌握用分光光度法测定有机污染物浓度的方法；

③ 绘制光催化降解有机污染物反应的动力学曲线。

2. 实验方案要求

① 正确连接实验装置；

② 写出实验初步设计方案；

③ 依据实验提供的相关信息写出具体操作步骤。

3. 设备及催化剂认知要求

① 清楚光催化反应装置的作用途径和机理；

② 明确纳米 TiO_2 催化剂的制备方法。

4. 数据处理要求

① 正确绘制纳米 TiO_2 光催化亚甲基蓝活性图（见图 3-3）和 c_t/c_0-t 曲线；

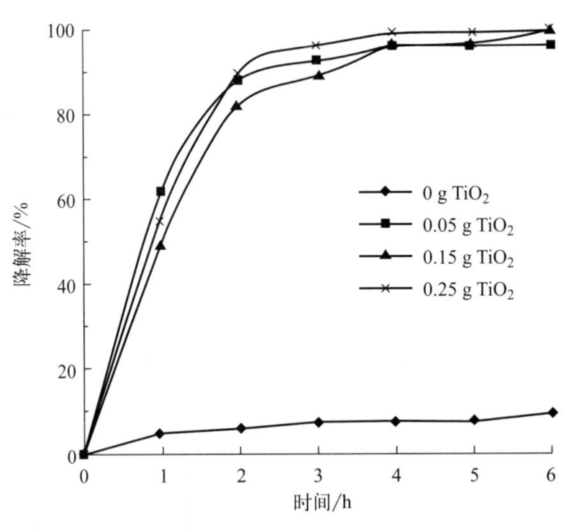

图 3-3 纳米 TiO_2 光催化亚甲基蓝活性图

② 建立数据处理结果表格，计算过程清楚，结果明了。

5. 开放实验报告要求

实验报告除按照常规实验报告形式书写外，另要求如下：

① 使用 Origin 软件绘制纳米 TiO_2 光催化亚甲基蓝活性图和动力学 c_t/c_0-t 曲线图。

② 提出与本实验相关的光催化净化污染物的研究以及实验方法、实验设备。

③ 查找近 2 年纳米 TiO_2 催化剂的制备文献，提出另一种催化剂的制备方法，并比较优劣。

六、参考值范围

1 L 5 mg·L^{-1} 亚甲基蓝溶液在 100 mg 纳米 TiO_2 催化剂以及 16 W 紫外光的照射下反

应 1 h 后，亚甲基蓝的降解率达到 100%。该反应符合动力学一级反应规律。

七、参考文献

[1]　傅献彩，沈文霞，姚天扬，侯文华．物理化学（下册）[M]．5 版．北京：高等教育出版社，2005．
[2]　邱克辉，邹璇，张佩聪，王彦梅．纳米 TiO_2 光催化降解亚甲基蓝 [J]．矿物岩石，2007，12（4）：13-16．

开放实验 3　纳米材料的制备与表征

一、实验室开放条件

1. 设备条件

实验仪器设备见表 3-6。

表 3-6　实验仪器设备

仪器名称	型号	生产厂家
透射电子显微镜	JEM-1230	日本电子株式会社
扫描电子显微镜	SU-8010	Hitachi
数显恒温水浴锅	232 型	常州智博瑞仪器制造有限公司
紫外-可见分光光度计	TU-18010PC	北京普析通用仪器有限责任公司
控温磁力搅拌器	ZNCL2020	上海越众仪器设备有限公司
高精度电子天平	BSA2245	丹东中仪电子设备有限公司

2. 试剂与材料条件

实验试剂见表 3-7。

表 3-7　实验试剂

试剂名称	规格	供应商
硝酸银	AR	国药集团化学试剂有限公司
硼氢化钠	AR	国药集团化学试剂有限公司
聚乙烯吡咯烷酮 K30	AR	阿拉丁试剂(上海)有限公司
锌粉	AR	阿拉丁试剂(上海)有限公司
氯金酸	AR	杜邦

二、实验原理和方法

制备纳米材料的方法有物理方法和化学方法两类。

1. 物理方法

物理方法是指将材料的尺寸缩小至某一维度上达到纳米尺寸。常见的物理方法为物理沉积法、研磨法。物理沉积法通常用来制备一些金属纳米材料，它是指在真空条件下，用物理的方法将材料汽化成原子、分子或电离成离子，之后通过降温成核生长形成纳米材料。

2. 化学方法

化学方法是指通过化学反应制备纳米材料。对于无机纳米材料，制备方法一般有化学沉淀法、反应产物溶胶凝胶法、水热法、化学气相沉积法等；有机纳米材料一般采用乳液聚合法、悬浮聚合法等方法制备。

例如，硝酸银（$AgNO_3$）溶液与纯锌（Zn）片反应，通过反应产物溶胶凝胶法来制备银纳米材料。反应方程式如下：

$$2Ag^{+}+Zn \xlongequal{} Zn^{2+}+2Ag$$

Zn^{2+}/Zn 的标准电极电位为－0.76 V，Ag^{+}/Ag 的标准电极电位为 0.80 V。标准电极电位低的物质可以还原标准电极电位高的物质，并且两种物质的电极电位差越大，反应越容易进行。因此，在上述化学反应中，锌还原银离子，形成银溶胶纳米材料。

三、实验关键点提示

1. 在制备过程中，务必注意安全，遵守实验室操作规程。
2. 合成纳米材料时，要充分了解反应机理和条件，以获得高品质的样品。
3. 在表征过程中，严格按照仪器操作规程进行操作，确保数据的准确性。
4. 分析测试数据时，注意区分不同测试方法之间的差异，以便全面了解纳米材料的性质。

四、导入性思考

1. 本实验采用什么方法制备纳米材料？（　　）

A. 化学还原法　　B. 溶剂热法

C. 微波辅助合成法　　D. 超声波辅助合成法

2. 本实验选用什么方法表征产物？（　　）

A. 透射电子显微镜（TEM）

B. 扫描电子显微镜（SEM）

C. 原子力显微镜（AFM）

D. 紫外-可见吸收光谱仪（UV-Vis）

3. 在制备过程中，如何控制相应条件？

五、开放实验各环节要求

1. 明确实验研究目的

① 掌握纳米材料的主要制备方法；

② 学会使用几种常用的纳米材料表征技术；

③ 了解纳米材料的基本性质和应用。

2. 实验方案要求

① 画出实验装置图；

② 写出实验初步设计方案；

③ 依据实验提供的相关信息写出具体操作步骤。

3. 数据处理要求

尽量以图表表述纳米材料产物的形貌、结构、成分、晶型等信息，如图 3-4 所示。

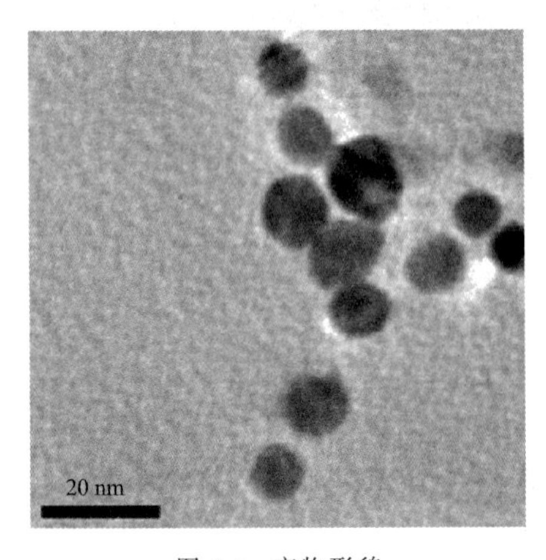

图 3-4　产物形貌

4. 开放实验报告要求

实验报告除按照常规实验报告形式书写外，另要求如下：

① 按专业学术规范处理和呈现相应的仪器测试谱图和实验数据；

② 提出你设计的与本实验相关的研究以及所需要的仪器和试剂；

③ 通过查找文献，简要综述制备纳米材料的常规方法；

④ 根据表征结果，分析纳米材料的性能和应用潜力。

六、参考文献

[1] 杨玉平. 纳米材料制备与表征——理论与技术 [M]. 北京：科学出版社，2002.

[2] 蔡杰毅，贾思仪，冯卓宏，等. 银纳米材料的制备及择优生长综合实验设计 [J]. 实验室科学，2023，26 (01)：21-25.

[3] Solomon S D，Bahadory M，Jeyarajasingam A V. Synthesis and study of silver nanoparticles [J]. Journal of Chemical Education，2007，84 (2)：322-325.

开放实验 4　用电位跟踪法研究丙酮碘化反应动力学

一、实验室开放条件

1. 设备条件

实验仪器设备见表 3-8。

表 3-8　实验仪器设备

仪器名称	型号	生产厂家
数字式电子电位差计	PH-2D	上海仪电科学仪器股份有限公司
精密 pH 计	A-711	上海精密科学仪器有限公司
数显恒温水浴锅	232 型	常州智博瑞仪器制造有限公司
饱和甘汞电极	232 型	上海仪电科学仪器股份有限公司
控温磁力搅拌器	ZNCL2020	上海越众仪器设备有限公司

2. 试剂与材料条件

实验试剂见表 3-9。

表 3-9　实验试剂

试剂名称	规格	生产厂家
丙酮	AR	利安隆博华(天津)医药化学有限公司
盐酸	AR	西陇化工股份有限公司
碘酸钾	AR	国药集团化学试剂有限公司
硫酸	AR	江西省宜春远大化工有限公司
去离子水	—	自制

二、实验原理和方法

使用电位差计测量反应过程中溶液的电位变化，并根据电位变化曲线来确定丙酮碘化反应中碘离子浓度的变化，进而得出反应速率方程。

只有少数化学反应是由一个基元反应组成的简单反应，大多数化学反应并不是简单反应，而是由若干个基元反应组成的复杂反应，并且大多数复杂反应的反应速率和反应物浓度间的关系不能用质量作用定律预测，而是通过实验找出动力学速率方程表达式。确定反应级数的方法通常有孤立法（微分法）、半衰期法、积分法，其中孤立法是动力学研究中常用的方法。本实验用孤立法确定丙酮碘化反应级数，从而确定丙酮碘化反应速率方程。

丙酮碘化反应是一个复杂反应，其总反应为：

$$H_3C-\overset{\overset{\displaystyle O}{\|}}{C}-CH_3+I_2 \rightleftharpoons H_3C-\overset{\overset{\displaystyle O}{\|}}{C}-CH_2I+I^-+H^+$$

H^+ 是该反应的催化剂，因丙酮碘化反应本身有 H^+ 生成，所以，这是一个自催化反应。设反应动力学方程为：

$$-\frac{dc_{I_2}}{dt}=kc_A^x c_{H^+}^y c_{I_2}^z \tag{3-6}$$

式中，c_A、c_{H^+}、c_{I_2} 分别为丙酮、盐酸、碘的浓度，$mol \cdot L^{-1}$；x、y、z 分别代表丙酮、氢离子、碘的反应级数；k 为速率常数。将式(3-6) 两边取对数得：

$$\lg\left(-\frac{dc_{I_2}}{dt}\right)=\lg k+x\lg c_A+y\lg c_{H^+}+z\lg c_{I_2} \tag{3-7}$$

从式(3-7) 可以看出，反应级数 x、y、z 分别是 $\lg\left(-\frac{dc_{I_2}}{dt}\right)$ 对 $\lg c_A$、$\lg c_{H^+}$、$\lg c_{I_2}$ 的偏微分。如果用图解法，可以这样处理：在三种物质中，固定两种物质的浓度，配制出第三种物质浓度不同的一系列溶液，以 $\lg\left(-\frac{dc_{I_2}}{dt}\right)$ 对该组分浓度的对数作图，所得斜率即为该物质在此反应中的反应级数。

三、实验关键点提示

1. 通过对丙酮碘化反应过程中的电位变化来跟踪测量 c_{I_2} 的变化，确定反应的级数及反应的速率常数。
2. 用铂电极和甘汞电级组成原电池，用对消法测量反应过程中电池电动势的变化。
3. 分别测量并计算出丙酮、碘及氢离子的级数，计算反应的速率常数。
4. 配好一组溶液，就测定该浓度的反应电位，不可同时配制多份反应液闲置待用。
5. 快速定容和取样。
6. 在反应过程中保持搅拌均匀。

四、导入性思考

1. 本实验中，为什么是将丙酮溶液加到盐酸和碘的混合液中？
2. 当混合物稀释定容倒入恒温反应槽测电位时才开始计时，是否影响实验结果？为什么？
3. 影响本实验结果的主要因素是什么？

五、开放实验各环节要求

1. 明确实验研究目的

① 理解自催化反应的特征；

② 掌握用孤立法确定反应级数的方法；

③ 学会以电位跟踪法测定酸催化作用下丙酮碘化反应相关物质浓度的方法。

2. 实验方案要求

① 画出实验装置图；

② 写出实验初步设计方案；

③ 依据实验提供的相关信息写出具体操作步骤。

3. 实验报告要求

在规范的实验报告纸上书写，实验报告内容应包括：实验名称、实验目的、实验仪器、实验原理、实验步骤、数据处理、讨论与小结、原始记录。在实验报告的讨论环节，要针对操作中观察到的实验现象和得到的数据逐一进行理论分析，写出实验结论。实验报告书写要求认真、整洁、清晰和规范。

4. 设备及装置认知要求

① 清楚 PH-2D 型数字式电子电位差计和 A-711 型精密 pH 计（见图 3-5）的作用，正确连接仪器。

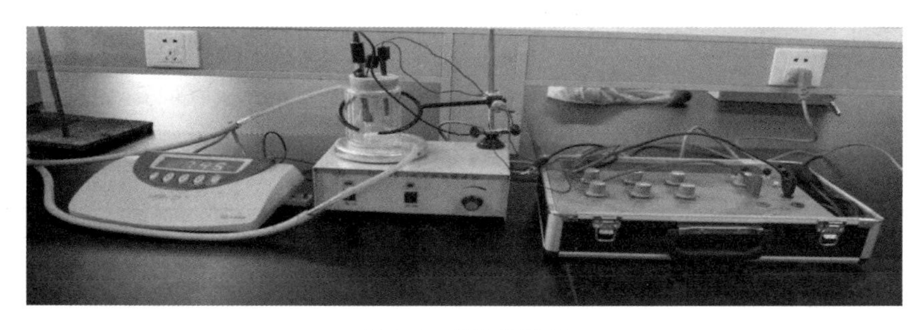

图 3-5　实验用仪器

PH-2D 型数字式电子电位差计性能指标：量程 0～1999.99 mV，分辨率 0.01 mV，精确度 0.005% FS，有效显示位数 6 位。

主要技术要求：电源电压 220 V±10%，50 Hz。环境温度 −20～40 ℃。

② 理解电位差计的工作原理。所测量的电池电动势是可逆电池的电动势，必须在无电流或极小电流通过电池的条件下，所测电位差才是电池真正的电动势。由于直接用伏特计去测量会存在电流，因此不能用伏特计的方法。

电位差计是根据补偿法（或对消法）测量原理设计的一种平衡式电位测量仪器，其基本工作原理如图 3-6 所示。

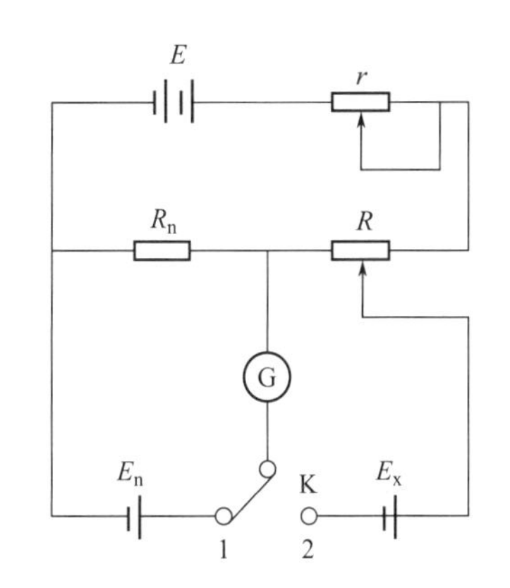

图 3-6　电位差计工作原理图

E_n—标准电池；E_x—待测电池；G—电流表；R_n—标准电池的补偿电阻；R—可调节电阻；r—调节电流用的可变电阻器；E—工作电源；K—换向开关

六、参考文献

[1] KulkarniS, Shukla S T, Carroll S B. Kinetics of iodination of acetone, catalyzed by HCl and H_2SO_4—a colorimetric investigation of relative strength [J]. Journal of Chemical and Pharmaceutical Research, 2015, 7 (8): 226-229.

[2] Partner L, Hughes A. Reaction kinetics of the iodination of acetone [C]. Conference: Physical Chemistry Laboratory, 2014.

[3] 复旦大学等. 庄继华等修订. 物理化学实验 [M]. 3 版. 北京: 高等教育出版社, 2004.

开放实验 5 碘和碘离子络合反应平衡常数的测定

一、实验室开放条件

1. 设备条件

实验仪器设备见表 3-10。

表 3-10 实验仪器设备

仪器名称	型号或规格	生产厂家
超级恒温槽	303-OA	常州市亿能实验仪器厂
量筒	100 mL、25 mL	天长市旭立玻璃仪器有限公司
滴定管	25 mL、5 mL	天长市旭立玻璃仪器有限公司
碘量瓶	250 mL	天长市旭立玻璃仪器有限公司
移液管	25 mL、5 mL	天长市旭立玻璃仪器有限公司
锥形瓶	250 mL	扬州市葵花玻璃仪器厂
烧杯	100 mL、50 mL	扬州市葵花玻璃仪器厂

2. 试剂与材料条件

实验试剂见表 3-11。

表 3-11 实验试剂

试剂名称	规格	供应商
0.02% I_2(水)溶液	AR	上海试四赫维化工有限公司
0.100 mol·L^{-1} KI 溶液	AR	国药集团化学试剂有限公司
0.04 mol·L^{-1} $I_2(CCl_4)$溶液	AR	上海阿拉丁生化科技股份有限公司
0.025 mol·L^{-1} 硫代硫酸钠	AR	上海试四赫维化工有限公司
0.5%淀粉指示剂	AR	杜邦

二、实验原理和方法

碘溶于碘化物(如 KI)溶液中,主要生成 I_3^-,形成下列平衡:

$$I^- + I_2 \rightleftharpoons I_3^- \tag{3-8}$$

其平衡常数 K 为

$$K = \frac{a_{I_3^-}}{a_{I_2} a_{I^-}} = \frac{c_{I_3^-}}{c_{I_2} c_{I^-}} + \frac{\gamma_{I_3^-}}{\gamma_{I_2} \gamma_{I^-}} \tag{3-9}$$

式中，a、c、γ 分别为活度、浓度和活度系数。

在低浓度的溶液中$\dfrac{\gamma_{I_3^-}}{\gamma_{I_2}\gamma_{I^-}}=1$，故得 $K=\dfrac{c_{I_3^-}}{c_{I_2}c_{I^-}}$ （3-10）

但是，要在KI溶液中用碘量法直接测出平衡时各物质的浓度是不可能的，因为当用 $Na_2S_2O_3$ 滴定 I_2 时，式(3-8) 平衡向左移动，直至 I_3^- 消耗完毕，这样测得的 I_2 量实际上是 I_2 及 I_3^- 之和。为了解决这个问题，本实验用溶有适量碘的四氯化碳和KI溶液混合振荡，达成复相平衡。I^- 和 I_3^- 不溶于 CCl_4，而KI溶液中的 I_2 不仅会与水层中的 I^-、I_3^- 形成平衡，与 CCl_4 中的 I_2 也会建立平衡，如图 3-7 所示。

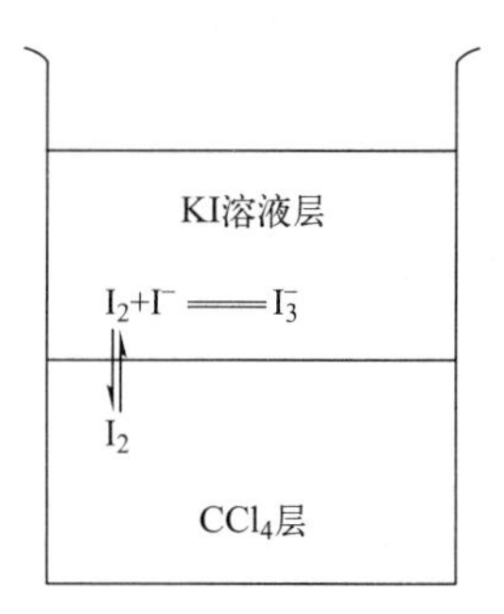

图 3-7　I_2 的 CCl_4 和 KI 溶液的复相平衡

由于在一定温度下达到平衡时，碘在四氯化碳层中的浓度和在水溶液中的浓度之比为一常数（称为分配系数）K_d：

$$K_d=\frac{c_{I_2^-(CCl_4)}}{c_{I_2(KI_{aq})}} \tag{3-11}$$

因此当测定了碘在四氯化碳层中的浓度后，便可通过预先测定的分配系数求出碘在KI溶液中的浓度。

$$c_{I_2(KI_{aq})}=\frac{c_{I_2^-(CCl_4)}}{K_d} \tag{3-12}$$

而分配系数 K_d 可借助于 I_2 在 CCl_4 和纯水中的分配来测定。

$$K_d=\frac{c_{I_2^-(CCl_4)}}{c_{I_2(H_2O)}} \tag{3-13}$$

再分析KI溶液中的总碘量，减去 $c_{I_2(KI_{aq})}$ 即得 c_{I_2}。

三、实验关键点提示

1. 将配好的体系振荡均匀，然后置于恒温槽中恒温 1 小时，恒温期间应经常振荡，每个样品至少要振荡五次。如要取出槽外振荡，每次不要超过半分钟，以免温度改变，影响结果。最后一次振荡后，须将附在水层表面的 CCl_4 振荡下去，待两液层充分分离后，才吸取样品进行分析。

2. 碘溶于碘化物溶液中时，还会形成少量的 I_7^- 等离子，但因量少，本实验可忽略不计。

3. 测分配系数 K_d 时，为了使体系较快达到平衡，水中预先溶入过量（超过平衡约0.02%）的碘，使水中的碘向 CCl_4 层移动，达到平衡。

4. 实验中碘的浓度是过饱和的，容器底部留有一些碘颗粒，在用吸量管吸取 10 mL 的溶液时，应避免吸取未溶解的碘，否则会使得测定的碘单质与碘离子的量偏大，导致计算所得的化学平衡常数 K 偏小。

四、导入性思考

1. 用分光光度计测定吸光度时，需要使用相应波长的光线来照射反应液中的色卡，因此在选择反应液中的吸收峰时，需要清楚地了解反应液吸收峰的波长范围，以避免选择错误。如何寻找反应液吸收峰的波长范围？

2. 在实验过程中，需要迅速地混合反应液中的试剂，才能尽可能快地达到反应平衡，因此实验者的操作技能对实验数据的准确性有着非常重要的影响。实验操作有哪些环节需要特别注意？

3. 在实验中，配制试剂和测量方法的精确度也会对实验结果造成一定的影响。如何选取更加精确的实验器材和试剂？如何控制好反应体系的温度等条件？

4. 在本实验中，使用分光光度计进行测量是一种较为精确的测量方法，但在实验过程中仍会存在一些测量误差，如试剂量取不准确、吸光度读数不准确等问题。如何解决这个问题？

五、开放实验各环节要求

1. 明确实验研究目的

① 掌握用碘量瓶测定一定温度下碘与碘离子反应的平衡常数的原理；

② 学会从两液相平衡中取样分析的方法；

③ 了解碘在四氯化碳和水中的分配系数；

④ 了解温度对分配系数及平衡常数的影响。

2. 实验方案要求

① 画出实验装置图；

② 写出实验初步设计方案；

③ 依据实验提供的相关信息写出具体操作步骤。

3. 数据处理要求

① 由碘的水溶液样品数据按式(3-13) 计算分配系数。

② 由碘的 KI 溶液样品数据计算 c_{I_2}、$c_{I_3^-}$、c_{I^-} 及 K，计算时注意当量浓度和摩尔浓度的区别和换算。

③ 由碘的水溶液样品数据计算分配系数，实际上可按下式直接计算：$K_d=\frac{25}{5}\times\frac{V_{CCl_4}}{V_{H_2O}}$。式中，$V_{CCl_4}$、$V_{H_2O}$ 分别为滴定 5 mL CCl_4 层样品与 25 mL 水层样品所要消耗的 $Na_2S_2O_3$ 溶液体积。

④ 平衡常数与温度有关，在一系列不同温度下，测定 K_d 值及 K 值，按下列公式可求得 I_3^- 的解离热 ΔH：

$$\lg K=-\frac{\Delta H}{2.303RT}+B \tag{3-14}$$

式中，$-\Delta H/2.303R$ 为 $\lg K$-$1/T$ 曲线的斜率；B 为截距。

4. 开放实验报告要求

实验报告除按照常规实验报告形式书写外，另要求如下：

① 描述实验中碘离子相转移的过程。

② 列出你想做的与本实验相关的研究以及所需要的仪器名称、数量和实验试剂。

③ 通过文献分析，提出检测碘与碘离子达到络合平衡时各成分浓度的方法。

六、参考值范围

碘与碘离子络合反应平衡常数 K 值在 $1.0\times10^{-3}\sim2.0\times10^{-3}$ 范围内（文献值 $K=1.5\times10^{-3}$）。

七、参考文献

[1] 北京师范大学无机化学教研室. 无机化学实验 [M]. 3版. 北京：高等教育出版社，2010：124-127.
[2] 马琳，莫春生. 碘分配系数及平衡常数的计算 [J]. 广东化工，2010，37 (4)：52-53.
[3] Atkins，et al. Inorganic Chemistry [M]. 5th ed. Oxford：Oxford University Press. 2010：431.

开放实验6 酸碱指示剂电离平衡常数的测定

一、实验室开放条件

1. 设备条件

实验仪器设备见表3-12。

表3-12 实验仪器设备

仪器名称	型号	生产厂家
pH测量仪	inoLab pH 740	上海金畔生物科技有限公司
紫外-可见分光光度计	TU-1901	北京普析通用仪器有限责任公司
超级恒温水浴锅	HK-2A	南京南大万和科技有限公司

2. 试剂与材料条件

实验试剂见表3-13，实验材料见表3-14。

表3-13 实验试剂

试剂名称	规格	生产厂家
溴酚蓝	AR	国药集团化学试剂有限公司
盐酸	AR	国药集团化学试剂有限公司
氢氧化钠	AR	国药集团化学试剂有限公司
邻苯二甲酸氢钾	AR	国药集团化学试剂有限公司

表3-14 实验材料

材料名称	型号	生产厂家
容量瓶	100 mL	上海泰坦科技股份有限公司
移液管	10 mL、20 mL、50 mL	上海泰坦科技股份有限公司
量筒	25mL	上海泰坦科技股份有限公司
烧杯	—	上海泰坦科技股份有限公司
洗瓶	—	上海泰坦科技股份有限公司
洗耳球	—	上海泰坦科技股份有限公司

二、实验原理和方法

酸碱指示剂是用于酸碱滴定的指示剂，是一类结构较复杂的有机弱酸或有机弱碱，它们在溶液中能部分电离成指示剂的离子和氢离子（或氢氧根离子，并且由于结构上的变化，它们的分子和离子具有不同的颜色，因而在pH值不同的溶液中呈现不同的颜色。

波长为λ的单色光通过任何均匀而透明的介质时，由于物质对光的吸收作用，透射光的强度（I）比入射光的强度（I_0）要弱，其减弱的程度与所用单色光的波长（λ）有关。又因分子结构不相同的物质对光的吸收有选择性，因此不同的物质在吸收光谱上所出现的吸收峰的位置及其形状，以及在某一波长范围内吸收峰的数目和峰高都不同。分光光度法是根据物质对光选择性吸收的特性而建立的，这一特性不仅是研究物质内部结构的基础，也是定性分性、定量分析的基础。

根据朗伯-比尔（Lambert-Beer）定律，溶液对于单色光的吸收遵守下列关系式：

$$D=\lg\frac{I_0}{I}=klc \tag{3-15}$$

式中，D 为消光度（或光密度）；I/I_0 为透光率；k 为摩尔消光系数，它是溶液的特性常数；l 为被测溶液的厚度（即吸收槽的长度）；c 为溶液浓度。

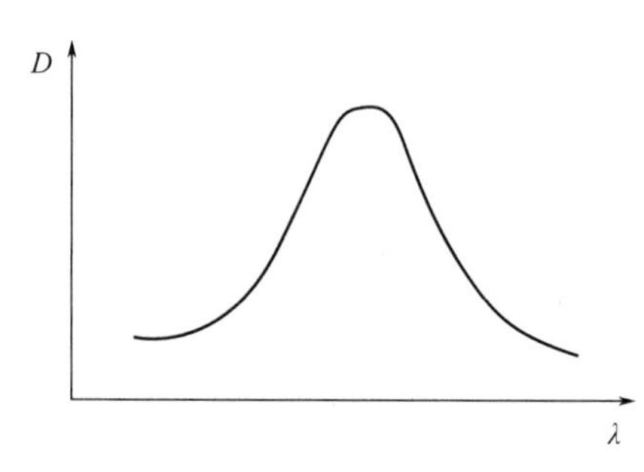

图 3-8　分光光度曲线

在分光光度分析中，将每一种单色光分别依次地通过某一溶液，测定溶液对每一种光波的消光。以消光度（D）对波长（λ）作图，就可以得到该物质的分光光度曲线，或吸收光谱曲线，如图 3-8 所示。由图 3-8 可以看出，对应于某一波长有着一个最大的吸收峰，用这一波长的入射光通过该溶液就有着最佳的灵敏度。

对于固定长度的吸收槽，在对应最大吸收峰的波长（λ）下，测定不同浓度 c 的消光度，就可以作出 D-c 线，这就是定量分析的基础。也就是说，在该波长时，若溶液遵守 Lambert-Beer 定律，则可以选择这一波长来进行定量分析。

以上讨论是针对单组分溶液的情况，如果溶液中含有多种组分，情况就比较复杂，要进行分别讨论，大致有下列四种情况：

① 混合物中各组分的特征吸收峰不重叠，即在波长 λ_1 时，甲物质显著吸收而其他组分的吸收可以忽略；在波长 λ_2 时，只有乙物质显著吸收，而其他组分的吸收微不足道，这样便可在 λ_1、λ_2 波长下分别测定甲、乙物质组分。

② 混合物中各组分的吸收峰互相重叠，而且它们都遵守朗伯-比尔定律，对各组分可在几个适当的波长进行几次吸光度的测量，然后列几个联立方程式，即可求分别算出各组分的含量。

③ 混合物中各组分的吸收峰互相重叠，但不遵守朗伯-比尔定律。

④ 混合物中含有未知组分的吸收曲线。

由于第③、④种情况比较复杂，这里不作讨论。

本实验用分光光度法测定弱电解质溴酚蓝（BPB）的电离平衡常数。溴酚蓝是一种酸碱指示剂，本身带有颜色且在有机溶剂中电离度很小，所以用一般的化学分析法或其他物理化学方法很难测定其电离平衡常数。而分光光度法可以利用不同波长对其组分的不同吸收来确定体系中组分的含量，从而求算溴酚蓝的电离平衡常数。溴酚蓝在有机溶剂中存在着以下电离平衡：

$$HA \rightleftharpoons H^+ + A^-$$

其平衡常数为 K_a：

$$K_a=\frac{[H^+][A^-]}{[HA]} \tag{3-16}$$

溶液的颜色是由显色物质 HA 与 A^- 引起的，其变色范围在 pH＝3.1～4.6 之间。当

pH≤3.1时，溶液的颜色主要由 HA 引起，呈黄色；在 pH≥4.6 时，溶液的颜色主要由 A^-引起，呈蓝色。实验证明，对蓝色产生最大吸收的单色光的波长对黄色不产生吸收，在其最大吸收波长时黄色消光度为 0 或很小。因此，本实验所研究的体系应属于上述讨论的第①种情况。用对 A^- 产生最大吸收波长的单色光测定电离后混合溶液的消光度，即可求出 A^- 的浓度。令 A^- 在显色物质中所占的摩尔分数为 X，则 HA 所占的摩尔分数为 $1-X$，所以

$$K_a = \frac{X}{1-X}[H^+] \tag{3-17}$$

或写成：

$$\lg \frac{X}{1-X} = pH + \lg K_a \tag{3-18}$$

根据式(3-18) 可知，只要测定溶液的 pH 值及溶液中的 [HA] 和 [A^-]，就可以计算出电离平衡常数 K_a。

在极酸条件下，HA 未电离，此时体系的颜色完全由 HA 引起，溶液呈黄色，设此时体系的消光度为 D_1；在极碱条件下，HA 完全电离，此时体系的颜色完全由 A^- 引起，此时的消光度为 D_2；D 为两种极端条件之间的诸多溶液的消光度，它随着溶液的 pH 值而变化，$D=(1-X)D_1+XD_2$。

$$X = \frac{D-D_1}{D_2-D_1},\ \frac{X}{1-X} = \frac{D-D_1}{D_2-D} \tag{3-19}$$

代入式(3-18) 中得：

$$\lg \frac{D-D_1}{D_2-D} = pH - pK_a \tag{3-20}$$

在测定 D_1、D_2 后，再测一系列 pH 值下溶液的消光度，以 $\lg \frac{D-D_1}{D_2-D}$对 pH 值作图应为一条直线，由其在横轴上的截距可求出 pK_a，从而可得该物质的电离平衡常数。

本实验的 pH 值通过溶液配制而得。

三、实验关键点提示

1. 各个不同酸度的溴酚蓝溶液配制：取 7 只 100 mL 的干净容量瓶，分别加入 20 mL 5×10^{-5} mol·L^{-1} 的 BPB 溶液，再分别加入 50 mL 0.1 mol·L^{-1} 邻苯二甲酸氢钾溶液。加入的 HCl 和 NaOH 的量以表 3-15 为准，再加水稀释至刻度，即可得到不同 pH 值的 BPB 溶液。

表 3-15 不同酸度的溴酚蓝溶液的配制

溶液号	pH 值	V_1(0.1 mol·L^{-1} HCl)	溶液号	pH 值	V_1(0.1 mol·L^{-1} NaOH)
1	约 3.2	16.00 mL	5	约 4.2	3.00 mL
2	约 3.4	10.00 mL	6	约 4.4	7.00 mL
3	约 3.6	6.00 mL	7	约 4.6	11.00 mL
4	约 3.8	3.00 mL			

2. 使用比色皿时，注意用拭镜纸擦拭干净，保证没有液滴挂在透光面上。禁止用手触摸光面玻璃。

3. 保持恒温水槽的温度在 25 ℃。

4. 由于有色物质对光有选择性吸收，故可以先用某一浓度待测液在不同波长下进行测定，作吸收光谱曲线，找到最大吸收波长，并以此波长测定。

5. 用此实验方法也可测定甲基红、酚酞等其他酸碱指示剂的电离平衡常数。

四、导入性思考

1. 本实验中使用的浓度仪器为紫外-可见分光光度计，针对的是什么样的物质能级跃迁？溶液对单色光的吸收遵守什么定律？

2. 在本实验中使用紫外-可见分光光度计来测定待测物质溶液的吸光度，首先要确定被测物质溶液的最大吸收波长，然后将波长固定在最大吸收波长位置上再测定数据。为什么？

3. 使用 pH 计和紫外-可见分光光度计时，有哪些操作要点？

五、开放实验各环节要求

1. 明确实验研究目的

① 掌握一种测定酸碱指示剂电离平衡常数的方法；

② 掌握紫外-可见分光光度计和 pH 计的使用方法，了解紫外-可见分光光度计和 pH 计的基本结构和工作原理；

③ 掌握用分光光度法测量一元弱酸电离平衡常数的原理和操作要点。

2. 实验方案要求

① 写出实验初步设计方案；

② 依据实验提供的相关信息写出具体操作步骤。

3. 设备及装置认知要求

掌握如何使用紫外-可见分光光度计和 pH 计。

4. 数据处理要求

① 按照 pH 值由低到高的顺序，分别绘制吸光度曲线。

② 将测得的有效吸光度取平均值，和 pH 值列表联立，同时利用式(3-19)、式(3-20)建立数据处理结果表格，利用 Origin 软件作图拟合得到 $\lg\dfrac{D-D_1}{D_2-D}$-pH 的拟合直线。

5. 开放实验报告要求

实验报告除按照常规实验报告形式书写外，另要求如下：

① 通过查阅资料找出测定弱电解质电离常数的方法有哪些。

② 以此类推，简述如何测酚酞或甲基红酸碱指示剂的电离常数。

六、参考文献

[1] 傅献彩，沈文霞，姚天扬，侯文华．物理化学（下册）[M]. 5 版．北京：高等教育出版社，2005.

[2] 崔献英，柯燕雄，单绍纯．物理化学实验 [M]. 安徽：中国科学技术大学出版社，2000.

开放实验 7 极化曲线法测定醋酸溶液中硫脲对冷轧钢的缓蚀

一、实验室开放条件

1. 设备条件

实验仪器设备见表 3-16。

表 3-16 实验仪器设备

仪器名称	型号	生产厂家
多通道电化学工作站	CS310X	武汉科思特仪器股份有限公司
打磨机	M-1 型	上海光相制样设备有限公司
数显恒温水浴锅	232 型	常州智博瑞仪器制造有限公司
铂电极	213 型	上海精密科学仪器有限公司
饱和甘汞电极	232 型	上海仪电科学仪器股份有限公司
电子万用炉	电压 220V 功率 2kW	北京市永光明医疗器械有限公司

2. 试剂与材料条件

实验试剂见表 3-17，实验材料见表 3-18。

表 3-17 实验试剂

试剂名称	规格	生产厂家
丙酮	AR	利安隆博华(天津)医药化学有限公司
冰醋酸	AR	西陇化工股份有限公司
硫脲	AR	国药集团化学试剂有限公司
环氧树脂	—	江西省宜春远大化工有限公司
聚酰胺树脂	—	江西省西南化工有限公司

表 3-18 实验材料

材料名称	型号	生产厂家
磨砂纸	100 目、400 目、800 目、1000 目、1500 目	上海精密科学仪器有限公司
焊锡丝	0.25mm×2mm	上海仪电科学仪器股份有限公司
PVC 管	228mm×280mm	云南联塑科技发展有限公司
冷轧钢片	1mm×1mm	武汉科思特仪器股份有限公司
铜线	A012215	湖北洪乐电缆股份有限公司

二、实验原理和方法

缓蚀剂是一种以适当的浓度和形式存在于环境（介质）中时，可以防止或减缓腐蚀的化学物质或几种化学物质的混合物。它通过在金属表面吸附形成一层保护膜，阻滞金属的阴极或阳极反应，从而达到降低金属腐蚀速率的目的。一般含有不饱和结构、π 键及 N、S、O 等杂原子的化合物容易通过这些官能团结构与金属发生交互作用，在金属表面吸附成膜，从而具有抑制金属腐蚀的作用。

电化学工作站极化曲线法测定腐蚀电流的方法参见基础实验 20。

缓蚀剂的缓蚀效果可以用缓蚀率进行表示，根据腐蚀电流密度的大小，可以用式(3-21)求算缓蚀剂的缓蚀率：

$$\mathrm{IE}(\%)=\frac{j_{\mathrm{corr(o)}}-j_{\mathrm{corr(inh)}}}{j_{\mathrm{corr(o)}}}\times 100\% \tag{3-21}$$

式中，$j_{corr(o)}$ 和 $j_{corr(inh)}$ 分别是未加缓蚀剂和加入缓蚀剂后的腐蚀电流密度值。

三、实验关键点提示

1. 工作电极制作时焊接处一定要和金属片紧密接触，以防环氧树脂类固定时流入，出现导电不畅问题。

2. 电极在溶液中浸泡 2 h，开路电位稳定后再开始进行相关测试。

3. 测定极化曲线时，一般必须等开路电位稳定后再进行正式扫描，扫描区间为－250～250 mV（相对于开路电位），扫描速率为 0.5 $mV \cdot s^{-1}$。电解池设置中，电极面积指工作电极暴露于溶液中的有效工作面积。材料密度 7.8 $g \cdot cm^{-3}$，材料化学当量 28 g，参比电极类型选择饱和甘汞电极，相对氢标电位 0.241 V，测量温度 20 ℃，Stern 系数 18 mV。

四、导入性思考

1. 本实验的极化曲线要测试哪一类？（　　）

A. 恒电流测试　　B. 恒电位测试

C. 动电位扫描　　D. 开路电位测试

2. Tafel 极化曲线是指在什么状况下的极化？（　　）

A. 当研究电极极化足够大时，极化曲线进入强极化区

B. 当研究电极极化足够大时，极化曲线进入钝化区

C. 当研究电极极化足够小时，极化曲线进入弱极化区

D. 当研究电极极化足够小时，极化曲线进入线性极化区

3. 做好工作电极的关键有哪些？（　　）

A. 电极焊接时一定焊接牢固，即铜线放置在电炉上加热至一定温度

B. 要将所有工作电极的其他裸露部分灌封（待测裸露面积为直径 1.0 cm 圆的面积除外）

C. 电极表面一定要处理平整、光亮、干净，不能有点蚀孔，表面上应无刻痕与麻点，平行试样的表面状态要尽量一致

五、开放实验各环节要求

1. 明确实验研究目的

① 理解一些表面活性物质产生缓蚀作用的原理；

② 掌握电化学工作站的使用方法；

③ 理解并会用极化曲线法测定和拟合缓蚀剂影响下的腐蚀电流密度；

④ 会用电流密度计算缓蚀率。

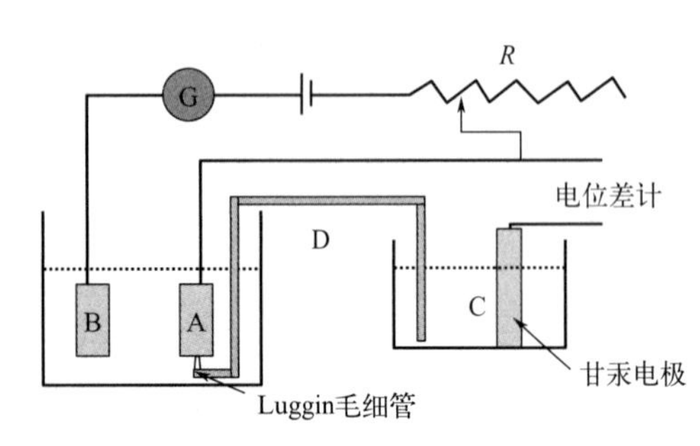

图 3-9　三电极两回路图示

2. 实验方案要求

① 画出实验装置图；

② 写出实验初步设计方案；

③ 依据实验提供的相关信息写出具体操作步骤。

3. 设备及装置认知要求

① 清楚每个电极的作用，及三电极操作系统的两个回路（见图 3-9）；

② 明确电解池设置中各层菜单的意义。

4. 数据处理要求

① 正确使用极化曲线数据拟合软件画出极化曲线如图 3-10 所示。

② 建立数据处理结果表格，计算过程清楚，结果明了。

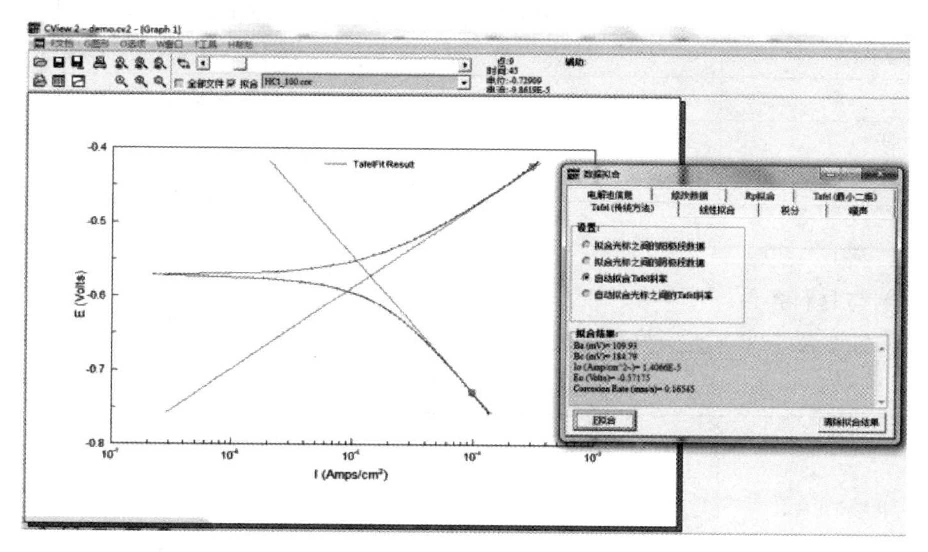

图 3-10　极化曲线的拟合

5. 开放实验报告要求

实验报告除按照常规实验报告形式书写外，另要求如下：

① 将空白极化曲线和加入硫脲缓蚀剂的极化曲线用同一张图表示出来（建议使用 Origin 软件作图）。

② 提出你想做的与本实验相关的研究以及所需要的仪器名称、数量和实验试剂。

③ 通过查找文献，提出测缓蚀率的方法有哪些。

六、参考值范围

在 0.05 $mol \cdot L^{-1}$ HAc 溶液中添加 0～50 $mg \cdot L^{-1}$ 缓蚀剂，其缓蚀率 IE(%)=70%～90%，且出现极大值点。

七、参考文献

[1] 傅献彩，沈文霞，姚天扬，侯文华．物理化学（下册）[M]. 5 版．北京：高等教育出版社，2005.

[2] Alamry K A，Khan A，Aslam J，et al. Corrosin ihibition of mild steel in hydrochloric acid solution by the expired Ampicillin drug [J]. Scientific Report. 2023，13：6724.

[3] Mug N，Zhao T P. Effect of metallic cations on corrosion inhibition of an anionic surfactant for mild steel [J]. Corrosion；1996，52 (11)：853-859.

开放实验 8　交流阻抗法测定十六烷基三甲基溴化铵的临界胶束浓度

一、实验室开放条件

1. 设备条件

实验仪器设备见表 3-19。

表 3-19 实验仪器设备

仪器名称	型号	生产厂家
多通道电化学工作站	CS310X	武汉科思特仪器股份有限公司
打磨机	M-1 型	上海光相制样设备有限公司
数显恒温水浴锅	232 型	常州智博瑞仪器制造有限公司
铂电极	213 型	上海精密科学仪器有限公司
饱和甘汞电极	232 型	上海仪电科学仪器股份有限公司
电子万用炉	电压 220V 功率 2kW	北京市永光明医疗器械有限公司

2. 试剂与材料条件

实验试剂见表 3-20，实验材料见表 3-21。

表 3-20 实验试剂

试剂名称	规格	生产厂家
丙酮	AR	利安隆博华(天津)医药化学有限公司
十六烷基三甲基溴化铵	AR	国药集团化学试剂有限公司
环氧树脂	—	江西省宜春远大化工有限公司
聚酰胺树脂	—	江西省西南化工有限公司

表 3-21 实验材料

材料名称	型号	生产厂家
磨砂纸	100 目、400 目、800 目、1000 目、1500 目	上海精密科学仪器有限公司
焊锡丝	0.25mm×2mm	上海仪电科学仪器股份有限公司
PVC 管	228mm×280mm	云南联塑科技发展有限公司
冷轧钢片	1mm×1mm	武汉科思特仪器股份有限公司
铜线	A012215	湖北洪乐电缆股份有限公司

二、实验原理和方法

表面活性剂和临界胶束浓度（CMC）相关介绍参见基础实验 36。

电化学工作站交流阻抗法测定腐蚀电流的方法参见基础实验 24。

缓蚀剂的缓蚀效果可以用缓蚀率进行表示，根据电荷转移电阻 R_{ct} 的大小，可以用式（3-22）求算缓蚀剂的缓蚀率：

$$IE(\%)=\frac{R_{ct(inh)}-R_{ct(0)}}{R_{ct(inh)}}\times 100\% \tag{3-22}$$

式中，$R_{ct(0)}$、$R_{ct(inh)}$ 分别是未加缓蚀剂和加缓蚀剂后的电荷转移电阻值。

在缓蚀率随浓度的变化曲线中找到拐点时对应的浓度，即为临界胶束浓度（CMC）。

三、实验关键点提示

1. 工作电极制作时焊接处一定要和金属片紧密接触，以防环氧树脂类固定时流入，出现导电不畅问题。

2. 电极表面一定要处理平整、光亮、干净，不能有点蚀孔。磨试样时试样表面状态要求均一、光洁，需要进行表面处理。制作试样时试样已经过机加工，但实验前还需用砂纸打磨，以达到要求的光洁度，表面上应无刻痕与麻点。平行试样的表面状态要尽量一致。

3. 电极在溶液中浸泡 2 h，开路电位稳定后再开始进行相关测试。

4. 交流阻抗测试时，阻抗测量频率 0.1～10^5 Hz，交流激励信号幅值 10 mV。

5. 开路电位显示当前电解池的开路电位，这一点对于判断工作电极是否已经稳定并可以进行阻抗测试十分重要。

6. 在对话框常规设置中，选择对数模式；分析器设置中，对于介质电阻较小的体系可选择 2 mA（本实验），如果量程不合适会导致电化学阻抗谱（EIS）曲线出现噪声；带宽响应部分，为降低测量曲线的噪声水平，取 22 pF。进行交流阻抗测量时，推荐打开“信号去偏”选项。设置完成按开始键进入测试。

四、导入性思考

1. 本实验电化学交流阻抗谱法测试的目的是什么？

2. 本实验的阻抗测试部分是要测试哪一类（　　）？

A. 阻抗-时间　　B. 阻抗-电位　　C. 阻抗-频率

3. 阻抗-频率测试后需对 Nuquist 图进行数据拟合，数据拟合前需进行（　　）的建立？

A. 电位测量电路　　B. 极化电路　　C. 等效电路

五、开放实验各环节要求

1. 明确实验研究目的

① 理解一些表面活性物质产生缓蚀作用的原理；

② 掌握电化学工作站交流阻抗的测定和数据拟合方法；

③ 了解表面活性剂的特性、胶束形成的原理及临界胶束浓度（CMC）的定义；

④ 学会用 R_{ct} 计算缓蚀率，并找出拐点。

2. 实验方案要求

① 画出实验装置图；

② 写出实验初步设计方案；

③ 依据实验提供的相关信息写出具体操作步骤。

3. 设备及装置认知要求

① 清楚每个电极的作用，及三电极操作系统的两个回路（图 3-9）；

② 明确电解池设置中化学工作站各层菜单的意义；

③ 理解等效电路中溶液电阻 R_s、双电层电容 C_{dl} 以及电荷转移电阻 R_{ct} 的物理意义（见图 3-11 和图 3-12）。

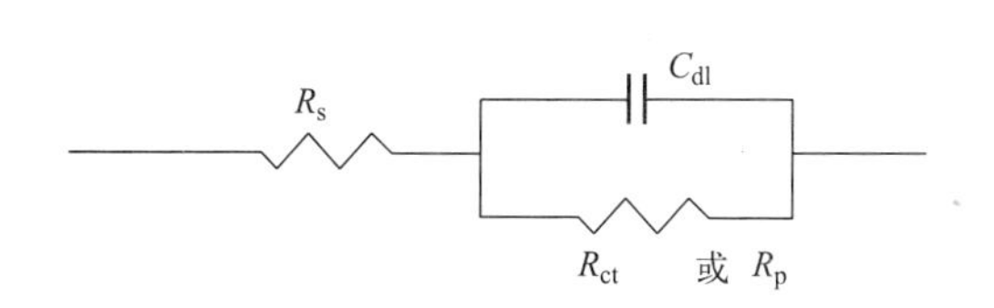

图 3-11　等效电路图

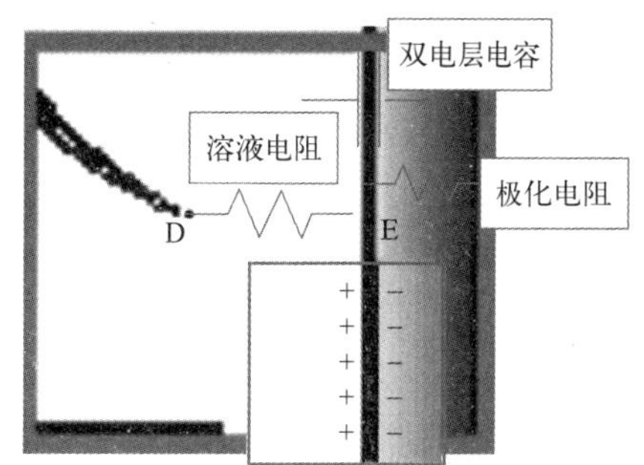

图 3-12　等效电路中各物理量的物理意义

4. 数据处理要求

① 正确使用交流阻抗数据拟合软件画出 Nyquist 图如图 3-13 所示。

② 建立数据处理结果表格，计算过程清楚，结果明了。

③ 掌握 Nyquist 图的数据拟合。

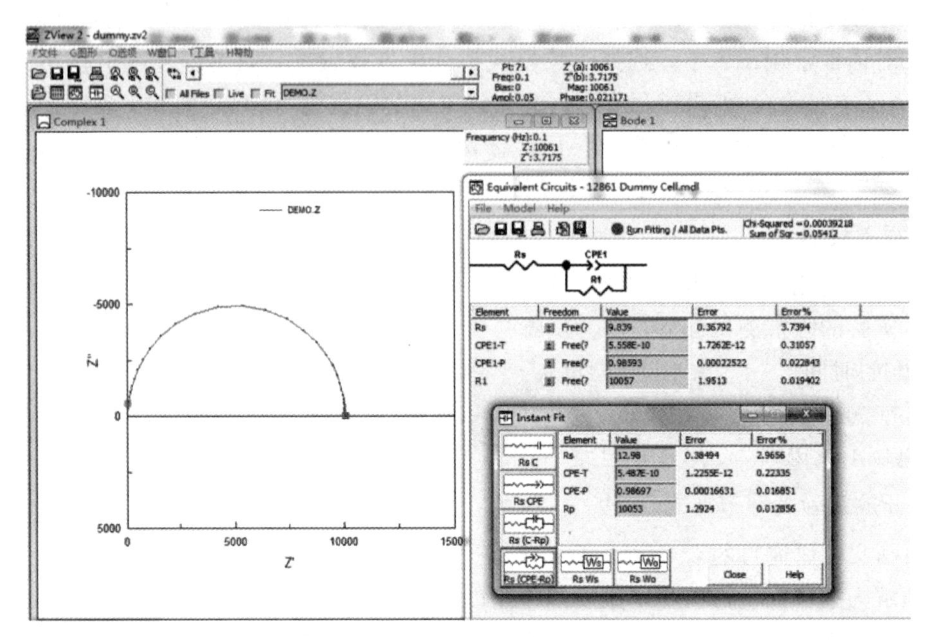

图 3-13 交流阻抗 Nyquist 图的拟合

5. 开放实验报告要求

实验报告除按照常规实验报告形式书写外，另要求如下：

① 将 5 个浓度点下的交流阻抗图谱（Nyquist 图）用同一张图表示出来（建议使用 Origin 软件作图），拟合出各个浓度下的 R_{ct} 等参数。其余图自行设计。

② 提出你想做的与本实验相关的研究以及所需要的仪器名称、数量和实验试剂。

③ 通过查找文献，提出测临界胶束浓度（CMC）的其他方法。

六、参考值范围

十六烷基三甲基溴化铵临界胶束浓度为 0.50～1.08 mmol·L^{-1}，其与温度的关系如表 3-22 所示。

表 3-22 $\ln X_{CMC}$ 与 $1/T$ 的关系

T/K	CMC×10^4/mol·L^{-1}	$\frac{1}{T}$/K^{-1}	X_{CMC}×10^5	$\ln X_{CMC}$
298.15	9.21	0.00335	1.66	−11.006
303.15	9.58	0.00330	1.73	−10.965
308.15	9.97	0.00325	1.81	−10.920
313.15	10.36	0.00319	1.88	−10.882
318.15	10.74	0.00314	1.95	−10.843

注：X_{CMC} 为用摩尔分数表示的临界胶束浓度。

七、参考文献

[1] 傅献彩，沈文霞，姚天扬，侯文华．物理化学（下册）[M]．5版．北京：高等教育出版社，2005.

[2] Alamry K A，Khan A，Aslam J，et al. Corrosin inhibition of mild steel in hydrochloric acid solution by expired Ampicillin drug [J]．Scientific Report. 2023，13，6724.

[3] Mug N，Zhao T P. Effect of metallic cations on corrosin inhibition of an anionic surfactant for mild steel [J]．Corrosion，1996，52（11）：853-859.

[4] 陈联群，李丽莎，李菊艳，等．十六烷基三甲基溴化铵临界胶束浓度与温度的关系 [J]．内江师范学院学报，2006，21（6）：49-51.

开放实验9　TiO_2 光催化降解甲基橙性能研究

一、实验室开放条件

1．设备条件

实验仪器设备见表3-23。

表 3-23　实验仪器设备

仪器名称	型号	生产厂家
紫外-可见分光光度计	722型	武汉科思特仪器股份有限公司
高压汞灯	125W	上海光相制样设备有限公司
反应器	232型	上海仪电科学仪器股份有限公司
数显恒温水浴锅	HH-4	上海捷呈实验仪器有限公司
磁力搅拌器	232型	上海仪电科学仪器股份有限公司
离心机	TG16G	上海赫田科学仪器有限公司
电子精密天平	ZA320R3	上海赞维衡器有限公司

2．试剂与材料条件

实验试剂见表3-24，实验材料见表3-25。

表 3-24　实验试剂

试剂名称	规格	生产厂家
TiO_2	AR	利安隆博华(天津)医药化学有限公司
甲基橙	AR	国药集团化学试剂有限公司
蒸馏水	—	自制

表 3-25　实验材料

材料名称	型号	生产厂家
移液管	10 mL、20 mL	上海精密科学仪器有限公司
量筒	500 mL	上海仪电科学仪器股份有限公司
洗耳球	—	云南联塑科技发展有限公司
离心管	1mm×1mm	上海赫田科学仪器有限公司

二、实验原理和方法

光催化始于1972年，Fujishima和Honda发现光照的TiO_2单晶电极能分解水，这引起人们对光诱导氧化还原反应的兴趣，由此推动了有机物和无机物光氧化还原反应的研究。

1976年，Cary等报道在近紫外光照射下曝气悬浮液，浓度为$50\ \mu g \cdot L^{-1}$的多氯联苯经半小时的光反应，多氯联苯脱氯，这个特性引起了环境研究工作者的极大兴趣，光催化消除污染物的研究日趋活跃。光催化法能有效地将脂肪烃类、卤代有机物、表面活性剂、染料、农药、酚类、芳烃类等有机污染物降解，最终无机化为CO_2、H_2O，而污染物中含有的卤原子、硫原子、磷原子和氮原子等则分别转化为X^-、SO_4^{2-}、PO_4^{3-}、NH_4^+、NO_3^-等离子。因此，光催化技术具有在常温常压下进行、能彻底消除有机污染物、无二次污染等优点。

光催化技术的研究涉及原子物理、凝聚态物理、胶体化学、化学反应动力学、催化材料、光化学和环境化学等多个学科，因此多相光催化科学是集这些学科于一体的多种学科交叉汇合而成的一门新兴的科学。

光催化以半导体如TiO_2、ZnO、CdS、Fe_2O_3、WO_3、SnO_2、ZnS、$SrTiO_3$、CdSe、CdTe、In_2O_3、FeS_2、GaAs、GaP、SiC、MoS_2等作催化剂，其中TiO_2具有价廉、无毒、化学及物理稳定性好、耐光腐蚀、催化活性好等优点，故TiO_2是目前广泛研究、效果较好的光催化剂。

半导体之所以能作为催化剂，是由其自身的光电特性所决定的。半导体粒子含有能带结构，通常情况下是由一个充满电子的低能价带和一个空的高能导带构成，它们之间由禁带分开。研究证明，当pH=1时锐钛矿型TiO_2的禁带宽度为3.2eV，半导体的光吸收阈值λ_g与禁带宽度E_g的关系为：

$$\lambda_g(\text{nm})=1240/E_g(\text{eV}) \tag{3-23}$$

当用能量等于或大于禁带宽度的光（λ<388 nm的近紫外光）照射半导体光催化剂时，半导体价带上的电子吸收光能被激发到导带上，因而在导带上产生带负电的高活性光生电子（e^-），在价带上产生带正电的光生空穴（h^+），形成光生电子-空穴对。空穴的能量（TiO_2）为7.5 eV，具有强氧化性；电子则具有强还原性。

当光生电子和光生空穴到达光催化剂表面时，可发生两类反应。

第一类是简单的复合反应，如果光生电子与光生空穴没有被利用，则会重新复合，使光能以热能的形式散发掉。

$$e^- + h^+ \longrightarrow N + \text{能量}(h\nu' < h\nu \text{ 或加热})$$

第二类是一系列光催化氧化还原反应，还原和氧化吸附在光催化剂表面上的物质。

$$TiO_2 \longrightarrow e^- + h^+$$

$$OH^- + h^+ \longrightarrow \cdot OH$$

$$H_2O + h^+ \longrightarrow \cdot OH + H^+$$

$$A + h^+ \longrightarrow \cdot A$$

此外，光生电子可以和溶液中溶解的氧分子反应生成超氧自由基，再与H^+结合形成·OOH自由基：

$$O_2 + e^- + H^+ \longrightarrow \cdot O_2^- + H^+ \longrightarrow \cdot OOH$$

$$2 \cdot OOH \longrightarrow O_2 + H_2O_2$$

$$H_2O_2 + \cdot O_2^- \longrightarrow OH + OH^- + O_2$$

$$\cdot O_2^- + 2H^+ \longrightarrow H_2O_2$$

$\cdot OH$、$\cdot OOH$ 和 H_2O_2 之间可以相互转化

$$H_2O_2 + \cdot OH \longrightarrow \cdot OOH + H_2O$$

具有高度活性的羟基自由基 $\cdot OH$ 可无选择性地氧化包括生物难以降解的各种有机物并使之完全无机化。有机物在光催化体系中的反应属于自由基反应。

甲基橙染料是一种常见的有机污染物，无挥发性，且具有相当高的抗直接光分解和氧化的能力。其浓度可采用分光光度法测定，方法简便，常被用作光催化反应的模型反应物。甲基橙的分子式如图 3-14 所示。

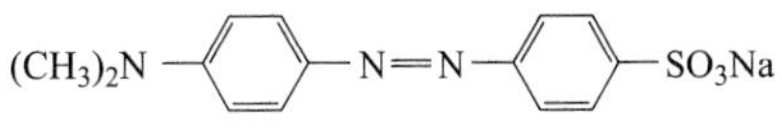

$(CH_3)_2N$—⟨苯环⟩—N=N—⟨苯环⟩—SO_3Na

图 3-14　甲基橙分子结构

从结构上看，它属于偶氮染料，这类染料是染料种类中最多的一种，占全部染料的 50%左右。根据已有实验分析，甲基橙是较难降解的有机物，因而以它作为研究对象有一定的代表性。

三、实验关键点提示

1. 分光光度计的原理与使用方法可参阅基础实验 9。调节分光光度计的波长至甲基橙的最大吸收波长 465 nm。

2. 在 0～20 $mg \cdot L^{-1}$ 范围内，甲基橙溶液浓度与其在 465nm 处的吸光度呈极显著的正相关（相关系数达 0.999 以上）。故可通过准确配制 2 $mg \cdot L^{-1}$、4 $mg \cdot L^{-1}$、6 $mg \cdot L^{-1}$、8 $mg \cdot L^{-1}$、10 $mg \cdot L^{-1}$、12 $mg \cdot L^{-1}$、14 $mg \cdot L^{-1}$、16 $mg \cdot L^{-1}$、18 $mg \cdot L^{-1}$、20 $mg \cdot L^{-1}$ 的甲基橙溶液，在甲基橙的最大吸收波长下测定甲基橙溶液浓度与其吸光度的线性关系。

3. 进行光催化反应实验时，首先向反应器内加入 20 mL 1000 $mg \cdot L^{-1}$ 的甲基橙贮备液，并加 480 mL 水稀释，配成 500 mL 20 $mg \cdot L^{-1}$ 的甲基橙溶液，然后加入 0.2 g 纳米 TiO_2 催化剂，磁力搅拌使之悬浮。避光充空气搅拌 30 min，使甲基橙在催化剂的表面达到吸附-脱附平衡，移取 10 mL 溶液于离心管内。然后开通冷却水，并开启光源进行光催化反应 25 min，每隔 5 min 移取 10 mL 反应液，经离心分离后，取上清液进行分光光度法分析。

四、导入性思考

1. 本实验的反应级数可以通过什么方法确定？

2. 甲基橙的降解率应该如何计算？

3. 实验中为什么要用蒸馏水作参比溶液来调节紫外-可见分光光度计的透光率为 100%？

五、开放实验各环节要求

1. 明确实验研究目的

① 掌握多相光催化降解污染物的原理和方法；

② 测定甲基橙光催化降解反应的速率常数，并确定反应级数；

③ 了解紫外-可见分光光度计的构造、工作原理，掌握紫外-可见分光光度计的使用方法。

2. 实验方案要求

① 写出实验初步设计方案；

② 依据实验提供的相关信息写出具体操作步骤。

3. 设备及装置认知要求

① 了解紫外-可见分光光度计的构造和工作原理；

② 明确一般选择参比溶液的原则。

4. 数据处理要求

① 获得能够判断反应级数的 ln(1/A)-t 图，如图 3-15 所示。

② 建立数据处理结果表格，计算过程清楚，结果明了。

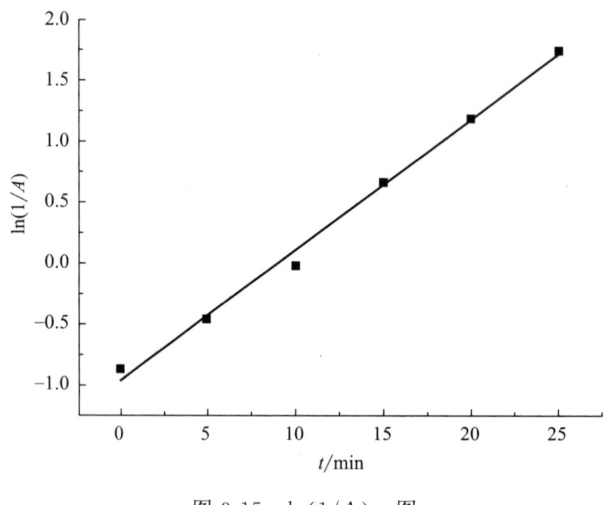

图 3-15　ln(1/A)-t 图

5. 开放实验报告要求

实验报告除按照常规实验报告形式书写外，另要求如下：

① 作出甲基橙降解率与时间的关系图。

② 提出你想做的与本实验相关的研究以及所需要的仪器名称、数量和实验试剂。

③ 通过查找文献，提出更多提高降解率的方法。

六、参考文献

[1] 毕玉水．物理化学实验［M］．北京：化学工业出版社，2015：73.

[2] 严新，吴俊，陈华，等．TiO_2 光催化降解甲基橙废水性能研究［J］．合肥工业大学学报（自然科学版），2011，34（3）：429-432.

[3] Sun L，Bolton J R. Determination of the quantum yield for the photochemical generation of hydroxyl radicals in TiO_2 suspensions [J]. The Journal of Physical Chemistry，1996，100（10）：4127-4134.

[4] Teruhisa Ohno，Miyako Akiyoshi，Tsutomu Umebayashi，et al. Preparation of S-doped TiO_2 photocatalysts and their photocatalytic activities under visible light [J]. Applied Catalysis A：General，2004，265（1）：115-121.

开放实验 10　金属 Ni（111）表面的态密度计算模拟

一、实验室开放条件

1. 电脑硬件设备条件

普通台式电脑或笔记本电脑。

2. 电脑软件条件

Materials studio2018。

二、实验原理和方法

在第一性原理的发展过程中，相继提出了变分原理、泡利不相容原理、Hartree-Fock近似、Slater矩阵、关联相互能、密度泛函理论以及含时密度泛函理论等。其基本思路是将多原子构成的实际体系理解为由电子和原子核组成的多粒子系统，运用量子力学等基本原理最大限度地对问题进行“非经验”处理。

1. 密度泛函理论

Hohenberg、Kohn和Sham提出了密度泛函理论（densty functional theory，DFT），即体系的总能量可表示成电子密度 $\rho(r)$ 的泛函。这一理论将基态特性与电子密度联系了起来，提供了将多电子体系问题转化为单电子问题的理论基础。密度泛函理论现在已经成为计算凝聚态物理的重要理论基础，并被广泛应用于原子、分子、团簇、固体和表面的几何结构和电子结构的计算。

2. 计算机的高速发展使得计算物理成为可能

依靠高性能计算机强大的计算能力，市场上研发出了很多基于第一性原理计算（尤其是密度泛函理论方法）的软件包。其中最具代表性的就是Materials studio软件（简称MS软件）。其中的$Dmol^3$模块是一个先进的密度泛函框架下的量子力学程序，它不仅可以模拟固体、表面、低维体系，而且能够模拟气相和液相。此外它还可以计算体系的能量、能带结构、态密度、磁性等。

3. 态密度（DOS）

电子在特定能级上被允许占据的不同态的数目，即每单位能量单位体积的电子态数目。

4. 模拟计算方法

（1）建立Ni的晶格模型。打开MS软件，新建项目，通过File/import查找软件安装路径\Program Files\Accelrys\Materials Studio 2018\share\Structures\metals\pure metals\Ni. msi，并打开，即引入金属Ni的晶格结构。Ni. msi为程序自带金属Ni的晶格结构。

（2）建立Ni（111）面。按如图3-16所示方式“Build—Surface—Cleave Surfaces”打开窗口。

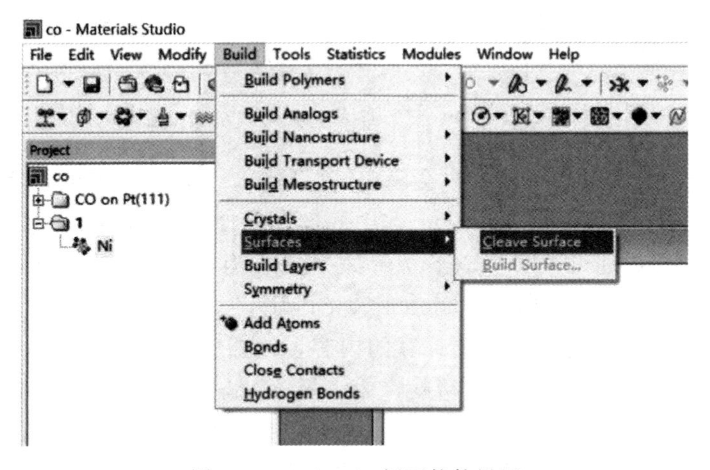

图3-16 Ni(111) 切面软件界面

如图 3-17 所示，在“Cleave plane（h k l）”窗口填上 1 1 1，即为 Ni(111) 面。“Top”指切割面的起点，“Thickness”指切割的原子层厚度。如图 3-17 所示，该模型中可以设置 4 层的原子。“Cap bonds on”指的是切割以后，有些面上的原子出现了键的不饱和，即悬空键，一般用 H 来饱和。“Options”选项卡中，“Orientation standard”一般选择如图 3-17 所示结果，无需添加 H 饱和。注意这个选择是为了让其与原来的晶格使用相同的坐标。

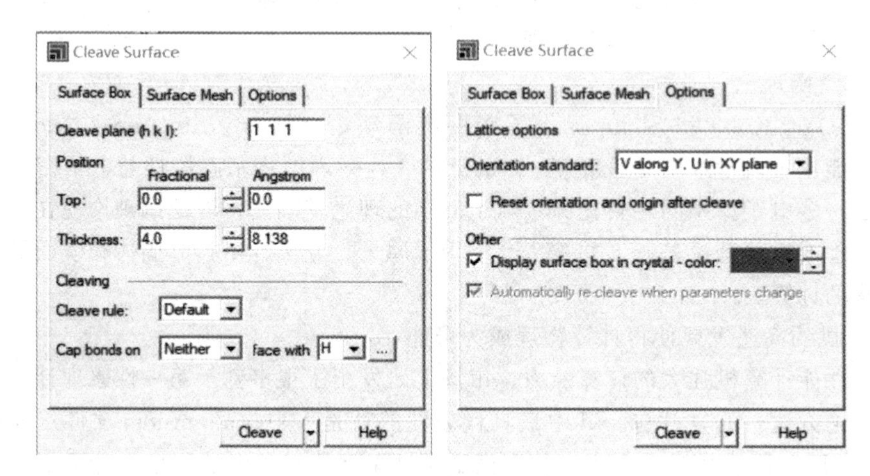

图 3-17　Ni(111) 切面相关参数设置

(3) 建立真空区。如图 3-18 所示，添加 20Å 的真空层。“Vacuum orientation”一般选择 C 方向。“Vacuum thickness”一般要足够厚，以防止层间的相互作用。

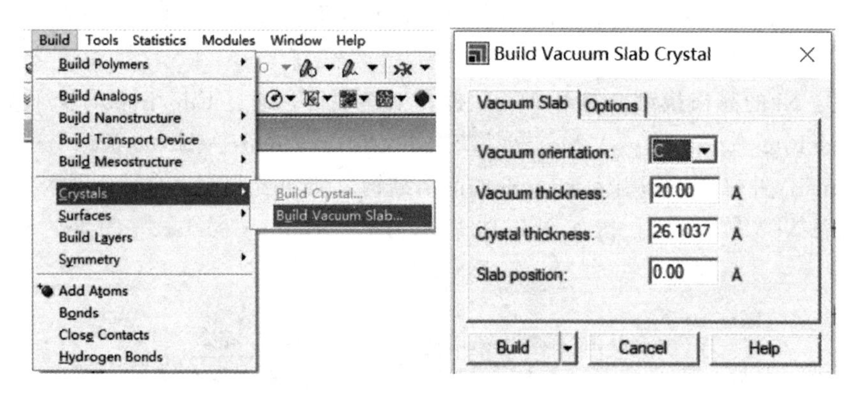

图 3-18　Ni(111) 加真空层相关参数设置

(4) 固定原子坐标。一般在模拟中会固定底层原子，使其不变化，而其他层处于弛豫状态，可以变化。先选择需要固定的原子，选中底部一层原子并如图 3-19 所示进行固定；然后如图 3-20 所示，可以通过“Display Style”检查有没有把其他原子固定。

(5) 结构优化。“Model”选择“Dmol3 Calculation”。

“Setup”选项卡：“Task”指需要计算的内容，比如“Geometry Optimization”是几何优化；“Quality”是指计算过程中的精度，“Fine”为最好；“Functional”为泛函的选择，比如“GGA”或“LDA”，后面是在这两种大泛函下的具体方法；“Spin unrestricted”指自旋不限制，表示在计算过程中按真实状况表示电子自旋，不勾选则表示用一种方式表示所有

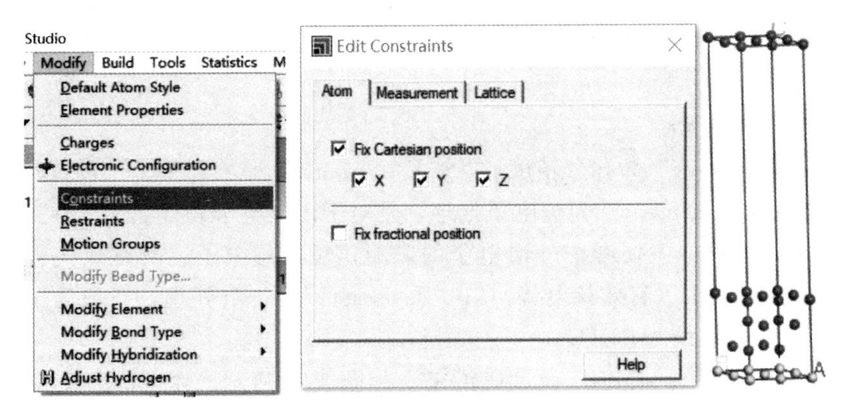

图 3-19　Ni(111) 固定底层原子相关参数设置

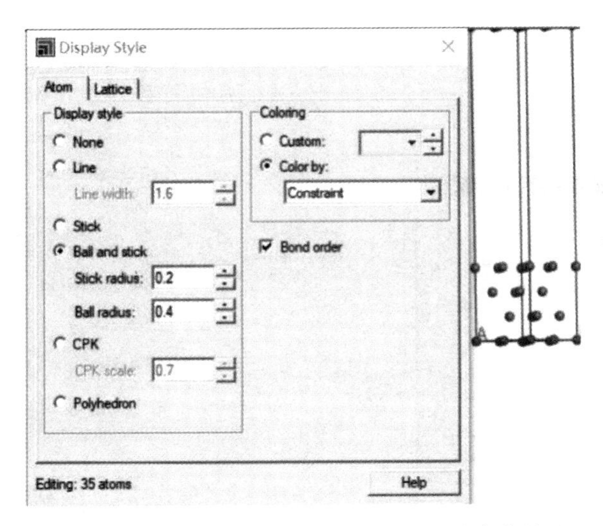

图 3-20　显示 Ni(111) 固定底层原子相关参数设置

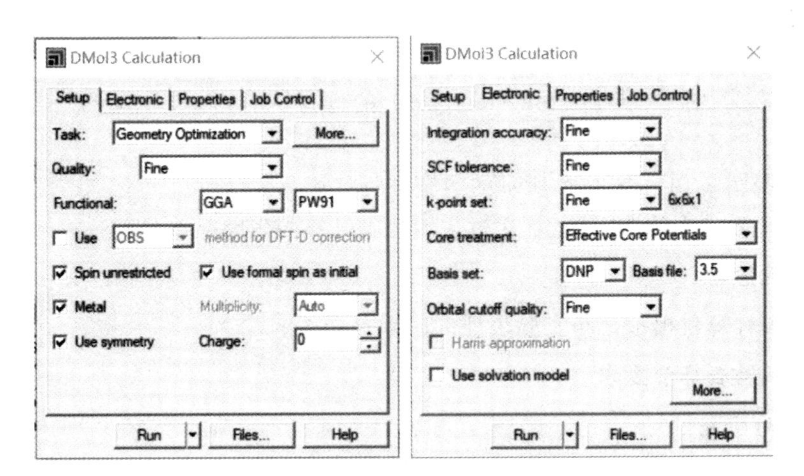

图 3-21　结构优化参数设置

自旋；“Metal”，勾选则 K 点网络划分较细，计算精度高；“Use symmetry”是使用对称性；“Charge”指的是整个体系或者单元胞的带电性，如果为 1，表示整个体系带正电，并少一电子，其他类推。

“Electronic”选项卡：

“Integration accuracy”为积分精度；“SCF tolerance”是自洽场；“K-point set”为 K 点网格精度；“Core treatment”为核电子处理，是对于内层电子和外层电子在计算中的一个处理方式，有时在计算中主要考虑外层电子的影响，对内层电子进行有效代替，比如选择“Effective CorePotentials（有效核电势）”；“Basis set”为价电处理，一般为了调节速度和精度的关系，通常选择为“DNP”。

（6）计算“Density of states”及“PDOS”。如图 3-22 所示，在“Properties”选项卡中勾选“Dengsity of states”，并且勾选“Calculate PDOS”计算分波态密度。

（7）提交并运行作业。如图 3-23 所示为 1 核，可根据电脑配置调整，点击“Run”按钮提交并运行作业。

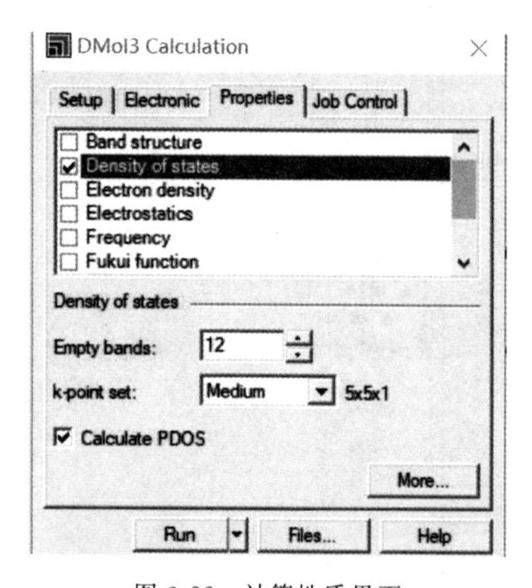

图 3-22 计算性质界面

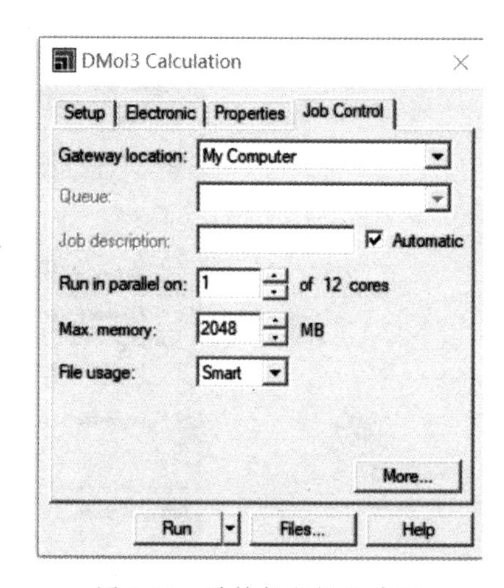

图 3-23 计算任务提交建面

三、实验关键点提示

1. 注意图 3-17 中“Orientation standard”的选择。右击—“Display style”选择显示模型。

2. 严格按照图 3-16～图 3-23 所示的步骤进行计算参数设置。

3. 由于 MS 软件中的 Ni 已经优化过，因此本计算中省略晶胞优化这一步。

四、导入性思考

为什么要做计算机模拟，与实验表征的区别是什么？

五、开放实验各环节要求

1. 明确实验研究目的

① 了解计算化学和第一性原理的相关概念；

② 初步了解 Materials Studio 软件，初步掌握采用 $Dmol^3$ 模块进行模拟计算；

③ 能构造简单的固体结构模型并计算和分析体系的电子态密度。

2. 实验方案要求

依据本计算方案提供的相关信息写出具体操作步骤。

3. 设备及装置认知要求

清楚相关参数与精度的关系。

4. 数据处理要求

作出 Ni(111) 的 DOS 及 PDOS 图（见图 3-24），并简要分析。

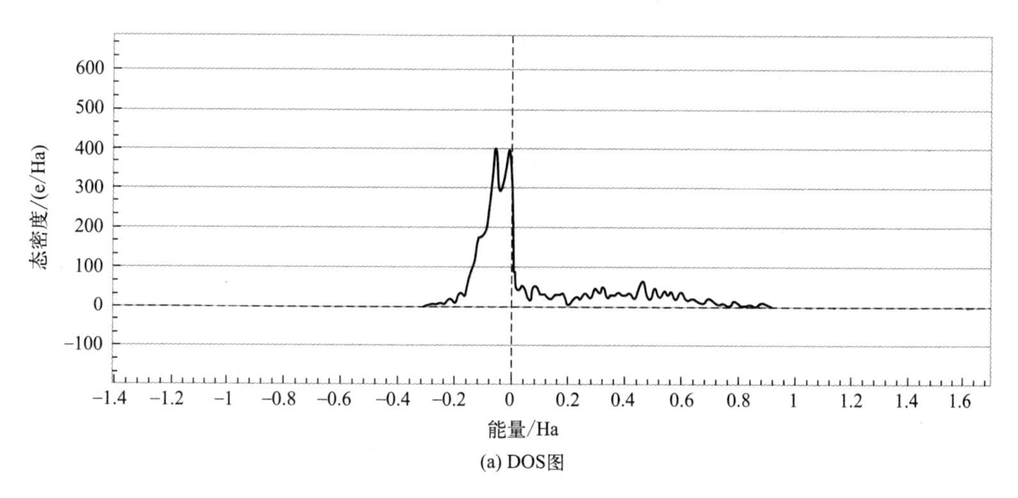

(a) DOS图

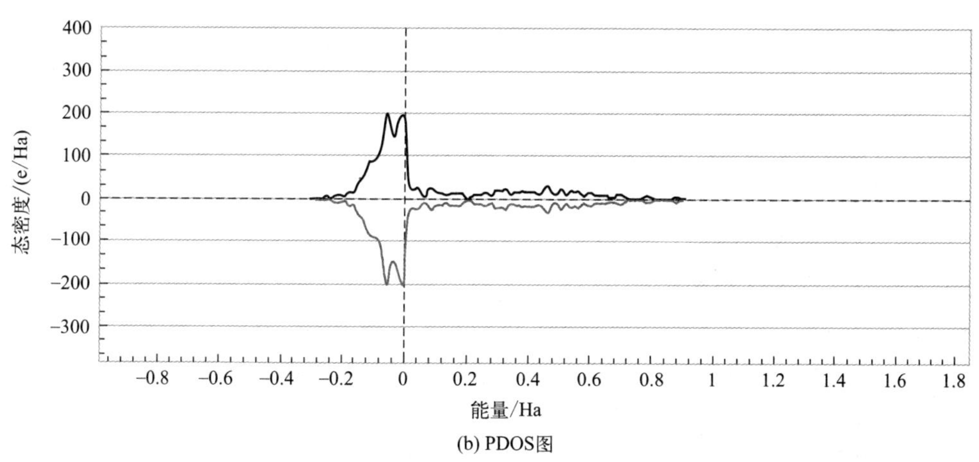

(b) PDOS图

图 3-24 Ni(111) 的 DOS 及 PDOS 图

5. 开放实验报告要求

实验报告除按照常规实验报告形式书写外，另要求如下：

① 打印几何优化前后的俯视图、正视图、侧视图，并标注层间原子距离（见图 3-25）。

② 打印态密度图，并简要分析。

六、参考值范围

DOS 能量范围－0.3～1 eV。α 电子与 β 电子相同，表现为抗磁性。

七、参考文献

冯刚. 催化理论与计算［M］. 北京：化学工业出版社，2022.

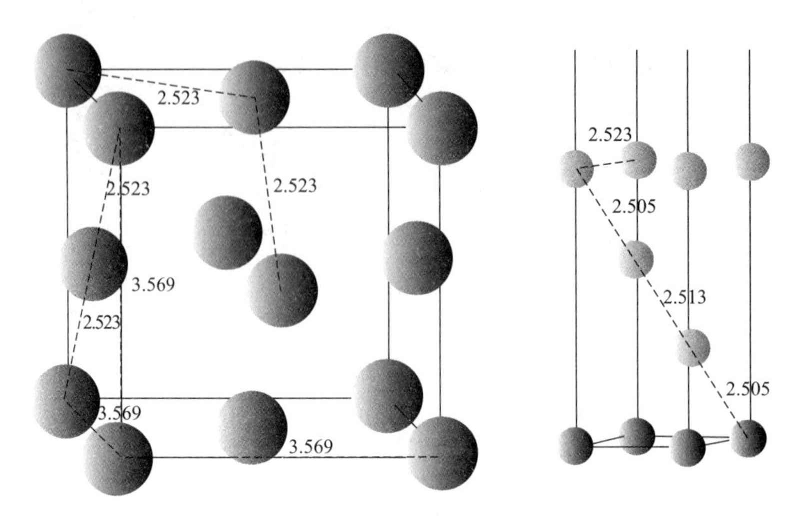

图 3-25 Ni 原子的结构图

开放实验 11 锂离子电池正极材料 $LiMn_2O_4$ 的 X 射线粉末衍射物相分析

一、实验室开放条件

1. 设备条件

X 射线衍射仪（D8A A25）、马弗炉、鼓风干燥箱、玛瑙研钵、坩埚、药匙、筛网、电子分析天平、移液管。

2. 试剂与材料条件

$LiNO_3$、$MnAc_2 \cdot 4H_2O$、HNO_3、蒸馏水、玻璃制样片、商业化尖晶石型 $LiMn_2O_4$。

二、实验原理和方法

X 射线衍射（XRD）是多种物质包括从流体、粉末到完整晶体的重要的无损分析工具。它是物质结构表征、以性能为导向研制与开发新材料、宏观表象转移至微观认识、建立新理论和质量控制不可缺少的方法，对物理学、化学、材料学、能源、环境、地质、生物、医药等领域具有重要意义。主要用于物相分析（物相鉴定与定量相分析）、晶体学分析（晶粒大小、指标化、点参测定、解结构等）、薄膜分析（厚度、密度、表面与界面粗糙度与层序分析，高分辨衍射测定单晶外延膜结构特征）、结构分析、残余应力分析等。

X 射线粉末衍射也称为多晶体衍射，是相对于单晶体衍射来命名的，在单晶体衍射中被分析试样是一粒单晶体，而在多晶体衍射中，被分析试样是一堆细小的单晶体（粉末）。每一种结晶物质都有各自独特的化学组成和晶体结构，当 X 射线被晶体衍射时，每一种结晶物质都有自己独特的衍射花样。利用 X 射线衍射仪测定待测结晶物质的衍射谱，并与已知标准物质的衍射谱比对，从而判定待测结晶物质的化学组成和晶体结构，这就是 X 射线衍射物相定性分析方法。

1. 晶体与米勒指数

在晶体中，原子、分子、离子等在空间的排列是有规则的，一个理想的晶体是由许多呈周期性排列的单胞构成的。晶体的结构可用三维点阵来表示，每个点阵点代表晶体中的一个基本单元，如原子、分子、离子等。空间点阵可以从各个方向予以划分，而成为许多组平行的平面点阵。由图 3-26 可见，一个晶体可以看成是由一些相同的平面网按一定距离的平行平面排列而成的，也可以看作是由另一些平面网按 d_2、d_3、d_4…等距离平面排列的。各种结晶物质的单胞大小，单胞的对称性，单胞中所含的分子、原子或离子的数目以及它们在单胞中所处的相对位置都不尽相同，因此，每一种晶体都必然存在着一系列特定的 d 值，可以用于表征该晶体。

为了描述标记这些晶面和点阵平面，米勒（Miller）提出了一种方法，利用点阵平面在三个晶轴上截距的倒数的互质比（$h\ k\ l$）来表示该晶面，称为晶面指标或 Miller 指数。选择一组能把点阵划分为最简单合理的格子的平移矢量 $\boldsymbol{a}$、$\boldsymbol{b}$、$\boldsymbol{c}$，并将它们的方向分别定为坐标轴 x、y、z，如图 3-27 中所示点阵平面与三个轴分别相交于 ra、sb、tc，即它们在三个坐标轴上的截距分别为 r、s、t，三个截距的倒数之比为 $1/r:1/s:1/t$。因 r、s、t 均为整数，故可以化为互质的整数之比，即 $1/r:1/s:1/t=h:k:l$。其中（$h\ k\ l$）称为 Miller 指数，也就是该晶面的指标。图 3-27 中的 r、s、t 分别等于 2、2、1，则其晶面就可用（1 1 2）来表示。指数过高的晶面，其间距及组成晶面的点阵密度都较小，所以实际应用的 Miller 指数通常为 0、1、2 等数值。

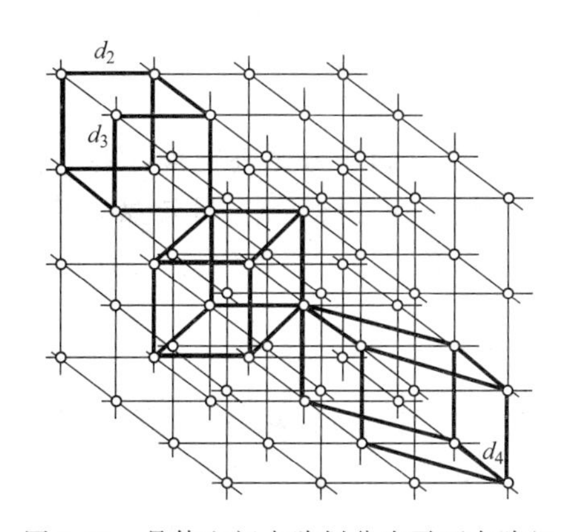

图 3-26　晶体空间点阵划分为平面点阵组

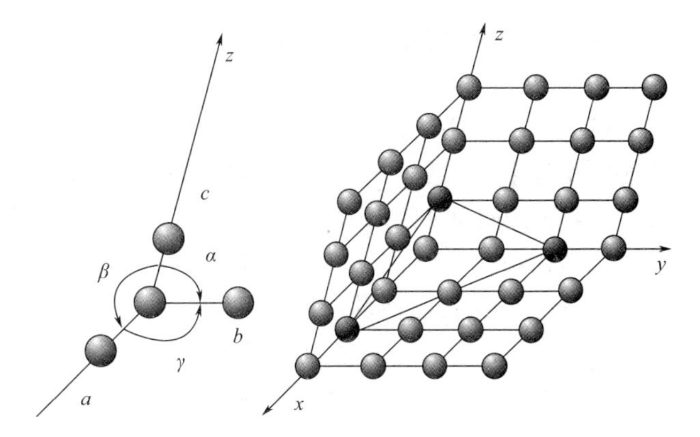

图 3-27　晶轴、夹角与 Miller 指数

2. 布拉格方程

当波长与晶面间距相近的 X 射线照射到晶体上时，有的光子与电子发生非弹性碰撞，形成较长波长的不相干散射；而当光子与原子上束缚较紧的电子相作用时，其能量不损失，散射波的波长不变，并可以在一定的角度发生散射。

图 3-28 表示一组晶面间距为 $d_{(hkl)}$ 的面网对波长为 A 的 X 射线产生衍射的情况，它们之间的关系可用布拉格（Bragg）方程表示：

$$2d_{(hkl)}\ \sin\theta=n\lambda \tag{3-24}$$

只有当入射角 θ 恰好使光程差（$AB+BC$）等于波长的整数倍时，方能产生相互叠加而增强的衍射线。式中 n 称为衍射级次。在晶体结构分析中，通常把布拉格方程写成：

$$2\frac{d_{(hkl)}}{n}\sin\theta=\lambda \tag{3-25}$$

或者简化为：

$$2d\sin\theta=\lambda \tag{3-26}$$

式(3-26) 中将 n 隐含在晶面间距 d 中，而将所有的衍射看成一级衍射，这样可使计算

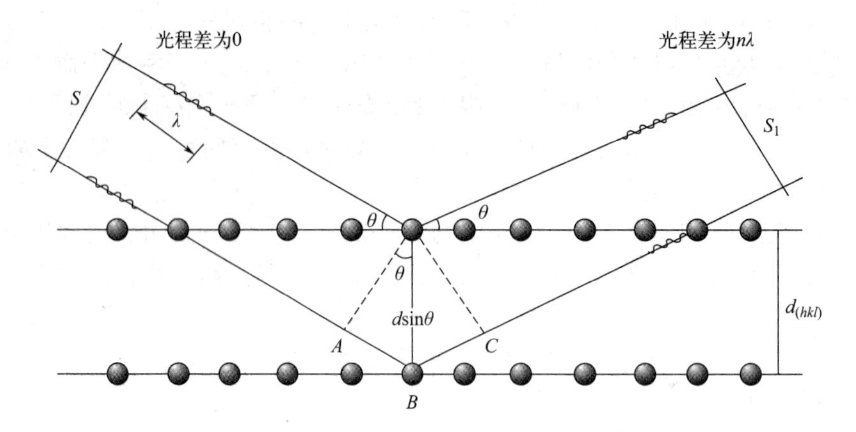

图 3-28 晶体衍射和两相邻面网上反射线的光程差

简化和统一。

在实际衍射测试过程中，若晶体结构完整，则衍射线的宽度仅是由晶粒尺寸造成的，即仅有晶粒尺寸大小、不均匀应变和堆积层错的影响，而且晶粒尺寸是均匀的，则可由谢乐（Scherrer）方程计算晶粒的大小：

$$D=K\lambda/(\beta\cos\theta) \tag{3-27}$$

式中，K 为谢乐常数，其值为 0.89；D 为晶粒尺寸，nm；β 为积分半高宽度，在计算过程中需转化为弧度，rad；θ 为衍射角；λ 为 X 射线波长，为 0.154056 nm。计算晶粒尺寸时，一般采用低角度的衍射线，若晶粒尺寸较大，可用较高衍射角的衍射线来代替。式(3-27)适用于晶粒尺寸在 1～100 nm 之间的晶体。

3. X 射线衍射法实验原理

X 射线衍射仪是一种通过衍射光子探测器和测角仪来记录衍射线位置和强度的大型精密仪器，主要由 X 射线发生器（X 射线管）、测角仪、X 射线探测器、计算机控制处理系统等组成（图 3-29）。实验过程中，X 射线管经发散狭缝发出特征 X 射线照射到样品上，衍射信息经防散射狭缝、接收狭缝而进入检测器，经过数据采集、处理系统即可得到物质的 X 射线衍射信息。

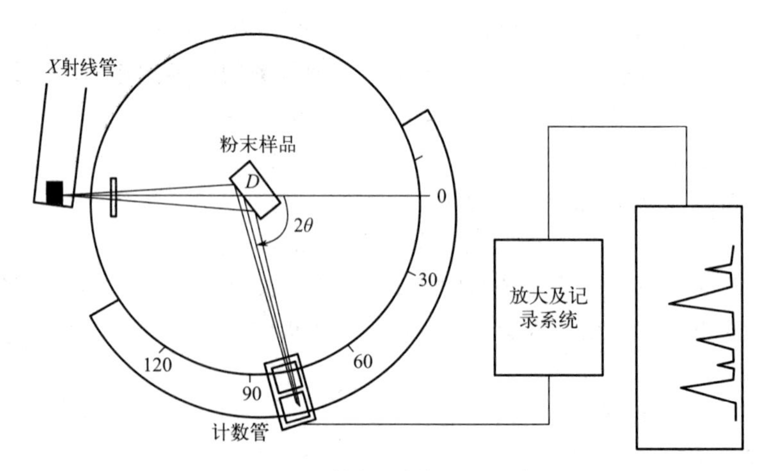

图 3-29 X 射线衍射仪原理示意图

三、实验关键点提示

1. 注意 XRD 测试前样品的制备，特别是样品的粗细程度以及平整度。

2. 注意 XRD 测试条件的选择，包括管电压、管电流、扫描速率、测试角度范围。

3. 注意仪器宽化引起的特征衍射峰发生移动，使用谢乐（Scherrer）方程计算时，必须扣除仪器宽化引起的误差。

四、导入性思考

1. X 射线是什么？怎么产生？有什么特征？

2. 为什么会发生 X 射线衍射，衍射与哪些因素有关？

3. 如何选择 X 射线管及管电压和管电流？

4. 简述 X 射线衍射仪的结构和工作原理。

5. 简述 X 射线衍射分析的特点和应用。

6. 试讨论制样过程中样品颗粒过大对实验结果会有什么影响？

五、开放实验各环节要求

1. 明确实验目的

① 了解 X 射线衍射技术的基本原理；

② 熟悉 X 射线衍射仪的构造、使用方法以及粉末样品的制备方法；

③ 根据 X 射线衍射图谱，分析鉴定多晶样品的物相；

④ 掌握电子分析天平、干燥箱和马弗炉的使用方法；

⑤ 了解锂离子电池正极材料尖晶石型 $LiMn_2O_4$ 的基本制备方法。

2. 实验方案要求

① 采用液相燃烧法制备尖晶石型 $LiMn_2O_4$ 样品，并绘制简单的制备流程图。

② 用玛瑙研钵将样品研细至手感无颗粒感即可。

③ 将样品架置于干净的平板玻璃上，把研细的样品填入样品架的内框中，然后用一平玻璃板面刮平，样品的背面要均匀平整，作为衍射面。

④ 将装好样品的样品架小心放置到 XRD 仪的样品架座上。

⑤ 开启 X 射线衍射仪，设定工作仪器参数和扫描条件。

⑥ 进行衍射实验和数据采集，采集完后将数据存盘。

⑦ 结合软件处理数据，并进行计算机检索。

备注：根据以上步骤写出本实验的具体操作。

⑧ 计算出相应的晶面间距 d 值。

样品名称	2θ	晶格常数	晶胞体积	I	$\frac{I}{I_{max}}/\%$	d 值

3. 设备及装置认知要求

① 了解 X 射线衍射仪的基本组成部件，明确各部件的作用。

② 在 XRD 测试中，熟悉样品的制备及测试操作，知晓制样过程中需要注意什么。

③ 了解 X 射线如何防护，在测试过程中应该明确哪些注意事项。

4. 数据处理要求

① 使用 MDI Jade 5.0 或 MDI Jade7.0 软件及标准卡片数据库与文献，进行晶体的物相定性分析，使用 Origin 软件结合 Word 和 Excel 办公软件作图。

② 利用 MDI Jade 5.0 或 MDI Jade7.0 软件计算晶胞参数及晶面间距。

③ 通过式(3-27) 的谢乐（Scherrer）方程计算晶粒的大小。

④ 根据标准卡片数据库或文献，标出尖晶石型 $LiMn_2O_4$ 特征衍射峰的晶面指数，进一步分析 XRD 图谱。

5. 开放实验报告要求

本实验报告除按照常规实验报告形式书写外，另要求如下：

① 使用 Origin 软件，将购买或制备的 $LiMn_2O_4$ 的测试结果和标准卡片数据的 XRD 曲线作在同一张图中，以便于对比分析。

② 在所制作的 XRD 曲线谱图中标出各 2θ 衍射角对应的晶面指数。

③ 详细地分析数据并讨论实验存在的问题。

④ 查阅文献，提出制备 $LiMn_2O_4$ 正极材料的方法包括哪些，并简单做比较。

六、参考值范围

正极材料尖晶石型 $LiMn_2O_4$ 的 XRD 谱图参见图 3-30。

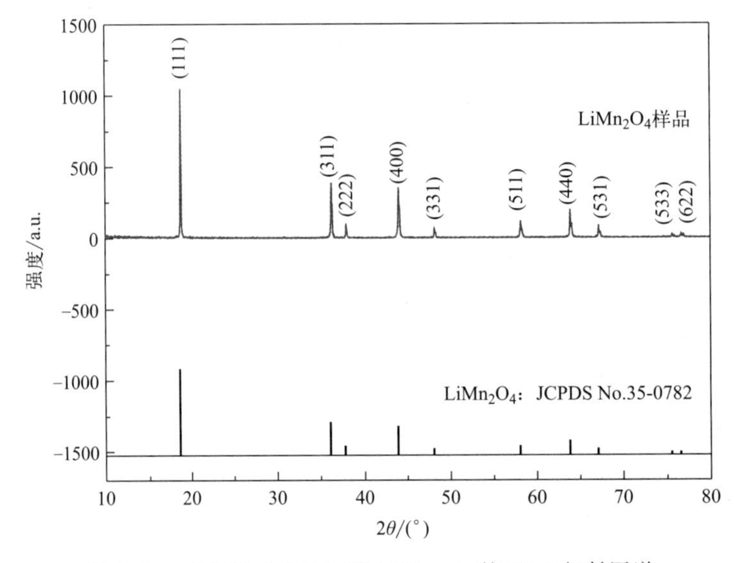

图 3-30 正极材料尖晶石型 $LiMn_2O_4$ 的 XRD 衍射图谱

七、参考文献

[1] 王富耻．材料现代分析测试方法［M］．北京：北京理工大学出版社，2006.

[2] 李占双，景晓燕，王君．近代分析测试技术［M］．北京：北京理工大学出版社，2009.

[3] Duan Y Z，Guo J M，Xiang M W，et al，Single crystalline polyhedral $LiNi_xMn_{2-x}O_4$ as high-performance cathodes for ultralong cycling lithium-ion batteries，Solid State Ionics［J］．2018，326：100-109.

[4] Xiang M W，Su C W，Feng L L，et al. Rapid synthesis of high-cycling performance $LiMg_xMn_{2-x}O_4$（$x\leqslant0.20$）cathode materials by a low-temperature solid-state combustion method［J］．Electrochimica Acta. 2014，125：524-529.

开放实验 12　微波加热滇东钼精矿制备钼酸铵

一、实验室开放条件

1. 设备条件

实验仪器设备见表 3-26。

表 3-26　实验仪器设备

仪器名称	型号	生产厂家
分析天平	FA6103C	上海天美天平仪器有限公司
能量色散 X 射线光谱仪	EDX-800 ROHS-ASSY 型	日本岛津公司
X 射线衍射仪	Bruker D8 ADVANCE A25X 型	德国布鲁克公司
扫描电子显微镜	NOVA-NANOSEM-450 型	美国赛默飞公司
同步热分析仪	STA 449F3 型	德国耐驰公司
微波管式炉	HY-ZG3012 型 最大功率 3000 W 频率 2.45 GHz	湖南华冶微波科技有限公司

2. 试剂与材料条件

实验试剂见表 3-27，实验材料见表 3-28。

表 3-27　实验试剂

试剂名称	规格	生产厂家
硝酸	AR	上海阿拉丁生化科技股份有限公司
盐酸	AR	上海阿拉丁生化科技股份有限公司
硫酸	AR	上海阿拉丁生化科技股份有限公司
氨水	AR	上海阿拉丁生化科技股份有限公司
纯水	色谱纯	上海阿拉丁生化科技股份有限公司
蒸馏水	AR	自制

表 3-28　实验材料

材料名称	型号	生产厂家
钼精矿原矿	—	云南某矿业公司

二、实验原理和方法

钼酸铵是钼的重要化合物之一，由于高纯度的钼酸铵晶体表面光滑，粒度大而均匀，有利于进行深加工，故被广泛用于生产高纯的三氧化钼、钼粉以及其他钼化合物，同时它也是石油化工领域的重要催化剂。钼酸铵是由阳离子 NH_4^+ 与不同的阴离子钼酸根形成的钼的同多酸盐。虽然我国的钼酸铵生产已经走上工业规模化管理，但存在工序多、过程冗长繁杂、对环境污染严重等问题，且生产钼酸铵过程中有价金属元素损失较大、钼的回收率较低，亟需对钼酸铵的形成机理进行研究分析，并对钼酸铵生产工艺参数及工艺流程进行优化，进一步提高钼的回收率及钼酸铵产品的纯度，减少钼酸铵生产过程对环境的污染，为我国钼酸铵生产工艺探索出一条清洁节能的新技术路线。

微波是一种频率在 300 MHz～300 GHz 的电磁波，介于电磁波谱的红外辐射和无线电波之间。微波加热与传统的加热方法不同，传统的加热方法是通过传热机制，如对流、传导和热辐射，将样品从表面加热到内部；微波加热是通过带电粒子的离子传导和电介质极化加热物质，微波场中物质分子的偶极化响应速率与微波频率相当，然而微波作用导致的电介质偶极极化往往又滞后于微波频率，通过这种类似于摩擦的作用，微波场能量损耗并原位转化为热能，被加热的物质无需中间介质传导热量，微波能以光速直接透入物质内部，从而将物质加热。物质吸收微波的能力主要取决于其介电特性，即材料的复介电常数及其变化特征，通常用介电常数（ε'）与介电损耗（ε''）表示。介电常数表示材料对微波的响应，也用于度量材料贮存电磁能的能力；介电损耗用于度量材料消耗贮能变成热能的能力。与传统的加热方式相比，微波加热可以选择性加热物料，具有内部加热、升温速率快、加热效率高、对化学反应有促进作用并能降低化学反应的温度等优点，因此被广泛应用于有色金属矿物加工领域。

本实验提出利用微波焙烧钼精矿制备钼酸铵，其工艺流程为：微波氧化焙烧钼精矿制备三氧化钼—酸浸—氨浸—过滤—蒸馏。微波加热与传统加热方式相比可以有效提高钼酸铵的浸出效率，所制备的钼酸铵具有较好的晶体结构和纯度，且微波焙烧相比常规焙烧工艺流程更加清洁节能。

三、实验关键点提示

1. 微波管式炉使用时需先打开冷却循环水。
2. 钼精矿样品制备时，需将样品顺沿石英舟铺平。
3. 注意微波焙烧钼精矿升温时间变化，控制升温时间，不宜升温过快。
4. 蒸馏过程中注意有气泡产生。
5. 配制硝酸溶液时注意防止液体滴溅或放热太快。
6. 杂质元素会引起钼酸铵纯度测试结果的变化。

四、导入性思考

1. 如何选择微波焙烧钼精矿的微波功率条件？
2. 钼精矿在焙烧过程中可能参与反应的物质有哪些？写出相关反应方程式。
3. 钼酸铵浸出的最佳工艺条件怎么确定？

五、开放实验各环节要求

1. 明确实验研究目的

① 通过微波加热滇东钼精矿制备钼酸铵，掌握钼精矿的提纯和钼盐制备工艺。

② 了解 X 射线衍射仪（XRD）、扫描电子显微镜（SEM）、X 射线荧光光谱仪（XRF）等常用分析仪器。

③ 了解微波管式炉的使用方法以及基本构造。

④ 熟练掌握微波焙烧的原理和矿物除杂的基本方法。

2. 实验方案要求

微波加热钼精矿制备钼酸铵工艺流程如图 3-31 所示，包含钼精矿焙烧制备氧化钼和氧化钼浸出制备钼酸铵及提纯除杂两个实验。

① 钼精矿焙烧实验：称取 15.00 g 的钼精矿样品放入微波管式炉进行焙烧实验，其微波

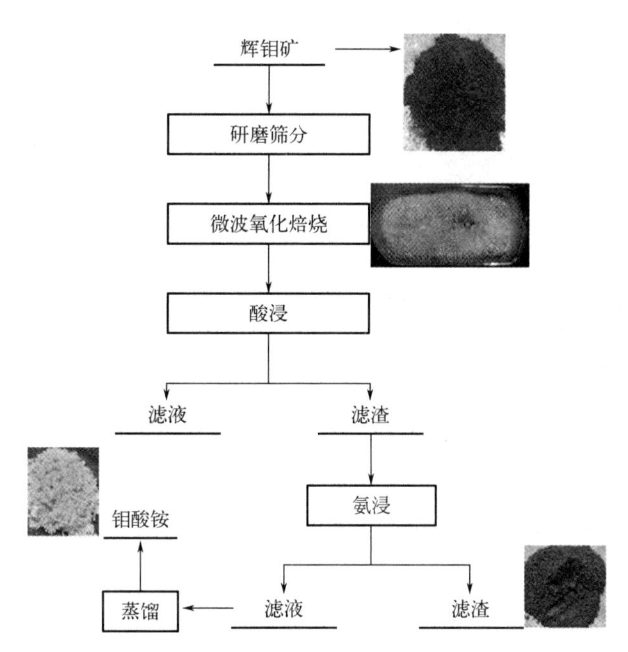

图 3-31 微波加热钼精矿制备钼酸铵工艺流程

升温功率为 1500 W，保温功率为 200 W，设定目标温度与目标时间。待反应结束后，样品降至室温后取出，将取出的样品研磨约 2 min，确保样品混匀，并控制样品颗粒直径在 70 μm 以下。

② 钼酸铵浸出实验

a. 将硫酸、盐酸、硝酸分别与 25.00 g 微波焙烧后的钼焙砂混合，固液比为 1∶2。硫酸、盐酸或硝酸的浓度为 $1.00\ mol \cdot L^{-1}$，每次实验使用的浸出液体积为 50 mL，加入微波管式炉焙烧的钼焙砂粉末的量为 25.00 g。

b. 在常温下进行磁搅拌浸出实验。将钼焙砂粉末倒入搅拌的浸出液中，并开始计时，1h 后搅拌结束，然后立即进行固液分离，并将滤渣用去离子水洗至中性，待用。

c. 研究不同酸的性质及酸的浓度对钼焙砂浸出率的影响。在水洗过的滤渣中加入 50 mL 氨水（25%），在磁搅拌器中匀速搅拌 1 h，待搅拌结束，过滤，将所得到的滤液蒸馏所得产品即为钼酸铵。

d. 钼焙砂在氨水溶液中的主要浸出反应可以表示为公式(3-28)：

$$7MoO_3 + 6NH_3 \cdot H_2O + H_2O = (NH_4)_6Mo_7O_{24} \cdot 4H_2O \tag{3-28}$$

e. 将蒸馏得到的产品在 60℃的烘箱中干燥 2 h，取出样品，研磨 1 min，使研磨后的样品粒径控制在 50～70 μm。

3. 设备及装置认知要求

① 了解 XRD、SEM、XRF 等常用分析仪器。

② 了解微波管式炉的使用方法以及基本构造。

4. 数据处理要求

① 浸出工艺比较：本实验所述微波焙烧钼精矿制备钼酸铵工艺与传统工艺相比，具有耗时短、高效、绿色、原料廉价等优点。

② 表征结果：对辉钼矿原料和制备的三氧化钼、钼酸铵产物进行 XRD 物相分析；对钼

酸铵进行元素分析（XRF）和表面形貌表征（SEM），示例如图3-32～图3-34所示。

a. XRD表征：结果如图3-32和图3-33所示。

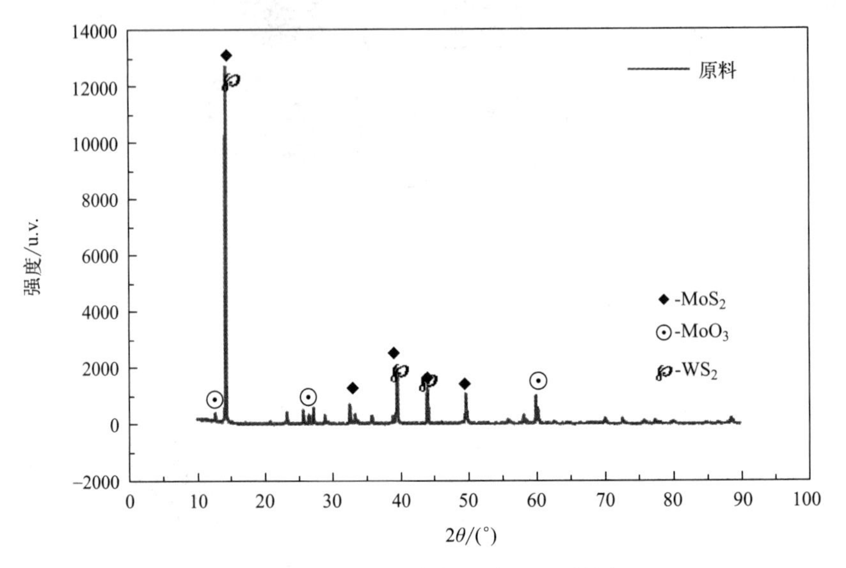

图3-32　辉钼矿的物相组成XRD谱图

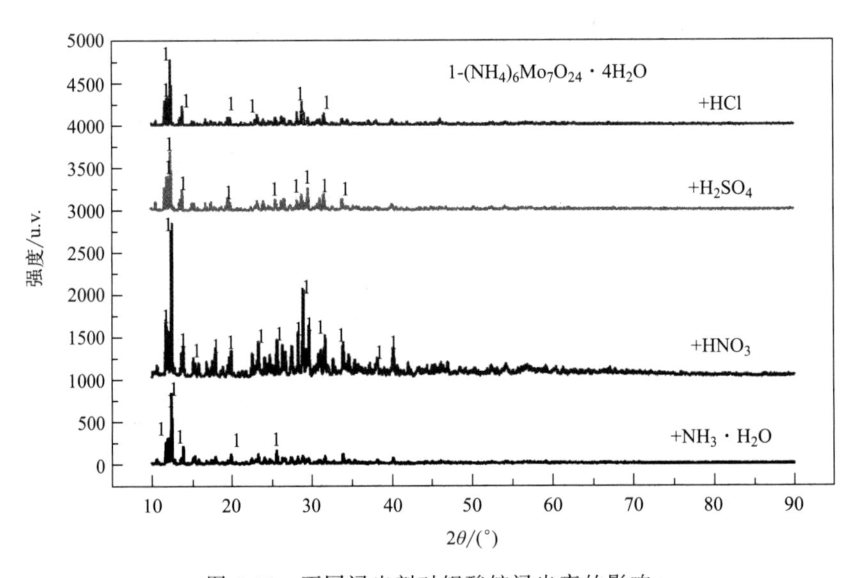

图3-33　不同浸出剂对钼酸铵浸出率的影响

b. XRF元素含量检测：结果如表3-29所示。

表3-29　钼酸铵在不同浸出剂的元素含量

浸出剂	Mo/%	Al/%	Si/%	Fe/%	K/%	Nb/%	Cu/%
HCl	98.020	0.790	0.331	0.327	0.187	0.176	0.169
H_2SO_4	98.216	0.794	0.348	0.215	0.100	0.180	0.147
HNO_3	98.369	0.850	0.320	0.049	0.128	0.157	0.145
$NH_3\cdot H_2O$	95.724	2.078	0.293	0.379	0.294	0.178	2.078

c. SEM 表征：结果如图 3-34 所示。

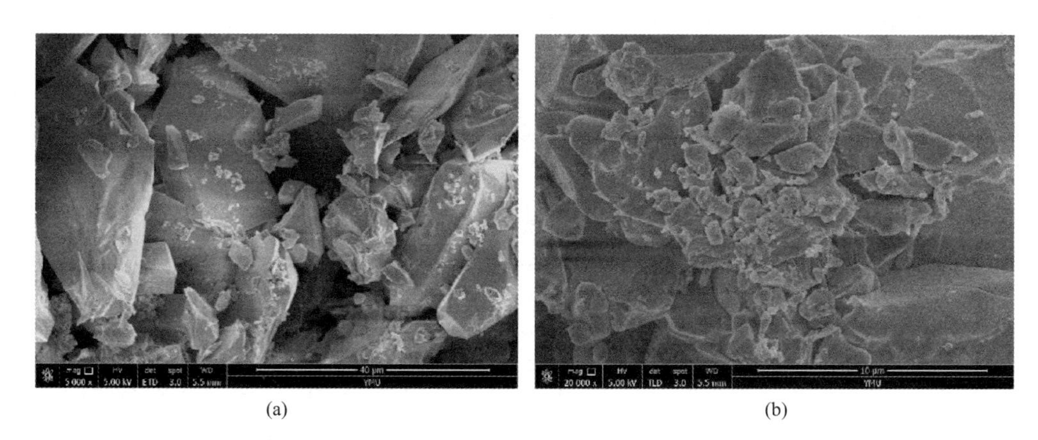

(a) (b)

图 3-34 钼酸铵不同放大倍数下的 SEM 图

5. 开放实验报告要求

实验报告除按照常规实验报告形式书写外，另要求如下：

① 通过文献查找，提出测定钼酸铵纯度的方法有哪些。

② 提出想做的与本实验相关联的研究以及所需要的仪器名称和化学试剂。

六、参考文献

[1] 郭株辉. 四钼酸铵转化成七钼酸铵的工艺研究 [J]. 铜业工程，2018，(06)：46-52.

[2] 刘锦锐. 钼酸铵生产工艺流程综述 [J]. 云南冶金，2018，47 (04)：48-57.

[3] 蒋永林，刘秉国，曲雯雯，等. 微波焙烧辉钼矿制备三氧化钼研究 [J]. 有色金属（冶炼部分），2019 (03)：35-39.

[4] 李彦龙，李银丽，李守荣，等. 用钼精矿制备钼酸铵试验研究 [J]. 湿法冶金，2020，39 (01)：30-33.

[5] 冯建华，兰新哲，宋永辉. 微波辅助技术在湿法冶金中的应用 [J]. 湿法冶金，2008 (04)：211-215.

[6] 王璐. 超细氧化钼的制备及其气基还原动力学机理研究 [D]. 北京：北京科技大学，2018.

[7] 蒋永林. 辉钼矿微波氧化焙烧基础理论研究 [D]. 昆明：昆明理工大学，2018.

开放实验 13 不同组成 $CuSO_4$ 溶液中铜的电极电势测定

一、实验室开放条件

1. 设备条件

实验仪器设备见表 3-30。

表 3-30 实验仪器设备

仪器名称	型号	生产厂家
电位差计	UJ33D-3	北京海富达科技有限公司
直流稳压电源	电镀装置	江苏辉科电子实业有限公司
铜电极	CU-P	上海精密科学仪器有限公司
饱和甘汞电极	232 型	上海仪电科学仪器股份有限公司

2. 试剂与材料条件

实验试剂见表 3-31，实验材料见表 3-32。

表 3-31 实验试剂

试剂名称	规格	生产厂家
硫酸铜	AR	国药集团化学试剂有限公司
氯化钾	AR	国药集团化学试剂有限公司
蒸馏水	—	自制

表 3-32 实验材料

材料名称	型号	生产厂家
磨砂纸	100 目、400 目、800 目、1000 目、1500 目	上海精密科学仪器有限公司
铜线	A012215	湖北洪乐电缆股份有限公司

二、实验原理和方法

电动势的测量在物理化学研究工作中具有重要的实验意义，通过电池电动势的测量可以获得体系的许多热力学数据，如平衡常数、电解质活度、解离常数、溶解度、络合常数、酸碱度以及某些热力学函数改变量等。

但在电化学中，电极电势的绝对值至今无法测量，在实际测量中是以标准氢电极的电极电势作为零标准，然后将其他被测电极（被研究电极）与标准氢电极组成电池，测量该电池电动势即为该被测电极的电极电势。由于使用标准氢电极不方便，在实际测定时常采用第二级的标准电极，甘汞电极（SCE）是其中最常用的一种。

原电池由正、负两极组成，其电动势 E 等于两极电极电势之差。以下列电池为例：

$$Hg(l)\,|\,Hg_2Cl_2(s)\,|\,KCl(饱和)\,\|\,Cu^{2+}\,(1mol \cdot L^{-1})\,|\,Cu(s)$$

$$E=\varphi_{+}-\varphi_{-}=\varphi(Cu^{2+}/Cu)-\varphi(饱和甘汞)$$

因为饱和甘汞电极的电极电势与温度的关系为：

$$E(饱和甘汞)=0.2415-0.00065\times(T-298.15)$$

测得电动势 E，即可求得铜电极的电极电势 $E(Cu^{2+}/Cu)$。

还有一类电池叫浓差电池，这种电池的净作用过程是一种物质从高浓度状态向低浓度状态转移，从而产生电动势，而这种电池的标准电动势 $E^{\ominus}$ 等于 0 V。理论上，$\varphi(Cu^{2+}/Cu)$ 的电极电势与浓度的关系遵从能斯特方程，即

$$\varphi(Cu^{2+}/Cu)=E^{\ominus}(Cu^{2+}/Cu)+(RT/zF)\ln\alpha(Cu^{2+})$$

本实验的操作内容涉及铜电极制备、不同浓度 $CuSO_4$ 溶液的配制和电动势的测定。

（1）铜电极制备：将铜电极在约 6 $mol \cdot dm^{-3}$ 的硝酸溶液内浸洗，除去氧化层和杂物，然后取出用水冲洗，再用蒸馏水淋洗。将铜电极置于电镀烧杯中作阴极，进行电镀，电流密度控制在 20 $mA \cdot cm^{-2}$ 为宜。电镀半小时，使铜电极表面有一层均匀新鲜铜，再取出用于后续实验。

（2）配制不同浓度的 $CuSO_4$ 溶液：将 1 $mol \cdot L^{-1}$ 的 $CuSO_4$ 溶液分别配制成 0.1 $mol \cdot L^{-1}$、0.2 $mol \cdot L^{-1}$、0.3 $mol \cdot L^{-1}$、0.4 $mol \cdot L^{-1}$、0.5 $mol \cdot L^{-1}$ 共计 5 个不同浓度的溶液作为铜电极的电极溶液。将饱和 KCl 溶液注入 50 mL 的小烧杯中作为盐桥，再将上面制备的不同浓度的铜电极和饱和甘汞电极置于小烧杯内，即成铜-甘汞电池。

$$Hg(l)\,|\,Hg_2Cl_2(s)\,|\,KCl(饱和)\,\|\,Cu^{2+}\ (x\ mol\cdot L^{-1})\ |\ Cu(s)$$

(3) 电动势的测定：按照电位差计电路图，接好电动势测量路线。根据标准电池的温度系数，计算实验温度下的标准电动势，以此对电位差计进行标定。分别测定以上5个不同浓度电池的电动势。

三、实验关键点提示

1. 电极制作过程中其表面要处理好。

2. 电动势的测量方法属于平衡测量，在测量过程中尽可能地做到在可逆条件下进行。为此应注意以下几点：

(1) 测量前可根据电化学基本知识，初步估算一下被测电池的电动势大小，以便在测量时能迅速找到平衡点，这样可以避免电极极化。

(2) 为判断所测量的电动势是否为平衡电动势，一般应在15 min左右的时间内，等间隔地测量7～8个数据。若这些数据是在平均值附近摆动，偏差小于±0.0005 V，则可以认为已达平衡，可取其平均值作为该电池的电动势。

(3) 前面已讲到必须要求电池反应可逆，而且要求电池在可逆情况下工作。但严格说来，本实验测定的并不是可逆电池。因为当电池工作时，除了在负极上进行Hg的氧化反应和在正极上进行Cu^{2+}的还原反应外，在Hg_2Cl_2和$CuSO_4$溶液交界处还会发生Hg^+向$CuSO_4$溶液中扩散的过程。而且当有外电流反向流入电池中时，电极反应虽然可以逆向进行，但是在两溶液交界处离子的扩散与原来不同，是Cu^{2+}向Hg_2Cl_2溶液中迁移，因此整个电池的反应实际上是不可逆的。但是由于在组装电池时，在两溶液之间插入了“盐桥”，故可以近似地当作可逆电池来处理。

四、导入性思考

1. 盐桥有什么作用？用作盐桥的物质应有什么特性？

2. 本实验中可能引起误差的因素有哪些？

3. 本实验中原电池电动势随着硫酸铜溶液浓度的增加如何变化？为什么？

五、开放实验各环节要求

1. 明确实验研究目的

① 掌握电位差计的使用方法；

② 学会电极的制备和处理方法；

③ 测定铜电极和饱和甘汞电极组成的原电池的电动势和铜电极的电极电势；

④ 了解通过原电池电动势测定求算有关热力学函数的原理。

2. 实验方案要求

① 画出实验装置图；

② 写出实验初步设计方案；

③ 依据实验提供的相关信息写出具体操作步骤。

3. 设备及装置认知要求

清楚原电池及电动势测量系统的搭建。

4. 数据处理要求

① 根据饱和甘汞电极的电极电势温度校正公式，计算实验温度时饱和甘汞电极的电极电势。

② 根据测定的各电池的电动势，分别计算铜电极的 φ_T、$\varphi_T^{\ominus}$、$\varphi_{298}^{\ominus}$。

③ 根据有关公式计算铜电极的理论电极电势 $\varphi_{T理论}$ 并与实验值 φ_T 进行比较。

5. 开放实验报告要求

实验报告除按照常规实验报告形式书写外，另要求如下：

① 提出你想做的与本实验相关的研究以及所需要的仪器名称、数量和实验试剂。

② 通过查找文献，提出导致本实验误差的可能因素。

六、参考值范围

Cu 电极的标准电极电势为+0.337 V。

七、参考文献

[1] 傅献彩，沈文霞，姚天扬，侯文华．物理化学（下册）[M]. 5 版．北京：高等教育出版社，2005.

[2] 复旦大学等编．庄继华等修订．物理化学实验 [M]. 3 版．北京：高等教育出版社，2006.

[3] 顾月姝，宋淑娥．基础化学实验（Ⅲ）-物理化学实验 [M]. 2 版．北京：化学工业出版社，2007.

[4] 罗澄源，向明礼等．物理化学实验 [M]. 4 版．北京：高等教育出版社，2004.

开放实验 14 理论预测双氧水的二面角

一、实验室开放条件

1. 设备条件

各种型号的计算机均可作为实验用机。

2. 软件条件

计算机中需安装量子化学计算软件、数据处理软件（如 Gaussian16、GaussView、Excel 等）。

二、实验原理和方法

分子的结构化学主要涉及其几何结构和电子结构，一个分子的空间几何结构包括键长、键角和二面角。例如，H_2O_2 分子（如图 3-35 所示）的空间几何结构除原子之间的键长、键角外，还包含了 2 个氢原子和 2 个氧原子构成的一个二面角 H3-O1-O2-H4。该二面角在理论和实验上均较易进行计算和测量，通过计算值和实验值的比较来确定理论计算或实验测量的精确程度。

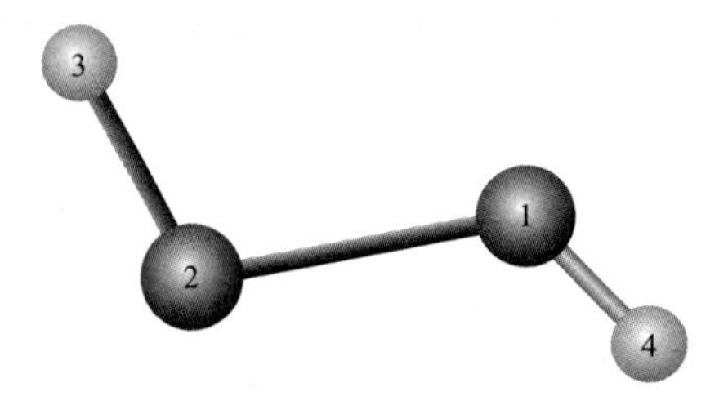

图 3-35 过氧化氢分子的结构（大球表示氧原子，小球表示氢原子）

通过量子化学计算可以得到任意 4 个原子构成的二面角的大小。H_2O_2 分子结构简单，使用常用量子化学计算软件，在一般配置的 PC 上即可顺利完成结构优化，得到目标二面角的大小。然而，H_2O_2 二面角的计算值与实验结果之间存在很大的差异。例如，高水平量子化学计算结果给出基态 H_2O_2 的二面角约为 113°，与 1 个标准大气压、0 K 时的实验测量值接近；而在 1 个标准大气压、298 K 时，随 H3-O1-O2-H4 二面角变化而得到的 H_2O_2 分子势能曲线是不对称的，实验测量值为 120.3°±0.7°，与理论值相差近 7°。这一差异可归因于热运动导致分子的平均能量的差异。需要注意的是，量子化学计算值对应的物质实际状态一般是在 1 个标准大气压、0 K 条件下基于“能量最小化”规则得到的。因此，需要对量子化学计算结果在实验条件下进行统计热力学处理，才能对实验测量值进行理论预测。在一定温度下，由于分子热运动和碰撞，分子的热力学能在不同微观能级上呈现出玻尔兹曼分布的性质。根据统计力学原理，如果分子的物理性质 A 随变量 ξ 变化，则 A 的平均值可以表示为：

$$\overline{A}=\sum_{i}^{n}A(\xi_i)w_A(\xi_i) \tag{3-29}$$

式中，$A(\xi_i)$ 是 $\xi=\xi_i$ 时 A 的取值（理论计算或测量）；$w_A(\xi_i)$ 是该值出现的概率。

根据玻尔兹曼分配定律：

$$w_A(\xi_i)=\frac{1}{Q}e^{-\beta E(\xi_i)} \tag{3-30}$$

其中 $\beta=\frac{1}{k_B T}$，k_B 是玻尔兹曼常数，T 是热力学温度；$E(\xi_i)$ 是 $\xi=\xi_i$ 时体系的能量；Q 是体系的配分函数：

$$Q=\sum_{i}e^{-\beta E(\xi_i)} \tag{3-31}$$

在本实验的情况下，ξ_i 和 $A(\xi_i)$ 均为∠HOOH 二面角的角度。通过计算一系列角度下分子的能量值，可以通过式(3-31) 计算出该温度 T 下体系的配分函数，再通过式(3-30) 计算出各角度构象出现的概率，最后通过式(3-29) 计算出二面角的平均值。用所得到的结果解释二面角理论值与实验数值之间存在差别的根本原因，帮助学生深刻理解“分子结构”。

三、实验关键点提示

为了能够顺利完成本实验，达到教学和知识拓展的目的，要求在实验开展前自主进行以下内容的复习：

① 自主复习《物理化学》理论教材中统计热力学部分的基本概念；

② 能够基于以往计算化学实践经验，利用相关程序完成分子建模和结构优化等基本操作；

③ 具备利用 Excel/Office 模块作图和拟合曲线方程等数据处理能力。

四、导入性思考

1. 为什么只需要计算∠HOOH 二面角 0°～180°的能量值?

2. 比较在温度为 298 K 和 10 K 时的二面角的平均值，并与实验测得的在 298 K 下二面角 121°、在低温下二面角 113°的结果比较，解释出现这些值的原因。

五、开放实验各环节要求

1. 明确实验研究目的

① 理解统计热力学基本原理。

② 深入理解玻尔兹曼分布的基本思想。

③ 学会利用量子化学和统计力学原理预测平均值的方法。

2. 实验方案要求

① 首先启动 Gauss View 程序，建立 H_2O_2 的分子构型，如图 3-35 所示。

② 保存为 Gaussian16 的可执行文件。

③ 然后启动 Gaussian16，首先采用密度泛函（DFT）方法，取基组为 cc-pVDZ，优化 H_2O_2 的分子结构。

④ 将 Gaussian16 可执行文件中的分子构型修改为优化后的构型。

⑤ 以间隔 5°扫描 H_2O_2 能量随∠HOOH 二面角变化的势能面，扫描范围为 0°～180°，在扫描过程中保持其他构型参数全优化。

⑥ 利用上一步计算的结果和前述公式，通过 Excel 计算 298 K 时二面角的平均值。

⑦ 计算 500 K、10 K 时二面角的平均值。

3. 数据处理要求

① 画出各温度下势能随二面角变化的曲线。

② 画出各温度下各角度出现的概率随二面角变化的曲线。

③ 画出二面角平均值随温度的变化曲线。

六、参考值范围

双氧水在 298 K 下二面角为 121°，10 K 下二面角为 113°。

七、参考文献

[1] 傅献彩，沈文霞，姚天扬，侯文华．物理化学（上册）[M]．5 版．北京：高等教育出版社，2005.

[2] 郑传明，吕桂琴．物理化学实验 [M]．2 版．北京：北京理工大学出版社，2015.

[3] 张汝波，张绍文．量子化学和统计热力学结合的实验：确定过氧化氢二面角．化学教育（中英文）[J]．2021，42（24）：50-53.

附 录

附录一 基本附录

一、希腊字母简表

序号	大写	小写	英语音标注音	英文	汉字注音	常用指代意义
1	Α	α	/ˈælfə/	alpha	阿尔法	角度，系数，角加速度
2	Β	β	/ˈbiːtə/或/ˈbeɪtə/	beta	贝塔/毕塔	磁通系数，角度，系数
3	Γ	γ	/ˈgæmə/	gamma	伽马/甘马	电导系数，角度，比热容比
4	Δ	δ	/ˈdeltə/	delta	德耳塔/岱欧塔	变化量，化学反应中的加热，屈光度，一元二次方程中的判别式
5	Ε	ε	/ˈepsɪlɒn/	epsilon	艾普西隆	对数之基数，介电常数
6	Ζ	ζ	/ˈziːtə/	zeta	截塔	系数，方位角，阻抗，相对黏度
7	Η	η	/ˈiːtə/	eta	艾塔/诶塔	迟滞系数，效率
8	Θ	θ	/ˈθiːtə/	theta	西塔	温度，角度
9	Ι	ι	/aɪˈəʊtə/	iota	约塔	微小，一点
10	Κ	κ	/ˈkæpə/	kappa	卡帕	介质常数，绝热指数
11	Λ	λ	/ˈlæmdə/	lambda	兰布达	波长，体积，热导率
12	Μ	μ	/mjuː/	mu	米尤/穆	磁导系数，微，动摩擦系(因)数，流体动力黏度
13	Ν	ν	/njuː/	nu	纽/奴	磁阻系数，流体运动黏度，光子频率，化学计量数
14	Ξ	ξ	希腊/ksi/ 英美/ˈzaɪ/ 或/ˈsaɪ/	xi	克西/赛	随机变量，(小)区间内的一个未知特定值
15	Ο	ο	/əuˈmaikrən/或 /ˈamɪˌkrɑn/	omicron	奥密克戎	高阶无穷小函数
16	Π	π	/paɪ/	pi	派	圆周率，$\pi(n)$表示不大于n的质数个数
17	Ρ	ρ	/rəʊ/	rho	洛/若	电阻系数，柱坐标和极坐标中的极径，密度
18	Σ	σ	/ˈsɪgmə/	sigma	西格马	总和，表面密度，跨导，正应力
19	Τ	τ	/tɔː/或/taʊ/	tau	陶/驼	时间常数，切应力，2π(两倍圆周率)
20	Υ	υ	/ˈipsɪlon/或/ˈʌpsɪlɒn/	upsilon	宇普西隆	位移
21	Φ	φ	/faɪ/	phi	斐/弗忆	磁通，角，透镜焦度，热流量
22	Χ	χ	/kaɪ/	chi	喜/柯义	统计学中有卡方(χ^2)分布
23	Ψ	ψ	/psaɪ/	psi	赛/普赛/普西	角速，介质电通量，ψ函数
24	Ω	ω	/ˈəʊmɪgə/或 /oʊˈmegə/	omega	奥墨伽/欧枚嘎	欧姆，角速度，交流电的电角度，化学中的质量分数

二、国际单位制词冠

因数	中文词冠	英文词冠	中文符号	英文符号
10^{24}	尧它	yotta	尧	Y
10^{21}	泽它	zetta	泽	Z
10^{18}	艾可萨	exa	艾	E
10^{15}	拍它	peta	拍	P
10^{12}	太拉	tera	太	T
10^{9}	吉咖	giga	吉	G
10^{6}	兆	mega	兆	M
10^{3}	千	kilo	千	k
10^{2}	百	hecto	百	h
10^{1}	十	deca	十	da
10^{-1}	分	deci	分	d
10^{-2}	厘	centi	厘	c
10^{-3}	毫	milli	毫	m
10^{-6}	微	micro	微	μ
10^{-9}	纳诺	nano	纳	n
10^{-12}	皮可	pico	皮	p
10^{-15}	飞母托	femto	飞	f
10^{-18}	阿托	atto	阿	a
10^{-21}	仄普托	zepto	仄	z
10^{-24}	幺科托	yocto	幺	y

附录二 国际单位制（SI）

一、国际单位制（SI）基本量

基本量		单位	
名称	符号	名称	符号
长度(length)	l	米(meter)	m
质量(mass)	m	千克(kilogram)	kg
时间(time)	t	秒(second)	s
电流(electric current)	I	安[培](ampere)	A
热力学温度(thermodynamic temperature)	T	开[尔文](kelvin)	K
物质的量(amount of substance)	n	摩[尔](mole)	mol
发光强度(luminous intensity)	I_V	坎[德拉](candela)	cd

二、常用的国际单位（SI）导出单位

衍生量		单位		
名称	符号	名称	符号	定义式
频率	ν	赫[兹]	Hz	s^{-1}
能量	E	焦[耳]	J	$kg \cdot m^2 \cdot s^{-2}$
力	F	牛[顿]	N	$kg \cdot m \cdot s^{-2} = J \cdot m^{-1}$
压力	p	帕[斯卡]	Pa	$kg \cdot m^{-1} \cdot s^{-2} = N \cdot m^{-2}$
功率	P	瓦[特]	W	$kg \cdot m^2 \cdot s^{-3} = J \cdot s^{-1}$
电量	Q	库[仑]	C	$A \cdot s$
电位,电压,电动势	U	伏[特]	V	$kg \cdot m^2 \cdot s^{-3} \cdot A^{-1} = J \cdot A^{-1} \cdot s^{-1}$
电阻	R	欧[姆]	Ω	$kg \cdot m^2 \cdot s^{-3} \cdot A^{-2} = V \cdot A^{-1}$
电导	G	西[门子]	S	$kg^{-1} \cdot m^{-2} \cdot s^3 \cdot A^2 = \Omega^{-1}$
电容	C	法[拉]	F	$A^2 \cdot S^4 \cdot kg^{-1} \cdot m^{-2} = A \cdot s \cdot V^{-1}$
磁通量	Φ	韦[伯]	Wb	$kg \cdot m^2 \cdot s^{-2} \cdot A^{-1} = V \cdot s$
电感	L	亨[利]	H	$kg \cdot m^2 \cdot s^{-2} \cdot A^{-2} = V \cdot A^{-1} \cdot s$
磁通量密度（磁感应强度）	B T	特[斯拉]	T	$kg \cdot s^{-2} \cdot A^{-1} = V \cdot s$

附录三　基本常数

一、一些物理和化学的基本常数（1986 年国际推荐值）

量	符号	数值	单位
光速	c	299792458	$m \cdot s^{-1}$
真空导磁率	μ_0	4π	$10^{-7}\ N \cdot A^{-2}$
真空介电常数,$1/(\mu_0 C^2)$	ε_0	8.854187817…	$10^{-12}\ F \cdot m^{-1}$
万有引力常数	G	6.67259(85)	$10^{-11}\ m^3 \cdot kg^{-1} \cdot s^{-2}$
普郎克常数	h	6.6260755(40)	$10^{-34}\ J \cdot s$
基本电荷	E	1.60217733(49)	$10^{-19}\ C$
电子质量	m_e	9.1093897(54)	$10^{-31}\ kg$
质子质量	m_p	1.6726231(10)	$10^{-27}\ kg$
质子-电子质量比	m_p/m_e	1836.152701(37)	
精细结构常数	α	7.29735308(33)	10^{-3}
精细结构常数的倒数	α^{-1}	137.0359895(61)	
里德伯常数	R_∞	10973731.534(13)	m^{-1}
阿伏伽德罗常数	L, N_A	6.0221367(36)	$10^{23}\ mol^{-1}$
法拉第常数	F	96485.309(29)	$C \cdot mol^{-1}$
摩尔气体常数	R	8.314510(70)	$J \cdot mol^{-1} \cdot K^{-1}$
玻尔兹曼常数,R/L_A	K	1.380658(12)	$10^{-23}\ J \cdot K^{-1}$
斯式藩-玻尔兹曼常数,$\pi^2 k^4/(60h^3c^2)$	σ	5.67051(12)	$10^{-8}\ W \cdot m^{-2} \cdot K^{-4}$
电子伏,(e/C)J={e}J	eV	1.60217733(49)	$10^{-19}\ J$

二、原子量四位数表①

原子序数	名称	符号	原子量	原子序数	名称	符号	原子量	原子序数	名称	符号	原子量
1	氢	H	1.008	41	铌	Nb	92.91	81	铊	Tl	204.4
2	氦	He	4.003	42	钼	Mo	95.94	82	铅	Pb	207.2
3	锂	Li	6.941	43	锝	Te	98.91	83	铋	Bi	209.0
4	铍	Be	9.012	44	钌	Ru	101.1	84	钋	^{210}Po	210.0
5	硼	B	10.81	45	铑	Rh	102.9	85	砹	^{210}At	210.0
6	碳	C	12.01	46	钯	Pd	106.4	86	氡	^{222}Rn	222.0
7	氮	N	14.01	47	银	Ag	107.9	87	钫	^{223}Fr	223.2
8	氧	O	16.00	48	镉	Cd	112.4	88	镭	^{226}Ra	226.0
9	氟	F	19.00	49	铟	In	114.8	89	锕	^{227}Ac	227.0
10	氖	Ne	20.18	50	锡	Sn	118.7	90	钍	Th	232.0
11	钠	Na	22.99	51	锑	Sb	121.8	91	镤	^{231}Pa	231.0
12	镁	Mg	24.31	52	碲	Te	127.6	92	铀	U	238.0
13	铝	Al	26.98	53	碘	I	126.9	93	镎	^{237}Np	237.0
14	硅	Si	28.09	54	氙	Xe	131.3	94	钚	^{239}Pu	239.1
15	磷	P	30.97	55	铯	Cs	132.9	95	镅	^{243}Am	243.1
16	硫	S	32.07	56	钡	Ba	137.3	96	锔	^{247}Cm	247.1
17	氯	Cl	35.45	57	镧	La	138.9	97	锫	^{247}Bk	247.1
18	氩	Ar	39.95	58	铈	Ce	140.1	98	锎	^{252}Ct	252.1
19	钾	K	39.10	59	镨	Pr	140.9	99	锿	^{252}Es	252.1
20	钙	Ca	40.08	60	钕	Nd	144.2	100	镄	^{257}Fm	257.1
21	钪	Sc	44.96	61	钷	Pm	144.9	101	钔	^{256}Md	256.1
22	钛	Ti	47.88	62	钐	Sm	150.4	102	锘	^{259}No	259.1
23	钒	V	50.94	63	铕	Eu	152.0	103	铹	^{260}Lr	260.1
24	铬	Cr	52.00	64	钆	Gd	157.3	104	𬬻	^{261}Rf	261.1
25	锰	Mn	54.94	65	铽	Tb	158.9	105	𬭊	^{262}Db	262.1
26	铁	Fe	55.85	66	镝	Dy	162.5	106	𬭳	^{266}Sg	266.1
27	钴	Co	58.93	67	钬	Ho	164.9	107	𬭛	^{264}Bh	264.1
28	镍	Ni	58.69	68	铒	Fr	167.3	108	𬭶	^{277}Hs	277.2
29	铜	Cu	63.55	69	铥	Tm	168.9	109	鿏	^{278}Mt	268.1
30	锌	Zn	65.39	70	镱	Yb	173.0	110	𫟼	^{281}Ds	281.1
31	镓	Ga	69.72	71	镥	Lu	175.0	111	𬬭	^{272}Rg	272.2
32	锗	Ge	72.61	72	铪	Hf	178.5	112	鿔	^{285}Cn	285.2
33	砷	As	74.92	73	钽	Ta	180.9	113	鿭	^{286}Nh	286.0
34	硒	Se	78.96	74	钨	W	183.9	114	𫓧	^{289}Fl	289.2
35	溴	Br	79.90	75	铼	Re	186.2	115	镆	^{289}Mc	289.0
36	氪	Kr	83.80	76	锇	Os	190.2	116	𫟷	^{293}Lv	293.2
37	铷	Rb	85.47	77	铱	Ir	192.2	117	鿬	^{293}Ts	293.0
38	锶	Sr	87.62	78	铂	Pt	195.1	118	鿫	^{294}Og	294.0
39	钇	Y	88.91	79	金	Au	197.0				
40	锆	Zr	91.22	80	汞	Hg	200.6				

资料来源：化学通报.1984，3：58（32号Ge和41号Nb已根据“化学通报”1985，12：53修订值进行了校正）。

注：以$^{12}C=12$原子量为标准。

① 表中除了五种元素有较大的误差外，所列数值均精确到第四位有效数字，其末位数的误差不超过±1。对于既无稳定同位素又无特征天然同位素的各个元素，均以该元素的一种熟知的放射性同位素来表示，表中用其质量数（写在化学符号的左上角）及原子量标出。